# 地球物理测井学

## 第八卷 工程测井

刘向君 熊 健 梁利喜 丁 乙 著

石油工业出版社

## 内 容 提 要

本书梳理了工程测井的发展背景,系统介绍了工程测井的基础理论与方法,主要包括:复杂地层岩石强度参数测井预测,工作液作用下岩石物理—力学响应及测井校正,复杂地层孔隙流体压力测井预测,复杂地层地应力测井预测,结构复杂、流体敏感等复杂地层井壁稳定性测井评价,以及工程测井在钻完井钻前一体化优化、科学完井与压裂改造等工程领域的应用等。

本书可供地球物理、钻完井、油气藏工程等领域的科研人员与工程技术人员参考,也可供石油院校相关专业师生参考阅读。

图书在版编目(CIP)数据

地球物理测井学. 第八卷. 工程测井 / 刘向君等著. -- 北京:石油工业出版社,2025.1 -- ISBN 978-7-5183-1676-2

Ⅰ.P631.8

中国国家版本馆 CIP 数据核字第 202438UA03 号

责任编辑:王　瑞
责任校对:张　磊
装帧设计:李　欣　周　彦

出版发行:石油工业出版社
（北京安定门外安华里 2 区 1 号　100011）
网　　址:www.petropub.com
编辑部:（010）64523541　图书营销中心:（010）64523633
经　销:全国新华书店
印　刷:北京中石油彩色印刷有限责任公司

2025 年 1 月第 1 版　2025 年 1 月第 1 次印刷
787×1092 毫米　开本:1/16　印张:18.5
字数:450 千字

定价:150.00 元

ISBN 978-7-5183-1676-2

（如出现印装质量问题,我社图书营销中心负责调换）
版权所有,翻印必究

# 《地球物理测井学》

## 编委会

**主　编：** 李　宁

**副主编：** 焦方正　何江川　江同文　卢　涛　李国欣　窦立荣
　　　　　雷　平　金明权　吴柏志

**委　员：**（按姓氏笔画排序）

　　　　王　兵　王才志　王克文　王泽丹　王贵文　王雪松
　　　　石玉江　田中元　刘向君　江如意　汤　彬　苏学斌
　　　　李　军　李安宗　李俊军　杨立强　肖立志　肖承文
　　　　宋　永　张　锋　陈　宝　陈　锋　武宏亮　范宜仁
　　　　尚　捷　周　军　庞奇伟　胡启月　胡英杰　袁　超
　　　　高　杰　郭海敏　赫志兵　谭茂金

# 序

经过中国测井界学人的共同努力，总计14卷26个分册的《地球物理测井学》终于问世了！这不仅是对推动测井学科进步做出的重大贡献，更是对测井先哲未竟事业和治学精神的赓续与弘扬。

地球物理测井是石油工业十大学科之一，被誉为洞察地下油气藏的"眼睛"。地球物理测井诞生于1927年。1939年，翁文波院士在中国大陆首次成功测井，开创了我国的测井事业，成为中国测井第一人。但长期以来，由于地球物理测井一直被称为"测井技术"，应有的学术地位没有得到充分体现，因而大大影响了测井学科的高质量发展。令人尊敬的测井前辈谭廷栋先生是喊出"测井学"的第一人。谭先生一生投身测井，60岁后更是为测井学正名而大声疾呼。这里之所以用"正名"而不用"倡导"或其他，是因为谭先生从来就认为测井是一门"学"，而不只是一门"技术"。他多次提到，"Reservoir Geophysics"（矿场地球物理学）一词中有"学"，在20世纪50年代翻译时出了问题，才变成了现在这个"技术"的叫法。谭先生还多次由衷感激地提到中国石油勘探开发研究院秦同洛教授，说他在国家科委确定石油工业十大学科的会议上能仗义执言："如果集声电核于一身的测井都不是学，石油上还有哪个敢说自己是学？"测井入选石油工业十大学科后，谭先生更是逢人便说、遇会便讲此中原委，且声情并茂、手舞足蹈，令与会者为之动容。于是，在他的亲自带领下，经过测井界同仁一起努力，1998年第一部《测井学》终于问世了，这是测井发展史上的一个重要里程碑。从1939年到1998年，历经60年姗姗来迟的这部《测井学》了却了谭先生最大的一桩心愿。两年后，他安详地阖上了双眼……当时参加先生追悼会的超过了300人，除了在京院所和有关司局的领导外，各大油田测井公司的主要负责同志差不多都到了。大家共同追思这位杰出的地球物理测井学家。我代表谭先生培养的所有硕士、博士毕业生题挽联一副："测井学先哲英灵永存，悼我师晚辈再写春秋。"

作为翁文波院士和谭廷栋先生的学生，我不仅忠实地继承了导师的遗志，尽全力推动测井学的发展，而且还努力从中国测井行业战略发展的高度出发，大力倡导"学科大发展，方有大作为"的理念。我认为，只有从国家、人民群众和专业人士这三个层面的需求出发撰写出版三类图书，即大百科全书、科普图书和专业著作，才能全方位确立、展现并提升测井学科的学术地位。于是，我从 2015 年起，用 6 年时间牵头遴选编撰测井条目，使地球物理测井第一次以一个完整学科定位写入《中国大百科全书》；从 2020 年起，我用 3 年时间组织编写出版了大型科普丛书《走进石油（第二版）》之测井分册《洞察地下油气藏：石油地球物理测井》，同时走进中国科技馆大讲堂，以《万米特深地球物理测井：一项极具挑战的"反向探月"工程》为题，向全国观众普及测井知识；从 2021 年起，我领衔担任主编，带领全国测井界知名专家学者精心编著这部《地球物理测井学》，旨在进一步提升测井学科的影响力。

令人骄傲和兴奋的是，在中国石油、中国石化、中国海油、延长石油、相关高校和科研院所各路专家学者的通力合作下，《地球物理测井学》如期面世了！这套书系统阐述了 90 多年来测井学科发展的理论技术成果，系统总结了各类测井方法在油气勘探开发实践中的应用效果。正如中国石油勘探开发研究院窦立荣院长所说："此次李宁院士领衔主编的《地球物理测井学》不仅保留和传承了 1998 年版《测井学》专著的经典内容，更重要的是立足当前非常规油气和深地深海等复杂油气藏测井理论技术挑战，融入了 30 年来我国测井领域取得的最新理论技术成果和海外推广应用的成功案例，必将为推动我国测井学科发展、技术进步和行业壮大产生重大而深远的影响。"

这套书的第一大特点是论述系统全面、内容丰富详实，涵盖了从测井解释、测井软件、测井装备、电法测井、声波测井、核测井、核磁共振测井、工程测井、油气井射孔、生产测井、测井岩石物理、测井地质应用、测井人工智能到测井简史等测井学科的各个分支。正因如此，我国测井界百余位知名教授、长江学者和现场技术专家都参与其中。著作内容的系统、全面还体现在首次将测井简史作为测井学不可或缺的一部分，分两册单独成卷。我国自主研制的渗透率测井仪原型机于 2024 年 3 月 3 日在华北油田任 91 井测试成功，即将在深地塔科 1 井实施世界首次万米特深井渗透率测井作业，一举实现从 0 到 1 的重大技术突破，为百年地球物理测井史再添辉煌一笔。

这套书的第二大特点是突出学术性，尤其强调对学科基础理论的阐述，特别是首次引入了中国学者导出的理论公式和提出的方法原理，不但丰富发展了测井基本理论，而且有助于推动建立中国在国际地球物理学界的地位和声望。例如，一直以来石油院校教材中测井饱和度计算的经典内容是美国学者阿奇提出的经验公式，以及翻译照搬苏联教材中的分层各向均匀体积模型，而在这套书中介绍的饱和度一般形式（通解方程），则是由中国学者针对复杂岩性给出的非均质各向异性模型导出，并详细证明了以往教材中的那些公式都是一般形式在给定条件下的特例（均为通解方程的特解）；又如，过去测井数据处理的主要方法和工业软件都是国外引进的，而现在《测井软件》一卷的核心内容则是中国学者提出的广义测井曲线理论和中国科研团队研发的目前装机量最大、年处理井数最多的大型国产测井工业处理软件 CIFLog。

这套书的第三大特点是首次把每一测井分支领域的理论方法、技术系列和现场应用以卷为单位有机统一起来。根据统一的顶层设计，每卷的第一分册论述该卷所涉及的测井细分领域的理论基础，用作高校教材，其读者主要是在校大学生和研究生等；第二分册论述该细分领域的技术方法，其读者主要是工程师和做毕业论文的研究生及博士后研究人员等；第三或第四分册提供该细分领域理论技术的典型应用实例，其读者主要是现场工程技术人员和现场实习的高校毕业生等。以第一卷《测井解释》为例，它的第一至第四分册分别为《测井解释：理论方法》《测井解释：储层评价》《测井解释：国内实例》《测井解释：国外实例》。作为一个分支领域的理论基础，每卷的第一分册相对独立和完备，应在较长时间内保持稳定；而它之后的各分册则应经常再版更新，及时补充最新的技术进展和最新的现场应用成果。

这套书的第四大特点是首创用微信扫描书中测井图件的二维码，就能在 CIFLog 测井软件中立即打开这幅测井图件并对其进行修改和二次处理。通过这一功能，学生可以看到处理相应井的方法、公式和参数，观摩学习并掌握要领；老师可以更方便地备课；现场工程技术人员可以参考所用方法，方便改写添加自己的处理公式和参数，从而大大缩短调整处理方案的时间，节省精力。同时，利用 CIFLog 智能助手，可以通过输入一段描述文字，快速推荐书中的相关案例图件。

总之，《地球物理测井学》定位明确，编写起点高，是目前国内地球物理测井领域最具理论性、系统性、创新性和权威性的一部著作。即便从国际测井发展史上来看，能集中如此多的行业专家学者精心编著这样大体量的学科专著也是绝无仅有的。2024 年，这套书入选国家出版基金资助项目，这在中国测井界也是第一次。衷心希望广大读者能够从中获益。

最后，特别感谢中国石油天然气集团有限公司原副总经理焦方正教授、中国石油科技管理部两任总经理匡立春教授和江同文教授在这套书出版立项过程中给予的鼎力支持。特别感谢中国石油勘探开发研究院各位领导、专家给予的全力协助与配合。

中国工程院院士

2024 年 12 月　于北京海淀

# 《地球物理测井学》分卷册目录

| 卷次 | 分册名 | 卷次 | 分册名 |
|---|---|---|---|
| 第一卷 | 测井解释：理论方法 | 第六卷 | 核测井（上册） |
| | 测井解释：储层评价 | | 核测井（下册） |
| | 测井解释：国内实例 | 第七卷 | 核磁共振测井 |
| | 测井解释：国外实例 | 第八卷 | 工程测井 |
| 第二卷 | 测井软件（上册） | 第九卷 | 油气井射孔（上册） |
| | 测井软件（中册） | | 油气井射孔（下册） |
| | 测井软件（下册） | 第十卷 | 生产测井（上册） |
| 第三卷 | 测井装备（上册） | | 生产测井（下册） |
| | 测井装备（下册） | 第十一卷 | 测井岩石物理 |
| 第四卷 | 电法测井（上册） | 第十二卷 | 测井地质应用 |
| | 电法测井（下册） | 第十三卷 | 测井人工智能 |
| 第五卷 | 声波测井（上册） | 第十四卷 | 测井简史：国内油气 |
| | 声波测井（下册） | | 测井简史：固体矿产 |

# 前　言

油气资源勘探开发实践表明，地质力学特征的科学准确认识已成为钻完井安全实施的关键基础和保障。新井轨迹设计与优化、钻井方式的选择与优化、完井和压裂方案的设计优化与实施等钻完井的各个环节，都强烈地依赖地层岩石强度、地层孔隙压力、地应力等地质力学参数及其衍生参数（地层坍塌压力、地层破裂压力、承压能力及裂缝扩展压力等）。裸眼井测井是油气工业获取地层原位特性的重要探测技术，具有获取这些关键核心参数的潜力。传统测井主要以"找油找气，发现油气层"、储层评价为目标，聚焦孔隙度、渗透率和含油气饱和度等储层参数评价，而对地质力学特性关键核心参数的测井预测缺乏系统研究，难以有效支撑油气钻井、完井、压裂改造等工程技术的安全高效实施，即传统储层评价测井难以满足和适应油气工业发展对测井技术的新需求。

随着我国油气资源勘探开发逐渐进入深层、超深层、复杂、非常规等资源领域，油气开发的难度越来越大，油气工程所蕴含的各种安全风险越来越高。地质工程一体化是最大限度地解决由复杂地质条件引起的工程难题、实现这类油气资源高效勘探开发的必由之路。岩石强度、地层孔隙压力、地应力等地质力学特性的科学表征、评价为地质认识与工程技术决策优化的无缝衔接提供了科学依据，是地质工程一体化的桥梁与枢纽，也是确保复杂工程难题得到切实解决的关键支撑。然而，超深层海相碳酸盐岩、深层页岩、煤岩等复杂地层中孔、洞、缝、纹层、割理等复杂结构发育，这些结构将对其声波等物理特性和岩石力学特性产生显著影响，加之深层、超深层"高温、高压、高孔压"的协同作用，造成岩石物理响应特征、规律异常复杂，导致利用声波等测井信息准确获取该类地层岩石强度和地层孔隙压力等地质力学参数的难度、不确定性增大；钻完井工作液接触、侵入地层，水化等多种复杂作用造成硬脆性页岩等敏感性地层岩石的物理性质、力学性质发生显著变化，导致基于传统思路与方法获取的岩石力学参数不能可靠反映原状地层特性；复杂超压成因也造成传统地层孔隙压力预测方法的应用效果不理想等。伴随油气勘探开发领域拓展涌现出的这些技术难题，都是工程测井技术发展不得不面对且亟需解决的关键基础问题。此外，随着人工智能技术的发展，智能算法因在解决参数间强非线性映射关系方面的优势受到越来多的关注，已在岩性识别、裂缝预测、孔隙度预测等储层测井评价中取得较大进展。而如何将智能算法应用于提高复杂地层地质力学参数的预测精度与工程应用效果，也是工程测井发展所面临的基础问题。

笔者一直致力于油气工程测井领域的基础研究及应用技术开发，在理论、方法、技术上取得了一系列的创新突破，为解决重大工程问题提供了支撑。笔者及团队自1993年开始围绕"以全井剖面地层为研究对象，获取各种地层的地质力学参数，服务油气工程技术安全高效实施为目标"的油气工程测井新方向，从源头展开系统研究，逐步形成和建立了以支撑安全高效开发油气的钻井、完井、储层压裂改造等工程技术设计优化与安全高效实施为目标，以岩石强度、地层孔隙压力、地应力等地质力学参数预测为基础，以井眼稳定性分析为核心，从单井评价到区域预测，集实施前优化设计和实施后效果评价于一体的多学科交叉融合的油气工程测井全新理论、方法及应用技术体系。

本书是在油气工程测井领域取得的新理论、新方法及应用技术的总结和提炼，侧重理论方法，注重研究内容的基础性、系统性与前沿性，也配套了丰富案例，凸显出所建立的工程测井技术体系的实用性。全书共九章。第一章系统梳理工程测井产生背景与发展机遇，阐明工程测井的核心任务和主要研究内容；第二章系统阐述岩石力学参数的声学响应和测井预测方法，介绍复杂地层岩石力学参数的智能融合预测方法；第三章系统论述工作液对敏感性地层岩石结构及其力学性质、声学响应的影响；第四章详细阐述复杂地层孔隙流体压力测井预测方法；第五章系统介绍地应力方位的测井分析和地应力大小的测井预测方法；第六章详细介绍水敏性泥岩、复杂结构地层井壁稳定性测井评价方法；第七章、第八章系统阐述工程测井技术在复杂油气藏钻井、完井、压裂改造等工程一体化中的应用；第九章系统阐述地层可钻性参数的测井预测方法，以及基于深度置信神经网络的复杂地层钻头选型方法。本书由刘向君、熊健、梁利喜、丁乙编写完成。刘向君负责全书统稿。

特别感谢罗平亚院士一直以来对工程测井学科方向的指导。本书的完成凝聚了团队多年来的集体智慧，感谢团队历届博士、硕士研究生万有维、段茜、陈乔、侯连浪、王森、吴涛、何顺平、满宇、緱健儒等卓有成效的研究工作。历届博士、硕士研究生在复杂地层地质力学的岩石物理响应、测井预测及其钻完井工程应用等方面的辛勤付出，看似"星火微芒"，但通过薪火相传的学术接力，夯实了工程测井的发展，充实了本书内容。感谢林海宇、王清正、刘峻杰等研究生为本书做了大量图件、公式、表格的梳理和完善工作。

由于笔者水平和知识面的限制，不足在所难免，敬请读者批评指正。

# 目 录

### 第一章　绪论 ································································································· 1
第一节　工程测井产生背景与发展机遇 ·································································· 1
第二节　工程测井核心任务与研究内容 ·································································· 3

### 第二章　复杂地层岩石强度参数测井预测 ································································ 6
第一节　岩石强度参数 ····················································································· 6
第二节　复杂地层岩石强度参数岩石物理响应及测井预测 ········································· 13
第三节　岩石硬度、断裂韧性及脆性指数测井预测 ·················································· 52
第四节　复杂地层岩石强度参数测井智能预测 ······················································· 70

### 第三章　工作液作用下岩石物理—力学动态响应及测井校正 ········································· 84
第一节　黏土矿物的特点及水化特性 ··································································· 84
第二节　泥页岩岩石物理及强度特性的水化时间效应 ·············································· 88
第三节　泥页岩岩石物理及强度特性的水化环境效应 ·············································· 97
第四节　工作液对含黏土矿物地层岩石物理及力学性质的影响 ·································· 101
第五节　泥页岩地层测井信息"去水化"校正 ························································ 104

### 第四章　复杂地层孔隙流体压力测井预测 ······························································ 111
第一节　地层异常压力类型与成因 ····································································· 111
第二节　地层异常高压成因测井识别方法 ···························································· 113
第三节　基于泥岩正常压实趋势的孔隙压力测井预测方法 ········································ 118
第四节　基于有效应力理论的孔隙压力测井预测方法 ·············································· 122
第五节　基于人工智能算法的孔隙压力测井预测方法 ·············································· 126
第六节　三维地层孔隙压力场 ············································································ 131

## 第五章　复杂地层地应力测井预测 ………………………………………… 138

- 第一节　地应力预测方法概述 ……………………………………………… 138
- 第二节　地应力方位测井评价 ……………………………………………… 139
- 第三节　地应力大小测井评价 ……………………………………………… 147
- 第四节　井震联合地应力场三维建模 ……………………………………… 165

## 第六章　复杂地层井壁稳定性测井评价 ………………………………… 173

- 第一节　均质地层井壁稳定性测井评价 …………………………………… 173
- 第二节　水敏性地层井壁稳定性测井评价 ………………………………… 180
- 第三节　复杂结构地层井壁稳定性测井评价 ……………………………… 191

## 第七章　工程测井在钻完井钻前一体化优化设计中的应用 ………… 195

- 第一节　基于地质力学参数场的井眼轨迹钻前优化 ……………………… 195
- 第二节　基于地质力学参数多分支井钻前优化 …………………………… 207
- 第三节　复杂油气藏水平井钻完井钻前地质工程一体化优化 …………… 212
- 第四节　工程测井与传统储层评价测井相结合实现钻井方式优化 ……… 217

## 第八章　工程测井在推进科学完井及压裂改造中的应用 …………… 220

- 第一节　基于工程测井的疏松砂岩油气藏出砂判别及防砂完井优化 …… 220
- 第二节　基于工程测井的油气藏完井方式优选 …………………………… 232
- 第三节　基于工程测井的复杂地层复杂井压裂优化 ……………………… 237

## 第九章　工程测井在复杂地层钻头选型中的应用 …………………… 255

- 第一节　岩石的可钻性与研磨性 …………………………………………… 255
- 第二节　传统钻头选型方法 ………………………………………………… 260
- 第三节　基于地层抗钻参数的钻头选型方法 ……………………………… 261
- 第四节　基于深度学习的复杂地层钻头选型 ……………………………… 264

## 参考文献 ………………………………………………………………………… 274

# 二维码目录

二维码使用说明

图 2-2-17 ·················································································· 32
图 2-2-32 ·················································································· 44
图 3-5-9 ·················································································· 110
图 4-3-4 ·················································································· 122
图 4-5-7 ·················································································· 130
图 5-3-9 ·················································································· 156
图 6-2-8 ·················································································· 189
图 7-4-2 ·················································································· 219
图 7-4-3 ·················································································· 219
图 8-1-1 ·················································································· 223
图 9-3-1 ·················································································· 262

# 第一章　绪　　论

测井对油气工业的核心价值在于为油气工业上游领域提供认识和研究地层的重要资料与信息。测井技术分为测井仪器技术、测井数据处理技术、测井资料的综合解释与应用三大部分，工程测井是测井信息综合应用的新发展、新领域。

长期以来，从通过井下仪器获得电阻率、声波和自然伽马等直接的井周岩石物理资料，到利用各种解释方法、解释技术获得流体分布、岩性特征、孔隙度、渗透率、饱和度等地层信息，是传统裸眼井测井技术的研究体系、技术体系的中心任务。随着油气资源开发快速迈向深层、超深层、复杂地层和非常规地层，油气开发的难度也必将越来越大，工程安全风险越来越高。在准确识别与评价油气储层的同时，能否准确认识地层的各种工程地质特性，以地质评价为先导，地质工程一体化，对安全、经济、高效开发油气资源至关重要。

本章主要介绍工程测井的发展及研究内容等。

## 第一节　工程测井产生背景与发展机遇

### 一、产生背景

1927 年，法国人斯伦贝谢兄弟（Conrad Schlumberger、Marcel Schlumberger）在法国成功测量出了第一条电测曲线，标志着测井技术的诞生；1939 年，翁文波等在四川巴县石油沟巴 1 井（石油沟一号井）测取了一条电阻率和一条自然电位测井曲线，标志着我国测井技术的开端。近百年以来，测井理论不断快速发展，测井采集处理解释等技术经过了多次更新迭代，从最初的模拟测井到现代的成像测井、远探测测井，理论技术水平和应用范围不断提高和扩大。测井在发现油气藏、评价油气储量、监测油气生产动态等方面发挥着越来越重要的作用，成为油气勘探开发工业中不可或缺、无可替代的技术手段之一。

在测井理论与技术不断发展过程中，依据在油气勘探开发过程中的作用，测井逐渐发展形成两个主要分支，分别为：以识别储层、评价储层、发现油气为主要目标的勘探测井；以监测分析井下流体流动状态、油气产层性质变化、油气井生产状况、油气藏开发动态为目标的生产测井。其中，工程测井通常被作为生产测井的分支，主要定位为通过测井实现井下管柱深度、套管损坏情况、井径变化、固井质量、射孔质量、出砂层位识别等工程状况评价。

21 世纪以来，国内外油气勘探开发陆续转向深层油气、致密层油气，以及煤层气、页岩气等复杂、非常规资源领域。相对于常规油气领域，这些领域地层构造、地层岩性、岩石结构等都更为复杂多变，同时，地层的地应力水平也相对更强、地层温度更高、流体更复杂、流体压力更高，油气勘探开发过程中钻井井眼垮塌、漏失等井壁失稳、地层出砂、套管变形与损坏、储层伤害、压裂改造难度大与效果差、油气井产能递减快等工程问题更加突出。在准确识别、评价油气储层的同时，科学评价、精细掌握工程实施目标地层的工程地质特性，是科学认识上述工程问题诱发机制、针对性建立切实有效防控措施的关键与基础。测井以其沿井眼全井段连续高分辨率原位测试、携带地层信息丰富等特点，在深部地层工程地质特性连续评价分析方面具有其他技术手段不可比拟的优势，因此，测井被石油工程领域寄予新的信息需求与使命任务。由此，在勘探测井与生产测井的基础上产生了工程测井，针对工程领域的相关测井问题开展系统深入研究。

西南石油大学刘向君及其团队在国内外率先提出了"以全井剖面地层为研究对象，获取各种地层的地质力学参数，服务油气工程技术安全高效实施为目标"的油气工程测井新方向，并从源头着手对裸眼井工程测井的理论、方法和技术展开了系统研究。1993年以来历经30余年的不懈努力，研发了岩心多频超声测试仪等岩石物理实验装备、复杂结构岩石超声波传播等数值仿真系统，建立了物理实验、数值仿真相结合的复杂地层岩石力学与岩石物理同步实验理论与实验平台；揭示了复杂结构岩石力学特性、地层压力的声学响应特征，建立了基于数理分析、人工智能、测井曲线分形特征的不同地层地质力学参数测井评价系列理论与方法；基于地质力学特性与储层地质特性的有机融合分析，构建了复杂地层钻井工程钻前设计、钻后评价优化，完井及压裂精细分段优化等应用技术体系，拓建了系统的服务于钻井、完井、压裂等工程的测井技术应用新领域，从而建立了以支撑安全高效开发油气的钻井、固井、完井、压裂等工程技术实施为目标的全新的工程测井理论与技术新体系。

充分结合深层、复杂地层、非常规油气勘探开发对测井技术需求、测井学科内涵的不断丰富与发展，测井学科划分为三个既相互独立又相互支撑的学科分支，分别为：以储层评价、发现油气为目标的勘探测井；以油气井流动剖面、油气藏动态监测为目标的生产测井；以支撑服务钻井、完井、储层改造等石油天然气工程各个环节的工程科学设计与高效实施为目标的工程测井。与勘探测井、生产测井不同，工程测井以全井段地层为研究对象，而不仅关注储层段。近年来，随钻地质导向钻井技术的应用使储层评价测井和工程测井融为了一体。

## 二、发展机遇

加大油气资源勘探开发和增储上产力度，保障国家能源供应的稳定性和安全性，是国家能源安全战略的重大需求。

测井采集技术快速发展，为工程测井技术的进步提供了有效支撑。微电阻率扫描成像测井、三维阵列感应、三维阵列声波等测井技术提高了对地层的探测分辨率，为工程测井宏观微观多尺度精细刻画地层的工程地质属性提供了强力支撑；远探测技术、深探测技术的发展，助推工程测井对地层工程地质特性的刻画向更深更远地层拓展；从钻后测井、钻中随钻测井、套后测井，到随钻地质导向、随钻地质工程导向，提高了对地层工程地质特性评价的时效性，也为不同阶段地层特性动态演化提供了保障。

人工智能、大数据和云计算等学科的快速发展将对工程测井的发展产生深远影响，推动工程测井技术的智能化、高效化和精准化。人工智能、大数据不仅有助于测井模型优化改进、数据自动处理、数据挖掘分析，同时也为岩石物理响应机制、响应规律不明确的复杂地层的测井预测提供了新技术途径；云计算将为测井信息实时数据处理与分析，现场与室内协同处理分析提供有效支撑。

# 第二节　工程测井核心任务与研究内容

刘向君及其团队通过 30 余年的系统研究，形成工程测井的特有内涵和理论技术体系，即以支撑安全高效开发油气的钻完井、压裂等工程技术实施为目标，以复杂地层岩石力学参数的岩石物理尤其岩石声学响应及动态变化研究为基础，以岩石强度、地应力、地层孔隙流体压力等地质力学参数测井预测为关键，井眼坍塌压力、破裂压力、漏失压力等测井评价为核心，从单井评价到区域预测，集支撑钻井工程技术钻前优化设计和钻后评价于一体的油气工程测井理论方法和技术体系；与固井质量评价、井筒完整性检测评价及压裂等井下作业效果评价等传统工程测井领域一起构成了系统完善的工程测井理论、方法及技术体系。

## 一、核心任务

油气工程测井是地质工程一体化的桥梁与关键支撑，与石油工程技术需求相适应，目前工程测井的核心任务如下。

（1）地层的地质力学特性预测与评价。地质力学特性是钻井、完井、储层改造等工程设计所必需的关键基础信息，因此，地质力学特性评价也是工程测井的重要基础工作与核心工作。在地层岩性识别、矿物组成评价、地层流体识别等传统储层预测评价的基础上，工程测井重点评价深部地层赋存的工程地质环境，包括地应力、孔隙压力、温度以及构造特征等，深部工程地质环境中岩石的力学特性，包括岩石的弹性模量、泊松比、抗压强度、抗张强度等岩石变形参数、力学强度参数、断裂参数等，以及评价地层岩石的变形特征与破坏模式。

（2）服务支撑钻井科学设计与安全高效实施。以井壁稳定评价理论为核心，基于测井资料建立沿井眼轨迹的地层"三压力"（地层坍塌压力、地层破裂压力、地层孔隙压力）剖面以及裂缝等高渗透通道发育地层的"四压力"（地层坍塌压力、地层破裂压力、地层孔隙压力、漏失压力）剖面或"五压力"（地层坍塌压力、地层破裂压力、地层孔隙压力、漏失压力、裂缝闭合压力）剖面等。以此为基础，支撑并实现以保障井眼稳定、确保钻达地质靶体为目标的井眼轨迹优化，气体钻井等欠平衡钻井可行性评价与钻井方式选择，结合地层岩石可钻性、以高效破岩与最大化钻头寿命为目标的钻头选型，以及以降低、消除钻井井眼坍塌、漏失等井下复杂与事故风险为目标的钻井液密度选择、钻井液性能优化导向建议等工程方案的优化、安全高效实施。

（3）服务支撑高效完井方案设计。基于井周地层地质力学特性测井剖面、储层孔隙性、渗透性、流体特性以及敏感矿物分析等测井剖面，结合现代完井工程理论，围绕油气完井与高效开采的工程需求，开展储层生产过程中井壁与井周地层的稳定性分析，构建储层出砂指数与出砂趋势、保持裸眼井井壁稳定的临界生产压差、钻完井工作液侵入储层深度及储层伤害程度等测井剖面，实现完井分段优化、射孔参数优化、出砂预测等，支撑完井方式与完井工具优选、完井工作液性能优化、完井管柱设计、完井工艺优化等。

（4）服务支撑储层改造。基于井周地层地质力学、储层结构、储层岩性、矿物组分、物性等测井评价剖面，实现水力压裂、酸化、酸压等储层改造方式的储层适应性评价，地层破裂压力预测、水力压裂缝缝高预测，非常规储层脆性评价、可压性评价、压裂甜点评价与压裂层段优选，以及与压裂增产理论相结合的水平井压裂射孔段簇优化等，为储层改造方案设计、注入压力、排量等施工参数优化、压裂工作液体系及性能优化提供服务与支撑。

（5）工程效果检测与评价。通过声波测井、磁法测井、示踪测井、井径测井及光纤测井等手段，评价井眼规则状况、固井质量与射孔质量、套管变形损坏与腐蚀、出砂层位，以及压裂、酸化等增产效果等。

值得注意的是，随着油气资源勘探开发日渐深入超深层、特深层、非常规等极端地质环境、复杂地层条件，油气开发工程面临的复杂问题将日益增多，工程实施难度日益增大，工程科学设计与高效实施需求的地层信息不仅日益增多，而且还要求日益精准，工程测井的作用越来越重要。

## 二、研究内容

工程测井主要研究内容如下。

（1）地层岩石力学特性的测井响应。通过模拟深部地质环境或原位的岩石物理与岩石力学实验或数值仿真模拟，研究认识地层的岩石力学、地层压力等特性的测井响应，利用测井信息预测评价地层岩石力学特性、地层压力的关键与基础。

（2）地质力学参数评价。包括地质力学参数测井评价与测井—地震联合地质力学参数三维模型构建。实验研究与工程信息相结合，针对地下高温、高应力、高孔压的复杂地质环境，研究不同岩性、不同结构以及不同流体作用下岩石力学参数、地层压力、地应力等地质力学参数评价模型、评价方法，是工程测井的关键理论与技术。在单井评价的基础上，测井—地震联合，建立区域地质力学参数三维模型，是钻井工程技术钻前方案设计优化的基础与关键。

（3）复杂地层井壁稳定评价与安全钻井液密度设计。测井信息获取的地质力学参数与岩石力学理论相结合，对不同地层开展井壁稳定性评价，预测地层孔隙压力、坍塌压力、破裂压力以及漏失压力等，并建立连续测井剖面，为安全高效钻井完井提供关键支撑，是工程测井应用技术的核心。

（4）非常规油气储层地质工程综合"甜点"评价。以安全高效钻井、储层增产改造等工程安全高效实施为目标，综合开展储层地质、地质力学等相关参数的测井评价，结合工程信息，构建"甜点"评价指标体系，实现"甜点"指标的测井计算评价；进一步，与地震信息相结合，实现"甜点"指标的区域三维评价，为非常规油气勘探开发有利区域、适宜井段的选取提供支撑。

（5）地质工程一体化钻井完井工程中的工程测井应用技术。包括水平井方位钻前优化、井身结构钻前优化、地层可钻性测井评价与钻头选型、射孔设计与优化、地层出砂预测与防砂方法优选、钻完井储层伤害评价及保护、完井分段优化及完井方式优选、压裂分段优化、压裂缝高预测以及水平井压裂段簇优化等，以及基于地质力学三维模型的综合储层靶体控制、井壁稳定、压裂效果等多目标的水平井方位优化、水平井井距优化等。

（6）传统工程测井技术。通过对套管、水泥环、储层进行测量，评价固井、射孔、压裂等钻采工程作业效果。通常利用声幅测井、变密度测井等评价固井质量；通过磁测井、井径测井等评价井下管柱质量、射孔质量；通过放射性示踪测井、井温测井等评价压裂、酸化等储层改造效果。

# 第二章 复杂地层岩石强度参数测井预测

油气工业广泛使用的岩石强度参数主要包括抗压强度、抗张强度、弹性模量、泊松比、内聚力、内摩擦角、脆性指数、断裂韧性等。岩石力学参数可直接通过室内实验得到，但实测数据有限、离散、成本高，而且在非均质地层，有限的实验数据点也不能反映出井剖面地层岩石力学性质的变化。因此，利用测井数据连续获取井剖面地层的岩石力学参数对油气工业具有重要意义。本章以致密砂岩、页岩、煤岩、砾岩、缝洞碳酸盐岩地层等复杂地层为代表，对这些岩石强度参数的测井预测进行了简要介绍。

## 第一节 岩石强度参数

抗压强度、抗张强度、抗剪切强度、弹性模量、泊松比等岩石力学参数是钻井、完井、压裂等油气工程设计与优化所需的基础参数。下面对这些参数及其实验室测试方法进行介绍。

### 一、岩石的抗压强度

抗压强度指岩石在压载荷作用下达到破坏的极限强度，在数值上等于破坏时的最大压应力。根据测试过程中是否施加围压、施加围压的方式，岩石抗压强度的实验方法可以分为单轴压缩实验、常规三轴压缩实验、真三轴压缩实验。三种压缩实验的加载方式及实验样品几何形状如图 2-1-1 所示，图中，$\sigma_1$ 为施加在岩样上的轴向压应力，$\sigma_2$ 和 $\sigma_3$ 均为施加在岩样上的围压。其中，压缩过程中不施加围压，即为单轴压缩实验；常规三轴压缩实验时，围压 $\sigma_2=\sigma_3\neq0$；而真三轴压缩实验采用立方体试样，且围压 $\sigma_2\neq\sigma_3$。

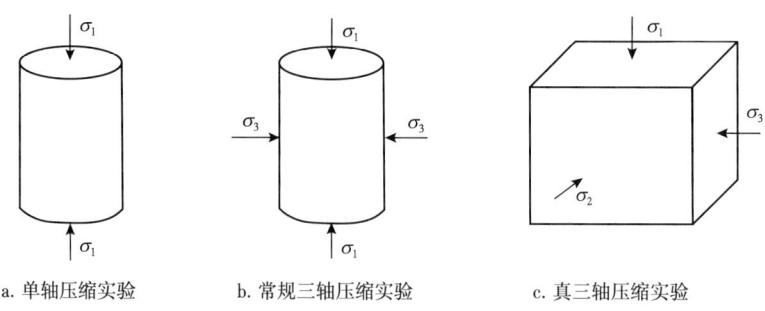

a. 单轴压缩实验　　　　b. 常规三轴压缩实验　　　　c. 真三轴压缩实验

图 2-1-1　不同类型抗压强度测试的加载方式与样品示意图

目前，单轴压缩、常规三轴压缩是最为常用的实验方法，但随着深层、超深层、复杂地质条件下油气资源的勘探开发，对真三轴压缩实验的需求将会日益增大。

岩石抗压强度测试一般通过伺服式材料实验机完成。实验时，岩石在受压过程中的变形与破坏特征可以用应力—应变曲线表征。

在单轴压缩实验得到的应力—应变曲线上,峰值应力即是单轴抗压强度。岩石单轴抗压强度的表达式为:

$$\sigma_c = \frac{P_c}{A} \tag{2-1-1}$$

式中:$\sigma_c$ 为岩石单轴抗压强度,MPa;$P_c$ 为岩石试件达到破坏时最大的轴向载荷,N;$A$ 为岩石试样的受力横截面积,mm²。

利用岩石压缩实验得到的应力—应变曲线,还可以获取岩石的静态弹性模量和静态泊松比等弹性参数。弹性模量是岩石弹性变形难易的度量,大小为岩石在弹性变形时轴向应力与轴向应变的比值;泊松比为横向应变与轴向应变之比。对于单轴压缩实验,静态弹性模量和静态泊松比的计算表达式为:

$$\begin{cases} E = \dfrac{F/A}{\Delta L/L} \\ \nu = \dfrac{\Delta d/d}{\Delta L/L} \end{cases} \tag{2-1-2}$$

式中:$E$ 为弹性模量,GPa;$F$ 为轴向压力,kN;$L$ 为岩样长度,mm;$\Delta L$ 岩样轴向变形量,mm;$d$ 为岩样直径,mm;$\Delta d$ 为岩样横向变形量,mm;$\nu$ 为泊松比。

依据弹性力学理论,基于岩石弹性模量和泊松比,可计算得到岩石的体积模量和剪切模量:

$$\begin{cases} G = \dfrac{E}{2(1+\nu)} \\ K = \dfrac{E}{3(1-2\nu)} \end{cases} \tag{2-1-3}$$

式中:$G$ 和 $K$ 分别为岩石的剪切模量和体积模量,GPa。

图 2-1-2 为某地层岩石的单轴应力—应变曲线,其中 $\varepsilon_a$、$\varepsilon_r$ 和 $\varepsilon_v$ 分别代表轴向、径向及体积应力—应变曲线。峰值点的应力大小为 142.3MPa,即该岩样的单轴抗压强度

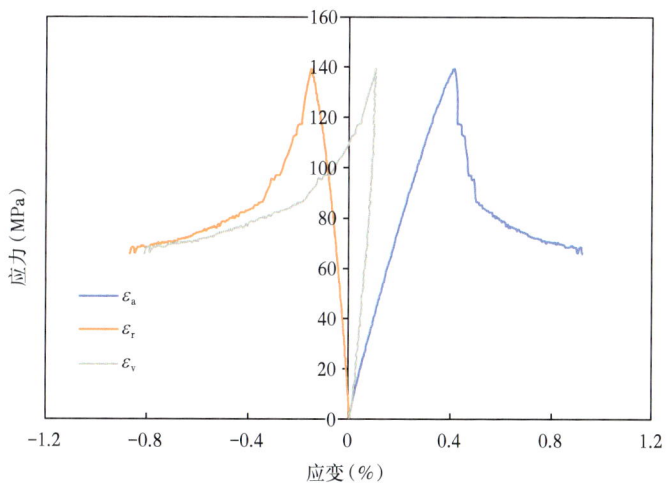

图 2-1-2 典型单轴应力—应变曲线

为 142.3MPa；依据式（2-1-2），利用应力—应变曲线可计算得到该岩石的弹性模量和泊松比分别为 35.5GPa 和 0.27。

压缩条件下，岩石的变形、破坏特征及其力学强度大小取决于岩性、矿物组成、岩石结构等自身特征，同时还与围压、温度等环境因素密切相关。

围压对岩石变形破坏特征与抗压强度的影响显著。对取自同一地层的岩石试样，实验围压分别设定为 15MPa、30MPa 和 60MPa，得到不同围压条件下的三轴应力—应变曲线，如图 2-1-3 所示。由图可见：（1）随着围压逐渐增加，岩石的抗压强度增大。在 15MPa 围压条件下，抗压强度为 102.1MPa；当围压增高到 30MPa 时，抗压强度增大至 172.2MPa；当围压提升到 60MPa 时，抗压强度增大至 240.5MPa。（2）随着围压增大，岩石的弹性模量呈现增大趋势，泊松比呈降低趋势。其中，15MPa 围压条件下，岩石弹性模量与泊松比分别为 34.2GPa 和 0.29；当围压增大为 60MPa 时，岩石弹性模量与泊松比分别为 48.4GPa 和 0.21。

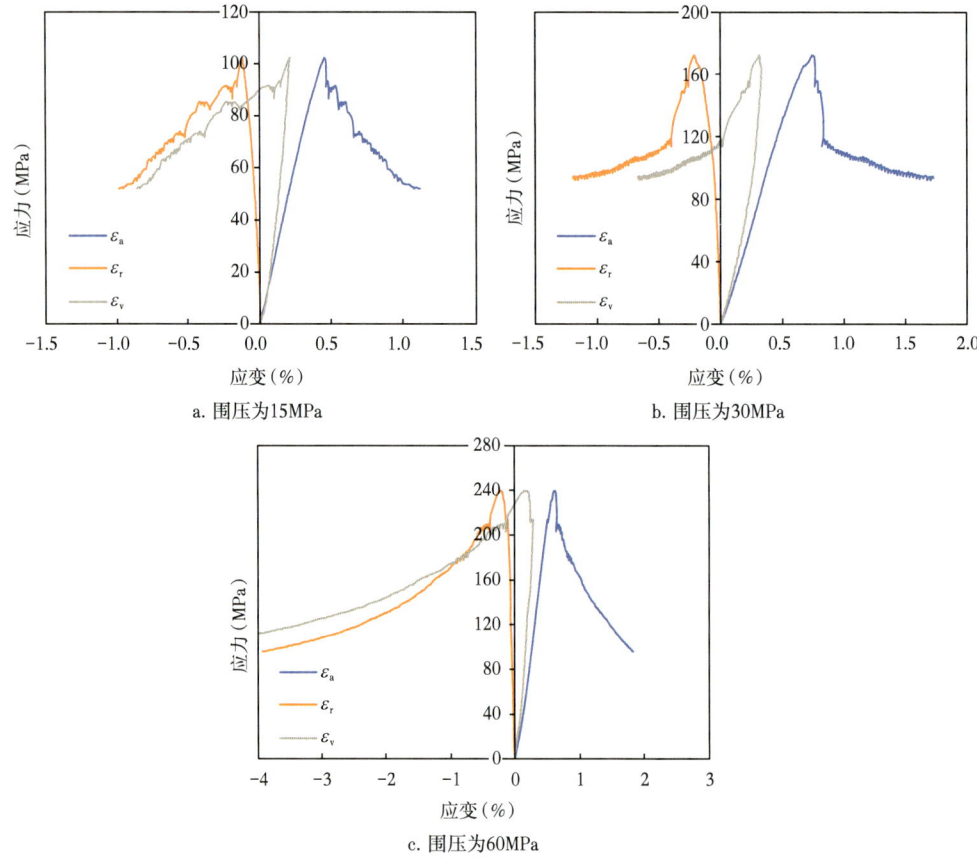

图 2-1-3　岩样在不同围压条件下的应力—应变曲线

在围压相同条件下，对某地区的页岩、碳酸盐岩、砂岩、砾岩等进行压缩实验，不同岩性岩样的轴向应力—应变曲线及抗压强度如图 2-1-4 所示（单轴压缩）。可看出：（1）砂岩、页岩、砾岩及碳酸盐岩等不同岩性试样的变形破坏特征、力学强度差异显著；（2）受结构差异、非均质性等的影响，相同岩性试样、在相同的围压实验条件下，力学强度也呈现显著的差异。

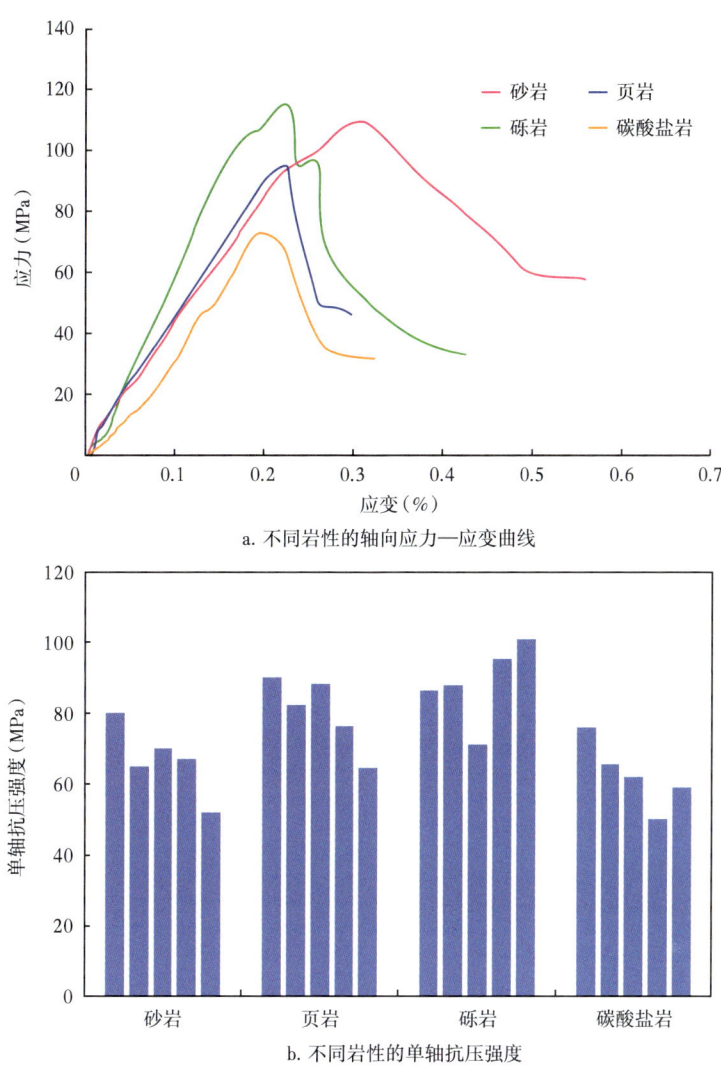

a. 不同岩性的轴向应力—应变曲线

b. 不同岩性的单轴抗压强度

图 2-1-4 西部某工区不同岩性的岩样单轴压缩实验结果

每种岩性选取 5 个平行样

## 二、岩石抗张强度

岩石抗张强度，又称为抗拉强度，是指岩石抵抗拉张破坏的极限强度，数值上等于在拉伸作用下达到破坏时的最大张应力。

实验室获取抗张强度的方法主要分为直接法与间接法两大类。直接法基于拉张仪，通过夹具施加拉伸荷载直至岩石破坏，实现岩石抗张强度测试。由于夹具产生的应力集中容易导致岩石试样两端破裂，该方法在石油工程岩石力学领域较少应用，主要应用于金属材料领域。

间接法主要基于巴西劈裂测试，是石油工程领域获取岩石抗张强度最常用的实验手段。该测试采用短圆柱体试样（长度小于或接近直径，通常也被称为巴西圆盘），对圆柱体（巴西圆盘）沿径向施加压缩荷载，在此荷载作用下，圆柱形岩样会产生正交于压缩荷载方向的拉张应力；由于岩石的抗张强度远小于抗压强度，在此拉张应力条件下，岩石试样总是表现为正交拉张应力的张性破裂。据此，由岩石试样张性破坏时的最大载荷 $p_{max}$ 可计算得到岩石的抗张强度（$\sigma_t$）：

$$\sigma_t = \frac{2p_{max}}{\pi dL} \quad （2-1-4）$$

式中：$p_{max}$ 为岩石破坏时的最大载荷，N。

典型巴西劈裂实验的载荷—位移曲线如图2-1-5所示。在确定岩样几何尺寸的基础上，通过测得的载荷—位移曲线获取岩样张性破裂对应的峰值载荷 $p_{max}$，利用式（2-1-4）计算获取岩石的抗张强度。

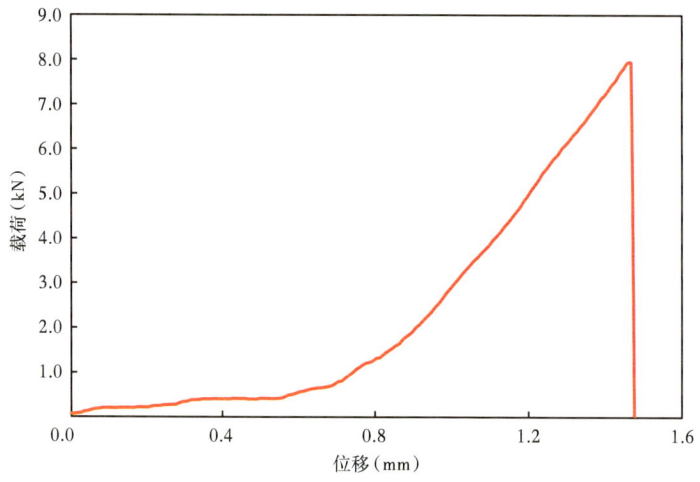

图2-1-5　巴西劈裂实验的载荷—位移曲线

岩石的抗张强度同样取决于岩性、矿物组成、岩石结构等因素。图2-1-6为对与图2-1-4同一工区、同一批岩石试样利用巴西劈裂测试得到的抗张强度。与图2-1-4b对比可看出，岩石的抗张强度远小于岩石的抗压强度；不同岩性岩石的抗张强度差异显著，而对于相同岩性的岩石，由于岩石自身的结构差异、非均质性，抗张强度也存在显著差异。

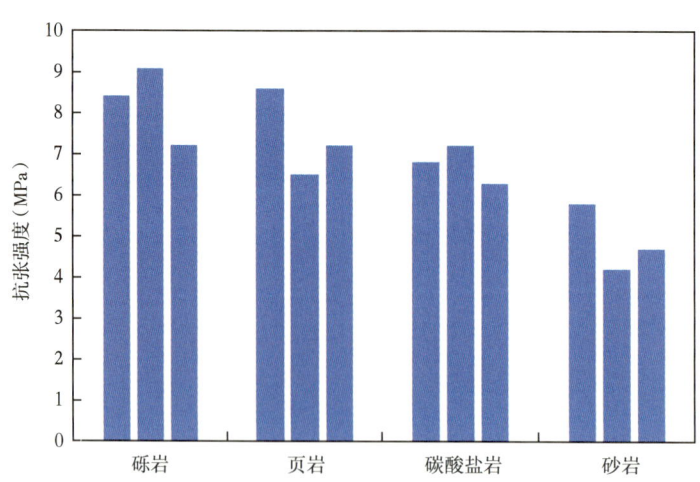

图2-1-6　基于巴西劈裂测试的载荷—位移曲线与抗张强度
每种岩性选取3个平行样

## 三、岩石抗剪强度

抗剪强度指岩石抵抗剪切破坏的能力，大小为剪切荷载作用下达到破坏时岩石所能承受的最大剪应力；对于同一岩样，抗剪强度大小与法向载荷相关，随着法向载荷的增大而增大。因此，通常采用内聚力 $c$、内摩擦角 $\varphi$ 两个力学参数来表征岩石抵抗剪切破坏的能力。

在石油工程领域，通常采用直接剪切实验、不同围压下的三轴压缩实验测试计算岩石的岩石抗剪强度、内聚力、内摩擦角。

1. 基于直接剪切实验的抗剪强度测试

通过直接剪切实验获取岩石抗剪强度的基本原理和方法如下：首先垂直剪切面施加载荷 $F_c$，然后在沿剪切面方向施加剪切载荷 $T$，并逐步增大剪切力直到岩石被剪断，岩石被剪断过程中的最大剪应力，即是岩石的抗剪强度。剪切载荷—位移曲线如图 2-1-7 所示，剪切面的正应力、剪应力表达式为：

$$\begin{cases} \sigma_n = \dfrac{F_c}{A} \\ \tau = \dfrac{T}{A} \end{cases} \qquad (2-1-5)$$

式中：$F_c$ 为垂直剪切面的载荷，N；$T$ 为平行剪切面的载荷，N；$\sigma_n$ 为剪切面上的正应力，MPa；$\tau$ 为剪切面上的剪应力，MPa。

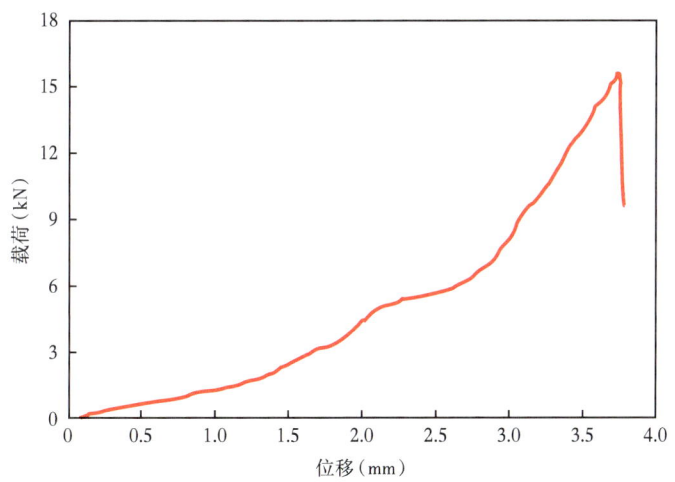

图 2-1-7 岩石直剪测试载荷—位移曲线

通过施加不同大小的法向载荷，即可得到不同正应力条件下的抗剪强度，获取正应力与抗剪强度关系曲线，如图 2-1-8 所示。图中正应力与抗剪强度关系曲线近似为直线，该直线在 $\tau$ 轴上的截距为岩石的内聚力 $c$，该线与横轴（正应力）的夹角，为岩石的内摩擦角 $\varphi$。

岩石抗剪强度与内聚力、内摩擦角的关系，可表示为：

$$\tau = c + \sigma_n \tan\varphi \qquad (2-1-6)$$

式中：$\tau$ 为岩石的抗剪强度，MPa；$c$ 为岩石的内聚力，MPa；$\varphi$ 为岩石的内摩擦角，(°)。

通过沿裂缝、层理等弱结构面进行剪切测试，还可获得岩石弱结构面的内聚力、内摩擦角等抗剪强度参数，因此，直接剪切试验也为评价裂缝、层理等结构面的力学特性提供了有效手段。

## 2. 基于三轴压缩实验的抗剪强度测试

对岩样进行常规三轴压缩测试，可测试实验围压 $\sigma_3$ 条件下的抗压强度 $\sigma_1$，依据 Mohr 理论，可在 $\tau\text{-}\sigma_n$ 坐标系中绘制得到岩石在该极限平衡状态下 Mohr 应力圆；对同一地层的岩样开展不同围压条件下的三轴压缩实验，获取多个 Mohr 应力

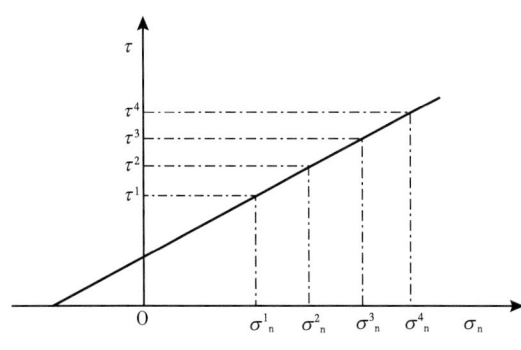

图 2-1-8 岩石正应力—剪应力相关性

圆；做多个 Mohr 应力圆的公切线，可得到所评价地层岩石的强度包络线，如图 2-1-9 所示。强度包络线在纵轴上的截距即为岩石的内聚力 $c$，包络线与横轴的夹角即为岩石的内摩擦角 $\varphi$。针对不同性质的岩石，包络线可能为直线型、抛物线型、双曲线型等。其中，直线型的强度包络线形式最简单，应用也最为广泛，此时，岩石抗压强度与岩石内聚力、内摩擦角关系可表示如下：

$$\frac{1}{2}(\sigma_1 - \sigma_3) = c\cos\varphi + \frac{1}{2}(\sigma_1 + \sigma_3)\sin\varphi \tag{2-1-7}$$

式中：$\sigma_1$ 和 $\sigma_3$ 分别为岩石最大和最小主应力，MPa。

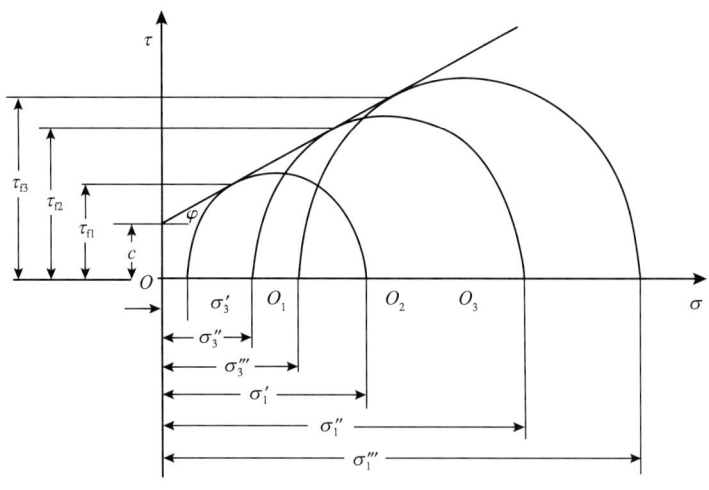

图 2-1-9 三轴实验破坏时的应力圆

以某地区均质性较好的砂岩与层理性页岩为例，抗剪强度参数分布如图 2-1-10 和图 2-1-11 所示。可以发现：由于砂岩岩样较为均匀，不同岩样的抗剪强度参数波动较小，内聚力分布在 10.2~12.8MPa，内摩擦角分布在 17.9~20.1°。页岩由于具有层理弱结构面，沿层理面与沿基体剪切后，抗剪强度参数具有明显差异。基体的平均内聚力和内摩擦角分别为 24.2MPa 和 32.5°，层理面的平均内聚力和内摩擦角分别为 14.1MPa 和

23.2°，基体的抗剪强度明显大于层理面。因此，对于页岩等结构复杂的岩石，利用测井资料进行岩石力学参数评价应重视岩石结构的影响以及力学特性的各向异性。

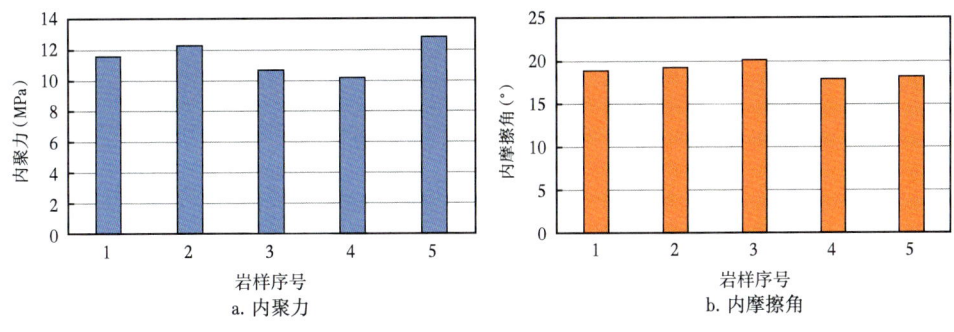

图 2-1-10 砂岩的抗剪强度参数分布

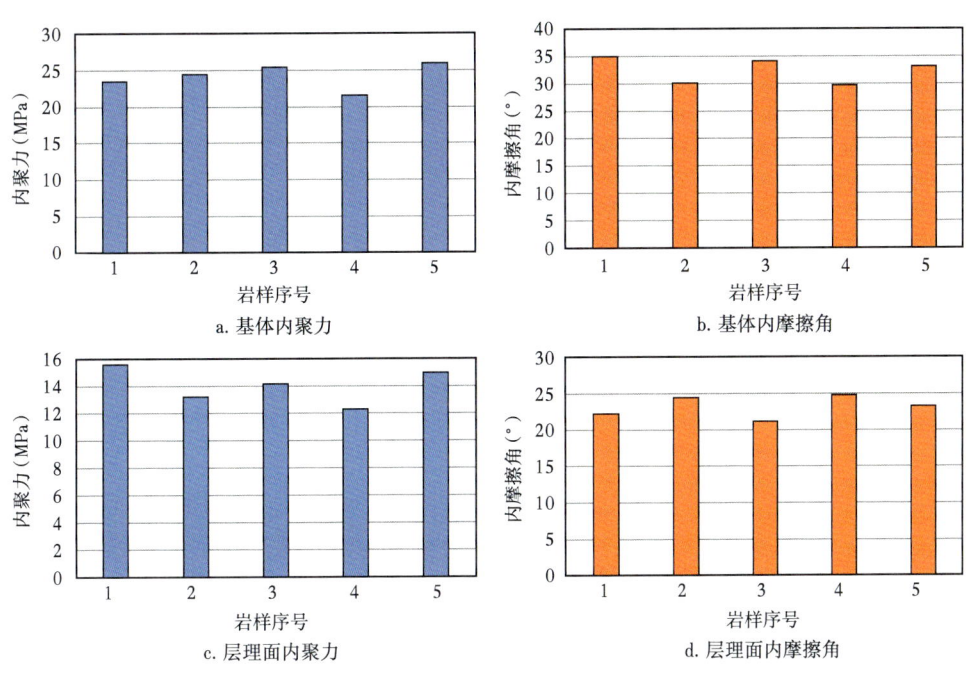

图 2-1-11 页岩的抗剪强度参数分布

# 第二节 复杂地层岩石强度参数岩石物理响应及测井预测

岩石强度参数的物理响应特征是实现其测井预测的基础。但岩石强度参数与孔隙度、饱和度等"体量"参数不同，岩石强度参数属于典型的"短板"参数。当岩石内部具有裂缝、层理、割理等弱结构面存在时，在某些受力条件下，岩石的强度参数取决于这些弱面的发育特征、力学特性等，而不是决定于基质力学强度。因此，开展岩石强度参数的岩石物理响应规律研究时，一般应在相同的实验条件下开展岩石强度参数与岩石物理参数的同步测试。同时，由于复杂结构存在会导致岩石声学响应规律表现出频散性，因此，开展岩石强度与声学响应规律研究时，应注意根据研究目的与实际应用，进行声波频率的科学选择。

在长期研究中，针对复杂结构地层岩石强度与物理响应特征研究，形成了室内岩心同步实验与数值仿真相结合的研究方法，解决了该类地层岩石非均质性强，声学实验结果离散、可重复性差，岩石物理与岩石力学参数的响应关系难以准确获取的问题。本节论述了现有岩石强度参数预测方法，重点介绍了以岩石力学—声波同步实验测试与数值仿真为基础的岩石强度参数测井预测。

## 一、岩石的常用强度参数预测方法现状

目前关于岩石力学参数预测方面的研究，国内外学者已经开展了大量工作（刘向君等，1995；Lin et al.，1998；Haimson et al.，2000；Gommesen et al.，2001；路保平等，2005；翟勇，2013；杨琦等，2017；钟自强等，2018），形成了多种不同类型的岩石力学参数预测方法，主要分为测井资料预测法、地震资料预测法以及钻速方程预测法。本节将简要介绍目前常用的岩石力学参数预测方法，分析测井预测、地震预测、钻速方程等不同方法的特点与适用性。

1. 测井预测方法

测井资料沿井剖面连续记录了地层声波时差、密度、电阻率等物理性质，岩石的物理性质与力学特性密切相关，能够用于岩石力学参数预测，建立岩石力学参数的测井剖面。该方法可以突破室内力学实验的局限性，实现地层大段、连续剖面的岩石力学参数定量评价，这对钻完井工程设计更具有指导意义。

岩石力学参数测井预测方法的建立以室内岩石物理与岩石力学实验为基础。由于岩石本身结构的复杂性和多样性，不同地区、不同层组、不同岩性的岩石力学参数与岩石物性参数相关性及其数学物理方程必然有所不同，决定了岩石力学参数的预测具有区域性的特点。一般来说，针对特定区域或地层岩石力学参数的预测，应该首先开展相应的岩石力学和岩石物理配套实验，分析研究地层岩石力学参数与岩石物理参数间的关系，以此为基础，建立该地层的岩石力学参数预测模型（刘向君等，2015；Wan et al.，2020；熊健等，2021）。

长期以来，国内外学者围绕岩石力学参数的预测问题，开展了大量基础性研究工作。针对砂岩、泥岩、碳酸盐岩和页岩等不同类型岩石，已经建立了许多的预测经验模型，部分模型见表2-2-1。此外，除了传统的数理统计方法外，还可采用分形分维、深度学习/机器学习等方法构建复杂映射关系模型，提升复杂地层岩石力学参数测井预测准确性。

表2-2-1 常见的岩石力学参数预测经验模型

| 参数 | 模型 | 适用地层 | 文献来源 |
|---|---|---|---|
| 单轴抗压强度 | $\sigma_c=0.035v_p-31.5$ | 砂岩 | Freyburg et al.，1972 |
| | $\sigma_c=0.0081V_{sh}E_s+0.00451(1-V_{sh})E_s$ | 砂岩 | Deere et al.，1966 |
| | $\sigma_c=276(1-3\phi)^2$ | 石灰岩 | Chang et al.，2006 |
| | $\sigma_c=-0.0467\Delta t_p+5.3450\rho_b+0.0718GR+20.72$ | 泥岩 | 窦同伟等，2016 |
| | $\sigma_c=127.32e^{-0.037\times(\Delta t_p/\rho_b)}$ | 砂砾岩 | 笔者研究团队 |
| | $\sigma_c=-0.5304\Delta t_p-0.1544\Delta t_s+283.1488$ | 页岩 | 笔者研究团队 |

续表

| 参数 | 模型 | 适用地层 | 文献来源 |
|---|---|---|---|
| 抗张强度 | $\sigma_t = \left(\dfrac{1}{12} \sim \dfrac{1}{3}\right)\sigma_c$ | 通用 | Coates et al.，1981 |
| | $\sigma_t = 0.0045E_d(1-V_{sh}) + 0.008E_d V_{sh}$ | 砂岩 | 李天太等，2005 |
| | $\sigma_t = 8.833 - 0.273V_{sh} - 0.0536E_s + 0.0085V_{sh}E_s$ | 页岩 | 姚东华等，2022 |
| | $\sigma_t = 11.698 e^{-0.047 \times (\Delta t_p / \rho_b)}$ | 砂砾岩 | 笔者研究团队 |
| | $\sigma_t = -0.1119\Delta t_p + 33.08$ | 页岩 | 笔者研究团队 |
| 抗剪强度 | $\tau = 3.626 \times 10^3 \sigma_t \times \text{DEN}\left(\dfrac{1}{\Delta t_p^2} - \dfrac{4}{3\Delta t_s^2}\right)$ | 砂岩 | 李天太等，2005 |
| | $\tau = 0.026\sigma_c / \left[\dfrac{3(1-2\nu)}{E} \times \dfrac{\phi}{1-\phi} \times 10^6\right]$ | 砂岩 | 赵军龙等，2015 |
| 弹性模量 | $E_s = 4.9718v_p - 7151$ | 砂岩 | Khandelwal et al.，2013 |
| | $E_s = 0.2966 e^{0.6984 v_p}$ | 页岩 | Ahmed et al.，2018 |
| | $E_s = 195.12 e^{-0.091 \times (\Delta t_p / \rho_b)}$ | 页岩 | 笔者研究团队 |
| | $E_s = 83.71 e^{-0.045 \times (\Delta t_p / \rho_b)}$ | 砂砾岩 | 笔者研究团队 |
| 泊松比 | $\nu_s = 0.7621 e^{-0.353 v_p}$ | 页岩 | Ahmed et al.，2018 |
| | $\nu_s = 0.011 \times (\Delta t_p / \rho_b) - 0.1281$ | 页岩 | 笔者研究团队 |
| | $\nu_s = 0.9778 e^{-5.0001 \times (\Delta t_p / \rho_b)}$ | 砂砾岩 | 笔者研究团队 |
| 内聚力 | $c = 24.92 - 3.57 \times 10^{13} \rho_b^2 \left(\dfrac{1+\nu_d}{1-\nu_d}\right)(1-2\nu_d)\dfrac{1+0.78V_{sh}}{\Delta t_p^4}$ | 砂岩 | 徐浩等，2015 |
| | $c = 114661 \times (\Delta t_p / \rho_b)^{-2.692}$ | 砂砾岩 | 笔者研究团队 |
| | $c = -0.2653 v_p + 81.891$ | 页岩 | 笔者研究团队 |
| 内摩擦角 | $\varphi = \arcsin[(v_p - 1000)/(v_p + 1000)]$ | 页岩 | Chang et al.，2006 |
| | $\varphi = 57.8 - 105\phi$ | 砂岩 | |
| 脆性指数 | $B = \dfrac{E_{归一化} + \nu_{归一化}}{2} \times 100\%$ | 通用 | Rickman et al.，2008 |
| | $B = \dfrac{C_{quartz}}{C_{quartz} + C_{clay} + C_{carbonate}} \times 100\%$ | 页岩 | Sondergeld et al.，2010 |
| | $B = 0.9629 \times 10^{-3} E_s - 7.4993$ | 页岩 | 笔者研究团队 |
| 断裂韧性 | $K_{IC} = -0.332 + 0.000361 v_p$ | 砂岩 | 陈治喜等，1997 |
| | $K_{IC} = 5.4074 \times 10^{-5} v_p + 0.3876$ | 泥页岩 | 陈治喜等，1997 |
| | $K_{IC} = 0.3172\rho_b + 0.0457/V_{sh} + 0.213\ln\Delta t_p - 0.5041$ | 页岩 | 陈建国等，2015 |
| | $K_{IC} = 0.217p_c - 0.019\sigma_t^3 + 0.3317\sigma_t^2 - 1.8266\sigma_t + 3.353$ | 页岩 | 姚东华等，2022 |
| | $K_{IC} = -0.00023\Delta t_p - 0.00336\Delta t_s + 2.3431$ | 页岩 | 笔者研究团队 |

注：$V_{sh}$ 为泥质含量；$\rho_b$ 为体积密度，g/cm³；$\phi$ 为孔隙度；$v_p$ 为纵波速度，m/s；$v_s$ 为横波速度，m/s；$\Delta t_s$ 为横波时差，μs/m；$\Delta t_p$ 为纵波时差，μs/m；$C_{quartz}$ 为石英含量，%；$C_{clay}$ 为黏土矿物含量，%；$C_{carbonate}$ 为碳酸盐岩含量，%；$p_c$ 为围压，MPa；$\sigma_c$ 为单轴抗压强度，MPa；$\sigma_t$ 为抗张强度，MPa；$\tau$ 为抗剪强度，MPa；$c$ 为内聚力，MPa；$\varphi$ 为内摩擦角，(°)；$B$ 为脆性指数；$K_{IC}$ 为断裂韧性，MPa·m$^{0.5}$；$E_s$、$E_d$ 分别为静态弹性模量、动态弹性模量，MPa；$\nu$ 为泊松比；$E_{归一化}$、$\nu_{归一化}$ 分别为归一化的弹性模量和泊松比。规定弹性参数中，下标 d 表示动态参数，下标 s 表示静态参数。

根据经典弹性波动理论，对于均质弹性地层，可根据实验测试或者测井手段获得岩石纵波时差、横波时差以及密度，进而计算动态弹性参数，如式（2-2-1）至式（2-2-4）所示。此外，直接通过岩石力学实验得到的弹性参数为静态弹性参数。动态与静态弹性参数由于获取方式和测量原理的不同，导致两者在数值上存在差异，其差异主要受到岩性、压实程度和孔隙结构等因素的影响。通常动态弹性参数大于静态弹性参数。

在实际的工程应用中，通常使用的是静态弹性参数。因此，在岩石力学参数分析与测井预测研究过程中还需要建立岩石动态与静态参数转换模型，以便测井预测结果的进一步使用。不同岩性岩石的动态与静态弹性参数转化关系如图 2-2-1 所示，可以发现，不同岩性岩石的动态与静态弹性参数转换关系的数学式具有差异性，但以线性转化关系居多。

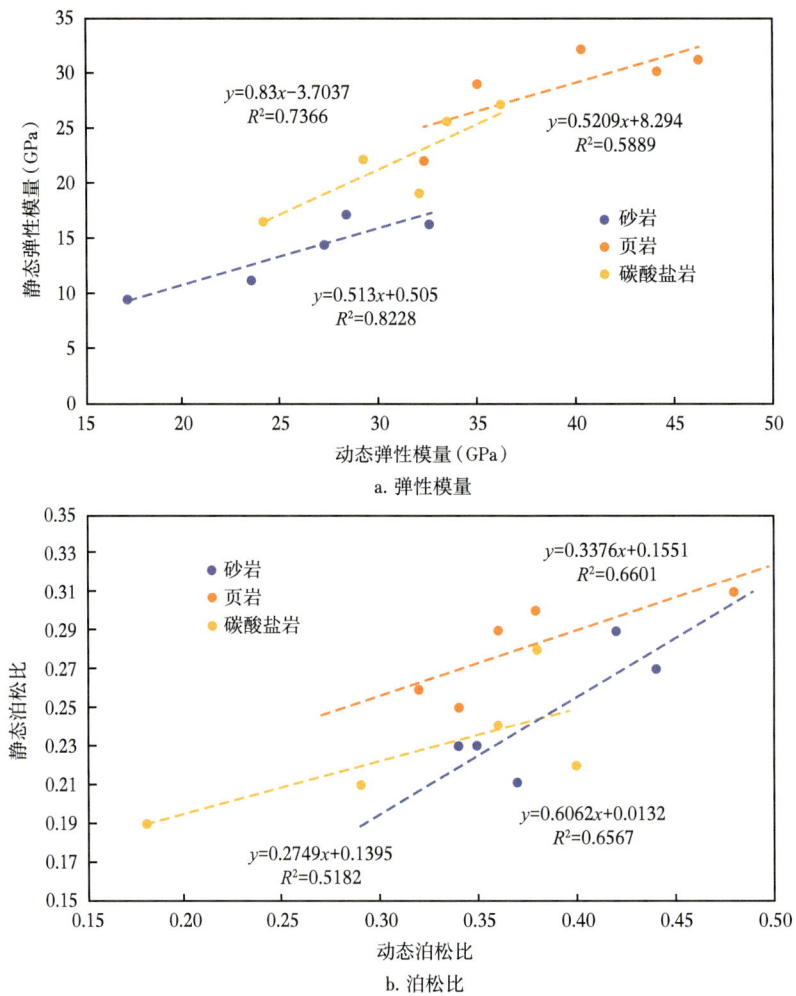

图 2-2-1　不同岩性岩石的动静弹性参数转化关系

依据弹性波动理论，岩石动态泊松比 $\nu_d$：

$$\nu_d = \frac{\Delta t_s^2 - 2\Delta t_p^2}{2\left(\Delta t_s^2 - \Delta t_p^2\right)} \quad (2\text{-}2\text{-}1)$$

动态弹性模量 $E_d$：

$$E_d = \frac{\rho_b}{\Delta t_s^2} \frac{3\Delta t_s^2 - 4\Delta t_p^2}{\Delta t_s^2 - \Delta t_p^2} \times \alpha_c \quad (2\text{-}2\text{-}2)$$

动态剪切模量 $G_d$：

$$G_d = \frac{\rho_b}{\Delta t_s^2} \alpha_c \quad (2\text{-}2\text{-}3)$$

动态体积模量 $K_{bd}$：

$$K_{bd} = \rho_b \frac{3\Delta t_s^2 - 4\Delta t_p^2}{3\Delta t_s^2 \Delta t_p^2} \times \alpha_c \quad (2\text{-}2\text{-}4)$$

式中：$\rho_b$ 为岩石密度，g/cm³；$\alpha_c$ 为单位转换系数。

利用测井资料计算地层的动态弹性参数时，必须同时具备纵波、横波及密度测井资料。如果有声波全波列测井或偶极横波测井时，可直接计算岩石的动态弹性参数。如果缺乏声波全波列测井或偶极横波测井等资料时，则需要先估算横波速度。目前，关于横波速度预测方法有经验公式法和岩石物理理论模型两大类，其中前者以室内岩石物理实验为基础，建立基于岩石速度、孔隙度、密度、泥质含量和有效应力等参数间统计回归的经验关系预测地层横波速度（Castagna et al., 1985; Eberhart-Phillips et al., 1989; Greenberg et al., 1992; 李庆忠, 1992; 马中高等, 2005; 熊健等, 2014），如式（2-2-5）；而后者以岩石物理模型为基础预测地层横波速度（Greenberg et al., 1992; Xu et al., 1996; Han et al., 2004; Lee 2006），包括 Gassman 方程、Biot-Gassman 方程、Xu-White 模型等。

$$v_s = v_p \left\{ 1 - 1.15 \times \left[ \frac{(1/\rho_b) + (1/\rho_b)^3}{e^{1/\rho_b}} \right]^{1.5} \right\} \quad (2\text{-}2\text{-}5)$$

2. 地震预测方法

测井资料具有连续高分辨率的优势，但仅代表局部一维地域信息，靠井数据分析推测、插值和模拟，无法描述横向非均匀性，难以获取横向地层信息，而地震资料含有区块三维地层信息，横向连续性好。因此，为了研究岩石力学参数的三维空间分布特征，进一步发展了测井—地震联合的岩石力学参数预测方法。在单井岩石力学参数计算分析的基础上，通过叠前弹性参数反演分析，以及充分利用地震层速度、地震速度场、波阻抗等地震属性信息，结合地震岩石物理分析、平差处理、高斯模拟、随机模拟等方法，获取区域地层的三维岩石力学参数场，实现岩石力学参数的三维空间分布预测（侯连浪等，2021）。

以单轴抗压强度和弹性模量为例，某区块测井—地震联合求解后的岩石力学参数三维空间分布如图 2-2-2 所示，可以发现利用地震数据体可以有效表征岩石力学参数的纵横向分布特征。然而该预测方法是以单井岩石力学参数为约束。因此，该方法的准确性很大程度上取决于单井岩石力学参数预测结果。

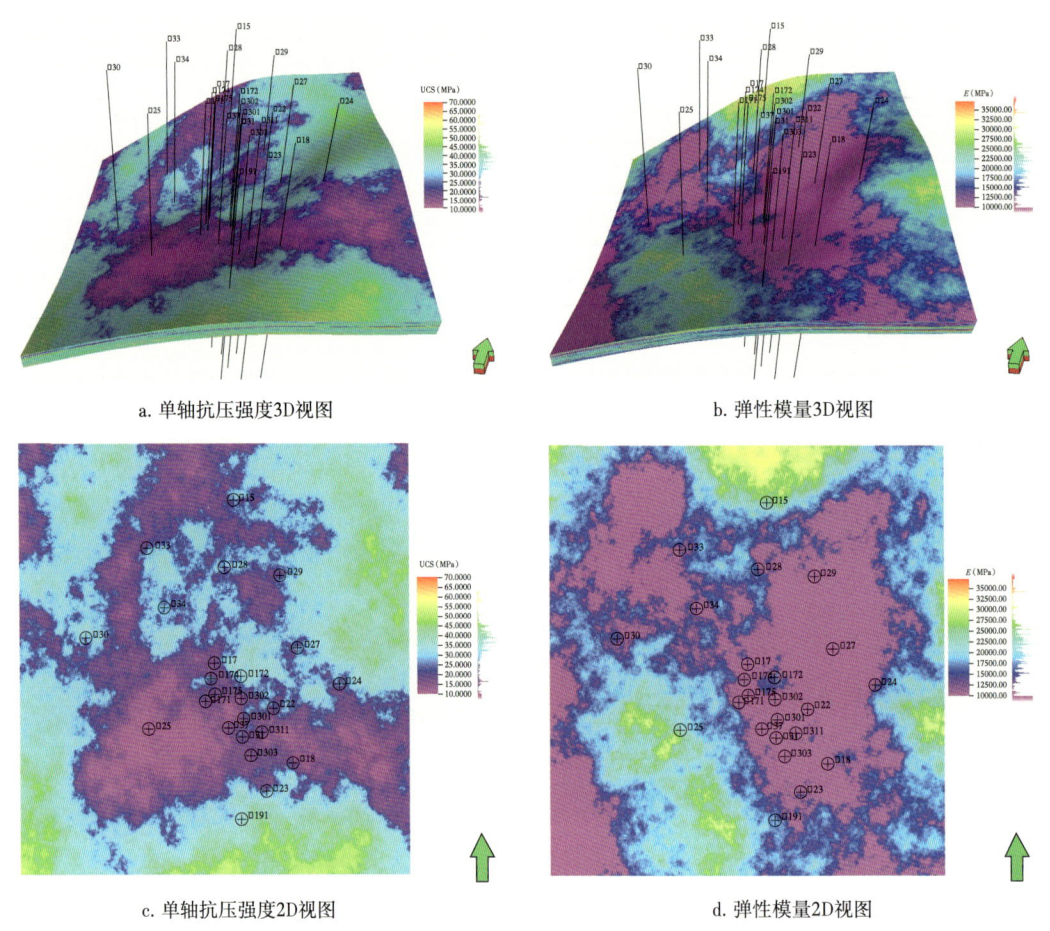

图 2-2-2　基于井震联合的岩石强度空间分布（以单轴抗压强度与弹性模量为例）

3. 钻速方程预测方法

钻井过程中机械钻速与钻遇岩石的强度具有相关性。显然，岩石强度越大，地层可钻性更差，易导致钻速变慢。许多描述钻速的数学方程都包含岩石力学参数或者间接反映了岩石强度特征，因此，基于实钻、测录井资料，结合钻速模型可实现地层岩石力学参数预测。

表 2-2-2 为相关学者（李骞等，2014，2016；李宁等，2015；何明明，2017；曾国庆，2022）对石膏等岩石样品进行室内微钻实验，得到的钻速方程参数与岩石强度参数定量关系。

不同于钻后的测井信息，钻速能够在钻井过程中实时监测与提取，进而实现地层岩石力学参数的实时预测。但是，钻速受到了钻压、转速、钻头破岩能力等众多工程因素影响，基于钻速方程的岩石力学参数预测受上述钻井工程参数的影响较大，具有一定的局限性。

表 2-2-2 基于钻进参数的岩石力学参数预测经验模型

| 关系 | 模型 | 来源 |
|---|---|---|
| 给进力和切削力的比值与岩石力学参数的关系 | $\dfrac{Y}{Z}=-43.75E_s^2+25.32E_s-2.97$ | 李骞等（2014，2016）；李宁等（2015）；何明明（2017）；曾国庆（2022） |
| | $\dfrac{Y}{Z}=-0.23\sigma_c^2+1.79\sigma_c-2.83$ | |
| | $\dfrac{Y}{Z}=-0.08c^2+0.51c-0.08$ | |
| | $\dfrac{Y}{Z}=-0.001\varphi^2+0.03\varphi+0.05$ | |
| 钻压与岩石力学参数的关系 | $WOB=-0.37E_s+1.74$ | |
| | $WOB=-9.06c^3+41.53c^2-61.80c+31.30$ | |
| | $WOB=-0.037\varphi+3.028$ | |
| 抗切削强度与岩石力学参数的关系 | $A=2.92E_s+1.04$ | |
| | $A=0.21\sigma_c+1.04$ | |
| | $A=0.16c+1.44$ | |
| | $A=0.01\varphi+1.40$ | |
| 抗切削强度指标与岩石力学参数的关系 | $f=3469.24E_s^2-2024.72E_s+362$ | |
| | $f=17.19\sigma_c^2-137.19\sigma_c+340.49$ | |
| | $f=6.65c^2-40.91c+129.91$ | |
| | $f=0.03\varphi^2-2.27\varphi+114.88$ | |

注：WOB 为钻压，MPa；$A$ 为抗切削强度，MPa；$f$ 为抗切削强度指标；$Y/Z$ 为给进力和切削力的比值。

## 二、岩石强度参数的声学响应研究方法

1.岩石力学—声波同步实验测试方法

为建立岩石力学参数的测井预测方法，需要准确获取岩石力学参数和岩石物理参数，明确岩石力学参数的岩石物理响应机制。然而，与传统储层评价研究中的孔隙度、饱和度和泥质含量等"体量"参数不同，岩石力学强度参数取决于岩石中的弱结构面。因此，由传统测井发展起来的"岩心刻度测井"和"利用室内测量参数与矿场测井资料建模的方法"，并不适用于建立岩石力学参数测井预测模型。在相同状态下，对岩样进行岩石力学和岩石物理参数同步测试，才能确保获取可靠的岩石力学参数与岩石物理参数的响应关系。

鉴于此，经过多年的研究与实践，建立了岩石力学与岩石声波同步测试系统。通过该测试系统可同步获取岩石力学参数及岩石声波属性参数，确保了建模数据的可靠性。图 2-2-3 为岩石力学—声学同步测试系统。

图 2-2-4 至图 2-2-6 为实验前的岩样图片及声波—三轴压缩同步测试结果，根据实验结果可提取实验岩样的弹性模量、泊松比、抗压强度等力学参数以及同步实验条件下的波速、波幅等声波属性，为分析实验岩样力学参数的声学响应特征提供实验数据基础。

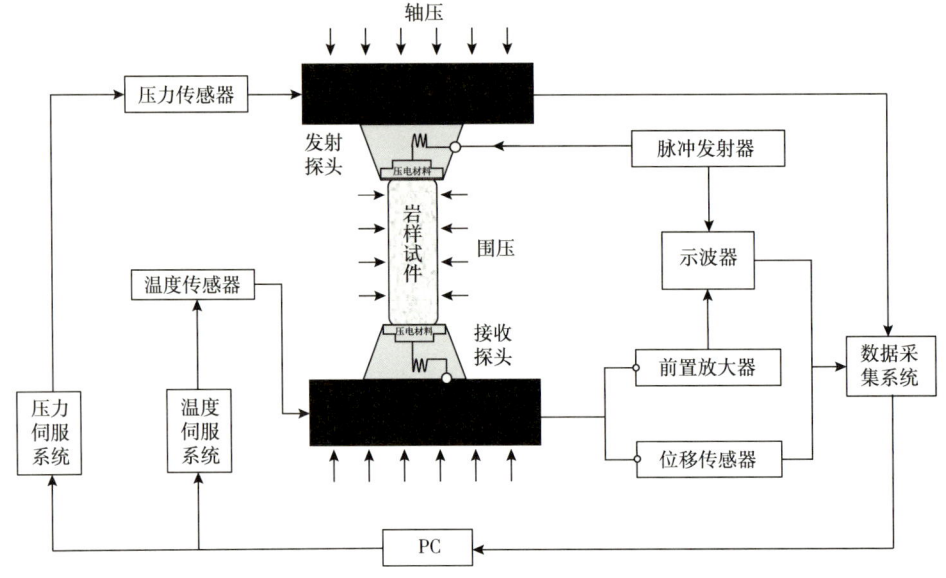

图 2-2-3　岩石力学—声学同步测试系统

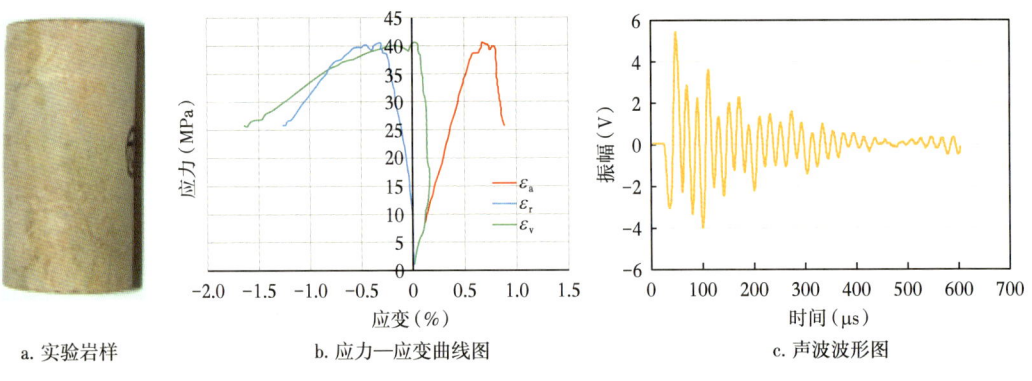

a. 实验岩样　　　　b. 应力—应变曲线图　　　　c. 声波波形图

图 2-2-4　岩样实验前后照片及声波—力学同步测试结果

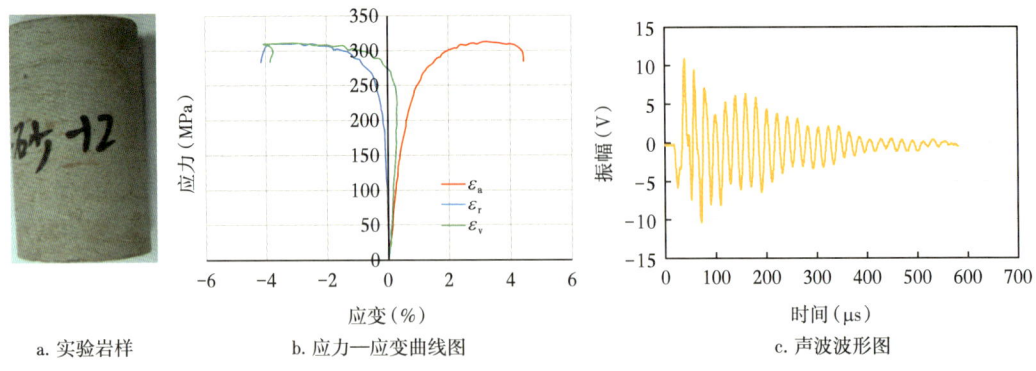

a. 实验岩样　　　　b. 应力—应变曲线图　　　　c. 声波波形图

图 2-2-5　岩样实验前后照片及声波—力学同步测试结果

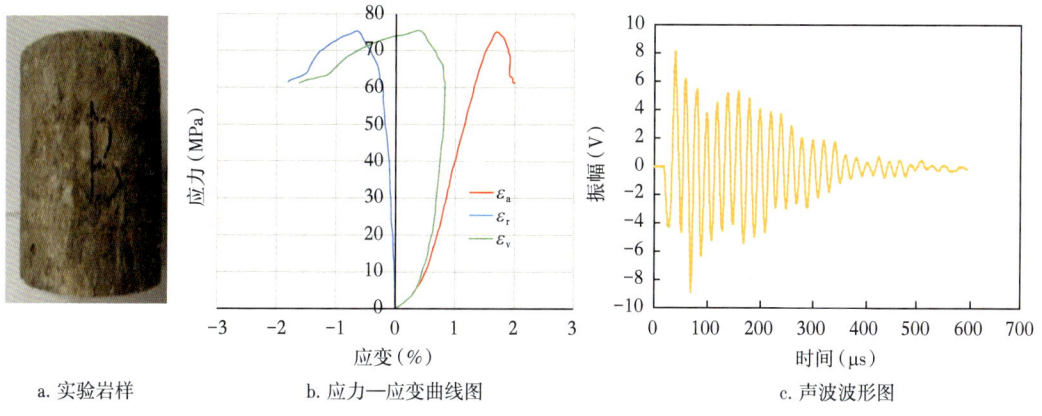

a. 实验岩样　　　　b. 应力—应变曲线图　　　　c. 声波波形图

图 2-2-6　岩样实验前后照片及声波—力学同步测试结果

2. 岩石力学—声波数值仿真实验方法

除了实验测试方法以外，数值模拟方法也是获取岩石物理和岩石力学参数的重要途径。尤其针对缝、洞、层理/纹层、割理、砾石等复杂结构发育的地层，获取具有可对比性的岩心试样存在较大难度，井下地层取心有限、难以有效开展大量的实验测试，加之复杂结构岩石声学与力学实验结果离散、可重复性差，极大制约了复杂结构岩石的岩石物理与岩石力学参数的响应关系研究。通过岩石力学—声波数值仿真实验，能够弥补物理实验的不足，有效解决声学、力学物理实验所面临的上述众多难题。

因此，对于复杂结构岩石，需要实验测试方法和数值仿真模拟方法充分结合、优势互补，开展岩石力学参数和岩石物理参数间响应关系研究。基于自主研发的岩心声波数值模拟软件，结合 RFPA 等岩石力学数值仿真软件，构建了岩石力学—声波数值仿真模拟平台，实现了多尺寸、可重复的声波测试和力学实验的数值仿真模拟，形成了复杂结构岩石力学与岩石声学同步数值仿真实验技术，可对页岩、砾岩、缝洞碳酸盐岩、煤岩等复杂结构岩石开展大量数值模拟实验，为研究不同类型岩石的岩石力学参数声学响应机制提供了实验手段与强力支撑。

以孔洞型碳酸盐岩的岩石力学—声波数值仿真模拟为例，进一步说明岩石力学—声波数值仿真模拟过程。

（1）数字岩心模型构建：基于微 CT 技术对岩石样品进行扫描成像，通过对原始 CT 图像进行滤波、二值化等预处理以及降低噪声、增强信噪比、结构边界识别等图像增强处理，较好地保留图像的细节特征及孔隙结构边缘信息，将裂缝、孔洞、孔隙和基质准确分离，进行缝洞体的提取、三维空间重构与结构特征分析，实现数字岩心模型的构建。基于 CT 技术的缝洞碳酸盐岩结构模型的二维切片如图 2-2-7 所示。

（2）岩石力学数值仿真模拟：岩石力学数值仿真可采用有限元、有限差分、离散元、颗粒元等不同类型的力学数值模拟软件。图 2-2-8 为采用基于有限元的 RFPA 岩石力学数值仿真软件，模拟岩样受压破坏过程（图 2-2-8b），提取岩石应力—应变曲线（图 2-2-8c），进而获取岩石强度参数。以本次数值模拟结果为例，岩石抗压强度为 218.6MPa。

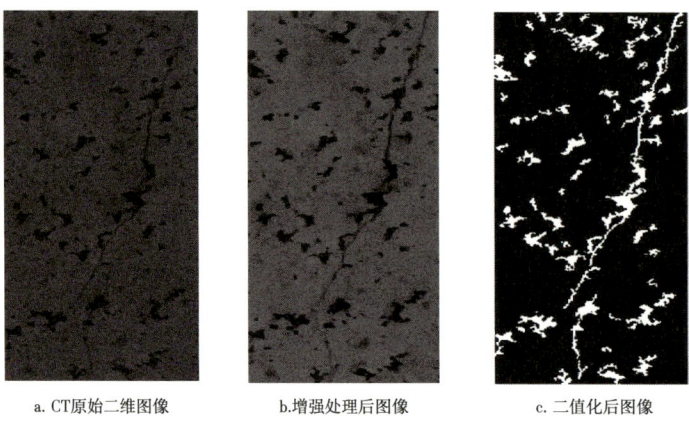

a. CT原始二维图像　　b.增强处理后图像　　c.二值化后图像

图 2-2-7　基于 CT 技术的缝洞碳酸盐岩结构模型的二维切片图像

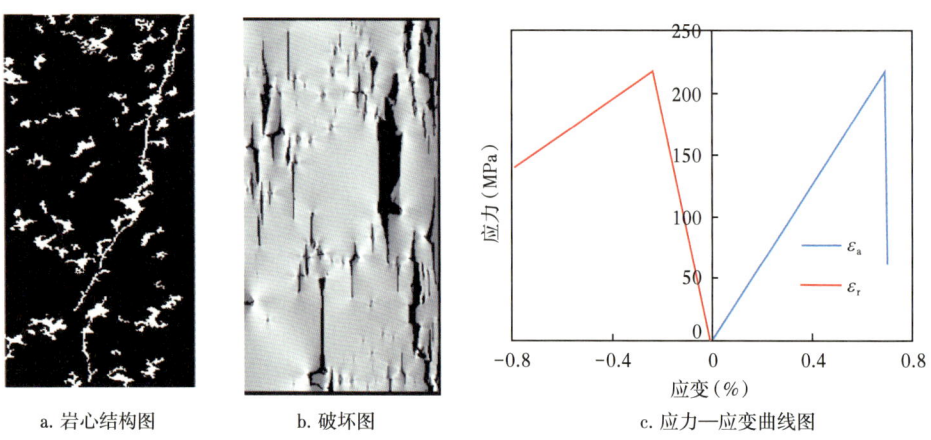

a. 岩心结构图　　b. 破坏图　　c. 应力—应变曲线图

图 2-2-8　力学模拟过程中破坏图与力学模拟结果

（3）岩石声波数值仿真模拟：岩石声波数值仿真基于波动理论，用 $U$ 表示某一时刻 $t$ 二维空间上任一点（$x$，$y$）处的位移，二维声波方程为：

$$\frac{\partial^2 U}{\partial x^2}+\frac{\partial^2 U}{\partial y^2}=\frac{1}{v^2(x,y)}\frac{\partial^2 U}{\partial t^2} \quad (2\text{-}2\text{-}6)$$

式中：$v(x,y)$ 表示纵波速度，m/s。

把函数 $U(x+\Delta x)$ 和 $U(x-\Delta x)$ 在 $U(x)$ 处按泰勒级数展开后相加，忽略 4 阶及其以上的各高阶项，$U$ 对 $x$ 的 2 阶偏微分可以近似为：

$$\frac{\partial^2 U}{\partial x^2}\approx\frac{U(x+\Delta x)-2U(x)+U(x-\Delta x)}{(\Delta x)^2} \quad (2\text{-}2\text{-}7)$$

同理，将式（2-2-6）与式（2-2-7）相减，忽略 3 阶及其以上的各高阶项，然后 $U$ 对 $x$ 的 1 阶偏微分可以近似为：

$$\frac{\partial U}{\partial x}\approx\frac{U(x+\Delta x)-U(x-\Delta x)}{2\Delta x} \quad (2\text{-}2\text{-}8)$$

通过这两个近似式可以推导出式（2-2-6）的差分表达式：

$$[U(x+\Delta x,y,t)-2U(x,y,t)+U(x-\Delta x,y,t)]/(\Delta x)^2 +$$
$$[U(x,y+\Delta y,t)-2U(x,y,t)+U(x,y-\Delta y,t)]/(\Delta y)^2 \qquad (2\text{-}2\text{-}9)$$
$$=[1/v^2(x,y)][U(x,y,t+\Delta t)-2U(x,y,t)+U(x,y,t-\Delta t)]/(\Delta t)^2$$

在计算区域 $0 \leq x \leq a$，$0 \leq y \leq b$ 内，取 $\Delta x=a/M$、$\Delta y=b/N$，$\Delta x$ 和 $\Delta y$ 分别表示差分网格的水平距离和垂直距离，$M$ 和 $N$ 分别表示 $x$ 方向和 $y$ 方向的网格数的最大值。这样函数 $U(x,z,t)$ 的离散化形式可表示为：

$$U(i\Delta x, j\Delta z, k\Delta t) = U_{i,j}^k \qquad (2\text{-}2\text{-}10)$$

令：

$$\alpha_{i,j} = v(i\Delta x, j\Delta y) \cdot \Delta t / \Delta x$$
$$\beta_{i,j} = v(i\Delta x, j\Delta y) \cdot \Delta t / \Delta y \qquad (2\text{-}2\text{-}11)$$

则可将二维声波波动方程的显式差分近似离散化形式表示为：

$$U_{i,j}^{k+1} = 2(1-\alpha_{i,j}^2-\beta_{i,j}^2)U_{i,j}^k + \alpha_{i,j}^2(U_{i+1,j}^k+U_{i-1,j}^k) + \beta_{i,j}^2(U_{i,j+1}^k+U_{i,j-1}^k) - U_{i,j}^{k-1} \qquad (2\text{-}2\text{-}12)$$

针对波动方程有限差分求解，初始条件设定为 $t=0$ 时，位移速度为零，即：

$$\frac{\partial U(x,y,0)}{\partial t} = 0 \qquad (2\text{-}2\text{-}13)$$

将式（2-2-13）离散化并代入式（2-2-12），得到差分计算的初始公式为：

$$U_{i,j}^1 = (1-\alpha_{i,j}^2-\beta_{i,j}^2)U_{i,j}^0 + \frac{\alpha_{i,j}^2}{2}(U_{i+1,j}^0+U_{i-1,j}^0) + \frac{\beta_{i,j}^2}{2}(U_{i,j+1}^0+U_{i,j-1}^0) \qquad (2\text{-}2\text{-}14)$$

在波场初始值已知的条件下，可以通过该递推公式来计算波场任意时刻的值。
振源的初始条件为：

$$U(x,y,0) = \begin{cases} R(x_0,y_0,0) & x_0、y_0 \text{确定振源位置} \\ 0 & \text{其他} \end{cases} \qquad (2\text{-}2\text{-}15)$$

边界条件定义为：假定差分计算中，在计算区域的边界（$x=0$，$x=a$）上质点的位移为零，则边界条件可以定义为：

$$U(0,y,t) = U(a,y,t) = 0 \qquad (2\text{-}2\text{-}16)$$

计算区域的左、右边界与实际情况基本相符，可以按照常规反射边界处理，而上、下边界（$y=0$，$y=b$）则采用吸收边界条件进行处理，即上边界公式为：

$$U_{i,0}^{k+1} = U_{i,0}^k + U_{i,1}^k - U_{i,1}^{k-1} + \beta_{i,j}(U_{i,1}^k - U_{i,0}^k - U_{i,2}^{k-1} + U_{i,1}^{k-1}) \qquad (2\text{-}2\text{-}17)$$

下边界公式为：

$$U_{i,N-1}^{k+1} = U_{i,N-1}^{k} + U_{i,N-2}^{k} - U_{i,N-2}^{k-1} + \beta_{i,j}\left(U_{i,N-2}^{k} - U_{i,N-1}^{k} - U_{i,N-3}^{k-1} + U_{i,N-2}^{k-1}\right) \quad (2\text{-}2\text{-}18)$$

当差分方程解的误差不随计算时间的推进而增加时，则该解具有稳定性。模拟中，对于一定的 $\Delta x$、$\Delta y$、$\Delta t$，式中的 $k$ 取无限大时，要使差分方程的解保持在有意义的范围内，就需要差分方程的解趋近微分方程，即差分方程收敛于微分方程。

利用基于傅里叶展开的 Von Neumann 方法，当时间步长大于 $k$ 之后，差分方程与微分方程解的误差为：

$$E_{i,j}^{k} = \mathrm{e}^{n \cdot 2m\pi(i+j)} q^{k} \quad (2\text{-}2\text{-}19)$$

式中：$n$ 为虚数；$m=0$，1，2，…；$q$ 表示一个时间步长上差分与微分方程的解的误差。

如果 $|q| \leqslant 1$，差分方程的解的误差将不随时间步长的增加而增加，即差分方程的解就是稳定的。

根据 Mitchell 等（1980）的研究，式（2-2-19）满足差分方程，将其代入式（2-2-6）中，得到 $q$ 的解为：

$$\begin{cases} q_1 = 1 - 4\alpha_{i,j}^2 \sin^2(m\pi) + \sqrt{\left[1 - 4\alpha_{i,j}^2 \sin^2(m\pi)\right]^2 - 1} \\ q_2 = 1 - 4\alpha_{i,j}^2 \sin^2(m\pi) - \sqrt{\left[1 - 4\alpha_{i,j}^2 \sin^2(m\pi)\right]^2 - 1} \end{cases} \quad (2\text{-}2\text{-}20)$$

如果要满足 $|q| \leqslant 1$ 的要求，则得到：

$$\alpha_{i,j} = \frac{v\Delta t}{\Delta x} \leqslant \frac{1}{\sqrt{2}} \quad (2\text{-}2\text{-}21)$$

当差分方程的空间和时间步长与介质速度之间满足式（2-2-21）时，差分方程的解稳定，从而实现超声波数值模拟求解。

声波在介质中传播时，衰减系数指在均匀媒质内传播的平面波振幅的指数衰变常数，物理实验声波衰减系数测定有三种方法，分别为长短岩样对比法、标准样品对比法以及信号对比法。

对于声波传播数值模拟，采用信号对比法计算衰减系数，由式（2-2-22）计算：

$$\alpha = (\ln A_0 - \ln A)/L \quad (2\text{-}2\text{-}22)$$

式中：$\alpha$ 为衰减系数，dB/m；$A_0$ 和 $A$ 分别为入射波和透射波的最大振幅，V。

基于上述模拟方法，上述碳酸盐岩地层岩石超声波数值模拟结果如图 2-2-9。利用该模拟手段能够提取到岩心波场快照与波形图，进而获取相对应的波速等岩石声学参数。

通过岩石力学—声波数值仿真模拟过程，能够实现对同一块岩心开展同步岩石力学与声学数值仿真，同步获取岩石力学参数与岩石声学参数；也克服了岩石力学实验破坏岩样、同一真实岩样仅能做一次岩石力学测试的难题，基于同一数值岩心可实现重复开展不同条件下的力学与声学数值模拟，研究围压、频率等因素对岩石声学与力学之间关系的影响。

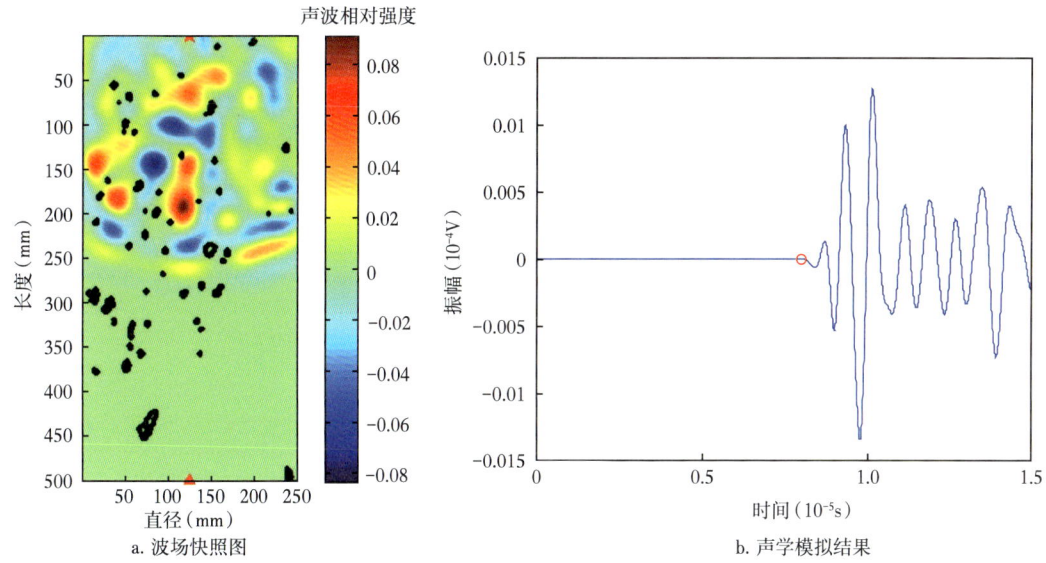

图 2-2-9 声学模拟过程中快照图与声学模拟结果

实际应用过程中,通常需要岩石力学—声波同步实验测试与数值仿真相结合,揭示岩石强度参数的声学响应机制,明确岩石强度参数和岩石声学参数间的定量关系,构建岩石强度参数的测井预测模型。

## 三、致密砂岩地层岩石强度的声学响应及测井预测

致密砂岩属于较为均质的岩石,岩心样品易钻取且代表性较好,可直接通过岩石力学—声波同步实验开展岩石力学参数的岩石物理响应机制研究。认识岩石物理参数对各岩石力学参数的响应特征,优选适用于岩石力学参数预测的岩石物理参数或参数组合,建立岩石力学参数的测井预测模型。

基于岩石力学—声学同步测试,某区块致密砂岩岩石力学参数的声学响应分析结果如图 2-2-10 所示。研究表明,声波时差与密度比值对岩石力学参数有较好响应,随声波时差与密度比值的增大,岩石抗压强度、抗张强度、弹性模量及内聚力均呈现降低趋势,泊松比呈现增大趋势;研究进一步发现,该类砂岩单轴抗压强度、抗张强度、弹性模量随声波时差与密度比值呈指数函数变化,内聚力与其呈良好的幂函数关系,而泊松比与其呈良好的线性关系。此外,所有实验拟合相关系数 $R^2$ 均在 0.8 以上,这也表明致密砂岩的均质性较好,实验结果的拟合趋势好。

基于图 2-2-10 中的实验测试结果,形成了致密砂岩地层岩石力学参数的测井预测模型与方法,预测模型见表 2-2-3。综合计算得到的单轴抗压强度、内聚力,依据 Mohr-Coloumb 强度准则计算出内摩擦角。

图 2-2-11 为利用所获得模型计算得到的某井段的地层岩石力学参数剖面图。可以发现,在下部典型的砂岩段,抗压强度主要分布在 60~70MPa,抗张强度主要分布在 2.2~3.0MPa,弹性模量主要分布在 35~45GPa,平均内聚力约为 20MPa,平均内摩擦角约为 20°。进一步对比分析可知,孔隙发育、孔隙度增大层段岩石的力学强度、弹性模量等力学参数出现了小幅降低。

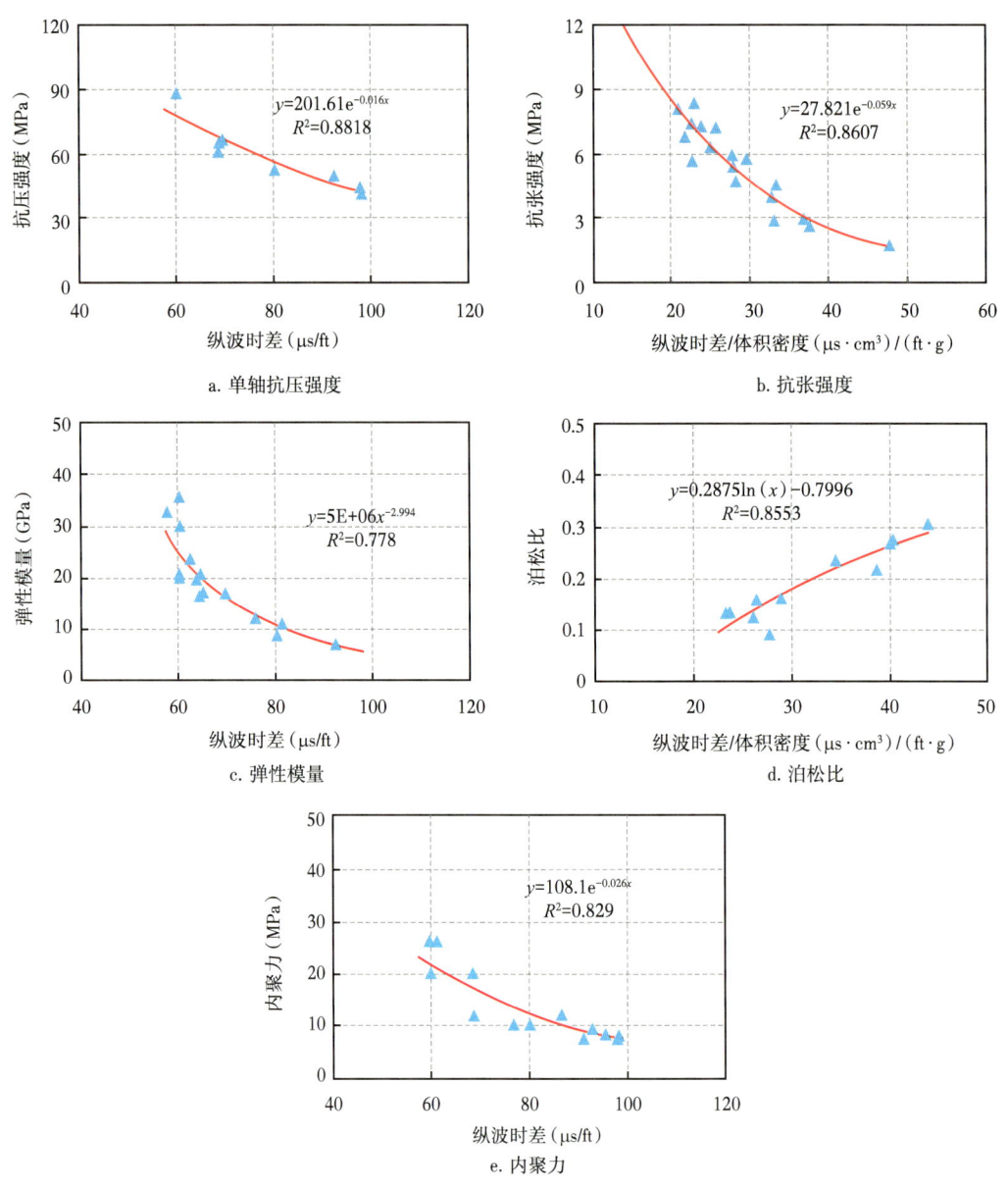

图 2-2-10　砂岩岩石力学参数的声学响应分析

表 2-2-3　砂岩岩石力学参数的计算模型

| 参数 | 模型 | 相关系数 |
| --- | --- | --- |
| 单轴抗压强度 | $\sigma_c=201.61e^{-0.016\Delta t_p}$ | $R^2=0.8818$ |
| 抗张强度 | $\sigma_t=27.821e^{-0.059\times(\Delta t_p/\rho_b)}$ | $R^2=0.8607$ |
| 弹性模量 | $E_s=5\times10^6\Delta t_p^{-2.994}$ | $R^2=0.7780$ |
| 泊松比 | $\nu_s=0.2875\times\ln(\Delta t_p/\rho_b)-0.7996$ | $R^2=0.8553$ |
| 内聚力 | $c=108.1e^{-0.026\times(\Delta t_p/\rho_b)}$ | $R^2=0.8290$ |

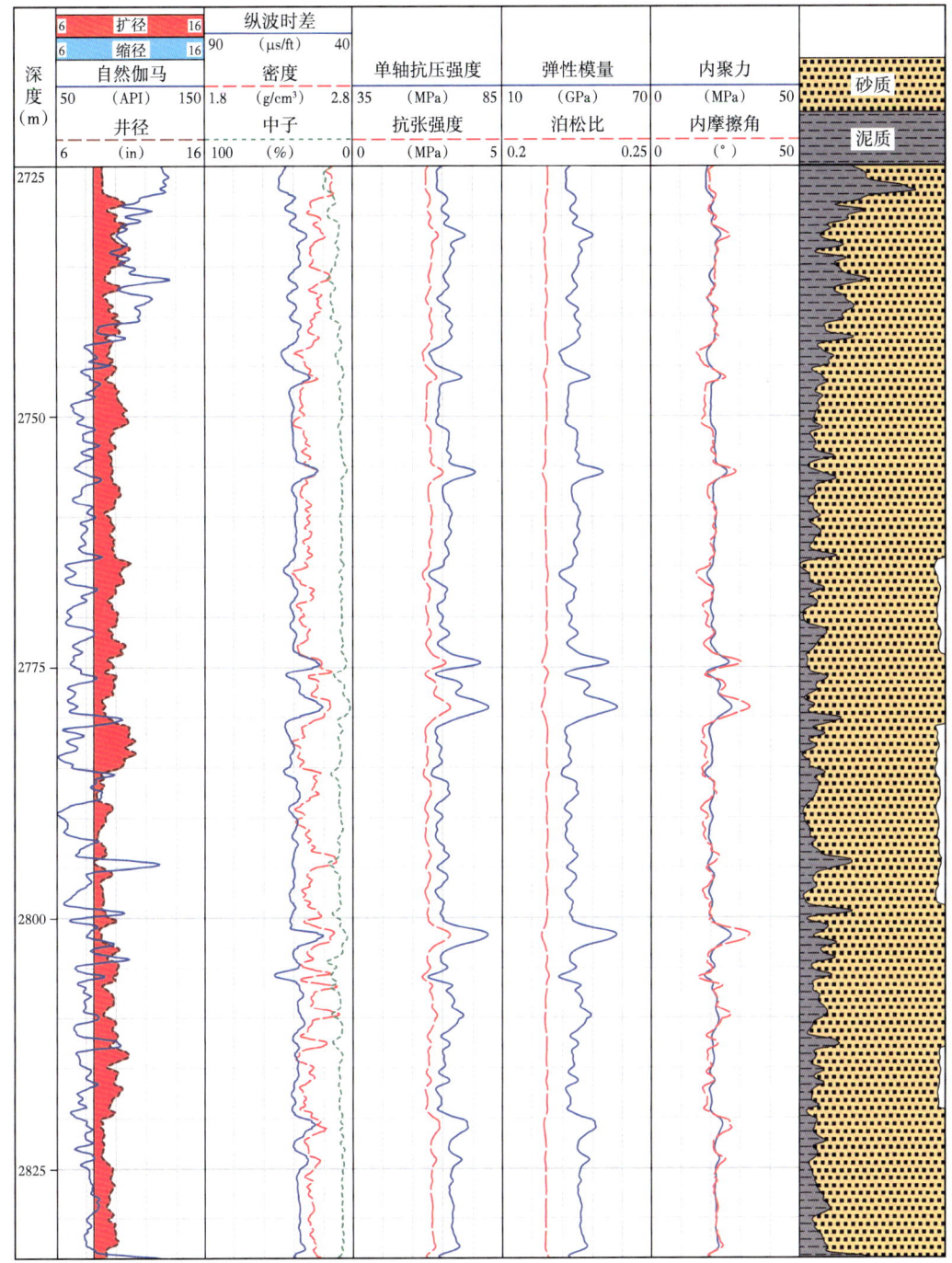

图 2-2-11 某井地层岩石力学参数的测井预测剖面

## 四、页岩地层岩石强度的声学响应及测井预测

页岩地层层理发育，由于垂直层理面方向上矿物组成、结构、物性等的差异性，导致层理特征（层理面密度、层理面产状等）对页岩的声学参数与岩石力学参数影响较大，页岩声学与力学特性通常都具有显著的各向异性特征。针对页岩地层岩石力学强度

的声学响应特征研究，通过开展不同层理特征下岩石强度与声波的同步测试与数值仿真模拟，认识层理对页岩力学特性与声学特性之间关系的影响，进而建立基于声学响应特征的岩石力学预测模型与方法。

研究思路为：通过建立不同层理特征的页岩数值岩心模型，开展大量声学—力学数值模拟，认识页岩的各项力学参数与层理特征参数、声学属性参数的关系，明确实现页岩各项力学参数预测所需采用的声学属性参数、层理特征参数；进而围绕目标地层，基于上述数值模拟的研究认识，针对性设计并开展相配套的页岩声学—力学物理实验，综合物理实验、数值模拟的结果，建立页岩各岩石力学参数的测井预测模型。

基于构建的岩石力学—声波数值仿真模拟平台，系统研究了不同层理角度与层理密度下的页岩声学参数与岩石力学参数，基于某地区页岩地层取心的研究结果如图 2-2-12 和图 2-2-13 所示。从图中可看出，层理角度（层理面与柱状岩心轴线的夹角）和层理密

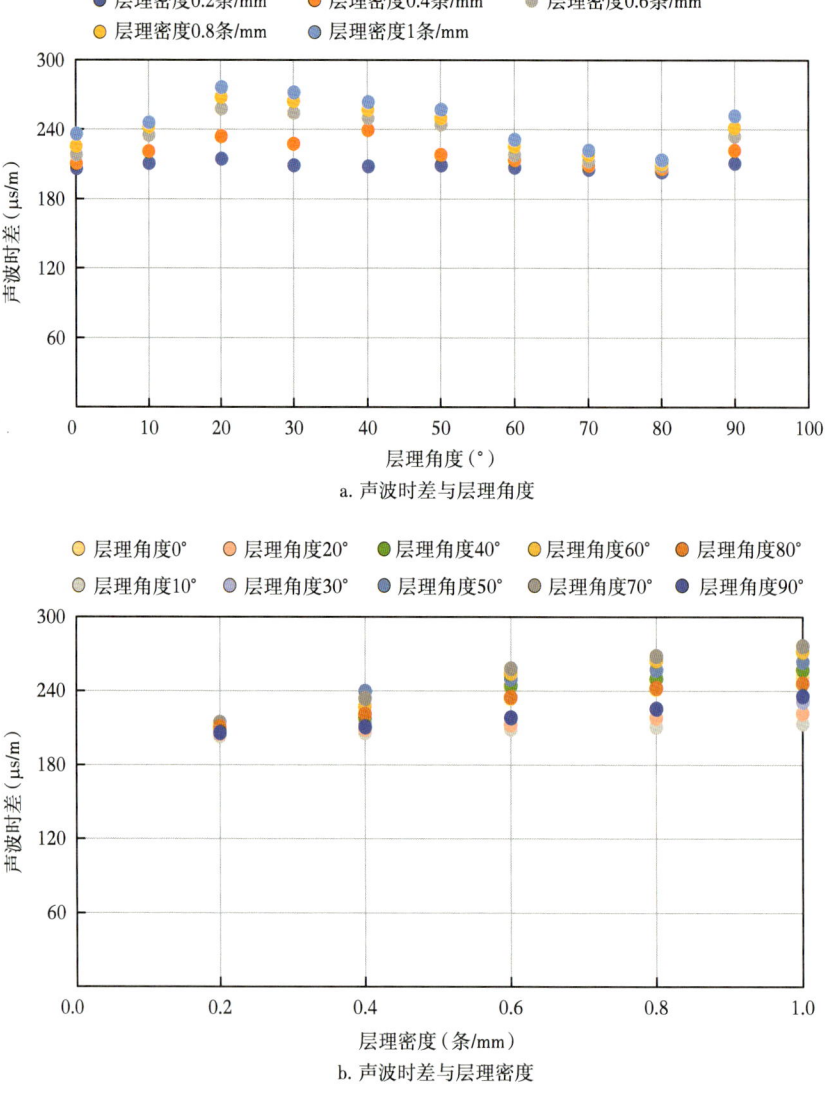

图 2-2-12　不同层理特征下页岩的声波传播规律

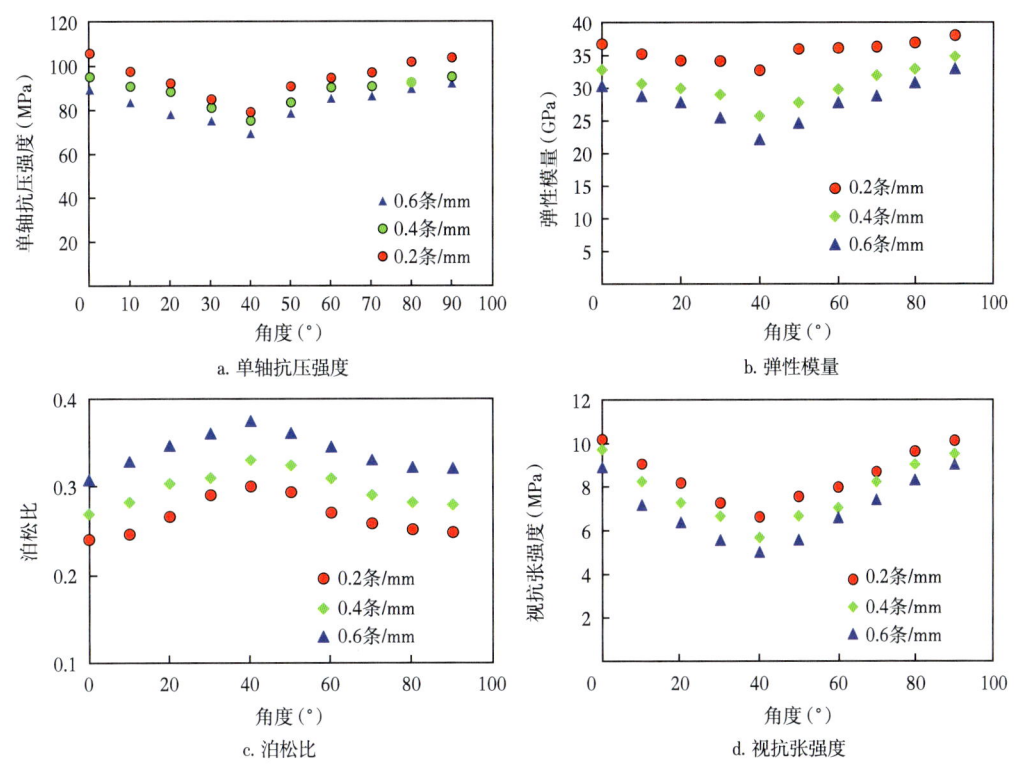

图 2-2-13 不同层理特征下页岩的力学特性

度对页岩声学参数和岩石力学参数均会造成影响。其中，页岩声波时差随层理密度增加而增大，当层理密度从 0.2 条/mm 增加至 1.0 条/mm 时，声波时差的平均增大幅度值为 38.6μs/m；页岩声波时差随层理角度增大先增加后降低。页岩的单轴抗压强度、弹性模量、抗张强度等随层理密度增大而降低，而页岩泊松比随层理密度增大而增大；单轴抗压强度、弹性模量、抗张强度等岩石力学参数随层理角度增加，呈现先降低后增大的变化特征，在约 40° 达到最小值；而泊松比的趋势正好相反，随层理角度增大而先降低后增加，在约 40° 达到最大值。上述模拟结果进一步证实了页岩岩石力学参数与声学参数受控于层理特征。因此，在开展页岩地层岩石强度参数的测井预测时，层理的影响应该给予足够的重视。

基于不同层理特征下的页岩岩石力学参数与声学参数，构建了岩石力学参数与声学参数间的响应关系，如图 2-2-14 所示。页岩单轴抗压强度、抗张强度、弹性模量与声波时差呈良好的负相关性，而泊松比与声波时差呈良好的正相关性，反映了声波速度能够表征页岩的力学特性，可用于实现页岩岩石力学参数的预测。

在页岩岩石力学—声学数值仿真的基础上，进一步开展岩石力学—声学同步物理实验，获取页岩岩石力学参数和声学参数。不同层理角度下页岩声波时差与单轴抗压强度，如图 2-2-15 所示。实验测试与数值模拟结果具有对应性，随着层理角度增大，页岩声波时差先增大后减小，单轴抗压强度先减小后增大；均在层理角度 45° 附近呈现极值，单轴抗压强度达到极小值，声波时差则达到极大值。

在此基础上，进一步分析岩石力学参数与声波时差、密度之间的相关性，如图 2-2-16

所示。页岩单轴抗压强度、抗张强度、弹性模量与声波时差、声波时差/密度比值之间呈良好的指数函数关系，泊松比与声波时差/密度比值间呈良好的线性关系，内聚力与声波时差/密度比值间呈良好的幂函数关系。此外，随着纵波时差的增大，弹性模量、单轴抗压强度、抗张强度均呈现相似的下降趋势，泊松比呈现增大趋势。综上，页岩岩石力学参数与声波、密度等物性参数具有较好的相关性。

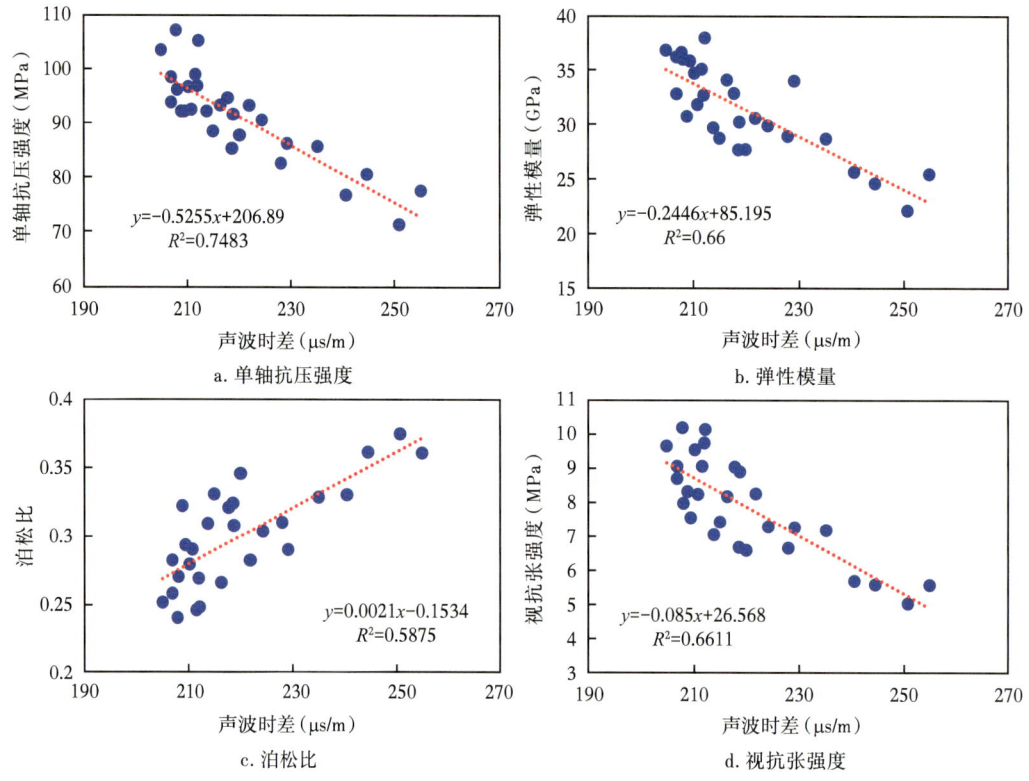

图 2-2-14　页岩岩石力学参数与声波时差关系图

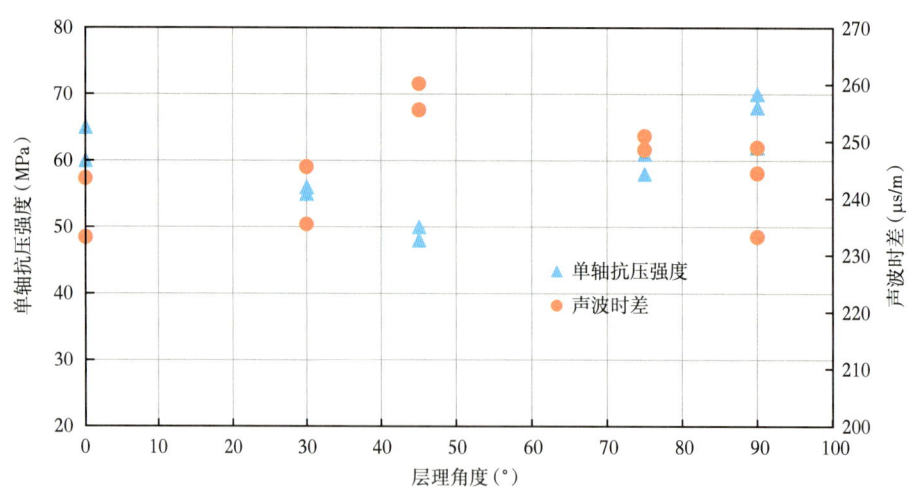

图 2-2-15　不同层理角度下页岩岩石力学参数与声波时差测试

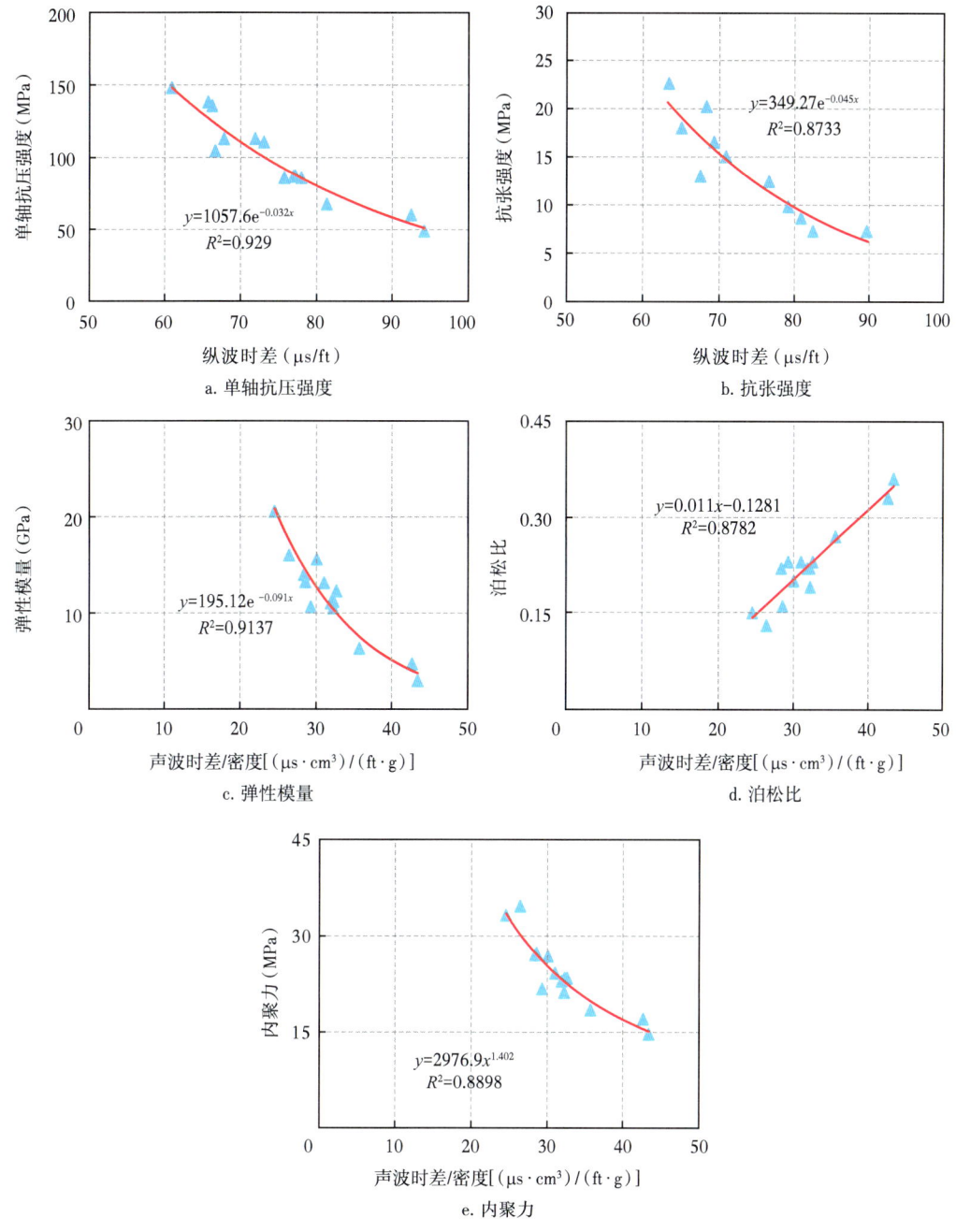

图 2-2-16　页岩岩石力学参数的声学响应分析

基于上述同步测试结果，获得页岩地层岩石力学参数计算模型，见表 2-2-4。

在此基础上，开展了页岩地层岩石力学参数的测井预测。图 2-2-17 为利用所获得模型计算得到的某井页岩地层岩石力学参数（弹性模量、单轴抗压强度、抗张强度、内聚力、内摩擦角等）单井剖面。由图可知：该页岩层段岩石单轴抗压强度分布在 38.2~105.4MPa 之间，抗张强度分布在 4~7.1MPa 之间，弹性模量分布在 10~32GPa 之间，内摩擦角分布在 25°~40°，内聚力分布在 20~50MPa。

表 2-2-4　页岩岩石力学参数的计算模型

| 参数 | 模型 | 变量说明 |
| --- | --- | --- |
| 单轴抗压强度 | $\sigma_c = 1057.6 e^{-0.032\Delta t_p}$ | $E_s$ 为弹性模量，GPa；$\nu_s$ 为泊松比；$\sigma_c$ 为单轴抗压强度，MPa；$\sigma_t$ 为抗张强度，MPa；$c$ 为内聚力，MPa；$\Delta t_p$ 为纵波时差，μs/ft；$\rho_b$ 为岩石密度，g/cm³ |
| 抗张强度 | $\sigma_t = 349.27 e^{-0.045\Delta t_p}$ | |
| 弹性模量 | $E_s = 195.12 e^{-0.091 \times (\Delta t_p / \rho_b)}$ | |
| 泊松比 | $\nu_s = 0.011 \times (\Delta t_p / \rho_b) - 0.1281$ | |
| 内聚力 | $c = 2976.9 \Delta t_p^{-1.402}$ | |

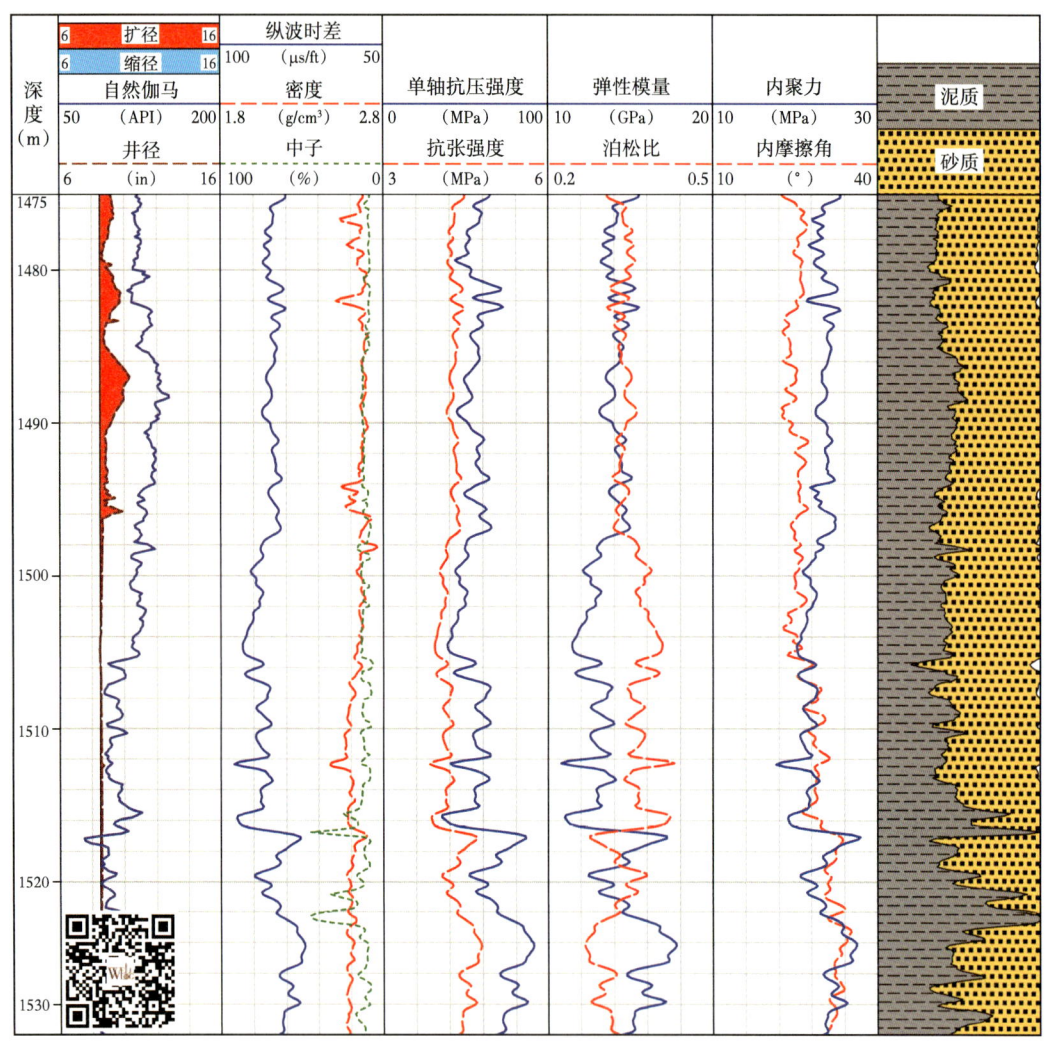

图 2-2-17　某井页岩层段岩石力学参数测井预测剖面

## 五、煤岩地层岩石强度的声学响应及测井预测

割理发育是煤岩最显著的特征之一。不同于页岩层理的定向发育特征，面割理、端

割理的相互交错，导致煤岩地层具有强非均质性，对煤岩岩石力学特性和声学特性具有显著影响。因此，对割理发育导致煤岩结构的复杂化特征进行量化表征，明确割理发育对煤岩声学特性、力学特性的影响规律，是认识煤岩声学特性对力学特性响应特征与响应机制，以及建立复杂结构煤岩岩石力学参数测井预测方法的前提与基础。

1. 割理对煤岩声学与力学特性的影响

基于构建的岩石力学—声波数值仿真平台，通过数值模拟，系统研究了不同面割理密度、面割理角度（与柱状试样轴线的夹角）条件下的煤岩声学参数与岩石力学参数，模拟结果如图2-2-18和图2-2-19所示。从图中2-2-18可看出，割理特征（面割理密度、面割理角度）对煤岩声学参数和岩石力学参数具有明显影响。表现为煤岩声波速度随面割理密度增大总体上呈减小的变化特征，而随面割理角度增大而增大，但煤岩声波衰减系数随面割理密度增大呈增大的趋势，随面割理角度增加而降低。

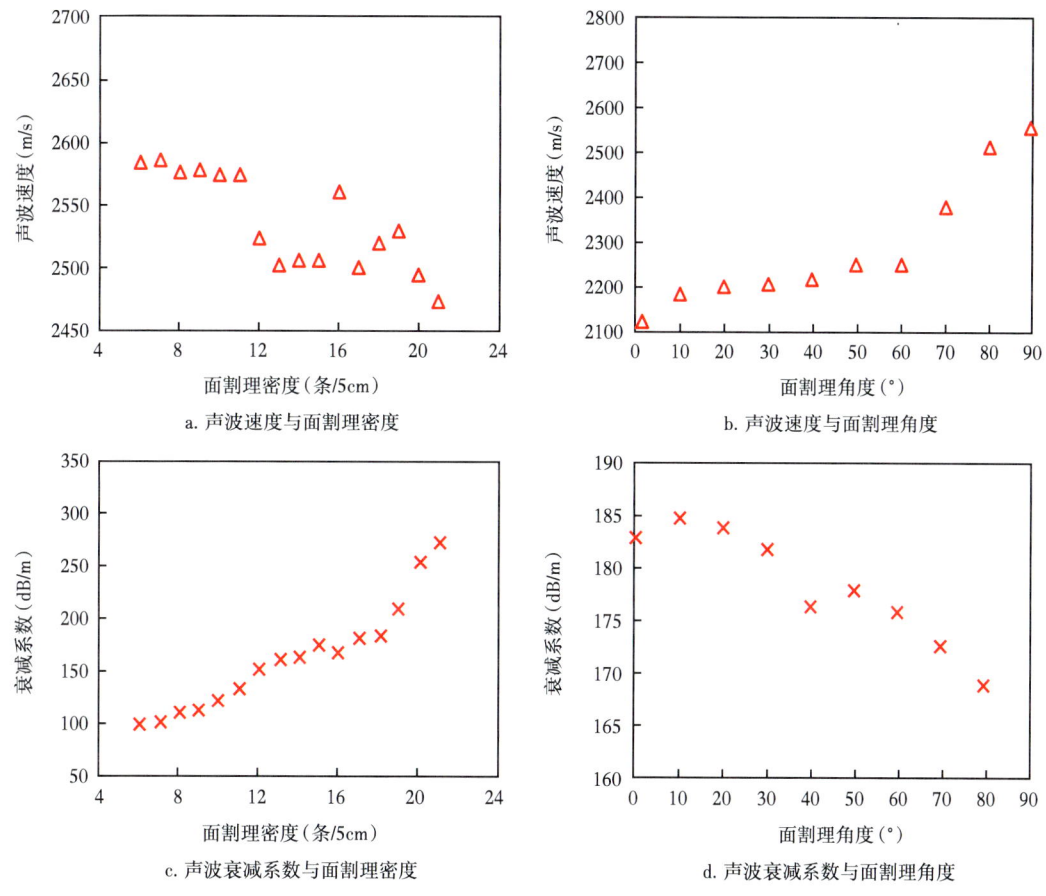

图 2-2-18  割理特征对煤岩声波特性的影响

从图 2-2-19 可知，煤岩岩石力学参数与割理的发育特征密切相关，煤岩单轴抗压强度、弹性模量、抗张强度随面割理密度增加呈降低的趋势，随面割理角度增加呈先降低后增大的变化特征，但泊松比随面割理密度增加呈增大的趋势，随面割理角度增加呈先增大后降低的变化特征。由此可见，煤岩岩石力学参数的预测必然需要考虑其割理发育特征。

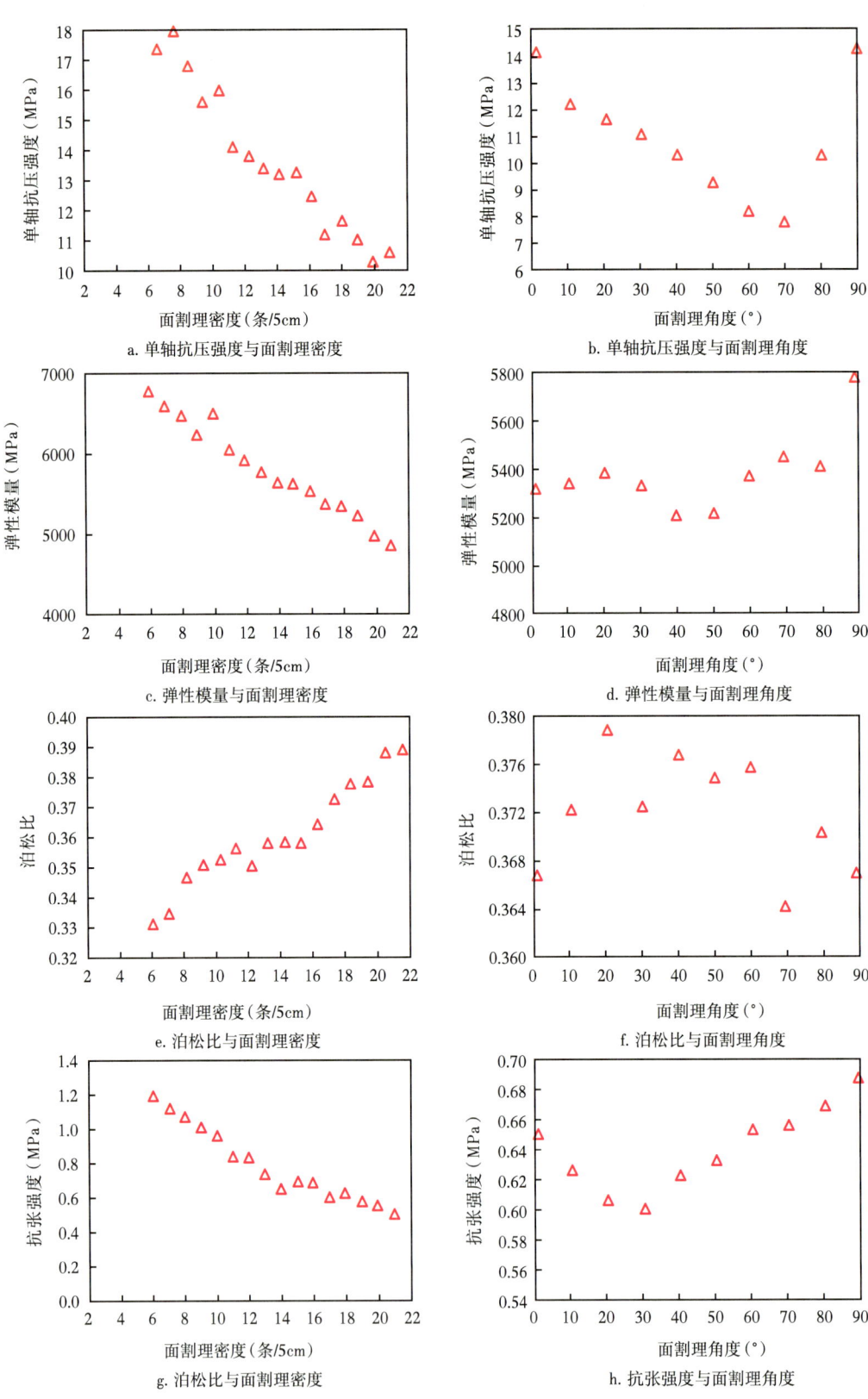

图 2-2-19 割理特征对煤岩力学特性的影响

## 2. 煤岩声学特性、力学特性与割理分形维数的关系

为了量化割理特征（割理密度、割理角度）对煤岩声学特性和力学特性的影响，形成煤岩岩石力学参数的测井预测方法，引入分形分维理论用于描述割理发育导致的煤岩结构复杂程度，量化了煤岩声学特性、力学特性与分形维数之间的响应关系。

常用的分形维数有：相似维数 $D_s$、盒维数 $D_i$ 和关联维数 $D_r$。本部分采用盒维数的方法对煤层割理发育特征进行表征。使用尺寸合适的"盒子"去覆盖研究对象（即不同割理特征的煤岩），统计得到"盒子"总数目。记"盒子"尺寸为 $\varepsilon$，统计出来的"盒子"总数目记为 $N(\varepsilon)$。将二者取完对数后进行相关性拟合（图 2-2-20），线性拟合后的斜率绝对值即为盒维数的数值 $D_f$。

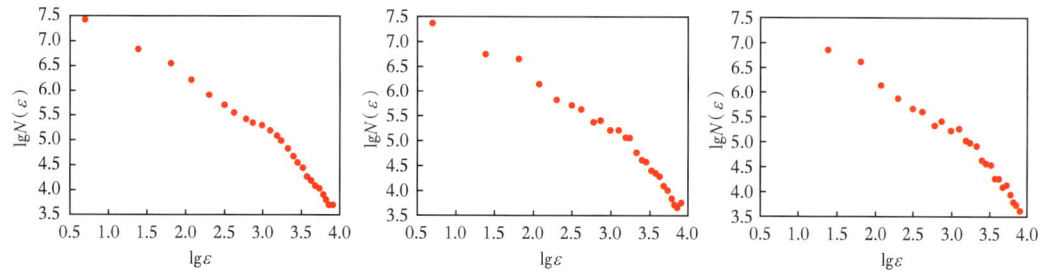

图 2-2-20　不同煤岩的 $\lg N(\varepsilon)$—$\lg \varepsilon$ 关系图

以不同割理密度，构建了割理发育下的数值模型（图 2-2-21），并建立了盒维数与割理特征的相关性关系，如图 2-2-22 所示，煤岩样盒维数与割理密度有较好的相关性，随着割理密度的增加，煤岩结构复杂程度增大，煤岩试样的盒维数增大。

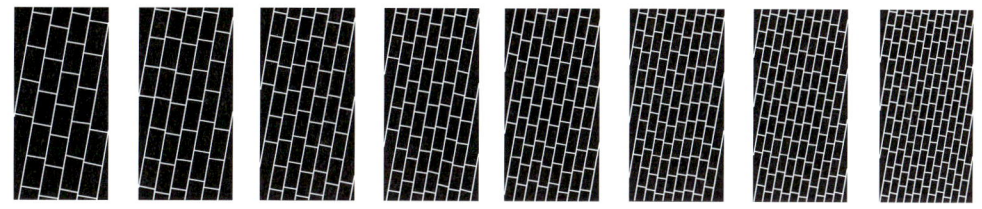

图 2-2-21　不同割理特征煤岩岩心模型示意图

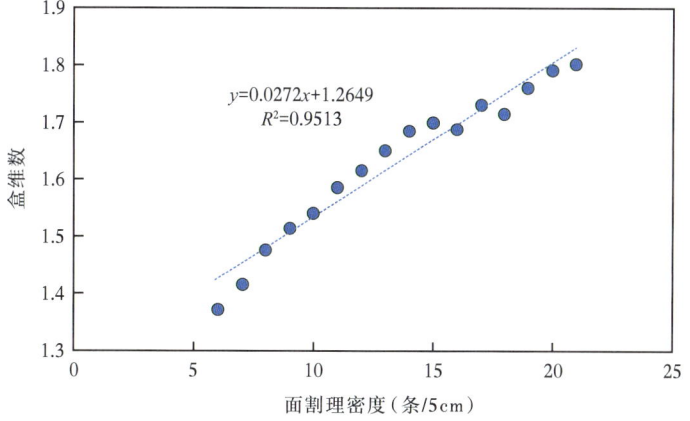

图 2-2-22　煤岩割理特征与分形维数的相关性

基于不同盒维数下的煤岩岩心数值模型，开展岩石声学与力学的数值仿真，煤岩声学特性和力学特性与分形维数（盒维数）间的关系如图 2-2-23 和图 2-2-24 所示。煤岩声波速度与盒维数间无明显相关性，而煤岩声波衰减系数随着盒维数增大而增大。这说明了煤岩声波衰减系数对割理特征（割理密度、割理角度）更敏感，选用声波衰减系数能更好表征割理特征。

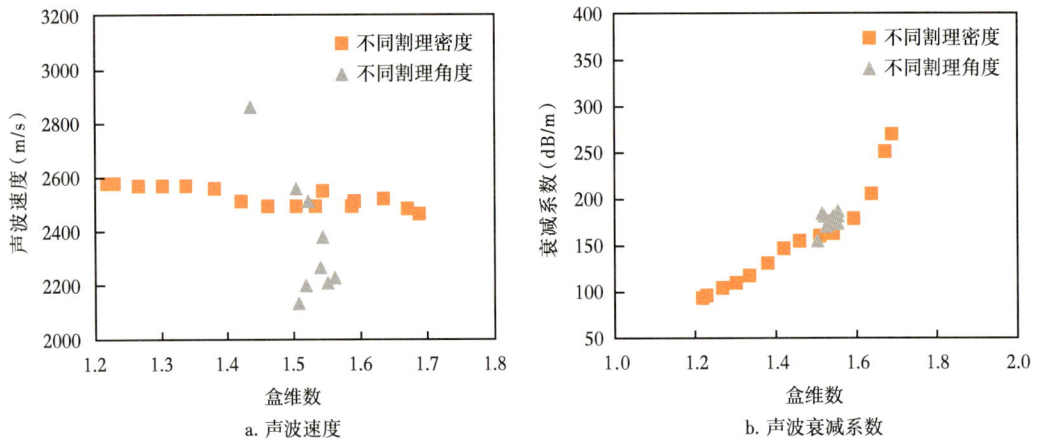

图 2-2-23　煤岩的声学参数与分形维数间的关系

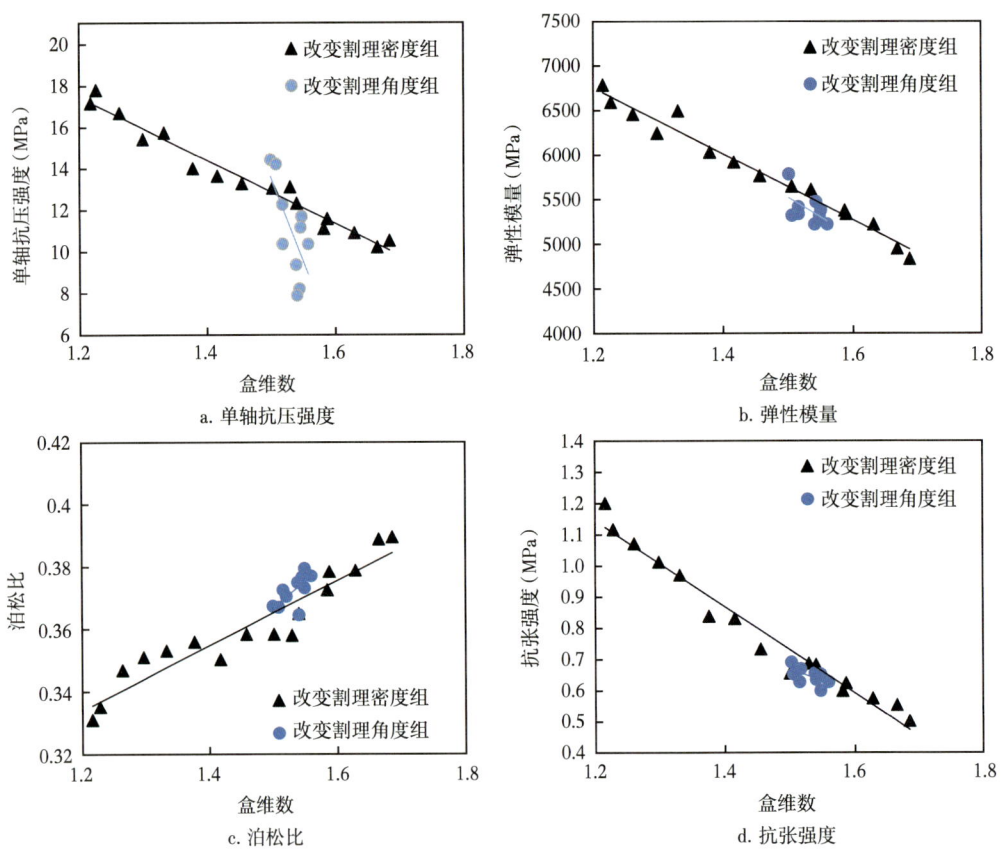

图 2-2-24　煤岩的力学参数与分形维数间的关系

煤岩单轴抗压强度、弹性模量、抗张强度随盒维数增大而降低，即随着煤岩割理复杂性的增加而降低，而煤岩泊松比随着盒维数增大而增加，即随着割理复杂性的增加而增加，这说明煤岩盒维数和煤岩岩石力学参数间存在显著的响应关系。其中，以不同割理密度为例，当盒维数较低时（接近1.2），单轴抗压强度约为17MPa，弹性模量约为6725MPa，抗张强度约为1.15MPa，泊松比约为0.33。当盒维数增大至1.7时，单轴抗压强度、弹性模量、抗张强度分别降低为10MPa、4750MPa、0.45MPa，泊松比增大至0.39。

3. 基于分形维数的岩石力学参数预测方法

基于构建的岩石力学—声学仿真数值模拟方法，获取煤岩岩石力学参数和声学参数的相关性方程，如图2-2-25所示。从图中可看出，以盒维数$D_f$与纵波速度$v_p$比值为组合自变量，煤岩的岩石力学参数与组合自变量之间呈现出较好的相关性，其中，煤岩单轴抗压强度与组合自变量呈良好的线性关系，弹性模量与自变量呈良好的指数函数关系，泊松比与组合自变量呈良好的幂函数关系，抗张强度与组合自变量呈良好的幂函数关系。

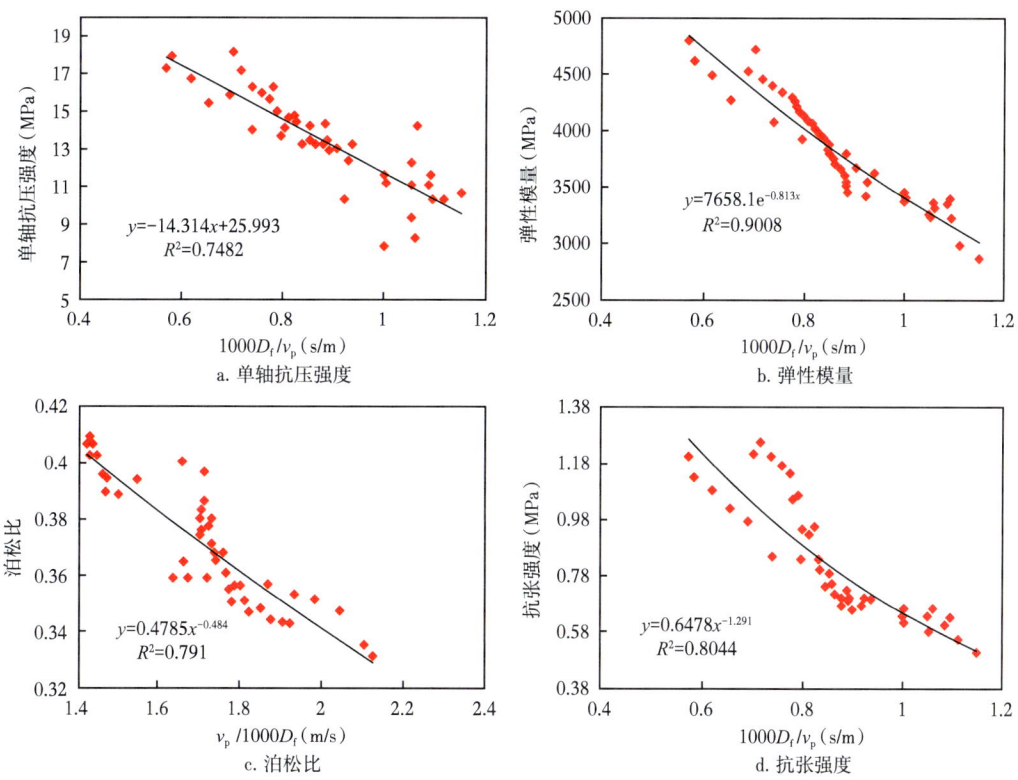

图2-2-25 基于分形维数的煤层岩石力学参数声学响应分析

基于煤岩岩石力学参数与分形维数、纵波波速之间的关系，建立了基于分形维数的煤层岩石力学参数计算模型，见表2-2-5。

值得注意的是，室内煤岩样与煤储层分属于两个不同尺度，而盒维数的划分基于分形原理，与尺度大小密切相关。研究发现，利用测井曲线盒维数能够表征井周煤层的割理发育特征，但室内实验获取的盒维数不能直接应用测井盒维数预测，需要进行转化。为此，以井下煤岩岩样为对象，基于测井岩石物性（以电阻率为例）构建的盒维数与室内岩石物性构建的盒维数之间的映射关系分析，形成了室内煤岩结构盒维数与测井曲线盒维数的转化关系，如图 2-2-26 所示，表达式为：

$$D_f = 1.3827 D_L - 0.4509 \quad (2\text{-}2\text{-}23)$$

式中：$D_f$ 和 $D_L$ 分别为室内煤岩结构盒维数与测井曲线盒维数。

表 2-2-5　基于分形维数的煤层岩石力学参数的计算模型

| 岩石力学参数名称 | 模型 | 变量说明 |
| --- | --- | --- |
| 单轴抗压强度 | $\sigma_c = -14314 \times (D_f/v_p) + 25.993$ | $E_s$ 为弹性模量，MPa；$v_s$ 为泊松比；$\sigma_c$ 为单轴抗压强度，MPa；$\sigma_t$ 为抗张强度，MPa；$v_p$ 为纵波速度，m/s；$D_f$ 为煤岩割理盒维数 |
| 杨氏模量 | $E_s = 7658.1 e^{-813 \times (D_f/v_p)}$ | |
| 泊松比 | $v_s = 13.5482 (D_f/v_p)^{0.484}$ | |
| 抗张强度 | $\sigma_t = 8.6784 (v_p/D_f)^{1.291} \times 10^{-5}$ | |

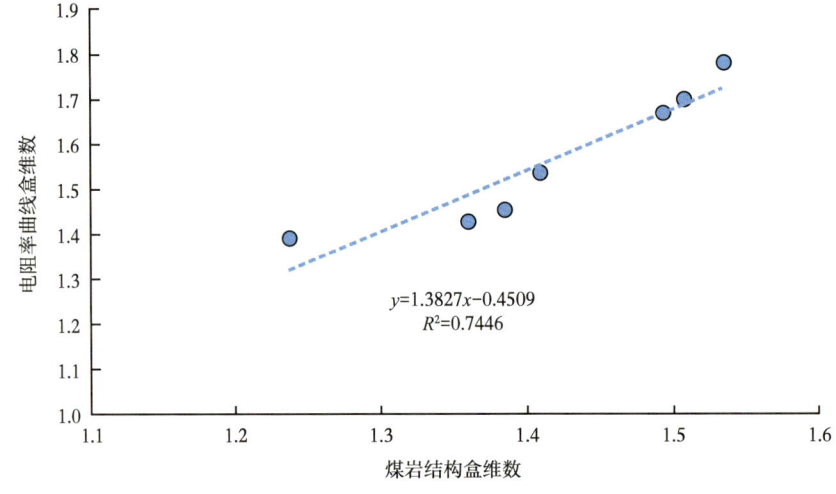

图 2-2-26　测井曲线与室内煤岩结构盒维数转化关系曲线

基于表 2-2-5 中考虑分形维数的煤层岩石力学参数的计算模型，实现了割理发育的煤岩地层岩石力学参数的测井评价，如图 2-2-27 所示。首先，利用测井信息计算 $D_L$，利用通过式（2-2-23）将测井曲线盒维数转换为 $D_f$，然后代入表 2-2-5 中的岩石力学计算模型进行岩石力学参数的测井计算。可以发现：图 2-2-27 中，分析层段盒维数分布在 0.9~1.3，岩石抗压强度分布在 18.0~23.8MPa，抗张强度分布在 1.5~6.0MPa；相对于上部或下部的砂岩或泥岩，煤岩层段的盒维数相对较高、岩石力学参数相对较小。

## 六、砾岩地层岩石强度的声学响应及测井预测

砾岩内部发育不同特征的砾石，导致其结构复杂程度高、非均质性强。砾岩中砾石发育特征（砾石岩性、砾石含量、砾石粒径、砾石强度、砾石的空间分布等）会对砾岩

的声波传播特性与岩石力学特性产生较大影响。定量表征砾岩中砾石的发育特征，认识砾石发育特征对砾岩力学特性、声学特性的影响，揭示砾岩声学特性对力学特性的响应特征，以及砾石发育特征对二者响应关系的影响，是砾岩岩石力学参数测井预测模型与预测方法建立的前提与基础。

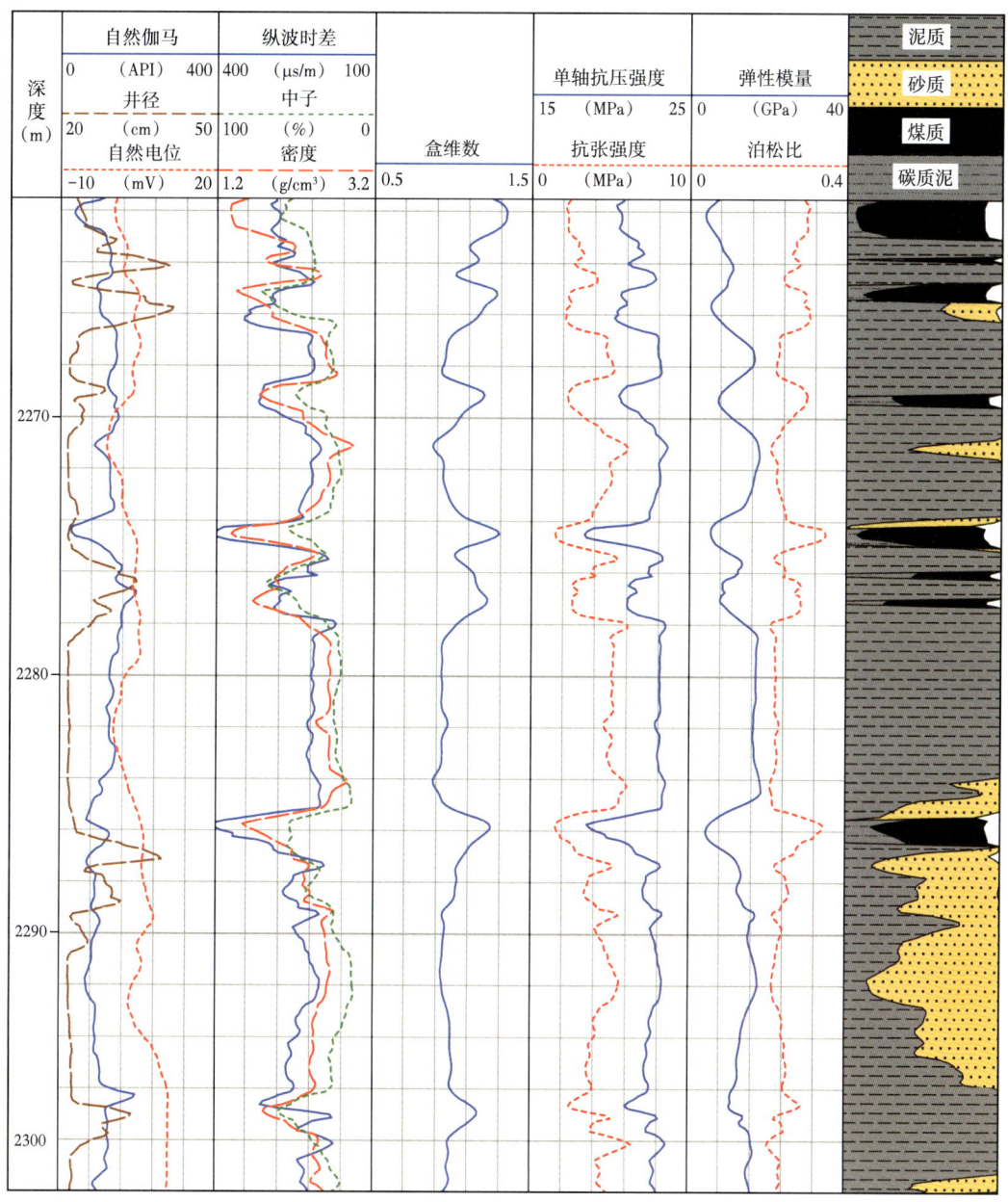

图 2-2-27 某井煤岩层系岩石力学参数的测井预测剖面

针对砾岩内部复杂的砾石发育特征与复杂的结构特征，通过 CT 实现砾岩内部砾石的识别、提取以及砾岩复杂结构提取；量化表征砾石发育特征，构建了不同砾径、砾石含量等结构特征的砾岩岩心数值模型；基于数值模型，开展岩石力学与声波仿真数值模拟，如图 2-2-28 和图 2-2-29 所示（缑健儒，2022）。

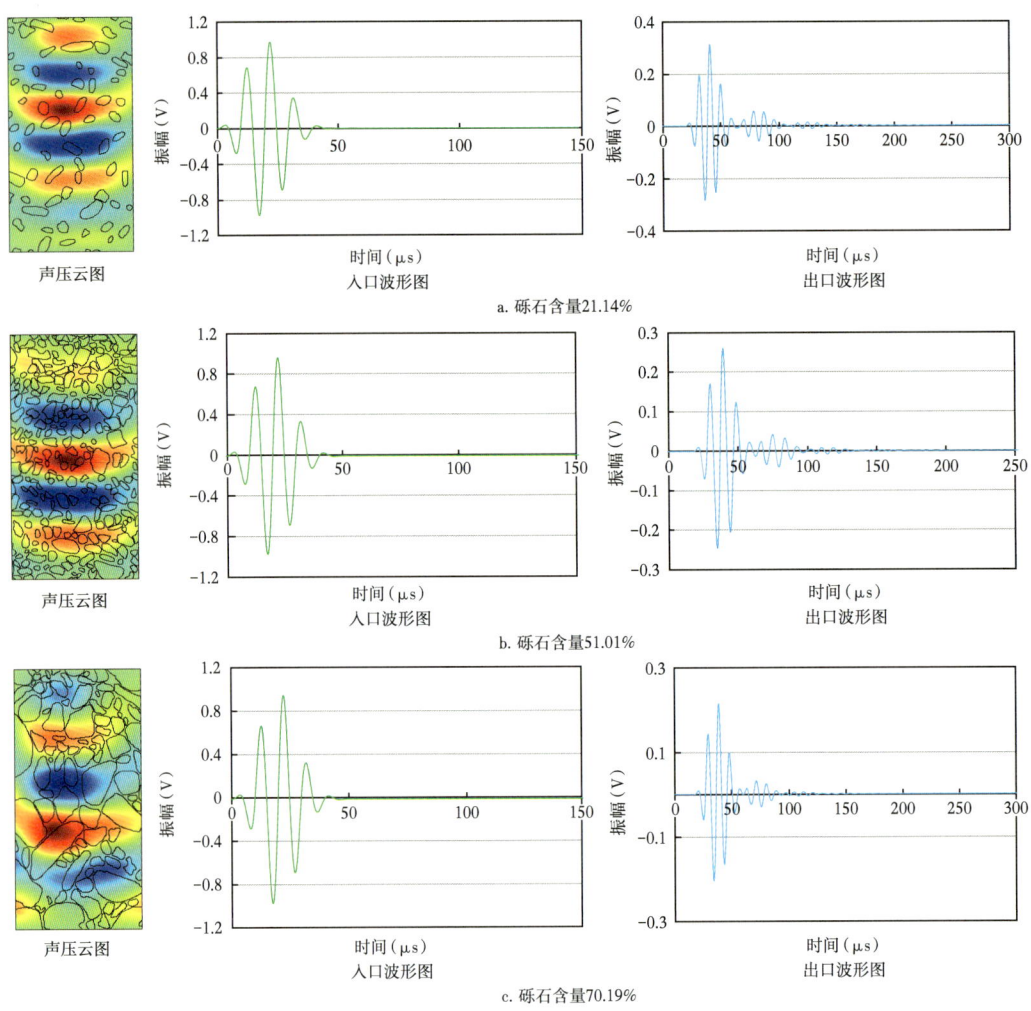

图 2-2-28 不同砾石含量下的波长快照与波形图

基于岩石力学—声波仿真数值模拟结果，研究岩石力学参数与声学参数的响应关系，如图 2-2-30 所示。从图中可看出，砾岩纵波速度（$v_p$）随砾石含量（$k$）增加而增大。由于在此模拟过程中，砾石属于强度相对较高的组分，随着砾石含量增加，砾岩单轴抗压强度（$\sigma_c$）、弹性模量（$E$）、内聚力（$c$）呈增大的趋势，而泊松比（$v$）呈降低趋势。当砾石含量从 15% 增大至 75% 时，抗压强度从 27.2MPa 上升至 36.2MPa，弹性模量从 12500MPa 上升至 21500MPa，抗张强度从 10.2MPa 上升至 12.8MPa，而泊松比则从 0.36 下降至 0.32。综上，砾石含量对砾岩力学特性及声波速度影响较大。因此，砾岩的岩石力学参数预测时有必要考虑砾石含量的影响。

进一步研究纵波时差、密度与砾岩岩石力学参数的相关性，结果表明，当砾岩声波时差增大、密度降低时，砾岩的岩石力学参数表现出强度降低、弹性模量减小、泊松比增大的变化特征。

综合上述认识，进一步研究表明，声波时差、密度、砾石含量三者比值所构成的组合变量与砾岩岩石力学参数之间具有较好的相关性，如图 2-2-31 所示。砾岩单轴抗压强度、弹性模量、内聚力与声波时差、密度、砾石含量三者比值之间呈负相关性，且具有良好的幂函数关系，而泊松比与声波时差、密度、砾石含量三者比值之间呈正相关性，且同样呈现幂函数关系。基于此，建立了以声波时差、密度为基础，考虑砾石含量的砾岩地层岩石力学参数计算模型，见表 2-2-6。

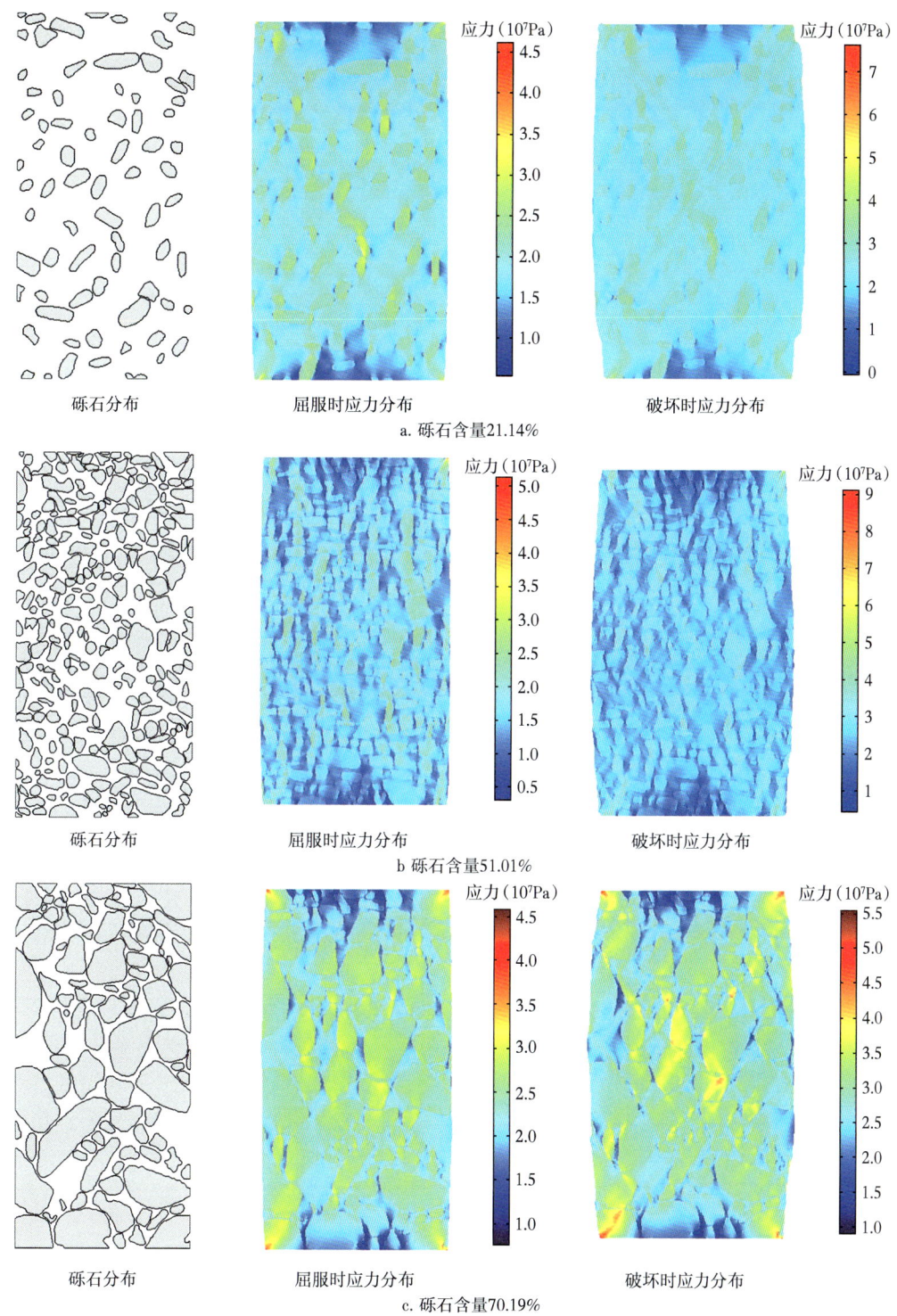

图 2-2-29 不同砾石含量下的岩石结构与力学破坏模拟

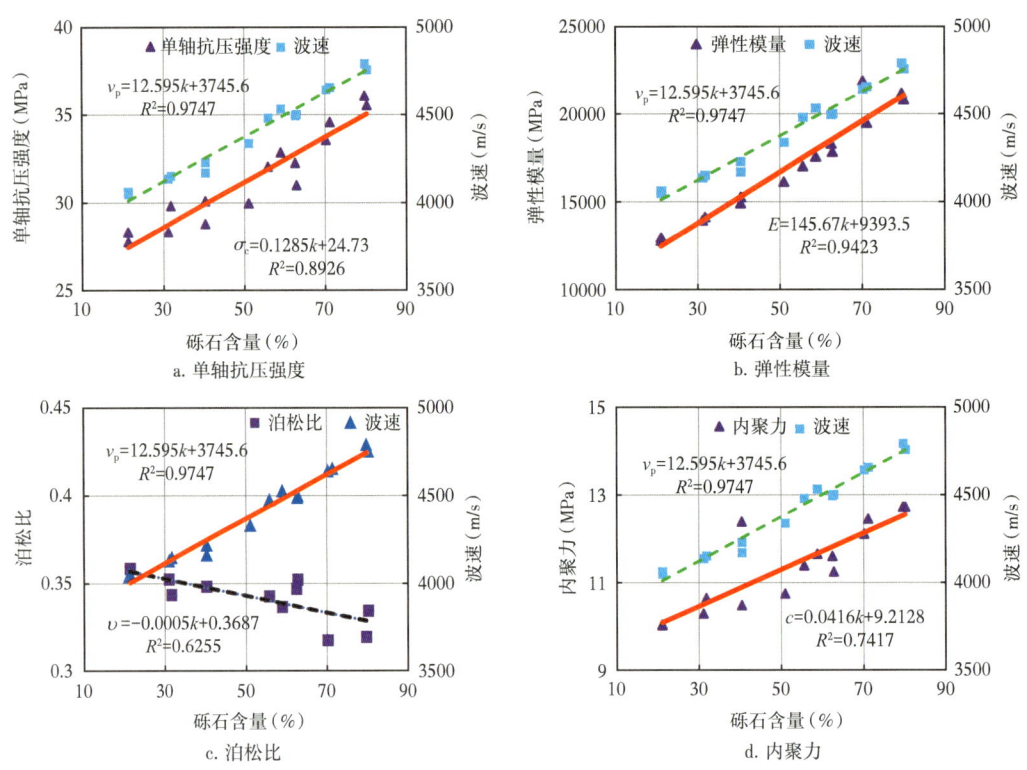

图 2-2-30　砾石含量对岩石力学及声学参数的影响

西部某油田某层段砾岩发育，所含砾石多属于高强度的火山岩。依据上述岩石力学参数计算模型，以成像测井、岩心描述及其定量评价为基础获得砾石含量，对某井层段的岩石力学参数进行计算。由计算得到的测井剖面图（图 2-2-32）可看出，砾岩段的力学强度都比较高，而粉砂、泥岩层段的岩石力学强度远低于砾岩。岩石力学参数剖面的这一特征与砾岩以高强度砾石为主的岩相特征一致，也显示了计算模型的可靠性。

## 七、缝洞型碳酸盐岩地层岩石强度的声学响应及测井预测

缝洞型碳酸盐岩岩石结构复杂，其声波特性和岩石力学参数受到孔、缝、洞的形状、尺寸、分布等多因素的综合影响。针对缝洞型碳酸盐岩岩石力学的岩石物理响应机制，以声波与力学物理实验为基础，应用自主研发的岩心超声波数值模拟系统，结合岩石力学数值模拟（图 2-3-33），系统研究了缝洞型碳酸盐岩地层声波传播规律和力学特性，论证了透射波中的动力学参数（衰减、振幅、主频等）比运动学参数（波速）对缝洞结构更敏感，仅仅依靠声波速度的岩石力学测井预测方法，在缝洞型碳酸盐岩地层中的适用性受到很大挑战；同时，明确了孔洞结构参数（孔洞分布、孔洞密度、孔洞尺度、孔洞形状等）、裂缝结构参数（裂缝长度、裂缝宽度、裂缝密度、裂缝产状等）对岩石声学参数和岩石力学特性的影响（杨超，2010；陈乔等，2012；王森，2012；周龙涛，2014；梁利喜等，2015；满宇，2016）。

1. 缝洞发育特征对声学特性的影响

1）孔洞发育特征声学特性的影响

图 2-3-34 和图 2-3-35 为超声波速度数值计算结果。其中，图 2-3-34 为保持孔隙

度一定，减小孔洞尺寸、增大孔洞密度的超声波速度模拟结果。可以看出，随孔洞尺寸减小、孔洞密度的增大，超声波速度呈降低趋势。即声波速度与孔隙度并非一一对应，相同孔隙度的地层，由于孔洞密度的差异，声波传播的波速会不同；并且，随孔隙度的增大，孔洞密度对声波速度的影响更加显著。而在孔洞密度较小时（数值模拟条件下，小于 0.032 个 /mm²），不同孔隙度岩样之间的声波波速差异较小。

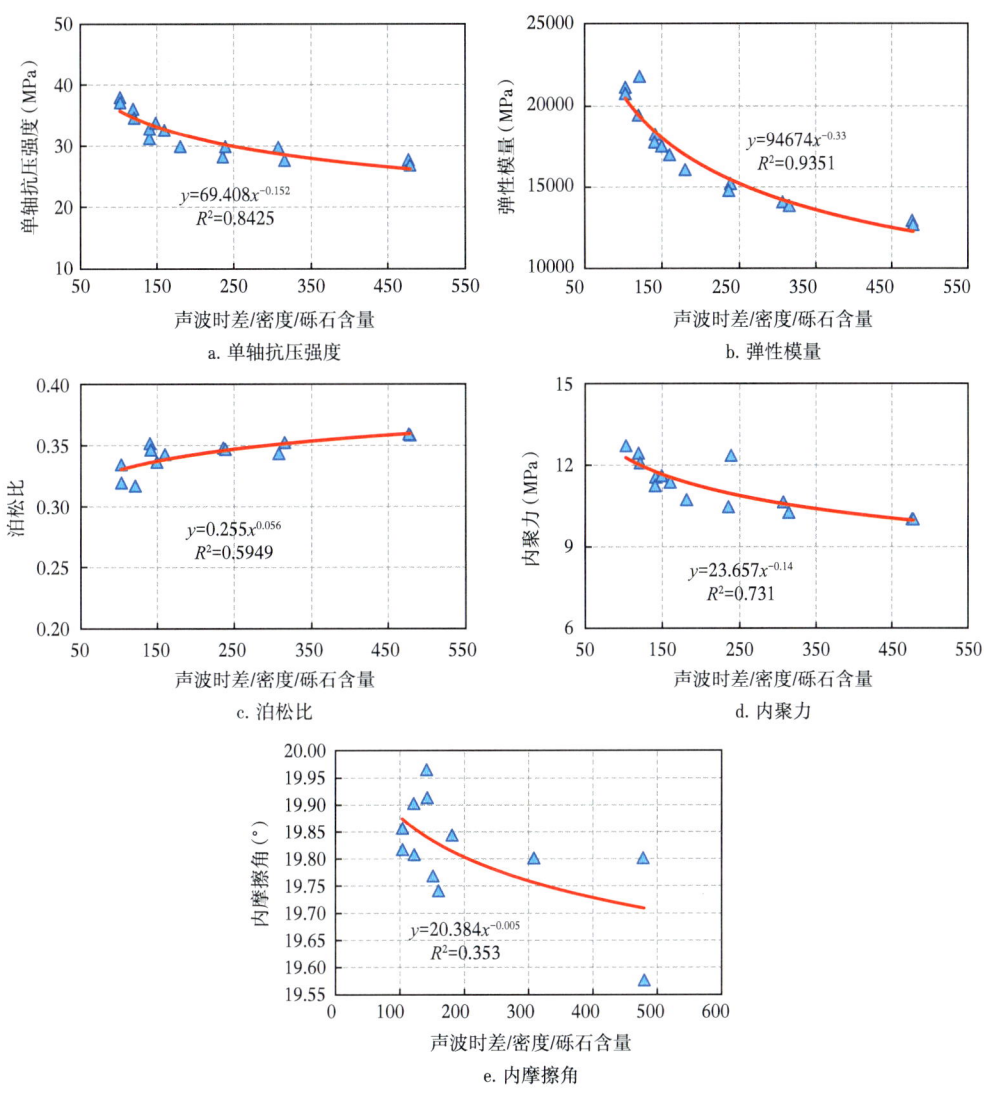

图 2-2-31 考虑砾石特征的砾岩岩石力学参数声学响应

表 2-2-6 砾岩地层岩石力学参数的计算模型

| 参数 | 模型 | 变量说明 |
| --- | --- | --- |
| 弹性模量 | $E_s=94674\times[\Delta t_p/(\rho_b k_g)]^{-0.33}$ | $E_s$ 为弹性模量，MPa；$v_s$ 为泊松比；$\sigma_c$ 为单轴抗压强度，MPa；$\Delta t_p$ 为纵波时差，μs/ft；$\rho_b$ 为岩石密度，g/cm³；$K_g$ 为砾石含量，小数 |
| 单轴抗压强度 | $\sigma_c=69.408\times[\Delta t_p/(\rho_b k_g)]^{-0.152}$ | |
| 泊松比 | $v_s=0.255\times[\Delta t_p/(\rho_b k_g)]^{0.056}$ | |
| 内聚力 | $c=23.657\times[\Delta t_p/(\rho_b k_g)]^{-0.14}$ | |
| 内摩擦角 | $\varphi=20.384\times[\Delta t_p/(\rho_b k_g)]^{-0.005}$ | |

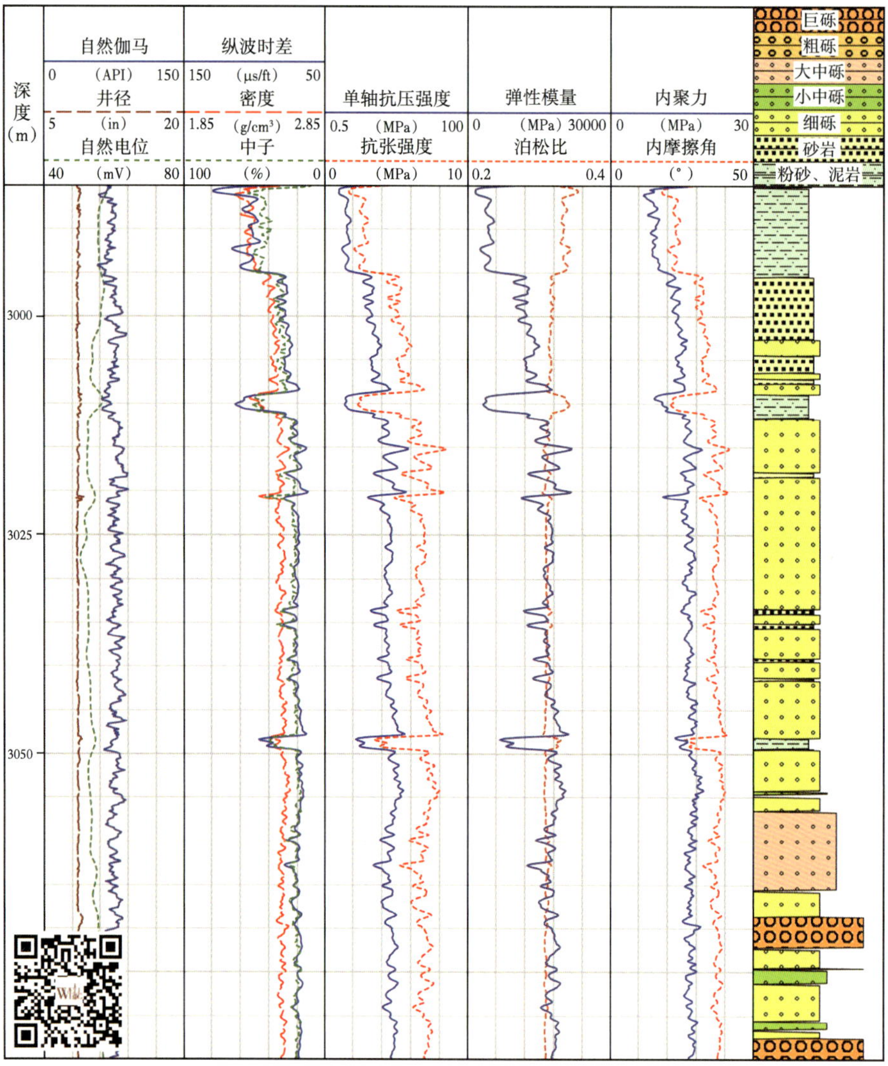

图 2-2-32 某井砾岩地层岩石力学参数测井剖面图

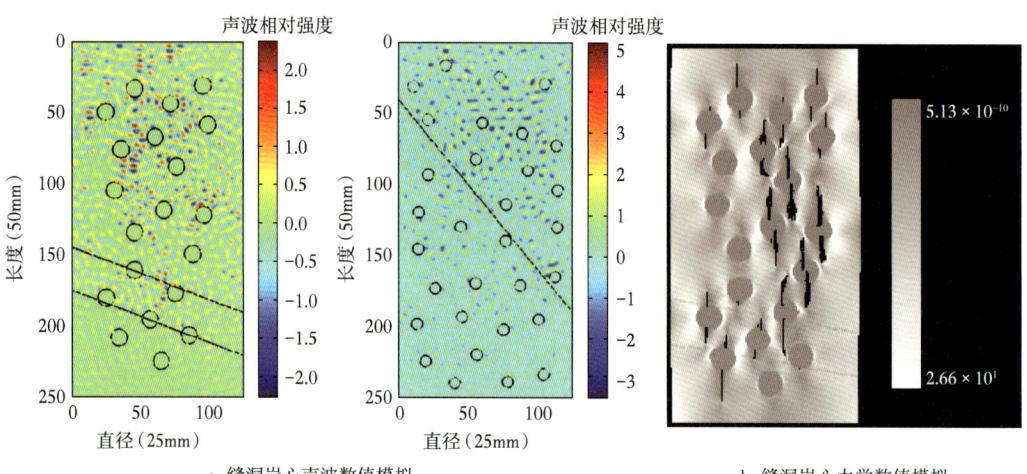

a. 缝洞岩心声波数值模拟    b. 缝洞岩心力学数值模拟

图 2-2-33 缝洞发育岩心的声波与力学数值模拟示意图

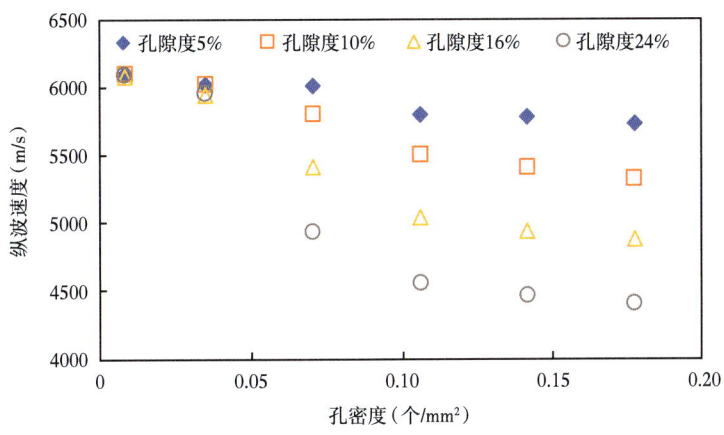

图 2-2-34　纵波速度与孔密度的关系图

图 2-3-35 为纵波速度—孔隙度关系图，红色虚线为根据 Wyllie 公式进行理论计算得到的相应孔隙度下对应的波速理论值。可以看出，声波速度对孔隙度的响应特征与孔洞密度、尺寸密切相关。

当孔洞密度较小时，不同孔隙度岩样之间的声波速度差异较小。此时，当孔洞较大且分布较为离散，接收到的首波信息可能就不包含孔洞信息，声波速度不能对离散分布的孔洞作出较好的响应。因此，声波速度与孔隙度的关系曲线远离 Wyllie 计算理论线。

当孔洞密度较大（数值模拟条件下，大于 0.128 个 /mm$^2$）时，岩样孔隙度的不同会导致声波速度的显著变化。此时，孔洞趋向于高密集发育、均匀分布，增加了声波通过孔洞的概率，声波速度对孔洞有较好的响应；并且随孔洞密度增加，不同孔隙度间的声波速度差异明显增加，声波速度与孔隙度的关系曲线逐渐接近 Wyllie 公式计算理论线。

与图 2-2-34 相同，在孔密度相同的情况下，孔隙度越小，岩样的声波速度差异越小，且越接近理论计算值。

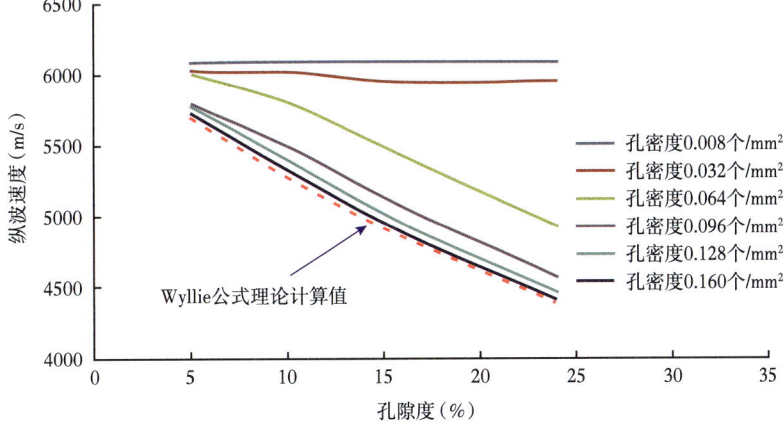

图 2-2-35　纵波速度与孔隙度的关系图

综上，对于孔洞离散发育的碳酸盐岩，孔洞密度足够大时，声波速度对孔隙度、孔洞结构才有较好响应。因此，进一步对声波的能量进行分析。

图 2-3-36 为孔密度一定的条件下，孔径不同岩样的孔隙度与 50kHz 纵波衰减系数之间的关系，可看出衰减系数对孔隙度有较好的响应，衰减系数与孔隙度呈正相关。

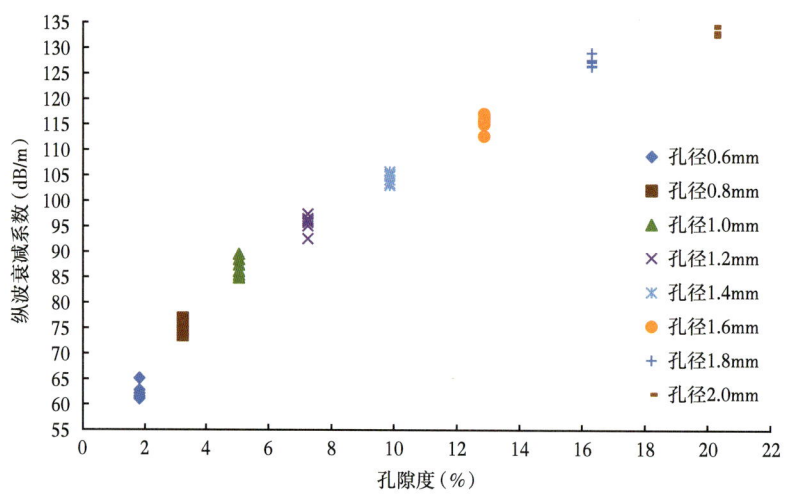

图 2-2-36  纵波衰减系数与孔隙度的关系图（孔密度一定）

图 2-3-37 为在不同孔径条件下，孔密度增大、孔隙度增大时，声波衰减系数与孔隙度的关系。当孔径分布在 0.4~0.8mm，衰减系数与孔隙度呈线性正相关的关系；孔径分布范围为 0.8~1.6mm，衰减系数与孔隙度呈对数正相关的关系；孔径分布范围为 1.6~1.8mm，衰减系数与孔隙度呈指数正相关的关系。

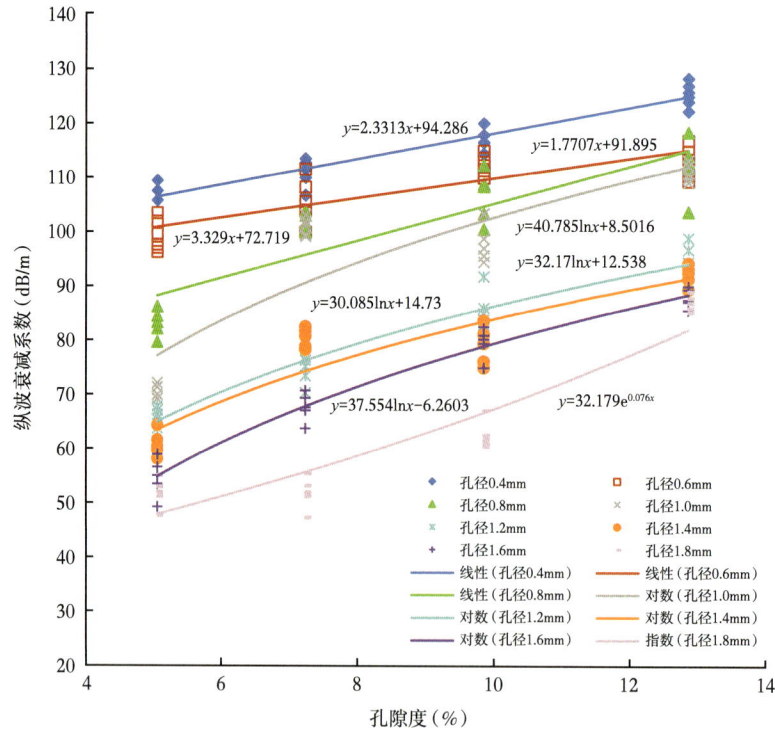

图 2-2-37  孔径对纵波衰减系数与孔隙度关系的影响

综上，无论是孔密度变化，还是在孔密度一定时孔径变化，衰减系数都对孔隙度具有较好的响应。

2）裂缝发育特征声学特性的影响

图 2-2-38 为裂缝倾角为 40°、裂缝密度为 20 条 /m 和 40 条 /m 的条件下，增大孔径、孔隙度时，声波时差与孔隙度的关系。可看出，相同孔隙度时，裂缝密度由 20 条 /m 增大至 40 条 /m，声波时差略有增大，增大幅度小于 2μs/m；但裂缝密度的增高未对声波时差与孔隙度之间的关系产生影响。

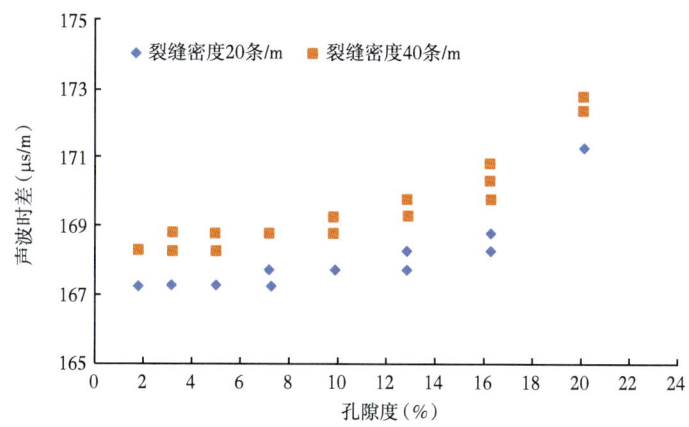

图 2-2-38　裂缝密度对声波时差与孔隙度关系的影响

图 2-2-39 为与图 2-2-38 相同条件下，声波衰减系数与孔隙度的关系。与声波时差相同，在孔隙度相同时，裂缝密度由 20 条 /m 增大至 40 条 /m，衰减系数增大，增大幅度为 8~10dB/m。

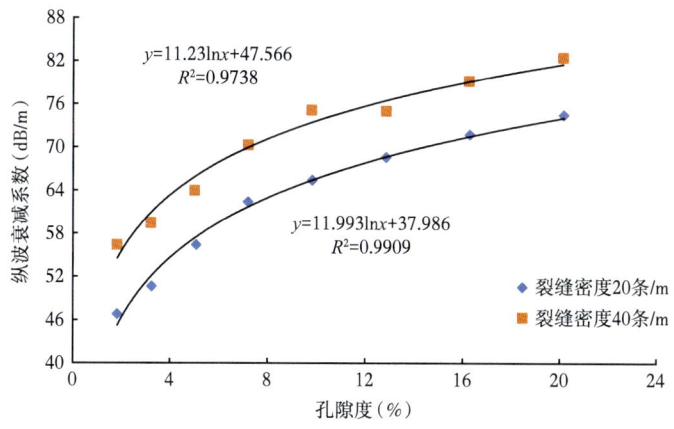

图 2-2-39　裂缝密度对纵波衰减系数与孔隙度关系的影响

对比分析图 2-2-38 和图 2-2-39 可知，相对声波时差而言，衰减系数对裂缝密度的变化更为敏感、变化幅度更大。

2. 缝洞发育特征对声学特性与力学特性之间关系的影响

孔密度、裂缝密度保持不变，改变孔径及裂缝倾角，建立数值模型，开展力学数值模拟与 50kHz 纵波传播数值模拟，获取弹性模量与声波时差的关系（图 2-2-40）以及弹性模量与衰减系数之间的关系（图 2-2-41）。

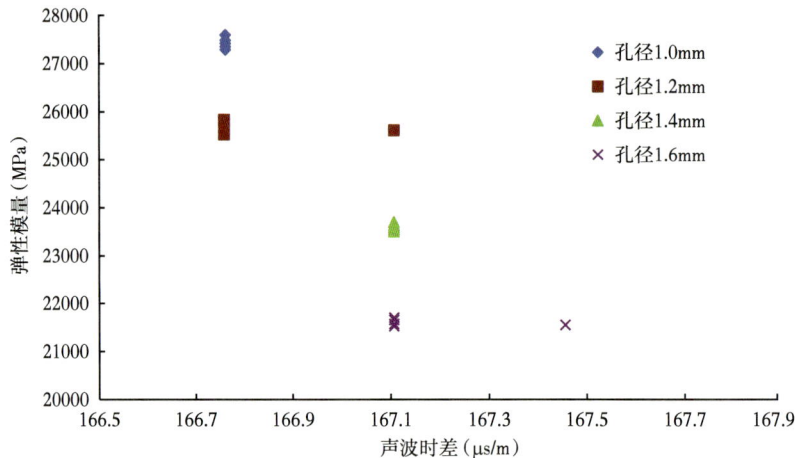

图 2-2-40　弹性模量与声波时差关系图

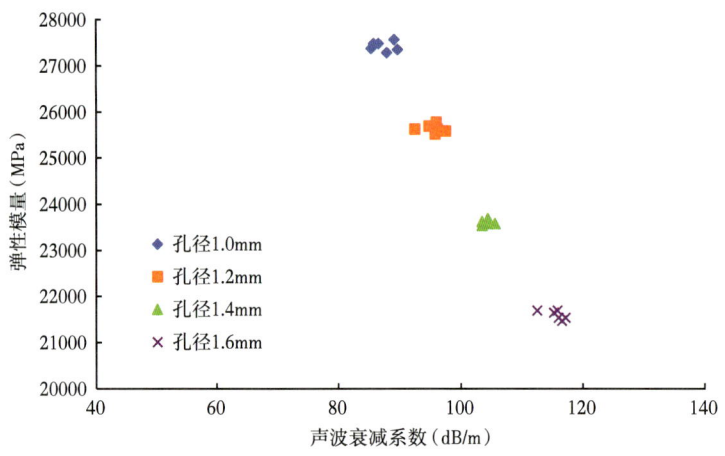

图 2-2-41　弹性模量与声波衰减系数关系图

如图 2-2-40 所示，在孔密度、裂缝密度相同的条件下，孔径由 1.0mm 增大至 1.6mm，弹性模量由 27565MPa 减小至 21500MPa，而声波时差变化较小，变化幅度小于 2μs/m；弹性模量与声波时差之间的整体呈负相关，但相关性较差。

如图 2-2-41 所示，在孔密度和裂缝密度保持不变的条件下，孔径由 1.0mm 增大至 1.6mm，声波衰减系数由 85.5dB/m 增大至 116.9 dB/m，弹性模量与衰减系数之间的呈负相关，且相关性较好。

对比图 2-2-40 和图 2-2-41 可知，孔密度相同时，孔径变化对弹性模量、声波衰减系数影响显著，并且，在此条件下，相对声波时差，声波衰减系数对弹性模量具有较好的响应。

如图 2-2-42 所示，裂缝密度由 20 条 /m 增大至 40 条 /m，纵波衰减系数增大，弹性模量小幅降低，弹性模量与纵波衰减系数的线性负相关性略有降低；相对于 250kHz 纵波衰减系数，裂缝密度增大对弹性模量与 50kHz 纵波衰减系数之间关系的影响较小。

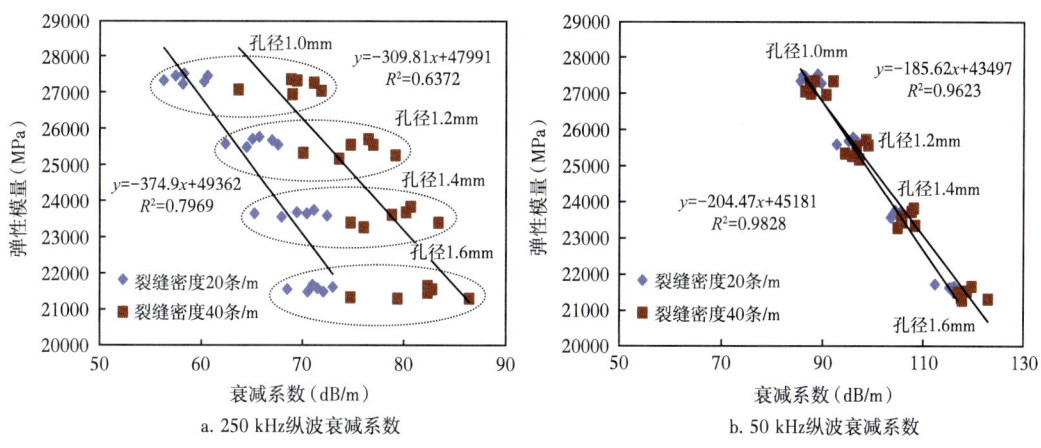

a. 250 kHz纵波衰减系数  b. 50 kHz纵波衰减系数

图 2-2-42 裂缝密度对弹性模量与衰减系数关系的影响

孔洞发育特征对抗压强度、泊松比、抗张强度等岩石力学参数与声波属性之间关系也有不同程度影响，影响特征与弹性模量相近，此处不再赘述。

3. 测井预测模型

在此基础上，基于构建的岩石力学—声波数值仿真平台，通过对碳酸盐岩岩石力学参数与声波速度、衰减系数、孔隙度等物性参数的关系进行分析，构建了缝洞型碳酸盐岩岩石力学参数预测模型，部分模型见表 2-2-7。缝洞型碳酸盐岩的单轴抗压强度、弹性模量与声波时差、声波衰减系数呈负相关；泊松比与声波时差、声波衰减系数呈正相关；同时，缝洞型碳酸盐岩的单轴抗压强度、弹性模量、泊松比与声波时差、孔隙度等参数相关性普遍较差，相关系数均在 0.5 以下；而缝洞型碳酸盐岩的单轴抗压强度、弹性模量、泊松比与声波衰减系数的相关性较高，相关系数达到 0.8 以上。由此说明，声波衰减系数对岩石结构更敏感，能更好反映出复杂孔洞结构对岩石力学特性的影响，也能更好地表征缝洞型碳酸盐岩地层岩石力学特性，将是实现缝洞型碳酸盐地层岩石力学参数测井预测的重要声学属性。

表 2-2-7 缝洞型碳酸盐岩岩石力学参数的计算模型

| 参数 | 模型 | 变量说明 |
| --- | --- | --- |
| 单轴抗压强度 | $\sigma_c=12562\alpha^{-1.564}$ | |
| | $\sigma_c=0.0503v_p-195.28$ | |
| | $\sigma_c=223.48\phi^{-0.807}$ | |
| 弹性模量 | $E_s=-0.7461\alpha^2-465.23\alpha+40745$ | $E_s$ 为弹性模量，MPa；$\sigma_c$ 为单轴抗压强度，MPa；$v_s$ 为泊松比；$\alpha$ 为衰减系数，dB/m；$v_p$ 为纵波速度，m/s；$\phi$ 为孔隙度，% |
| | $E_s=27.2v_p-107450$ | |
| | $E_s=-13.729\phi^2-1268.7\phi+33019$ | |
| 泊松比 | $v_s=4\times10^{-5}\alpha^2+0.0005\alpha+0.1825$ | |
| | $v_s=-0.0002v_p+1.5548$ | |
| | $v_s=0.0005\phi^2+0.0042\phi+0.1981$ | |

4. 应用分析

选取某缝洞型碳酸盐岩岩样，基于岩石力学—声学同步实验测试方法，获取缝洞型碳酸盐岩岩石力学参数与声波时差、声波衰减系数间相关性，结果如图 2-2-43 所示。

与数值模拟结果相同，缝洞型碳酸盐岩的单轴抗压强度、弹性模量与声波时差、声波衰减系数呈负相关，泊松比与声波时差、声波衰减系数呈正相关性。同时，缝洞型碳酸盐岩岩石力学参数与衰减系数之间相关性要强于与声波时差之间相关性，其中，缝洞型碳酸盐岩的单轴抗压强度、弹性模量与声波衰减系数呈良好的指数函数关系，而泊松比与声波衰减系数呈良好的幂函数关系。

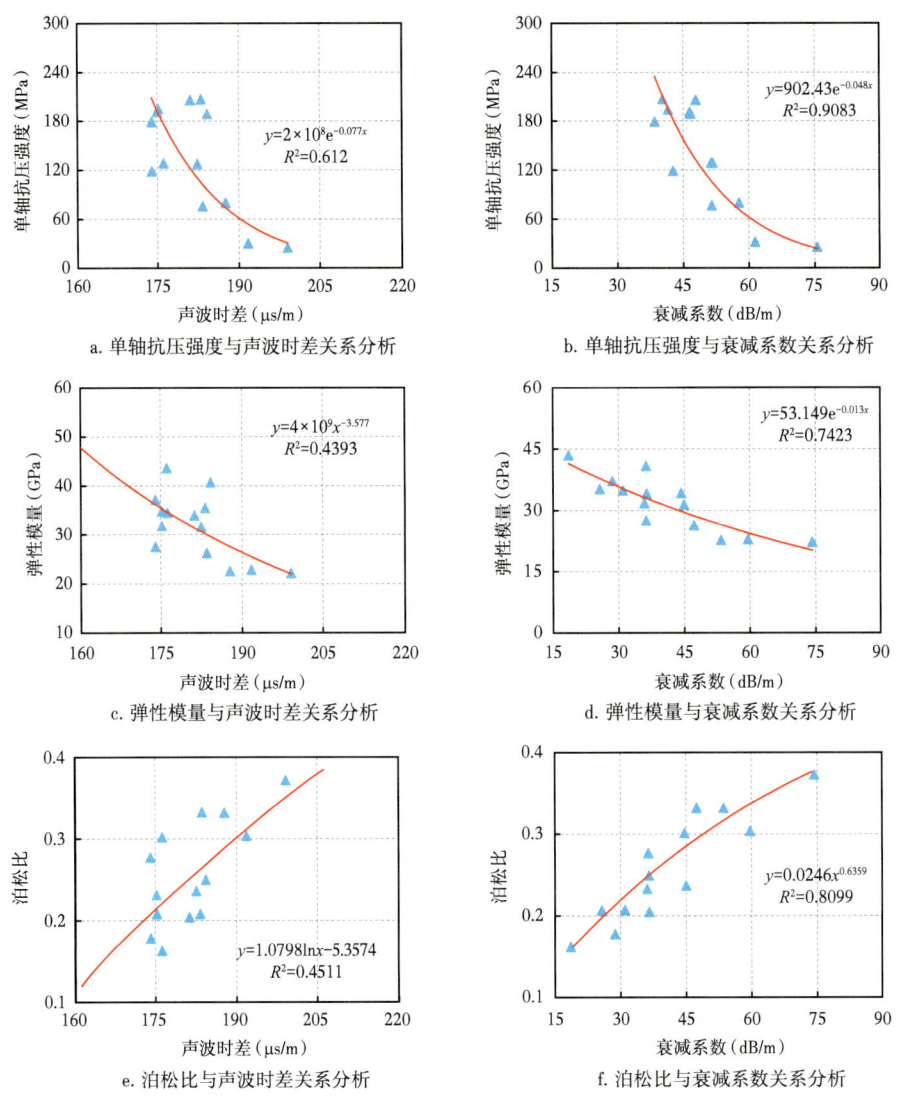

图 2-2-43  缝洞型碳酸盐岩岩石力学参数的声波响应分析

鉴于此，建立了基于衰减系数的缝洞型碳酸盐岩地层岩石力学参数计算模型，见表 2-2-8。利用该计算模型构建了四川盆地某井 4100~4500m 井段碳酸盐岩地层岩石力学参数单井剖面图，如图 2-2-44 所示。从全波形中提取的首波初至与全波形吻合较好，提取的纵波时差相关系数较高，说明基于全波形反演得到的衰减系数较合理。以此为基础，可进一步获取地层的岩石力学参数预测剖面。该层段碳酸盐岩单轴抗压强度分布在 100~270MPa，弹性模量分布在 26~48GPa，泊松比分布在 0.17~0.29。值得注意的是，基于阵列声波测井资料获取的衰减系数计算缝洞型碳酸盐岩地层岩石力学参数虽取得了一定进展，但仍然有很多基础问题还需要开展深入研究。

表 2-2-8　基于声波衰减的缝洞型碳酸盐岩岩石力学参数计算模型

| 岩石力学参数 | 计算模型 | 变量说明 |
| --- | --- | --- |
| 单轴抗压强度 | $\sigma_c=902.43e^{-0.048\alpha}$ | $E_s$ 为弹性模量，GPa；$\sigma_c$ 为单轴抗压强度，MPa；$\nu_s$ 为泊松比；$\alpha$ 为衰减系数，dB/m |
| 弹性模量 | $E_s=53.149e^{-0.013\alpha}$ | |
| 泊松比 | $\nu_s=0.0246\alpha^{0.6359}$ | |

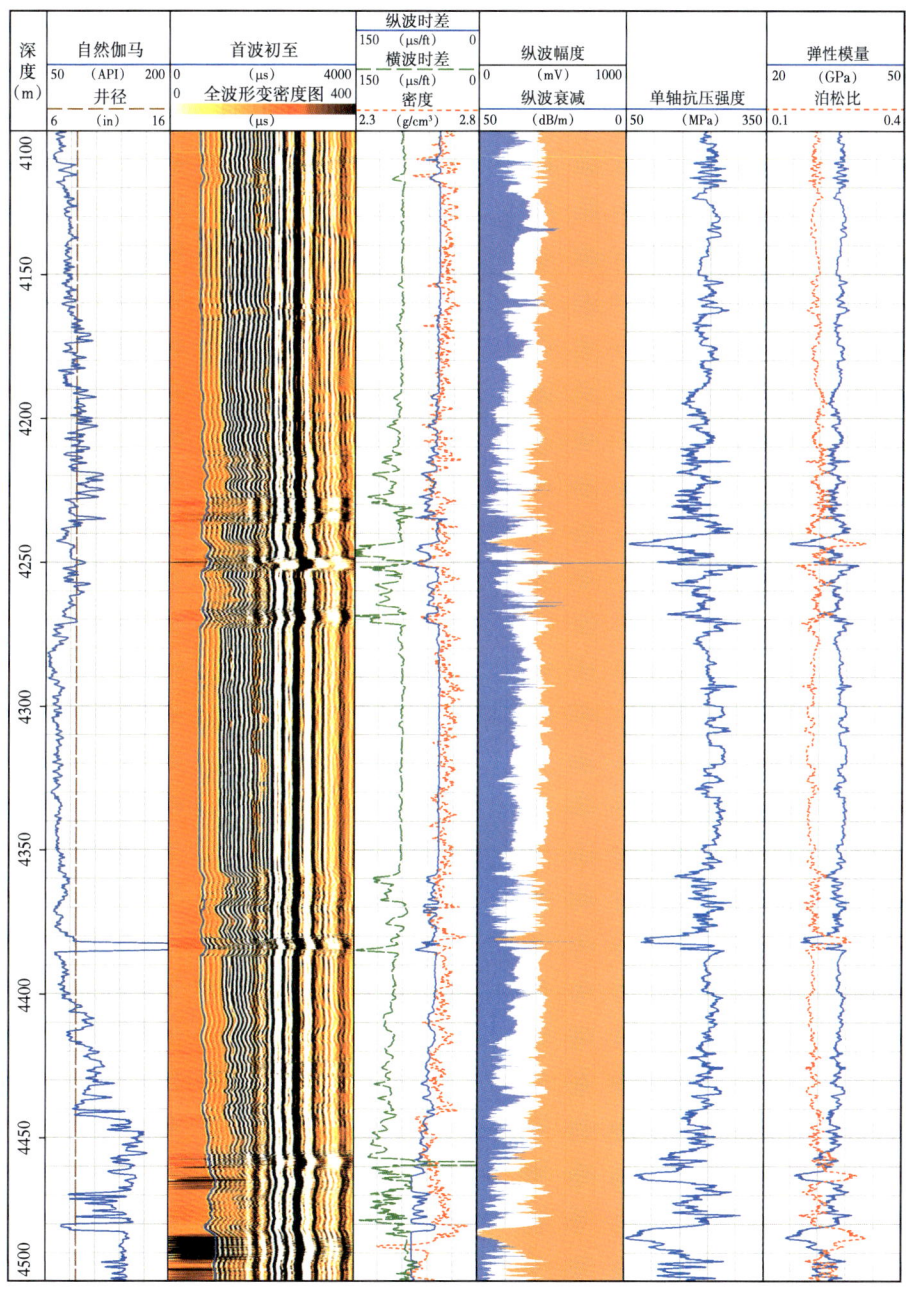

图 2-2-44　某井碳酸盐岩地层岩石力学参数测井预测剖面

## 第三节　岩石硬度、断裂韧性及脆性指数测井预测

近年来，岩石强度参数在非常规油气勘探开发领域的应用越发广泛。脆性与断裂韧性是评价储层岩石可压性的关键指标。其中，断裂韧性是分析与明确压裂缝延伸规律、缝网形态特征及形成机制的重要参数；硬度适用于井壁易失稳、井下取心困难层位的岩石力学强度评价。岩石硬度、断裂韧性、脆性指数等强度参数对非常规油气藏的钻完井工程优化设计具有重要指导意义。本节在上述岩石常用强度参数的基础上，进一步论述岩石硬度、断裂韧性、脆性指数等力学特性参数的测井预测。

### 一、岩石的硬度与断裂韧性的实验测试与测井预测

*1. 岩石硬度的实验测试与测井预测*

岩石硬度是反映岩石抵抗工具侵入其表面的能力。硬度实验对岩样尺寸要求低，制样方便，钻井掉块也可通过硬度测试用于开展地层的力学评价。尤其在石油工程领域，井下取心通常耗费人力物力，依靠硬度实验，可以有效增加岩样利用率。

针对岩石硬度测试，通常采用史氏压入硬度法测定岩石硬度值，即对岩样表面施加载荷使压头压入岩石，使其发生破碎，如图 2-3-1 所示。岩石的硬度为岩样破坏时接触面上单位面积的载荷：

$$H_\mathrm{d}=\frac{F}{S} \tag{2-3-1}$$

式中：$H_\mathrm{d}$ 为硬度，MPa；$F$ 为岩样产生破坏时载荷，N；$S$ 为压头的面积，$mm^2$。

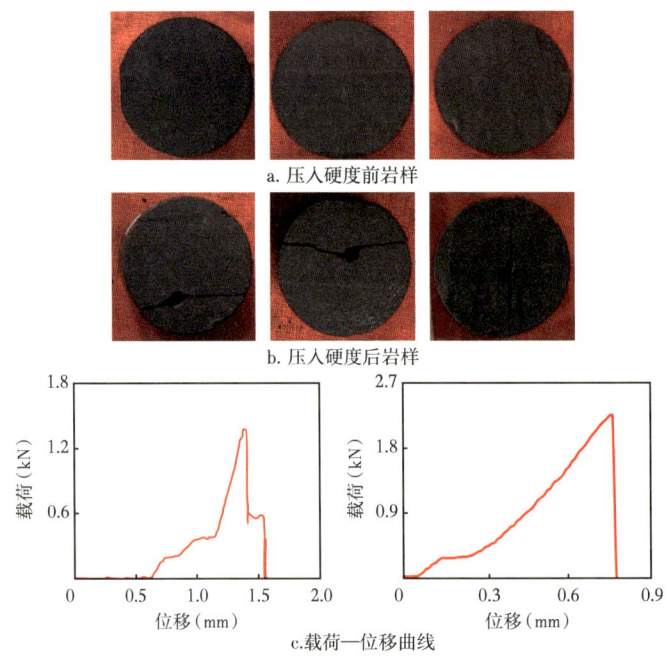

图 2-3-1　硬度测试岩样与载荷曲线

某地区不同岩性岩石的压入硬度实验的载荷—位移曲线与硬度值如图 2-3-2 所示。可以发现，页岩的硬度值最高，达到 756MPa；泥岩的硬度值相对最低，为 252MPa。

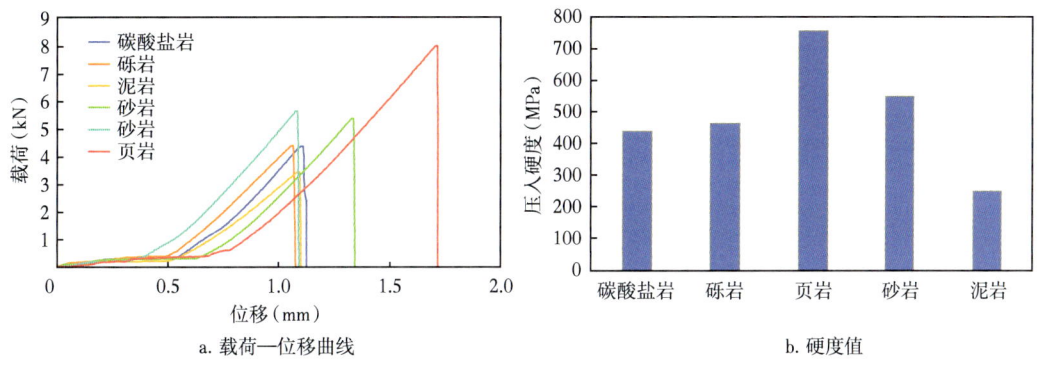

图 2-3-2　不同岩石压入硬度的载荷—位移曲线与硬度值

硬度作为点载荷条件下的岩石强度参数，与岩石抗压强度、抗张强度、内聚力、内摩擦角等其他岩石强度参数具有对应性与变化趋势的一致性。如图 2-3-3 所示，随着岩石硬度的升高，抗压强度、抗张强度、内聚力和内摩擦角等力学参数都呈增大趋势。该现象表明，硬度可以用于表征其他岩石力学参数。因此，在其他强度参数获取较为困难或参数缺失时，可先建立硬度的测井预测模型，实现岩石硬度的预测分析；然后利用与岩石硬度的定量关系，实现对其他力学强度参数的评价。

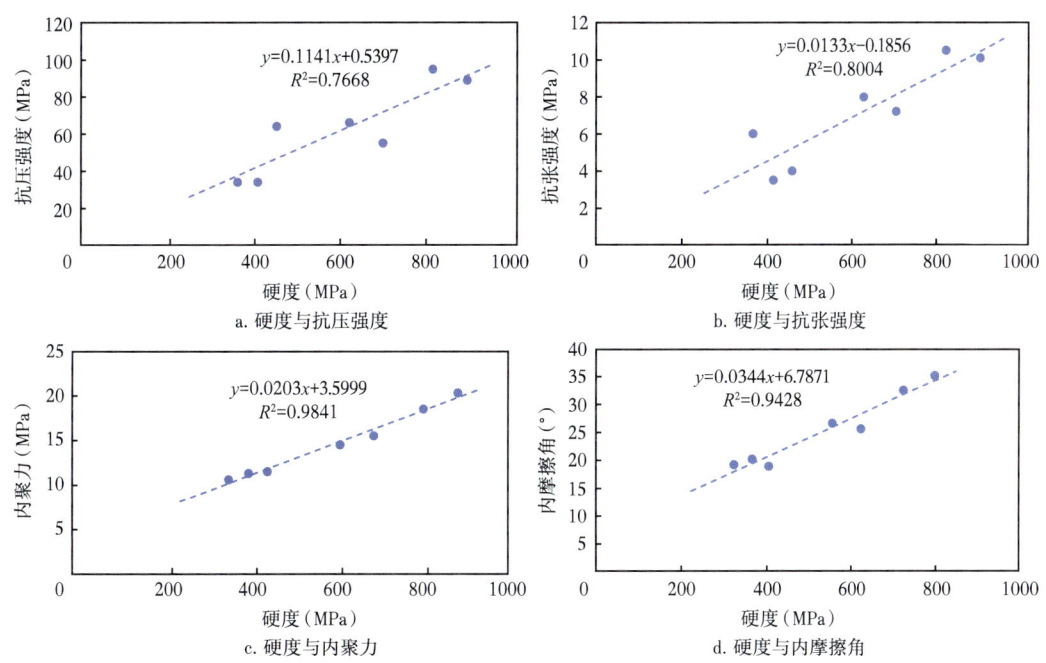

图 2-3-3　岩石硬度与其他强度参数的相关性

以某区块深部储层为例，岩石压入硬度测试结果如图 2-3-4 所示，岩样硬度分布范围为 250~850MPa。

基于压入硬度测试和声学测试结果，可以得到岩石压入硬度与纵波时差间的关系，如图 2-3-5 所示。岩石压入硬度与纵波时差呈负相关性，随着纵波时差的增加而降低；硬度与纵波时差间呈良好的线性关系，据此可建立适用于研究地层的岩石压入硬度计算模型：

$$H_d = -5.2355\Delta t_p + 998.13 \quad (R^2 = 0.643) \quad (2\text{-}3\text{-}2)$$

式中：$H_d$ 为硬度值，MPa；$\Delta t_p$ 为纵波时差，μs/ft。

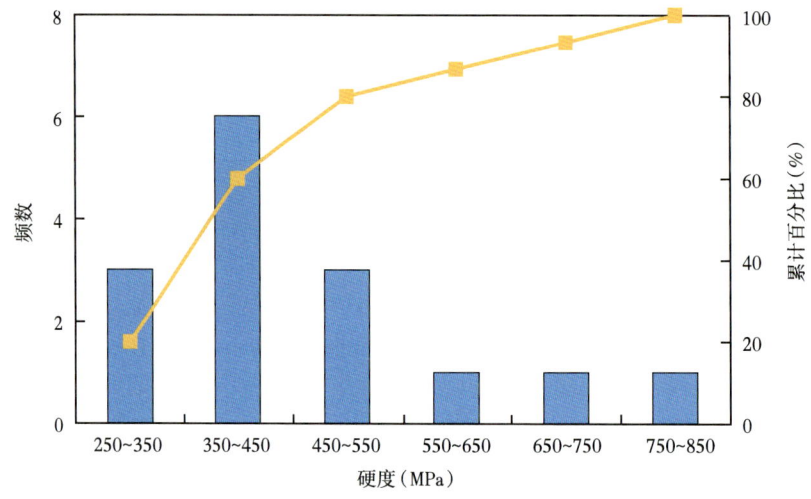

图 2-3-4 压入硬度测试结果

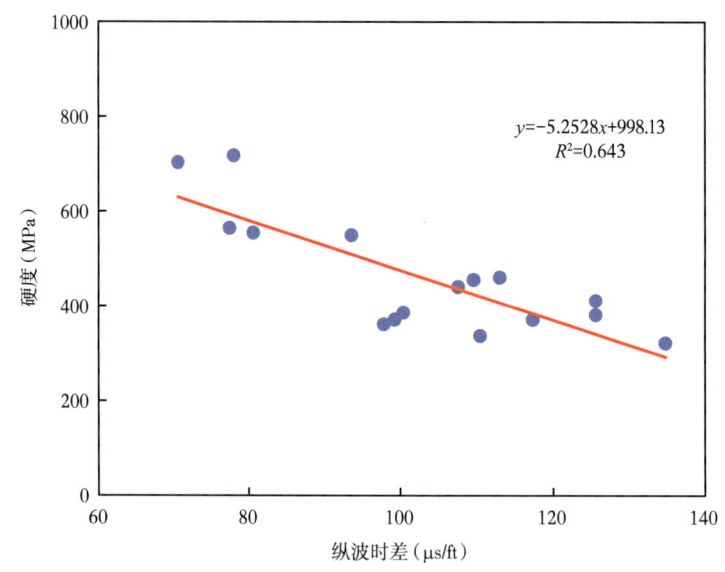

图 2-3-5 硬度与纵波时差间的关系

基于上述岩石硬度计算模型与方法，计算了某井岩石硬度剖面，如图 2-3-6 所示。在 6700~6792m 井段的岩石硬度分布较平稳，硬度值约为 760MPa；进入 6792m 以后，硬度值波动幅度较为明显，主要分布在 520~680MPa，结合自然伽马曲线等测井信息可知，主要归因于泥质含量增大及其纵向波动的变化。

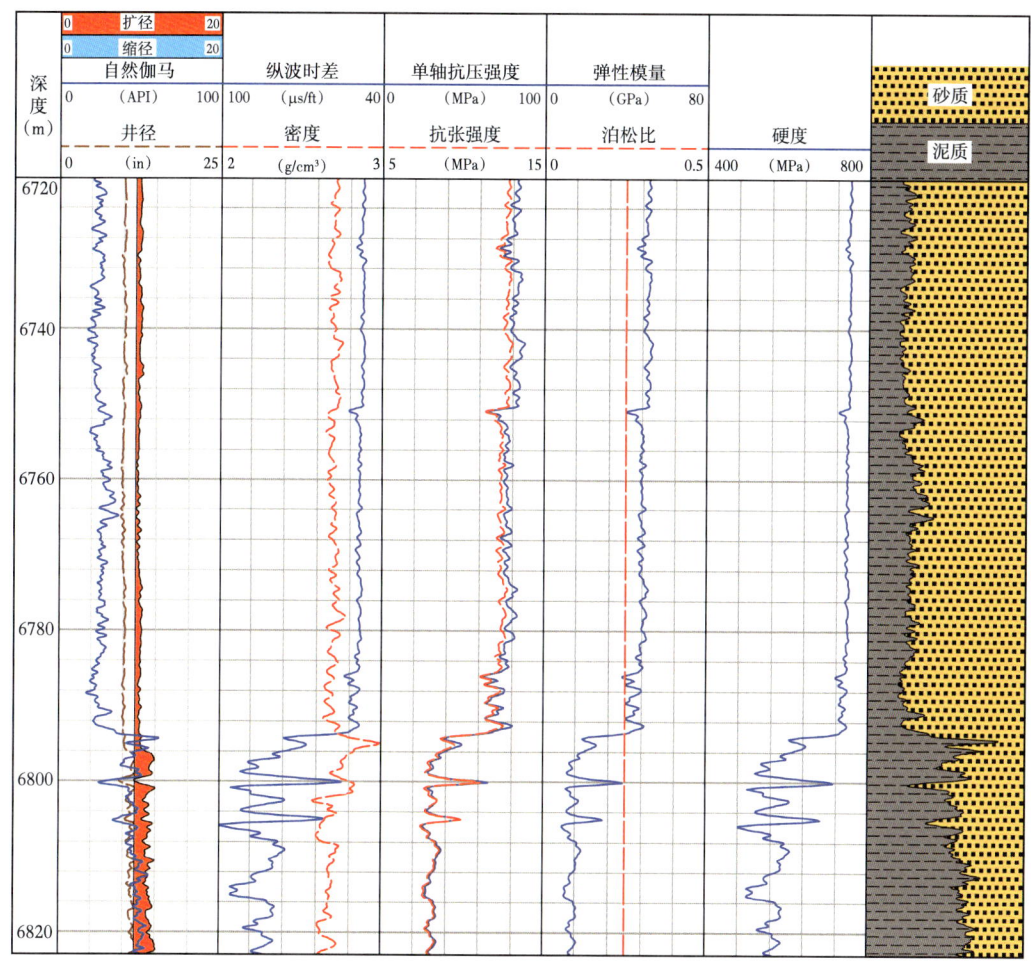

图 2-3-6 硬度分布曲线特征

**2. 岩石断裂韧性的实验测试与测井预测**

断裂韧性用于评价岩石内裂缝扩展的难易程度，是岩石抵抗宏观裂缝扩展能力的度量。断裂韧性是压裂缝扩展模拟与压裂缝形态、规模计算评价的基础参数，对认识储层可压裂性及水力压裂方案设计具有重要意义。根据线弹性断裂力学理论，依据应力状态、裂缝位移趋势与裂缝面的空间关系，裂缝可划分为张开型（Ⅰ型）、滑移型（Ⅱ型）、撕开型（Ⅲ型），与之对应的断裂韧性也分别有Ⅰ型、Ⅱ型、Ⅲ型三种类型，如图 2-3-7 所示（图中 $\sigma$ 为正应力，$\tau$ 为剪应力）。实际地层岩石裂缝起裂扩展过程，通常为两种或两种以上的复合型断裂特征。对于常规水力压裂缝而言，Ⅰ型裂缝最为常见，也是井周附近最易产生的裂缝扩展形式。因此，目前，服务与支撑常规水力压裂工程设计的断裂韧性实验评价与预测，大多集中于Ⅰ型断裂韧性。

断裂韧性的测试方法主要有三点弯曲法、预置裂纹的巴西圆盘法等。针对岩石试样，国际岩石力学协会（ISRM）推荐采用人字形切槽巴西圆盘试样（CCNBD）、半圆盘法等测试方法。依据该测试标准与要求，人字形切槽巴西圆盘试样的直径与厚度比例为 5∶2，如图 2-3-8 所示。其中，人字形切口可以确保裂纹从尖端部位开裂引发Ⅰ形裂纹，且有利于裂纹的稳定扩展，可用于较精确地测试岩石的断裂韧性。

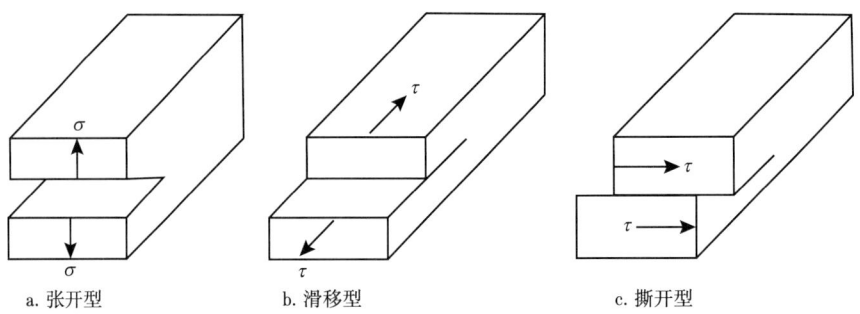

图 2-3-7　不同类型的断裂韧性示意图

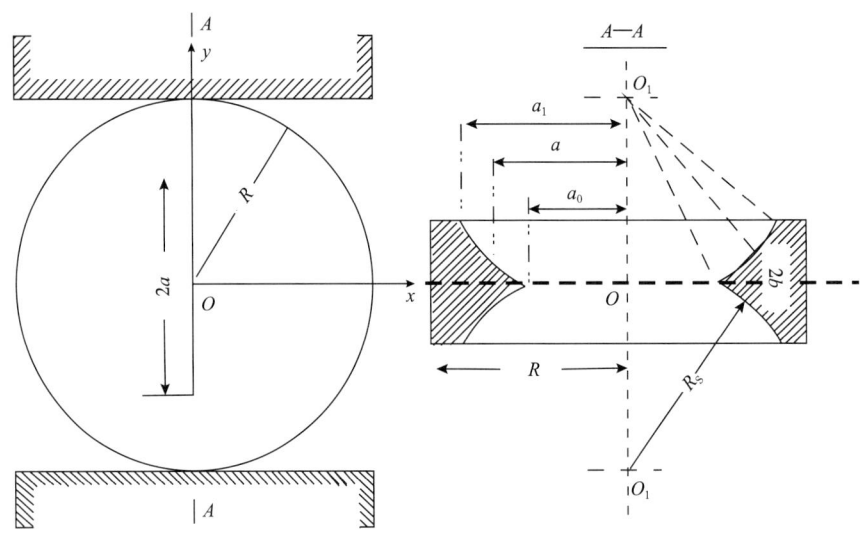

图 2-3-8　CCNBD 试样加工图

依据图 2-3-8，将试样图中所有的几何参数转化为关于岩样半径和直径的无量纲参数。换算关系如下：

$$\begin{cases} \alpha_0 = a_0 / R \\ \alpha_1 = a_1 / R \\ \alpha_B = B / R \end{cases} \quad (2\text{-}3\text{-}3)$$

式中：$B$ 为试样厚度，cm；$R$ 为试样半径，cm；$\alpha_0$ 和 $\alpha_1$ 分别为岩样几何参数。

为了保证测试结果有效，所选参数必须满足下列要求：

$$\begin{cases} \alpha_1 \geqslant 0.4 \\ \alpha_1 \geqslant \alpha_B / 2 \\ \alpha_B \leqslant 1.04 \\ \alpha_1 \leqslant 0.8 \\ \alpha_B \geqslant 1.1729 \alpha_1^{1.6666} \\ \alpha_B \geqslant 0.04 \end{cases} \quad (2\text{-}3\text{-}4)$$

根据 ISRM 建议测试方法，CCNBD 试样断裂韧性计算公式为：

$$K_{IC} = \frac{P_{max}}{B\sqrt{D}} Y^*_{min}$$ （2-3-5）

式中：$K_{IC}$ 为 I 型断裂韧性值，MPa·m$^{0.5}$；$P_{max}$ 为岩石试件破坏时的最大载荷，kN；$D$ 为试样直径，cm；$Y^*_{min}$ 为试样的无量纲临界应力强度因子，仅由岩样的几何参数决定。

选取四川盆地某地区页岩岩样，结合室内断裂韧性测试与数值仿真实验（图 2-3-9），获取不同层理角度下页岩的断裂韧性，如图 2-3-10 所示（何顺平，2016）。当层理角度越大，即靠近平行裂缝方向，断裂韧性更小，裂缝更易起裂扩展；当层理角度越小，即靠近垂直裂缝方向，测得的断裂韧性更大，岩石中的裂缝相对扩展难度更大。

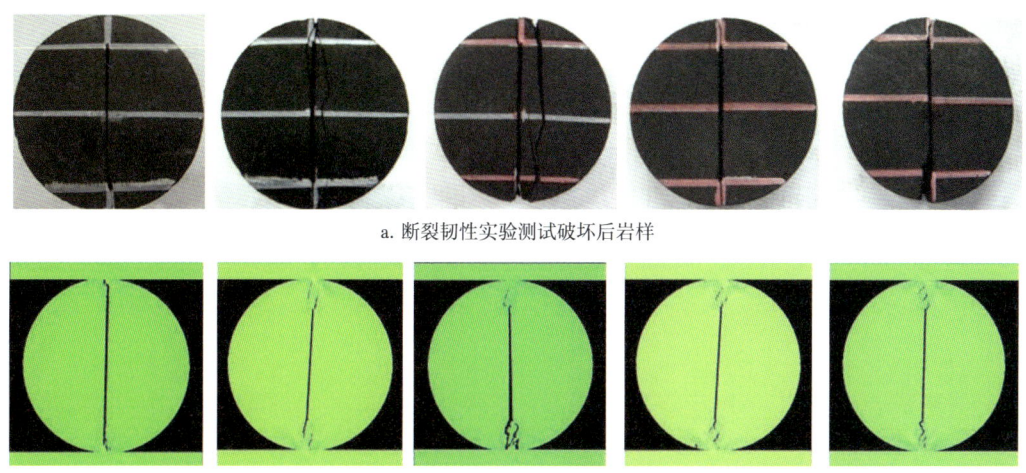

a. 断裂韧性实验测试破坏后岩样

b. 断裂韧性数值实验后岩样

图 2-3-9 页岩断裂韧性实验与数值仿真实验

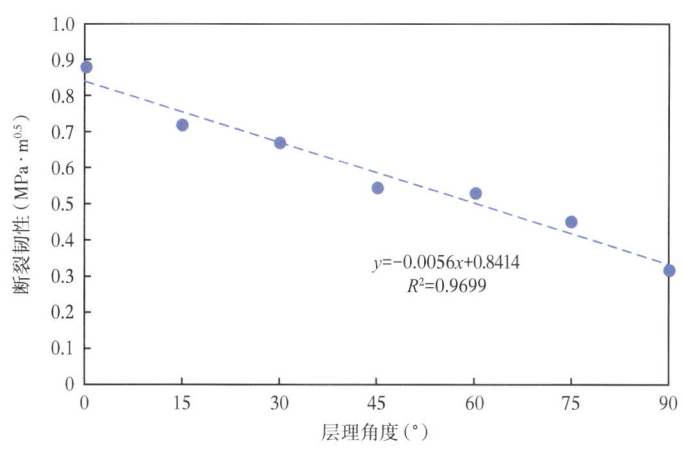

图 2-3-10 不同层理角度下的页岩断裂韧性

基于岩石力学—声学同步实验测试方法，获取该页岩试样的断裂韧性和声学参数。分析断裂韧性与声波时差、声波衰减系数之间的数学统计关系，如图 2-3-11 所示。页岩断裂韧性与纵波时差、横波时差、纵波衰减系数、横波衰减系数都呈现出良好的负相关，且相对比声波衰减系数，声波时差与断裂韧性之间呈现出更强的相关性。基于该特征，通过多元统计回归分析，构建基于纵波时差、横波时差的页岩断裂韧性测井预测模型：

$$K_{IC} = -0.00023\Delta t_p - 0.00336\Delta t_s + 2.3431 \quad (R^2 = 0.7359) \quad (2\text{-}3\text{-}6)$$

式中：$\Delta t_p$ 为纵波时差，μs/m；$\Delta t_s$ 为横波时差，μs/m；$K_{IC}$ 为断裂韧性，MPa·m$^{0.5}$。

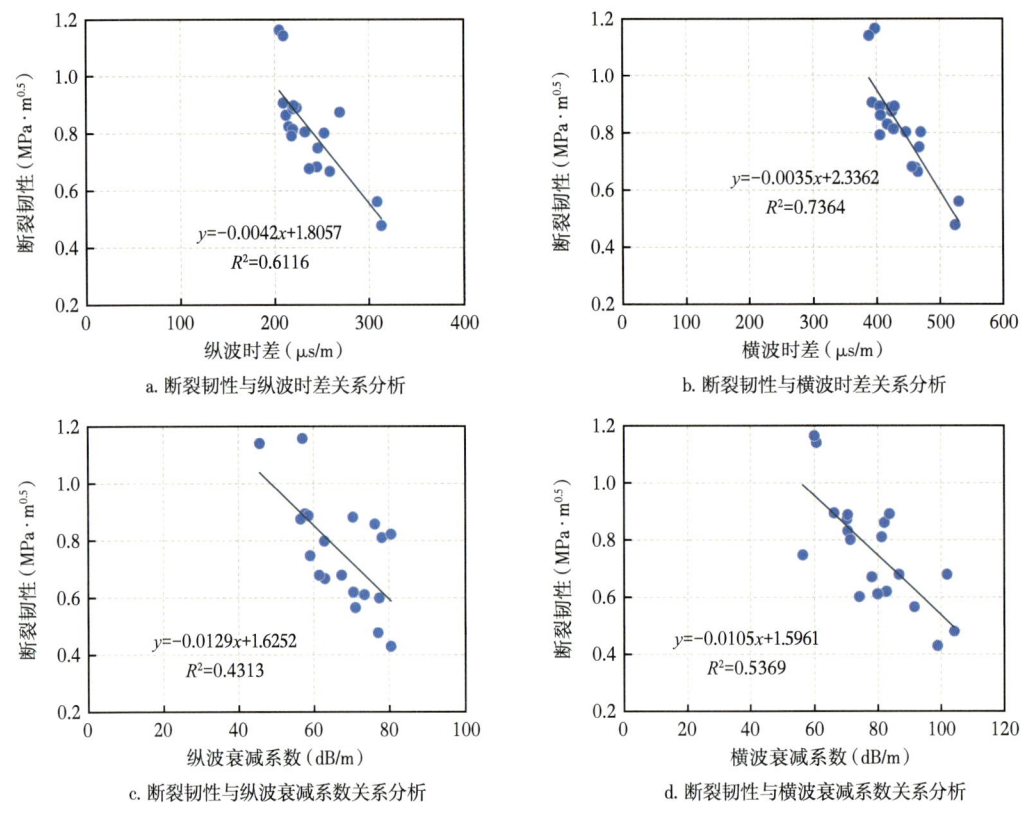

图 2-3-11　页岩断裂韧性与声波属性关系图

基于所建立的断裂韧性测井预测模型，得到某井页岩地层 3900~4330m 井段的断裂韧性测井剖面，如图 2-3-12 所示。

## 二、岩石脆性指数的实验评价及测井预测

随着页岩气、页岩油等非常规油气勘探开发的兴起与快速发展，岩石的脆性特征被普遍关注且日益重视。已有研究及大量工程实践表明，对于页岩油、页岩气为代表的非常规油气储层渗透率极低、物性极差，通过体积压裂技术在井周地层建造大规模的复杂裂缝网络、实现储层的有效体积改造是该类油气藏高效开发的关键。目前普遍认为，岩石的脆性对人工裂缝形态与裂缝网络复杂程度影响显著，是评价压裂施工能否在井周地层形成有效压裂缝网的关键地层属性之一。相同的地质工程条件下，储层岩石脆性越强，压裂作业越容易形成复杂缝网，储层的压裂改造效果越好。综上，脆性已成为非常规储层甜点识别、评价和储层压裂层段优选的重要指标。

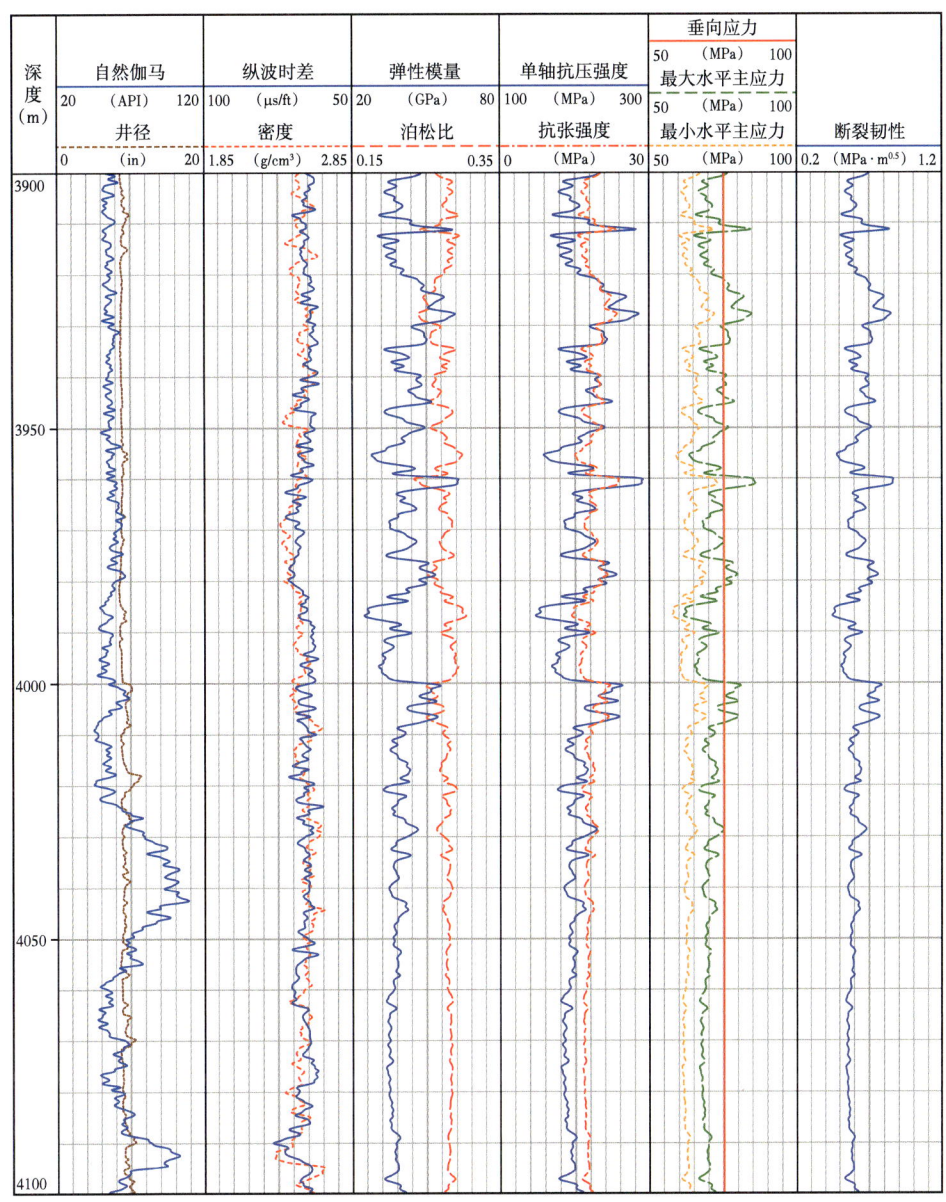

图 2-3-12 页岩层段断裂韧性测井预测

1. 岩石脆性指数的实验评价方法现状

现阶段，岩石脆性的室内评价方法众多，但尚无统一标准。从已有定义而言，通常认为岩石破坏前表现出极小或没有塑性形变的特性为脆性。其中，Griggs（1936）等规定永久变形不超过1%，而 Heard（1960）规定岩石破裂前总应变不超过3%属于脆性破裂。

岩石脆性的影响因素众多，矿物成分、岩石结构、应力状态、岩石变形特征、岩石强度以及地层温度、流体等因素均对脆性具有显著影响。依据对脆性与影响因素关系的认识，结合实际应用需求，国内外学者从不同方面建立了大量的岩石脆性表征与评价方法，包括基于矿物组分的脆性评价方法、基于弹性参数的脆性评价方法、基于力学强度参数的脆性评价方法、基于岩石变形与能量的脆性评价方法等。

矿物组分法是目前室内较为常用的脆性评价方法。通过 X 射线衍射等岩石矿物学手段，获取岩石的矿物组成，根据石英、方解石等脆性矿物含量越大、岩石脆性越强的特征，以脆性矿物占比构建脆性指数的定量表征模型。值得注意的是，尽管矿物成分是影响岩石力学性质的重要内在因素，然而单纯以脆性矿物含量评价脆性特征，不能客观、有效反映岩石结构以及应力状态、温度等赋存环境对岩石脆性的影响；同时，对于脆性矿物的界定及其对岩石变形与破坏影响的认识尚存在分歧，评价结果科学性值得进一步深入研究。

Rickman 通过对美国 Barnett 页岩的相关研究提出了以归一化的弹性模量与泊松比为评价指标的岩石脆性指数评价方法，是现阶段应用最为广泛的脆性评价方法。该方法认为杨氏模量越高、泊松比越低的岩石，其延展性更弱，而脆性更强，并建立了定量评价模型。在此基础上，也有学者进一步通过原子力显微镜测量出岩石内部矿物的弹性模量和泊松比，实现微观尺度下的岩石脆性指数评价。以弹性参数评价岩石脆性的方法虽然得到了广泛应用，但也存在争议性。首先，该方法在开展归一化过程中必须明确目标区域地层的弹性参数范围，即最大值和最小值，上述两个极限值难以准确确定，导致评价精度受限。此外，许多学者认为该方法未考虑岩石进入破坏阶段后的应力峰值、峰后破裂特征，仅仅依靠岩石弹性阶段的形变表现，具有一定的局限性。

同时，众多学者以岩石脆性力学行为特征为依据，构建了不同类型的岩石脆性指数评价方法，主要分为基于岩石强度、应变—应变、能量演化等几大类型，见表 2-3-1。Altindag（2003）和 Hucka（1974）利用岩石强度参数（抗压强度、抗张强度、断裂韧性等）建立了脆性指数评价关系式，认为低抗张强度、高抗压强度或高硬度、低断裂韧性的岩石会表现出更强的脆性特征。虽然利用强度参数能够反映脆性，但上述方法都是以峰值应力点的信息进行脆性指数预测，忽略了岩石变形过程，例如弹性变形、塑性变形及应力峰值后的变形破坏特征。因此，在脆性评价中可能会出现一些误差。Bishop 等（1971）以岩石应力—应变曲线为基础，依据岩石在峰前与峰后的脆性行为表现，提取了岩石应力与应变特征（峰值应力、峰值应变、残余强度、残余应力、弹性应变等）进行脆性指数预测。在此基础上，依据能量转化平衡理论，考虑外力作用是对岩石逐步输入能量的过程，基于岩石内部能量演化规律，弹性能、耗散能、总能等能量转化被用于表征岩石脆性（Tarasov et al., 2011; Tarasov et al., 2013; Ai, 2016）。

表 2-3-1 基于岩石力学性质的脆性指数评价方法

| 序号 | 类型 | 评价模型 | 来源 |
| --- | --- | --- | --- |
| 1 | 岩石强度 | $B_1 = \dfrac{\sigma_c}{\sigma_t}$ | Hucka et al., 1974 |
| 2 | | $B_2 = \dfrac{\sigma_c - \sigma_t}{\sigma_c + \sigma_t}$ | Hucka et al., 1974 |
| 3 | | $B_3 = \dfrac{H_{ar}}{K_{IC}}$ | Lawn et al., 1979 |
| 4 | | $B_4 = (\sigma_t \sigma_c)^{0.5} / 2$ | Altindag, 2003 |

续表

| 序号 | 类型 | 评价模型 | 来源 |
|---|---|---|---|
| 5 | 应力—应变曲线 | $B_5 = \dfrac{\sigma_p - \sigma_r}{\sigma_p}$ | Bishop,1971 |
| 6 | | $B_6 = \dfrac{\varepsilon_p - \varepsilon_r}{\varepsilon_p}$ | Hajia et al.,2003 |
| 7 | | $B_7 = \dfrac{\varepsilon_{el}}{\varepsilon_{tot}}$ | Hucka et al.,1974 |
| 8 | 岩石能量演化 | $B_8 = \dfrac{U^f}{U_c^e}$ | Tarasov et al.,2011 |
| 9 | | $B_9 = \dfrac{U^a}{U_c^e}$ | Tarasov et al.,2013 |
| 10 | | $B_{10} = \dfrac{U^a}{U_c^e + U_p^d}$ | Ai et al.,2016 |

注：$B_1$，…，$B_9$ 为不同样品脆性指数；$\sigma_c$、$\sigma_t$ 分别为岩石单轴抗压强度和抗张强度，MPa；$H_{ar}$ 为岩石硬度，MPa；$K_{IC}$ 为断裂韧性，MPa·m$^{0.5}$；$\sigma_p$、$\varepsilon_p$ 分别为峰值应力与应变；$\sigma_r$、$\varepsilon_r$ 分别为残余强度与残余应变，%；$\varepsilon_{el}$、$\varepsilon_{tot}$ 分别为总弹性形变和总形变，%；$U^f$、$U_c^e$、$U^a$、$U_p^d$ 分别为总破坏能、弹性能、输入能、耗散能，J。

综上所述，岩石的脆性表现是多方面的，力学行为特征指标包括弹性变形、塑性应变、峰值强度、峰后跌落、残余强度等，现阶段开展储层岩石脆性评价与预测时，通常选择岩石的某几类脆性特征为依据，尚未形成统一的岩石脆性测试标准与公认的手段。

在总结现有脆性评价方法的基础上，基于岩石三轴压缩应力—应变曲线，建立了三类典型的岩石脆性室内评价方法以及相应的脆性测井预测模型。

1）基于全应力—应变曲线切线特征的脆性评价方法

综合岩石在弹性、塑性、峰后破坏阶段的脆性特性，认为弹性阶段强脆性时，应力—应变曲线上升斜率越大；在峰前塑性阶段，强脆性岩石的塑性能力越弱，此阶段应力—应变曲线的斜率大、横向延展速率越低；在峰后阶段，强脆性岩石跌落越显著，应力—应变曲线的下降斜率或回弹斜率也越大。基于此，综合弹性、塑性、峰后阶段岩石应力—应变曲线的切线特征，建立了基于"弹性—塑性—峰后"全应力—应变曲线的脆性室内评价方法（图2-3-13），有：

$$B_m \begin{cases} B_e = \arctan \dfrac{d\sigma_e}{d\varepsilon_e} = \theta_e \\ B_p = \arctan \dfrac{d\sigma_p}{d\varepsilon_p} = \theta_p \\ B_m = 180 - \arctan \dfrac{d\sigma_m}{d\varepsilon_m} = 180 - \arctan \theta_m \\ BI = \alpha B_{en} + \beta B_{pn} + \eta B_{mn} \end{cases} \quad (2\text{-}3\text{-}7)$$

式中：$\sigma_e$ 为弹性阶段应力，MPa；$\varepsilon_e$ 为弹性阶段应变，%；$\theta_e$ 为弹性阶段切线与 $X$ 轴夹角，（°）；$\sigma_p$ 为塑性阶段应力，MPa；$\varepsilon_p$ 为塑性阶段应变，%；$\theta_p$ 为塑性阶段切线与 $X$ 轴夹角，

(°); $\sigma_m$ 为峰后应力,MPa; $\varepsilon_m$ 为峰后应变,%; $\theta_m$ 为峰后曲线切线与 $X$ 轴交角,(°); $\alpha$、$\beta$、$\eta$ 为拟合系数; $B_e$、$B_p$、$B_m$ 分别为弹性、塑性、峰后阶段的脆性指数,均与应力—应变曲线的切线与 $X$ 轴夹角相关,(°); $B_{en}$、$B_{pn}$、$B_{mn}$ 分别为归一化后的弹性脆性指数 $B_e$、塑性脆性指数 $B_p$、峰后阶段脆性指数 $B_m$;BI 为综合脆性指数,分布在 0~1 之间。

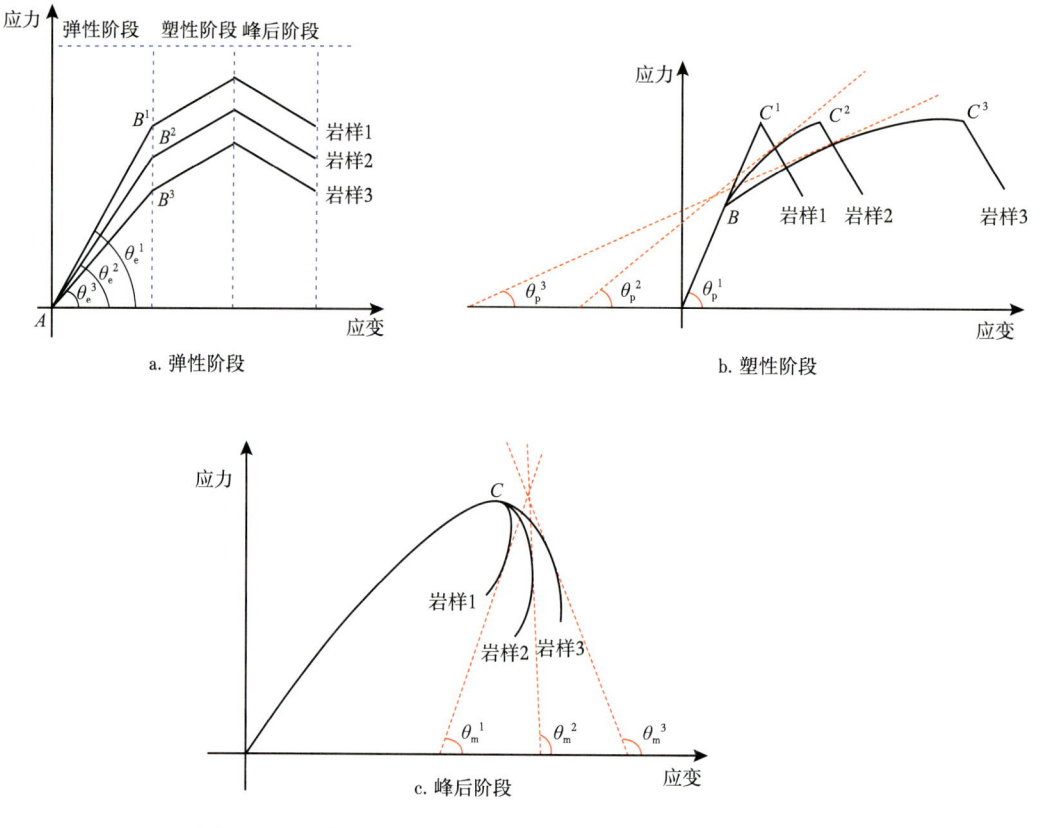

图 2-3-13 岩石弹性、塑性、峰后破坏阶段的脆性表征示意图

2)基于岩石能量演化的脆性评价方法

岩石变形破坏的实质是能量耗散与能量释放的综合结果。因此,岩石的脆性特征也体现在能量演化过程中。基于岩石能量转化规律与岩石应力—应变曲线,将页岩应力—应变曲线分为峰前、峰后两个阶段,峰后阶段又细化为Ⅰ类和Ⅱ类破坏模式,如图 2-3-14 所示。

首先,在峰前阶段,岩石积累的能量由弹性能 $W_e$ 和塑性能 $W_p$ 组成,通常以弹性能为主导。在峰值破坏后,应力—应变曲线通常具有两类形式:一类是斜率为负,应变向前继续增大(Ⅰ类破坏模式);另一类是斜率为正,应变减弱(Ⅱ类破坏模式)。在Ⅰ类破坏模式下,由于前期积累能量不足以诱发岩石进一步破裂,需要持续应力的额外作用,形成峰后附加能量 $W_a$,破坏停止后的残余弹性能为 $W_{el}$。在Ⅱ类破坏模式下,因为前期积累的弹性能足够大,无须额外能量(在此条件下 $W_a<0$),能够支持岩石完成后续破裂过程。

依据岩石能量演化规律,综合峰前阶段、峰后阶段的Ⅰ类和Ⅱ类破坏模式,确定不同阶段的脆性上限和下限,进而建立页岩脆性表征方法,如图 2-3-15 所示。首先在峰前阶段，以小应变快速达到破裂，呈现完全弹性变形，无塑性特征的情况下，属于脆性表现的上限值。相反地，在峰前阶段，完全没有弹性，全是塑性特征，则属于完全没有脆性表现，属于脆性下限，有：

$$\begin{cases} \mathrm{BI}_{\mathrm{pre}} = \dfrac{W_\mathrm{e}}{W_\mathrm{e}+W_\mathrm{p}} \\ 脆性上限：W_\mathrm{p}=0 \quad \mathrm{BI}_{\mathrm{pre}}=1 \\ 脆性下限：W_\mathrm{e}=0 \quad \mathrm{BI}_{\mathrm{pre}}=0 \end{cases} \quad (2\text{-}3\text{-}8)$$

式中：$\mathrm{BI}_{\mathrm{pre}}$ 为峰前阶段的脆性指数；$W_\mathrm{e}$ 为弹性能，J；$W_\mathrm{p}$ 为塑性能，J。

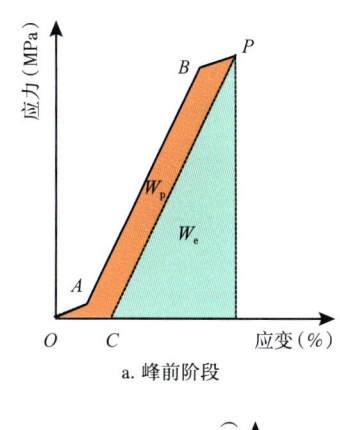

a. 峰前阶段

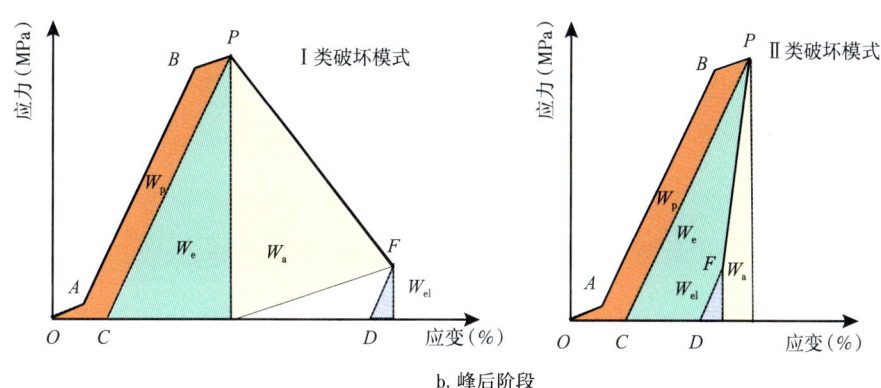

b. 峰后阶段

图 2-3-14　压应力作用过程中岩石能量演化规律示意图

在峰后阶段的 Ⅰ 类破坏模式下，当脆性破坏足够强时，破坏后直接跌落（$W_\mathrm{a}=0$），属于脆性表现上限。而当岩石的延展性足够强时，需要持续外载作用促进岩石进一步破裂，此时 $W_\mathrm{a}=+\infty$，属于脆性的下限，进而获得峰后阶段的 Ⅰ 类破坏模式的脆性表征方式：

$$\begin{cases} \mathrm{BI}_{\mathrm{post1}} = \dfrac{1}{1+W_\mathrm{a}} \\ 脆性上限：W_\mathrm{a}=0 \quad \mathrm{BI}_{\mathrm{post1}}=1 \\ 脆性下限：W_\mathrm{a}=+\infty \quad \mathrm{BI}_{\mathrm{post1}}=0 \end{cases} \quad (2\text{-}3\text{-}9)$$

式中：$\mathrm{BI}_{\mathrm{post1}}$ 为峰后阶段 Ⅰ 类破坏模式下的脆性指数；$W_\mathrm{a}$ 为峰值破坏后的附加能量，J。

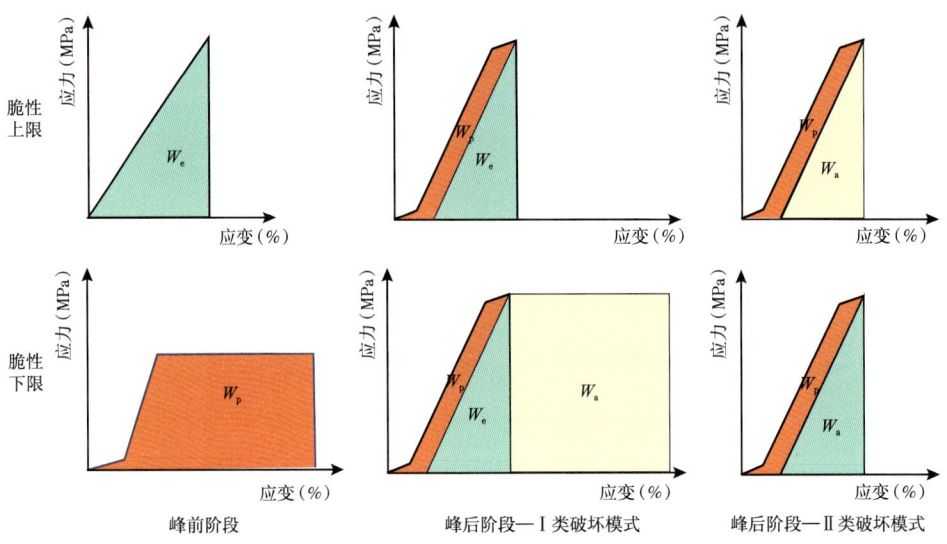

图 2-3-15 基于能量演化的脆性指数上下限示意图

在峰后阶段的Ⅱ类破坏模式下，强脆性破坏下，岩石应变会显著回缩，当彻底消耗掉前期积累弹性能以后，此时 $W_a=-W_e$，属于脆性的上限。相反地，在第Ⅱ类破坏模式下，当应变没有回缩时，属于最小脆性能力，此时 $W_a=0$。为此，可以获取峰后阶段的Ⅱ类破坏模式的脆性表征方法：

$$\begin{cases} \mathrm{BI}_{\mathrm{post2}} = \dfrac{|W_a|}{W_e} \\ 脆性上限：W_a = -W_e \quad \mathrm{BI}_{\mathrm{post2}} = 1 \\ 脆性下限：W_a = 0 \quad\quad \mathrm{BI}_{\mathrm{post2}} = 0 \end{cases} \quad (2\text{-}3\text{-}10)$$

式中：$\mathrm{BI}_{\mathrm{post2}}$ 为峰后阶段Ⅱ类破坏模式下的脆性指数。

综合式（2-3-8）至式（2-3-10），认为峰前阶段、峰后Ⅰ类破坏、峰后Ⅱ类破坏对脆性的影响程度相同，进而得到新的综合脆性指数：

$$\mathrm{BI} = \frac{\mathrm{BI}_{\mathrm{pre}} + \mathrm{BI}_{\mathrm{post1}} + \mathrm{BI}_{\mathrm{post2}}}{3} \quad (2\text{-}3\text{-}11)$$

基于峰前阶段、峰后Ⅰ类破坏、峰后Ⅱ类破坏特征的脆性指数均分布在 0~1，因此，综合脆性指数分布范围在 0~1。

3）基于应力峰值处割线模量的脆性评价方法

上述方法从脆性岩性破坏过程中表现出的变形特征、能量转化等方面进行脆性评价，理论上比较完备，但涉及评价参数过多。实际岩石力学实验过程中，某些参数难以获取。例如：对于高脆性岩石，由于应力峰值后会快速破碎，实验过程中很难获取理想的峰后曲线，峰后残余强度准确提取难度大。这都在不同程度上制约了基于全应力—应变曲线的这类脆性评价方法在实际中的应用。

鉴于此，通过大量的页岩岩石力学实验论证（图 2-3-16），发现岩石发生强脆性破坏时，尤其是破碎程度较高时，岩石峰值应力对应的总应变更小，同时割线模量也更大。据此，提出页岩脆性评价应该结合峰值应力和峰值应变，利用峰值应力处的割线模量对岩石脆性进行评价，有：

$$B = \alpha \frac{\sigma_P}{\varepsilon_P} \quad (2-3-12)$$

式中：$\sigma_P$为峰值应力，MPa；$\varepsilon_P$为峰值应变，%；$\alpha$为经验系数，对四川盆地的页岩取值0.1。

根据岩石力学实验，利用式（2-3-12），对四川盆地某区块页岩进行了脆性评价与分类，细化为极高脆性、高脆性、脆性、中度脆性、低脆性五类，如图2-3-17所示。

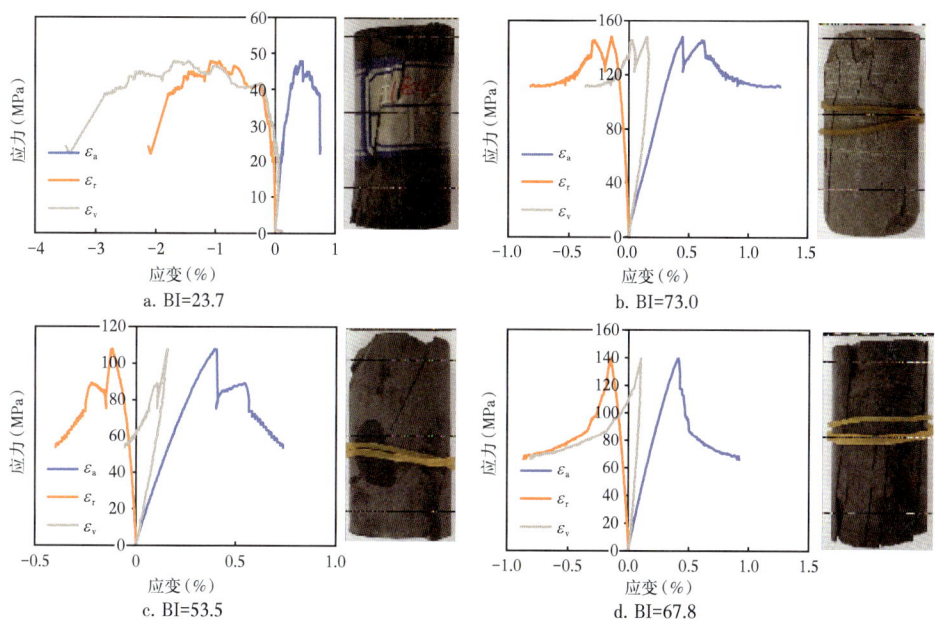

图2-3-16　岩石破坏特征与应力—应变曲线

**2. 脆性指数测井评价**

基于岩石脆性指数室内评价方法，综合岩石力学与岩石物理室内实验，以及声学—力学的数值模拟等手段，明确应力、温度等环境因素对脆性的影响特征，获取不同条件下岩石的脆性指数、岩石力学参数以及与之相对应力的声波、密度等岩石物理参数，研究岩石力学与岩石物理参数对脆性指数的响应特征，实现岩石脆性指数测井计算模型与预测方法的构建。

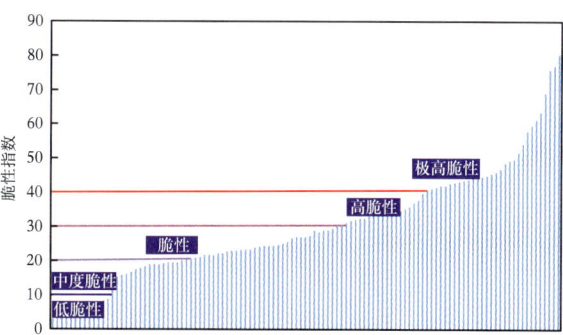

图2-3-17　岩石脆性分类图

四川盆地某工区页岩脆性指数与声波、密度等岩石物理特性之间关系如图2-3-18所示。可以发现：弹性参数（泊松比和弹性模量）和脆性的相关性较好，表现为线性关系；随着弹性模量增大、泊松比减小，页岩脆性呈增强趋势。抗压强度、声波时差、密度与页岩脆性的关系相对离散；岩石的抗压强度高，但其脆性不一定越强。

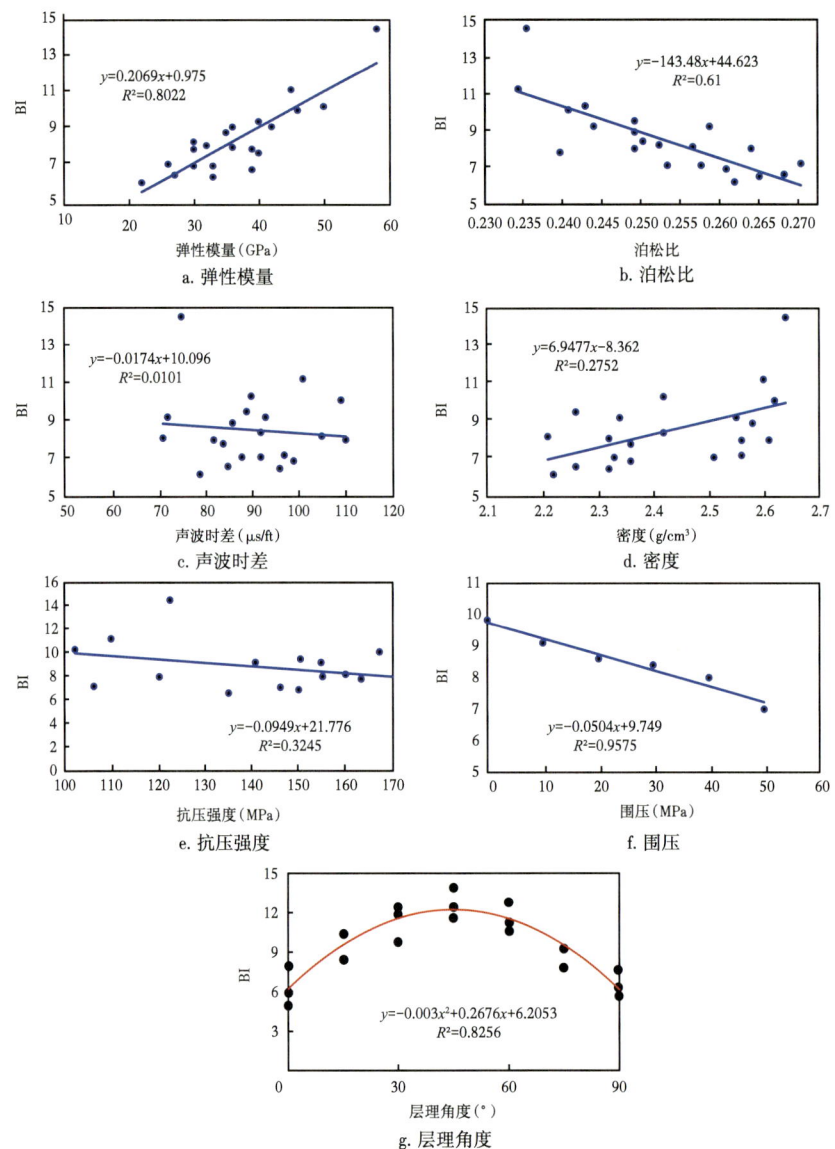

图 2-3-18 页岩脆性影响因素分析图

围压与岩石脆性指数之间具有较好的线性关系，随围压增大，岩石的脆性减弱；因此，在地层脆性评价中，除了储层岩性、矿物组分等岩石自身特性以外，地层围压、应力状态对岩石脆性的影响也应充分考虑。

层理的发育导致页岩脆性也呈现出显著的各向异性特征，如图 2-3-18g 所示，随着层理角度改变，脆性发生相应变化，呈现先增加后减小的趋势，在约 45° 达到最大值。

在脆性实验评价的基础上，进一步结合岩石力学数值仿真实验（图 2-3-19），依据式（2-3-12）计算脆性指数，研究层理对页岩脆性的影响，如图 2-3-20 所示。可以发现，数值模拟结果与实验测试结果具有较好对应性，均显示：随层理角度增大，页岩脆性呈现先增加后降低过程；随着层理面间距增大，脆性整体呈现降低趋势。同时与岩石力学物理实验分析结果相同，在低弹性模量与高围压下，页岩脆性较弱。

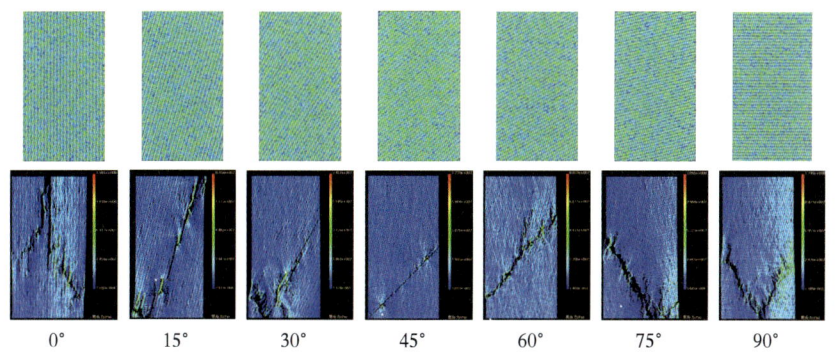

图 2-3-19 不同层理角度页岩数值仿真模拟结果图

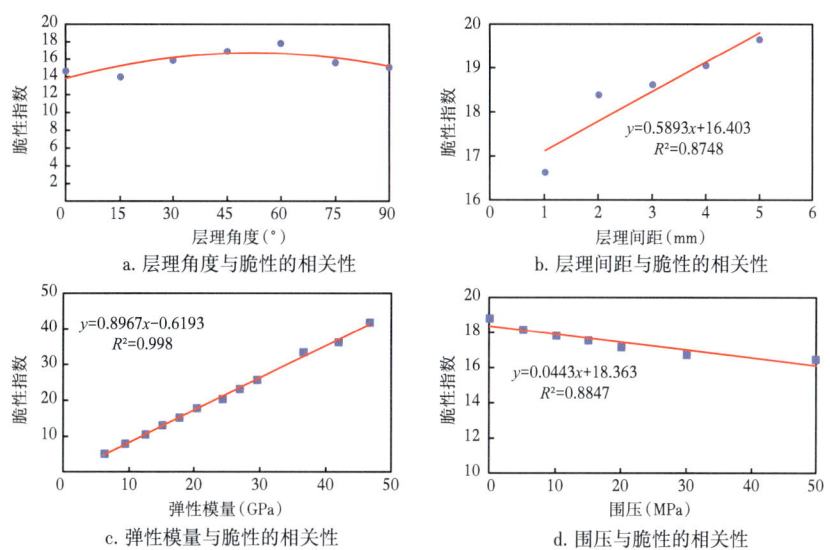

图 2-3-20 基于数值仿真的页岩脆性指数影响因素分析图

综合岩石物理实验与数值模拟结果，基于上述页岩脆性影响因素分析，对弹性模量、泊松比、围压、层理特征参数等脆性影响因素进行归一化处理、多元非线性回归分析构建了地层岩石脆性指数的测井预测模型，见式（2-3-13）。脆性指数 BI 分布范围 0~1.0，数值越大，代表所评价地层的脆性越强。

$$\mathrm{BI} = b_1 + b_2 E_n + b_3 v_n + b_4 p_{cn} + b_5 \left( \mathrm{dip}_n^2 - 70.5 \mathrm{dip}_n \right) \quad (2\text{-}3\text{-}13)$$

式中：$b_1$、$b_2$、$b_3$、$b_4$ 为拟合系数；$E_n$、$v_n$、$p_{cn}$、$\mathrm{dip}_n$ 分别为归一化后的弹性模量、泊松比、围压、层理角度。

在利用式（2-3-13）进行脆性指数的测井计算评价时，围压取井周地层的最小主应力；层理角度是层理与最大主应力的夹角，可依据层理产状与最大主应力方位计算得到。该模型引入了围压、层理产状等指标，能够反映地层埋深对脆性的影响以及层理导致的脆性各项异性特征。

利用测井资料，对两个不同盆地的页岩地层的脆性特征进行评价，如图 2-3-21 和图 2-3-22 所示。其中，两口井钻遇位置的层理倾角分别为 18.5° 和 26.3°，层理倾向分

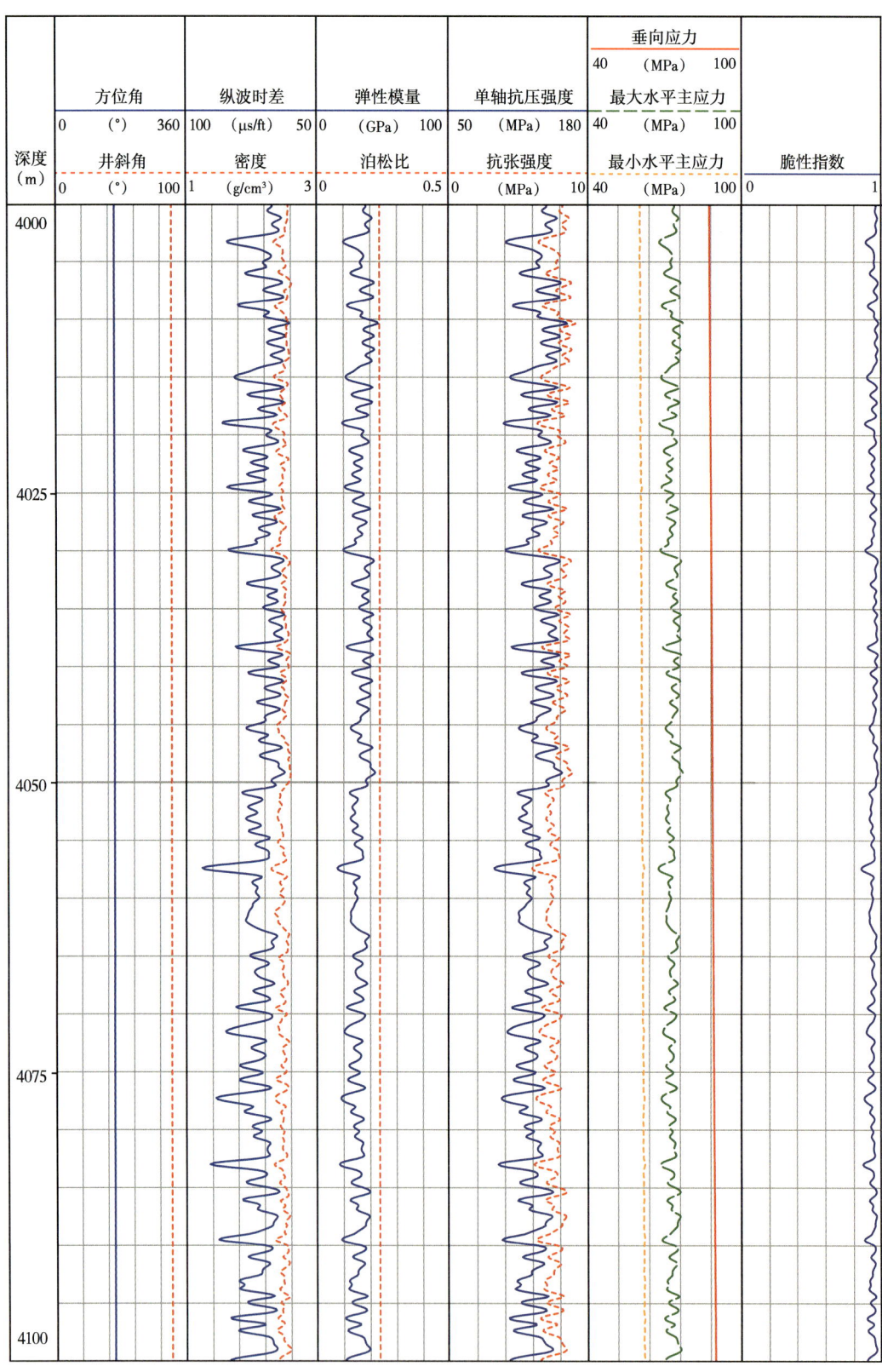

图 2-3-21 A 盆地某页岩地层测井预测图

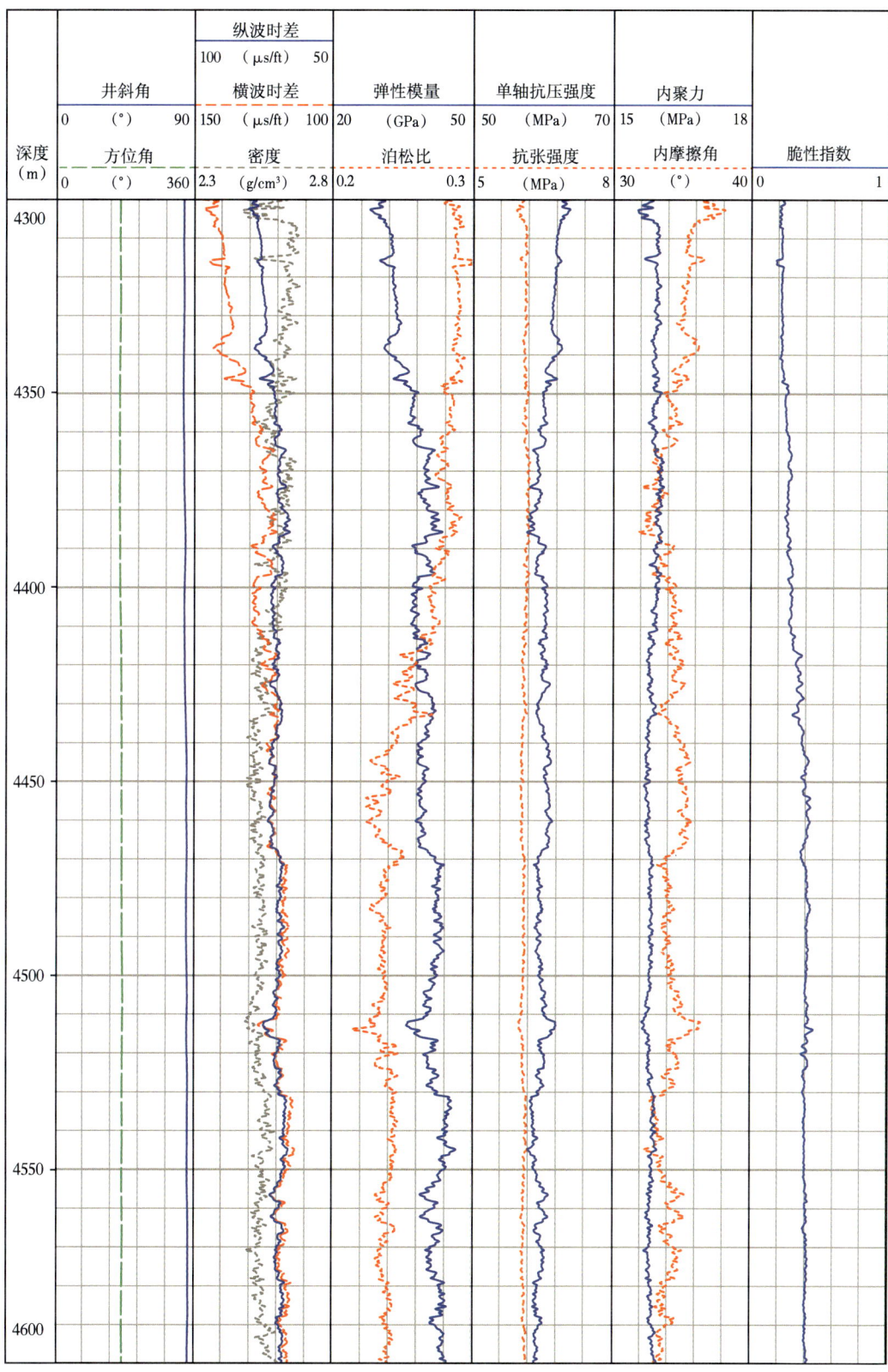

图 2-3-22 B 盆地某页岩地层测井预测图

别为 114.3°和 173.6°。可以发现，所评价 A 盆地的页岩地层脆性指数大、变化幅度较小，分布范围为 0.93~0.94；所评价 B 区块的页岩层段的脆性相对较低，在 4440m 以深的地层岩石脆性相对强于上部地层，下部地层脆性指数平均为 0.4；两个区块脆性对比差异与压裂改造效果差异相一致。

# 第四节　复杂地层岩石强度参数测井智能预测

岩性多而复杂且纵向变化快的地层、结构复杂的地层，表现出极强的非均质性，岩石力学参数及其岩石物理响应规律极其复杂，造成传统基于数理统计模型的岩石力学参数测井预测方法的精度较低，甚至无法确定岩石物理参数与岩石力学参数的定量响应关系，对岩石力学参数的测井预测评价形成了极大挑战。

智能算法在解决参数间强非线性映射关系方面具有较明显的优势，能够提高复杂地层岩石力学参数的预测精度。在此背景下，神经网络、支持向量机、随机森林等智能算法被大量引入岩石力学参数预测。为此，本节介绍了智能算法在复杂地层岩石强度参数预测中的应用。

## 一、智能算法概述

目前智能算法众多，且正处于快速发展阶段。本部分简要介绍 BP 神经网络、XGBoost、支持向量机（SVM）、随机森林（RF）、卷积神经网络（CNN）、决策树（CART）和长短时记忆神经网络（LSTM）等机器学习算法。

1. BP 神经网络

BP 神经网络模型拓扑结构包括输入层、隐含层、输出层，如图 2-4-1 所示，其中 $X_1, X_2, \cdots, X_n$ 为输入样本，$Y_1, Y_2, \cdots, Y_m$ 为输出样本。输入层的个数与特征数相关，输出层的个数与类别数相同，隐含目的层数若干个。同层神经元之间没有联系，异层神经元之间向前连接。

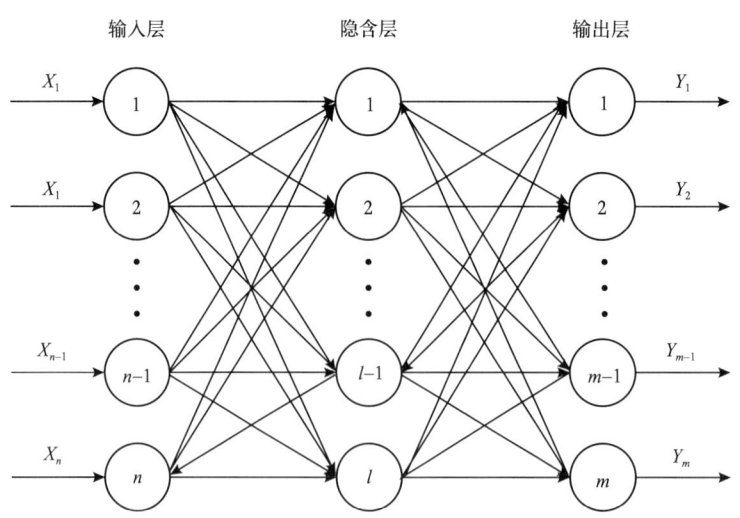

图 2-4-1　三层 BP 神经网络结构示意图

令隐层权值矩阵为 $\boldsymbol{W}_{ij}$，输出层权值矩阵为 $\boldsymbol{T}_{jk}$，则隐层各单元的输出计算式为：

$$O_j = f\left(\sum \boldsymbol{W}_{ij} X_i - \theta_j\right) \qquad (2\text{-}4\text{-}1)$$

输出层的输出结果为：

$$Y_j = f\left(\sum \boldsymbol{T}_{jk} O_j - \theta_k\right) \qquad (2\text{-}4\text{-}2)$$

式中：$\theta$ 为神经元阈值；$f$ 为非线性函数。

随后按 BP 神经网络的梯度下降准则，定义误差函数 $e_k$ 后，进行权值更新，直到误差收敛值期望时训练结束，过程如下：

$$\boldsymbol{W}_{ij} = \boldsymbol{W}_{ij} + \eta H_j(1 - H_j) x(i) \sum_{k=1}^{m} \boldsymbol{W}_{jk} e_k \qquad (2\text{-}4\text{-}3)$$

$$\boldsymbol{W}_{jk} = \boldsymbol{W}_{jk} + \eta H_j e_k \qquad (2\text{-}4\text{-}4)$$

式中：$i=1, 2, \cdots, n$；$j=1, 2, \cdots, l$；$k=1, 2, \cdots, m$。$O_j$ 隐层输出；$Y_j$ 是网络的最终输出；$\boldsymbol{W}_{ij}$ 是隐藏层的权重；$\boldsymbol{W}_{jk}$ 是输出层的权重；$\theta_j$ 隐藏层的阈值；$\theta_k$ 是输出层的阈值；$\eta$ 是学习率；$H_j$ 为激活函数。

2. XGBoost

XGBoost 在梯度提升决策树（Gradient Boosting Decision Tree，GBDT）模型基础上，改进了其损失函数并对目标函数进行正则化，如式（2-4-5）和式（2-4-6）所示。XGBoost 结构如图 2-4-2 所示。

$$L = \sum_{i=1}^{n} l(\bar{y}_i - y_i) + \sum_{i=1}^{t} \Omega(f_i) \qquad (2\text{-}4\text{-}5)$$

$$\Omega(f) = \gamma T + \frac{1}{2} \lambda \|\omega\|^2 \qquad (2\text{-}4\text{-}6)$$

式中：$L$ 为目标函数；$l$ 为损失函数，用来衡量预测值与实际值之间的差别；$\bar{y}_i$ 为真实值；$y_i$ 为预测结果值；$T$ 为叶子节点数；$\Omega$ 用于调整模型的复杂程度；$f_i$ 为第 $i$ 棵树的结构；$\omega$ 为叶节点的得分；$\lambda$ 为正则化参数；$\gamma$ 用于评价每次节点分裂。

3. 支持向量机（SVM）

支持向量机用于回归计算时，其算法的基本思想是通过一个非线性映射函数将数据集映射到高维特征空间，并在高维空间进行线性回归。图 2-4-3 为支持向量机原理图。假设有这样一组数据集 $(x_1, y_1), (x_2, y_2), \cdots, (x_n, y_n)$，其目标函数和约束条件为：

$$\begin{cases} \min \dfrac{1}{2} \|w\|^2 + C \sum_{i=1}^{n} (\xi_i + \xi_i^*) \\ \text{s.t.} \begin{cases} y_i - \boldsymbol{w}^\mathrm{T} x_i - b \leqslant \varepsilon + \xi_i \\ -y_i + \boldsymbol{w}^\mathrm{T} x_i + b \leqslant \varepsilon + \xi_i^* \\ \xi_i, \xi_i^* \geqslant 0 \end{cases} \end{cases} \qquad (2\text{-}4\text{-}7)$$

式中：$w$ 为可调节的权重向量；$\|w\|$ 为向量的欧拉范数；$\xi_i$、$\xi_i^*$ 为松弛变量，用于增大可行域；$C$ 为惩罚因子，表示对分错类别数据的重视程度；$b$ 为权重系数；$\varepsilon$ 为不敏感损失函数。

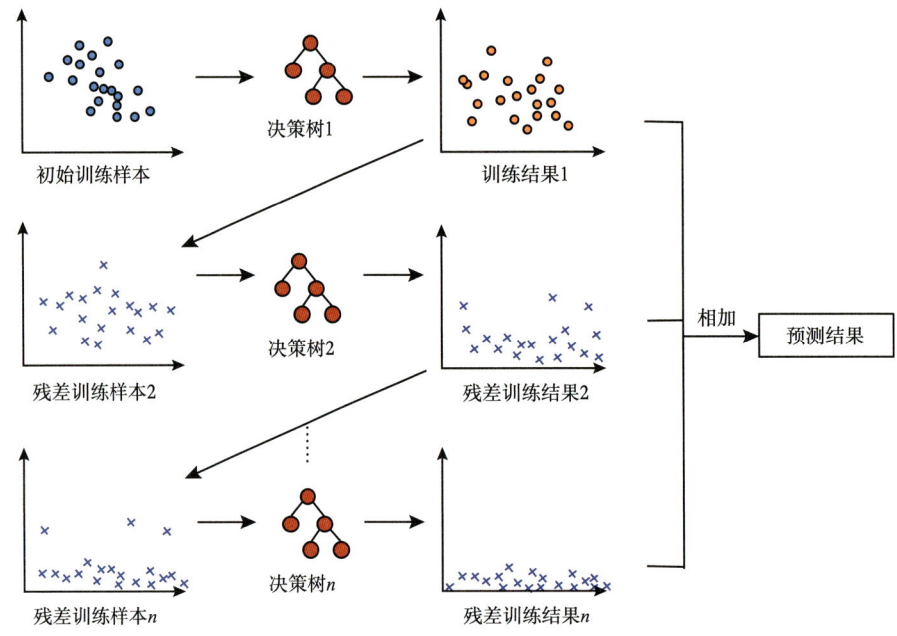

图 2-4-2　XGBoost 结构示意图

引入拉格朗日函数和核函数，可采用不同核函数，包括线性核和径向基核，并利用对偶性，将此优化问题转换为最大二次型问题，可以得到支持向量机回归公式为：

$$f\left(x,\alpha_i,\alpha_i^*\right)=\sum_{i=1}^{n}\left(\alpha_i^*-\alpha_i\right)K\left(x_i,x\right)+b \qquad (2\text{-}4\text{-}8)$$

式中：$K(x_i,x)$ 为核函数；$\alpha_i$、$\alpha_i^*$ 为拉格朗日乘子。

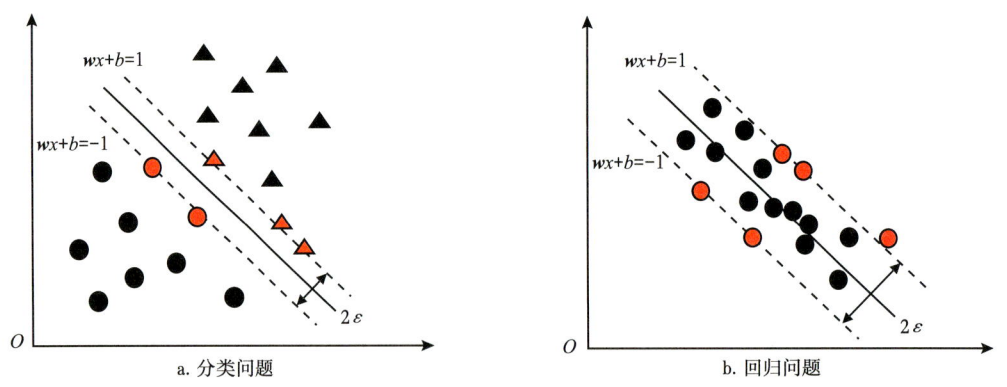

图 2-4-3　支持向量机原理示意图

### 4. 随机森林（RF）

随机森林（Random Forest，RF）算法是一种基于决策树的集成学习算法，通过分类回归树（Classification and Regression Tree，CART）的集成来提高分类和预测精度。

图 2-4-4 为随机森林原理图。随机森林算法将训练集中的 $x$ 维向量作为特征传输给模型，即可生成 $K$ 个决策树，且确保不同决策树之间具有独立性与多样性。当 $K$ 个决策树生成后，训练随机森林的过程就是训练决策树的过程，在处理分类问题时，由所有决策树的输出结果投票得到最终的预测结果；在处理回归问题时，对取得的所有预测值经过权重计算取得相应的平均值，进而获得最终的预测结果，可表示为：

$$f(x) = \frac{1}{K}\sum_{i=1}^{K}\omega_i T_i(x) \quad (2-4-9)$$

式中：$\omega$ 为权重；$T_i(x)$ 为各决策树的预测值。

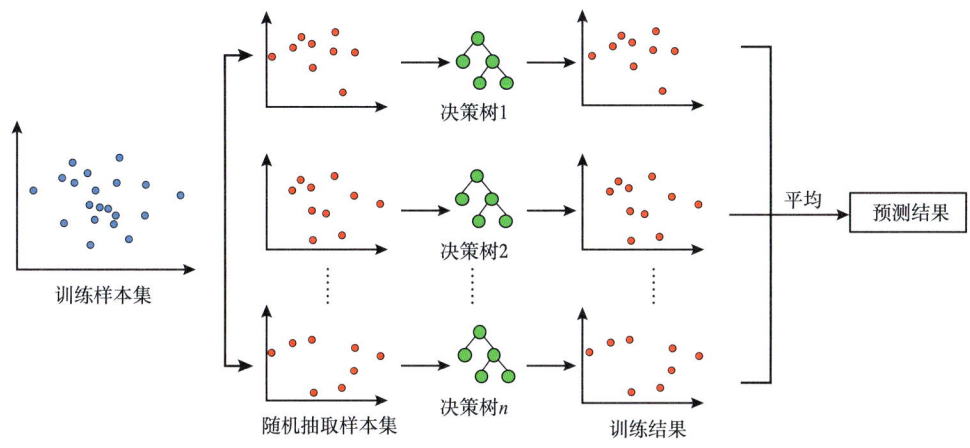

图 2-4-4　随机森林原理示意图

5. 卷积神经网络

卷积神经网络（Convolutional Neural Networks，CNN）主要由对数据进行卷积计算并提取潜在特征的卷积层及对网络参数进行下采样和压缩的池化层交叉堆叠而成。其中，一维卷积神经网络结构如图 2-4-5 所示。

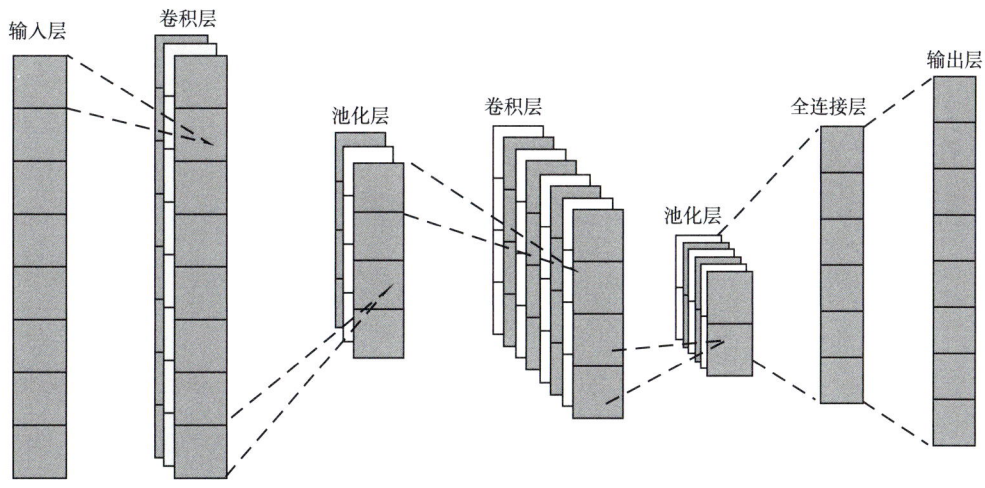

图 2-4-5　一维 CNN 结构示意图

### 6. 决策树

决策树（Classification and Regression Tree，CART）决策树呈二叉树结构，由根节点、分支和叶节点三部分组成，常采用基尼指数（Gini）来衡量数据集的纯度，Gini指数越小样本类别的不确定性越小。算法从根节点开始，针对样本属性对每一个内部节点进行预测，新子节点也通过循环完成，若该节点中所有元素属于同一类别，则循环结束并标记该节点为叶子节点。图2-4-6所示为决策树原理图。

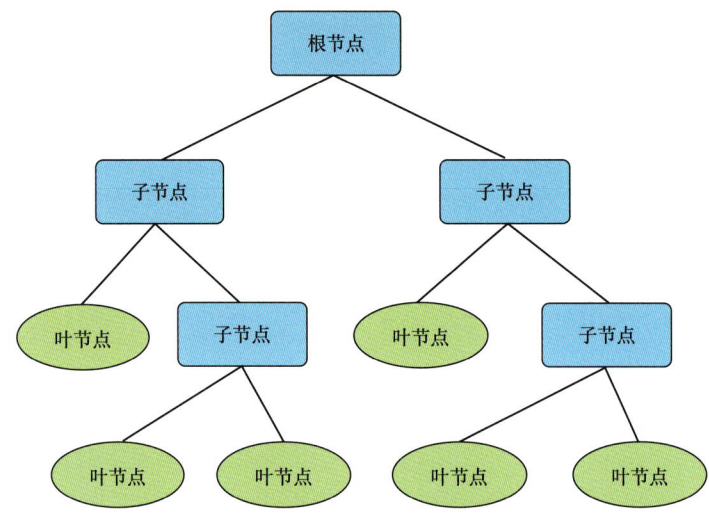

图2-4-6 决策树原理示意图

在分类中，对于一个给定的样本集合 $D$，其中包含 $N$ 个类别，$D$ 所对应的基尼指数为：

$$\text{Gini}(D) = 1 - \sum_{i=1}^{N} p_i^2 \qquad (2\text{-}4\text{-}10)$$

对于集合 $D$，其包含 $N$ 个样本，根据特征 $A$ 的第 $i$ 个值，将样本集合 $D$ 分割成 $D_1$ 和 $D_2$，Gini系数为：

$$\text{Gini}_{A,i}(D) = \frac{D_1}{D}\text{Gini}(D_1) + \frac{D_2}{D}\text{Gini}(D_2) \qquad (2\text{-}4\text{-}11)$$

在最优二分方案下选取最小值，作为样本 $D$ 的方案：

$$\min_{A \in \text{Attribute}}\{\min_{i \in A}[\text{Gini}_{A,i}(D)]\} \qquad (2\text{-}4\text{-}12)$$

在不加限制的情况下，一颗决策树可以生长到纯度最优，这样训练集拟合效果很好，测试集拟合效果差，这种现象称为过拟合。通常利用下采样和网格搜索法剪枝处理来防止上述现象的发生。

### 7. 长短时记忆神经网络

长短时记忆神经网络（Long Short-Term Memory，LSTM）是一种改进的循环神经网络（Recurrent Neural Network），具有反馈连接的结构，如图2-4-7所示。

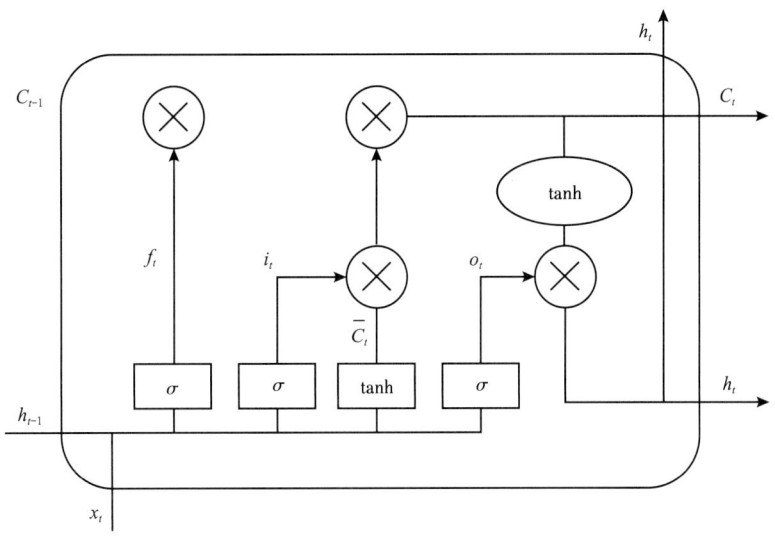

图 2-4-7　LSTM 单元结构图

LSTM 中包含遗忘门 $f_t$、输入门 $i_t$、输出门 $o_t$ 以及内部存储器 $\overline{C_t}$，各变量计算表达式为：

$$\begin{cases} f_t = \sigma(W_f[h_{t-1}, x_t] + b_f) \\ i_t = \sigma(W_i[h_{t-1}, x_t] + b_i) \\ \overline{C_t} = \tanh(W_C[h_{t-1}, x_t] + b_C) \\ o_t = \sigma(W_o[h_{t-1}, x_t] + b_o) \\ C_t = f_t C_{t-1} + \overline{C_t} \\ h_t = o_t \tanh(C_t) \end{cases} \quad (2-4-13)$$

式中：$\sigma$ 为 sigmoid 激活函数；$W_f$、$W_i$、$W_C$、$W_o$ 为各自门的权重矩阵；$b_f$、$b_i$、$b_C$、$b_o$ 为对应门的偏置参数；$x_t$、$h_t$、$C_t$ 分别为当前 $t$ 时刻的细胞输入、输出与状态。

## 二、预测数据集构建

数据集的构建是实现智能预测的关键。以某区块复杂岩性地层为例，基于室内实验数据，整理出以弹性模量、泊松比、单轴抗压强度、抗张强度、脆性指数、断裂韧性等岩石力学参数为标签，纵波时差、横波时差、密度、岩性为特征的 6 个数据集。其中，单轴抗压强度样本数为 101 个，弹性模量样本数为 100 个，泊松比样本数为 84 个，脆性指数样本数为 100 个，抗张强度样本数为 51 个，断裂韧性样本数为 82 个。利用 Pearson 相关系数方法分析了属性间的相关性如图 2-4-8 所示。6 个岩石力学参数与纵波时差、横波时差及密度具有一定的相关性，且纵波时差、横波时差和密度之间也具有一定的共线性情况。其中单轴抗压强度、弹性模量、脆性指数、断裂韧性及抗张强度与纵横波声波时差呈现负相关关系，泊松比与声波时差呈现正相关关系；单轴抗压强度、弹性模量、脆性指数、断裂韧性及抗张强度与密度呈正相关关系，泊松比与密度呈负相关关系。

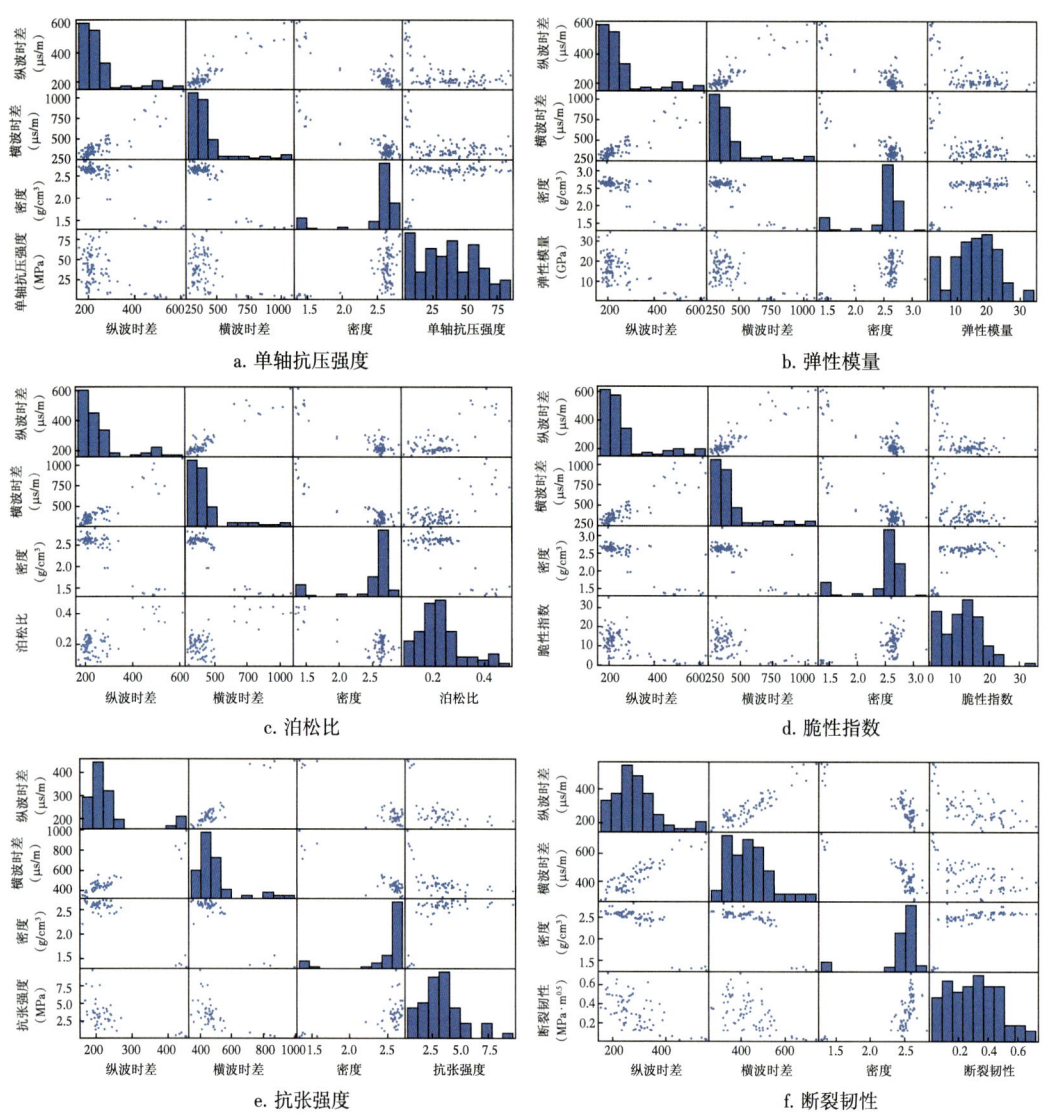

图 2-4-8 岩石力学参数与数据集关系图

由于数据集中各参数分布范围具有数量级上的差别，为了消除量纲对预测模型带来的影响，需要对数据进行无量纲化处理，常用归一化的方法如下所示：

$$Y_i(k) = \frac{X_i(k) - \min X_i(k)}{\max X_i(k) - \min X_i(k)} \qquad (i=1,2,\cdots,m;\ k=1,2,\cdots,n) \qquad （2-4-14）$$

式中：$X_i(k)$ 为第 $i$ 个参数中的第 $k$ 个观测样本；$Y_i(k)$ 为第 $i$ 个参数中的第 $k$ 个观测样本的归一化值；$m$ 为需要归一化的参数个数，$n$ 为观测样本数。

对于文本特征（例如岩性）的处理，采用 1~5 的数字代码的形式表示岩性，见表 2-4-1。在完成数据整理、相关性分析和数据预处理基础上可构建数据集，即可开展基于机器学习方法的岩石力学参数训练和预测。

表 2-4-1　各岩性表示数值代号

| 岩性 | 石灰岩 | 砂岩 | 泥岩 | 碳质泥岩 | 煤岩 |
|---|---|---|---|---|---|
| 代号 | 1 | 2 | 3 | 4 | 5 |

### 三、智能融合预测模型建立

以某复杂岩性地层为例，将岩性、纵波速度、横波速度、密度作为机器学习的输入参数，各个岩石力学参数作为输出参数，岩石类型包含白云质粉砂岩、白云质泥岩、白云质细砂岩、凝灰质细砂岩、熔结凝灰岩等。对建立的数据集按8∶2的比例划分训练集与测试集，分别对弹性模量、泊松比、抗张强度、单轴抗压强度、脆性指数、断裂韧性等岩石力学参数进行训练，且采用BP、RF、SVR、CNN、CART、LSTM、XGBoost等7种机器学习算法，分别构建岩石力学参数预测模型。为了训练模型并评估不同模型的预测准确性，采用决定系数（$R^2$）[式（2-4-15）]、平均相对误差（MRE）[式（2-4-16）]和均方根误差（RMSE）[式（2-4-17）]来衡量模型预测效果。通过比较不同机器学习算法的预测效果，寻找预测复杂岩性地层岩石力学参数的最优机器学习算法。

下面以不同机器学习算法对抗张强度的预测为例进行说明，如图2-4-9所示。不同机器学习算法针对抗张强度的预测效果有所不同，其中SVM、LSTM和XGBoost的预测效果较好，其他机器学习算法的预测效果较差。不同机器学习算法预测抗张强度结果与实测值的$R^2$、MRE和RMSE，结果见表2-4-2。在训练阶段中，SVM的$R^2$为0.8974，RMSE为1.4476，MRE为6.6508%；LSTM的$R^2$为0.8970，RMSE为1.4905，MRE为10.8999%；XGBoost的$R^2$为0.9684，RMSE为1.0634，MRE为14.5505%。因此，所训练的SVM模型能够更加准确地实现对抗张强度的预测。

$$R^2 = 1 - \frac{\sum_{i=1}^{n}(y_i - \hat{y}_i)^2}{\sum_{i=1}^{n}(y_i - \bar{y})^2} \quad (2\text{-}4\text{-}15)$$

$$\text{MRE} = \frac{1}{n}\sum_{i=1}^{n}\left|\frac{y_i - \hat{y}_i}{y_i}\right| \times 100\% \quad (2\text{-}4\text{-}16)$$

$$\text{RMSE} = \sqrt{\frac{1}{n}\sum_{i=1}^{n}(y_i - \hat{y}_i)^2} \quad (2\text{-}4\text{-}17)$$

式中：$R^2$为决定系数；MRE为平均相对误差；RMSE为均方根误差；$y_i$为岩石力学参数的实测值；$\hat{y}_i$为岩石力学参数的预测值；$\bar{y}$为实测岩石力学参数的平均值；$n$为测试数量。

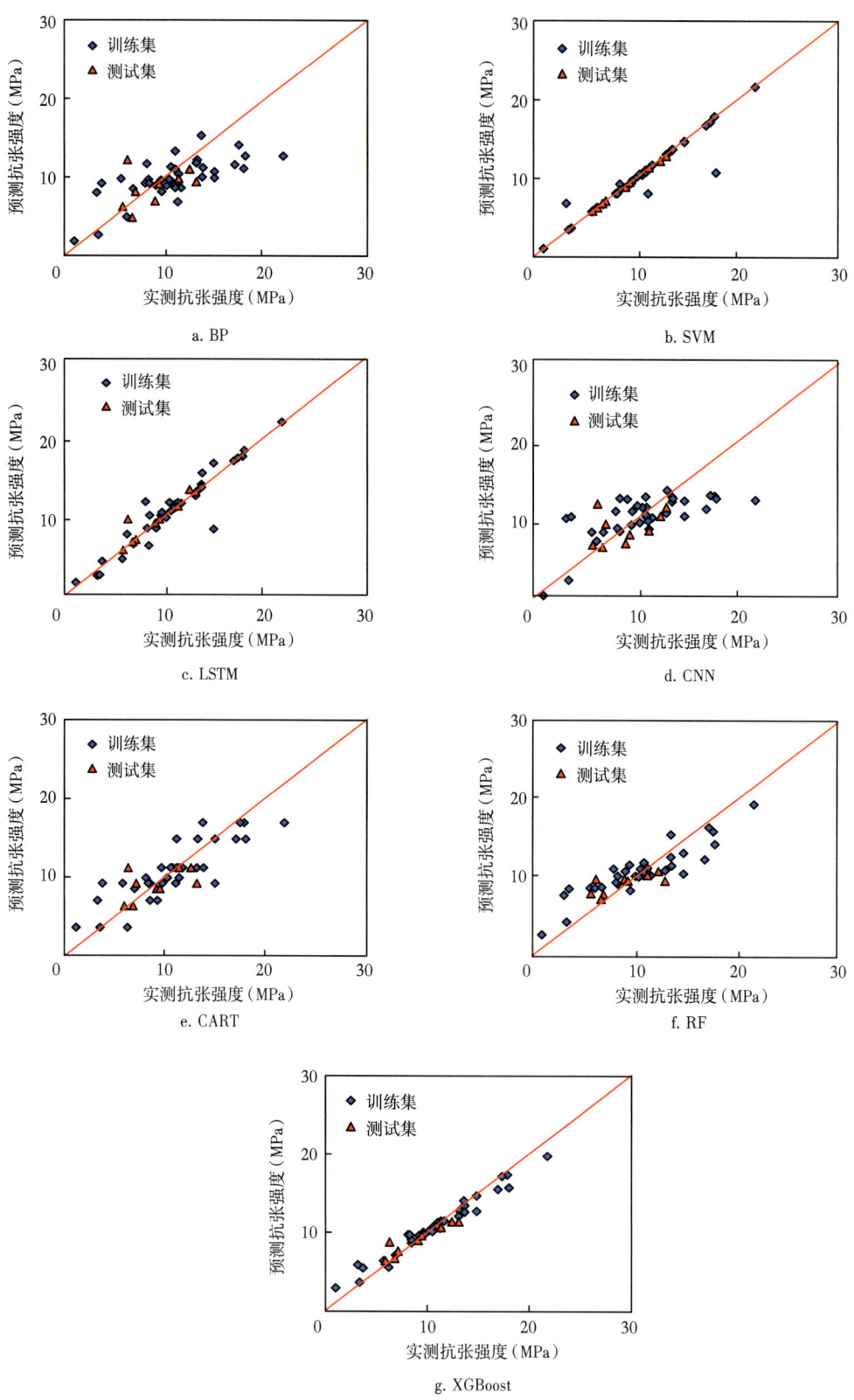

图 2-4-9　不同机器学习算法预测抗张强度结果

表 2-4-2　不同机器学习算法预测抗张强度效果评价

| 算法 | 训练集 | | | 测试集 | | |
|---|---|---|---|---|---|---|
| | $R^2$ | RMSE | MRE（%） | $R^2$ | RMSE | MRE（%） |
| SVM | 0.8974 | 1.4476 | 6.6508 | 0.9992 | 0.1000 | 1.2073 |
| BP | 0.5107 | 3.3211 | 30.3600 | 0.1708 | 2.6465 | 25.1232 |
| LSTM | 0.8970 | 1.4905 | 10.8999 | 0.8359 | 1.1716 | 7.3260 |
| CNN | 0.4847 | 3.2530 | 30.6631 | 0.1488 | 2.5754 | 26.0261 |
| CART | 0.7044 | 2.4409 | 29.1958 | 0.2574 | 2.2760 | 20.2054 |
| RF | 0.8005 | 2.2480 | 27.4653 | 0.4972 | 1.9708 | 19.4691 |
| XGBoost | 0.9684 | 1.0634 | 14.5505 | 0.8709 | 1.1449 | 9.9985 |

图 2-4-10 为不同机器学习算法模型在测试阶段预测不同岩石力学参数的效果。从图 2-4-10 中可发现，针对不同岩石力学参数，不同机器学习算法的预测效果存在差异。以 MRE 作为主要评价指标，同时考虑较高的 $R^2$ 和较低的 RMSE，则各参数的预测最优机器学习算法模型，单轴抗压强度为 SVM，弹性模量为 BP，泊松比为 RF，抗张强度为 SVM，内聚力为 XGBoost，内摩擦角为 LSTM，脆性指数为 SVM，断裂韧性为 LSTM。这说明了针对复杂岩性地层，不同岩石力学参数的预测最优机器学习算法有所不同，采用单一机器学习算法难以实现对不同岩石力学参数的同步准确预测。

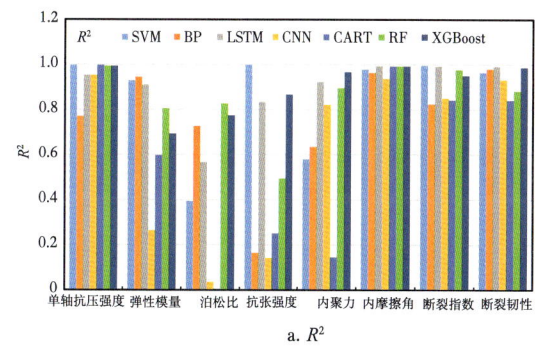
a. $R^2$

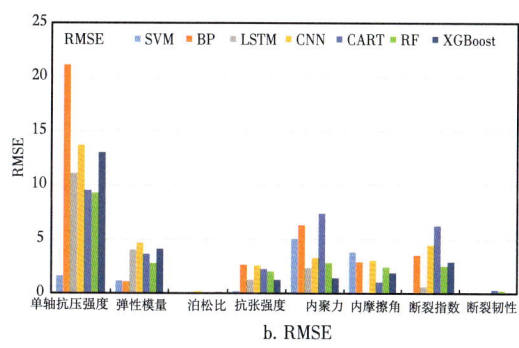
b. RMSE

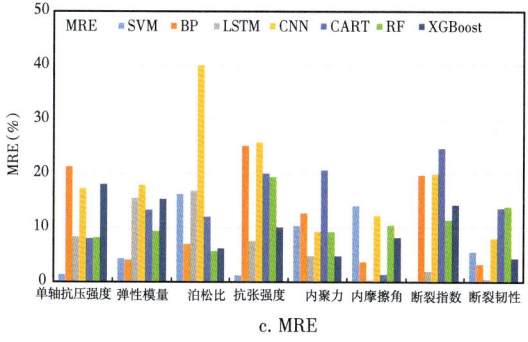
c. MRE

图 2-4-10　不同机器学习算法模型预测不同岩石力学参数效果分析

针对不同方法对于预测不同岩石力学参数的适应性具有差异性的问题，引入了组合预测方法，采用多种预测模型对同一问题进行预测，然后赋予各单项预测模型合适的权系数并进行组合，从而提取各单项预测模型有效信息，优化预测效果，提高模型预测精度。

为提高岩石力学参数预测精度，将组合预测的思想应用到了岩石力学参数预测当中，提出一种基于 Pearson 相关系数的自适应权重组合预测方法，以实现对复杂岩性地层不同岩石力学参数的同步准确预测。该方法主要是通过对不同岩石力学参数选择不同的基模型，赋予相应权重并开展组合，预测精度越高的基模型权重越高。该方法的关键在于不同岩石力学参数的基模型选择以及基模型的权重确定。单个岩石力学参数的预测基模型选择流程图如图 2-4-11 所示。

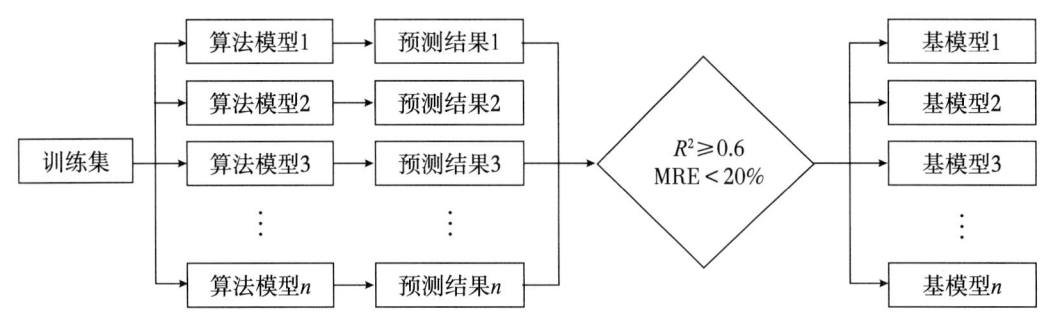

图 2-4-11 单个岩石力学参数的基模型选择流程图

基模型的权重通过 Pearson 相关系数来确定。根据基模型的预测结果，计算预测值与实测值的 Pearson 相关系数。Pearson 相关系数反映两个向量间的线性相关性，若两个向量 $X=[x_1, x_2, \cdots, x_n]$，$Y=[y_1, y_2, \cdots, y_n]$，则它们之间的 Pearson 相关系数为：

$$P_{ec} = \frac{n\sum_{i=1}^{n}x_iy_i - \sum_{i=1}^{n}x_i\sum_{i=1}^{n}y_i}{\sqrt{n\sum_{i=1}^{n}x_i^2 - \left(\sum_{i=1}^{n}x_i\right)^2}\sqrt{n\sum_{i=1}^{n}y_i^2 - \left(\sum_{i=1}^{n}y_i\right)^2}} \qquad (2\text{-}4\text{-}18)$$

式中：$P_{ec}$ 为 Pearson 相关系数。

在计算得到 Pearson 相关系数后，则每个基模型的权重计算方法为：

$$w_i = \frac{P_{eci}}{\sum_{i=1}^{N}P_{eci}} \qquad (2\text{-}4\text{-}19)$$

式中：$w_i$ 为第 $i$ 个基模型权重系数；$P_{eci}$ 为第 $i$ 个基模型的 Pearson 相关系数；$N$ 为基模型个数。

经过优选和权重计算，各岩石力学参数的预测基模型及各基模型的权重系数见表 2-4-3。准确预测不同岩石力学参数所适用的方法各不相同，通过不同基模型的组合，并赋予不同的权重系数，可最大程度地发挥各个基模型的优势。

表 2-4-3　不同岩石力学参数的预测基模型及其权重系数

| 基模型 | 单轴抗压强度权重系数 | 弹性模量权重系数 | 泊松比权重系数 | 抗张强度权重系数 | 内聚力权重系数 | 内摩擦角权重系数 | 脆性指数权重系数 | 断裂韧性权重系数 |
|---|---|---|---|---|---|---|---|---|
| SVM | 0.2380 | 0.2403 | — | 0.3291 | 0.2281 | — | 0.2287 | 0.2320 |
| BP | — | 0.2482 | 0.2924 | — | — | — | — | 0.2313 |
| LSTM | 0.2583 | 0.2614 | 0.3516 | 0.3290 | — | 0.2489 | 0.2617 | — |
| CNN | 0.2462 | 0.2501 | — | — | — | — | — | 0.2664 |
| CART | — | — | — | — | 0.2528 | 0.2515 | — | — |
| RF | — | — | — | — | 0.2564 | 0.2421 | 0.2505 | — |
| XGBoost | 0.2575 | — | 0.3560 | 0.3419 | 0.2627 | 0.2575 | 0.2590 | 0.2703 |

基于表 2-4-3 中各基模型的权重系数，即可构建不同岩石力学参数的自适应权重组合预测模型。自适应权重组合预测模型的具体流程如图 2-4-12 所示，单个岩石力学参数的组合预测模型计算方法为：

$$g = \sum_{i=1}^{N} w_i g_i \qquad (2\text{-}4\text{-}20)$$

式中：$g$ 为组合预测模型；$g_i$ 为第 $i$ 个基模型。

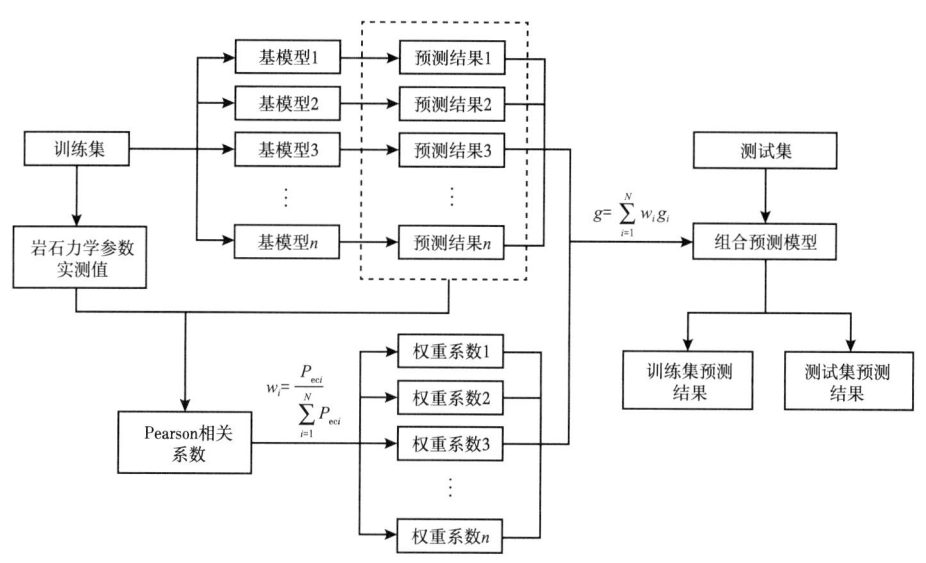

图 2-4-12　自适应权重组合预测流程图

## 四、预测效果评价

基于上述构建的复杂地层不同岩石力学参数自适应权重组合预测方法，岩石力学参数的自适应权重组合预测结果与实测值相关性如图 2-4-13 所示。不同岩石力学参数的预测值与实测值间的相关性均较高，预测效果较好。

表 2-4-4 展示了不同岩石力学参数预测值与实测值的 $R^2$、RMSE 和 MRE。从表 2-4-4 中可发现，不同岩石力学参数自适应权重组合预测结果的 $R^2$ 均较高，绝大部分大于 0.9；不同岩石力学参数的 RMSE 均较低；除训练集中泊松比预测结果的 MRE 为 10.3001%

外，其他岩石力学参数预测结果的 MRE 均小于 10%。这说明通过对不同岩石力学参数开展自适应权重组合预测，增加了机器学习算法对不同岩石力学参数的预测精度和适应性，实现了对复杂岩性地层不同岩石力学参数的同步准确预测。

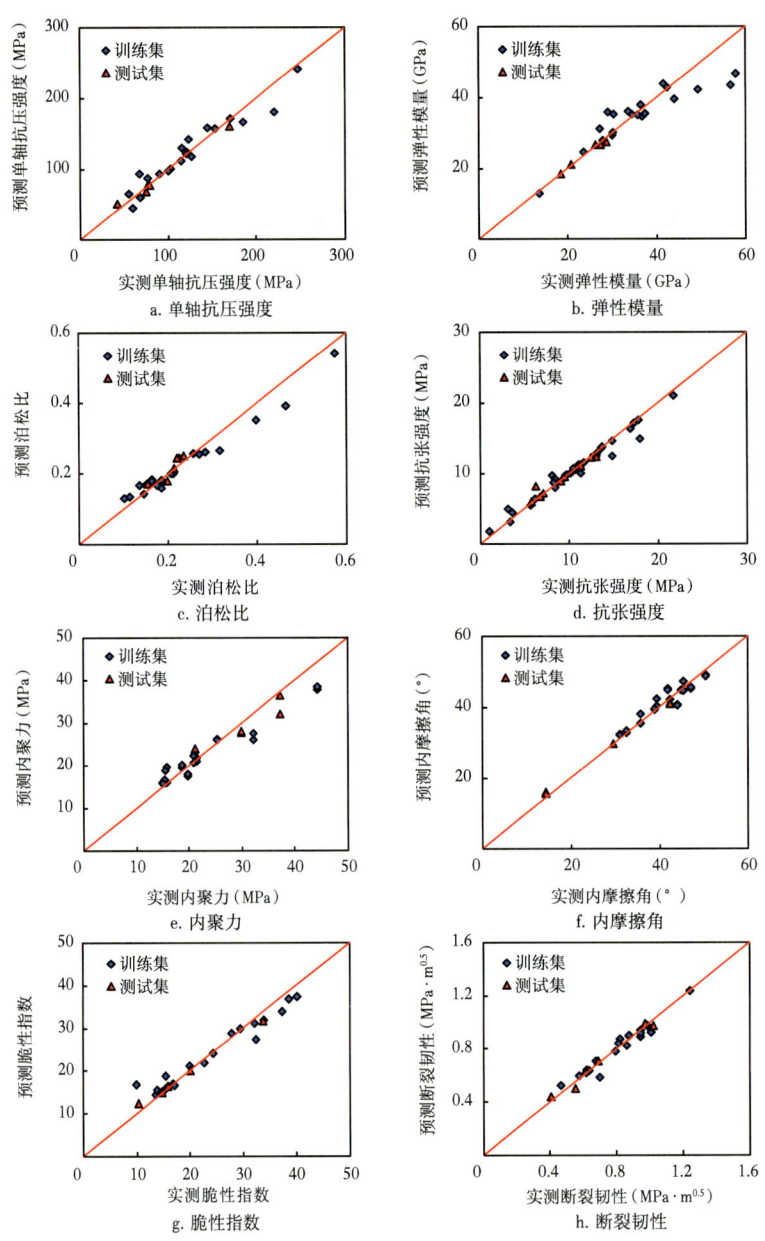

图 2-4-13　不同岩石力学参数预测值与实测值的关系

需要注意的是，该部分仅选择几种常用的机器学习算法构建自适应权重组合预测模型，基于提出的方法，可选择更多的机器学习算法作为预测基模型来构建基模型库，进一步提升对复杂地层岩石力学参数的预测精度，也可实现对复杂地层更多岩石力学参数的同步准确预测。基于所建立的复杂地层岩石力学参数自适应组合预测方法，得到了某井风城组岩石力学参数变化剖面图，如图 2-4-14 所示。可以发现，在深度 4370~4400m

的范围具有强度较弱的区域，整体风城组单轴抗压强度主要分布在 120~160MPa，弹性模量主要分布在 40~50GPa，与岩石力学室内实测结果吻合。

表 2-4-4  自适应权重组合预测效果评价

| 岩石力学参数 | 训练集 | | | 测试集 | | |
|---|---|---|---|---|---|---|
| | $R^2$ | RMSE | MRE（%） | $R^2$ | RMSE | MRE（%） |
| 单轴抗压强度 | 0.9265 | 14.2184 | 9.9170 | 0.9898 | 6.5801 | 7.9761 |
| 弹性模量 | 0.8191 | 4.8919 | 8.3589 | 0.9779 | 0.6959 | 2.1919 |
| 泊松比 | 0.9696 | 0.0287 | 10.3001 | 0.7778 | 0.0174 | 7.9387 |
| 抗张强度 | 0.9705 | 0.8558 | 8.4805 | 0.9410 | 0.7157 | 5.4237 |
| 内聚力 | 0.9455 | 2.7607 | 8.5414 | 0.8890 | 2.9249 | 9.3839 |
| 内摩擦角 | 0.9006 | 1.8074 | 3.4377 | 0.9995 | 1.2165 | 5.1051 |
| 脆性指数 | 0.9554 | 2.4751 | 9.0958 | 0.9960 | 1.3586 | 6.3351 |
| 断裂韧性 | 0.9471 | 0.0424 | 4.1014 | 0.9774 | 0.0364 | 5.2254 |

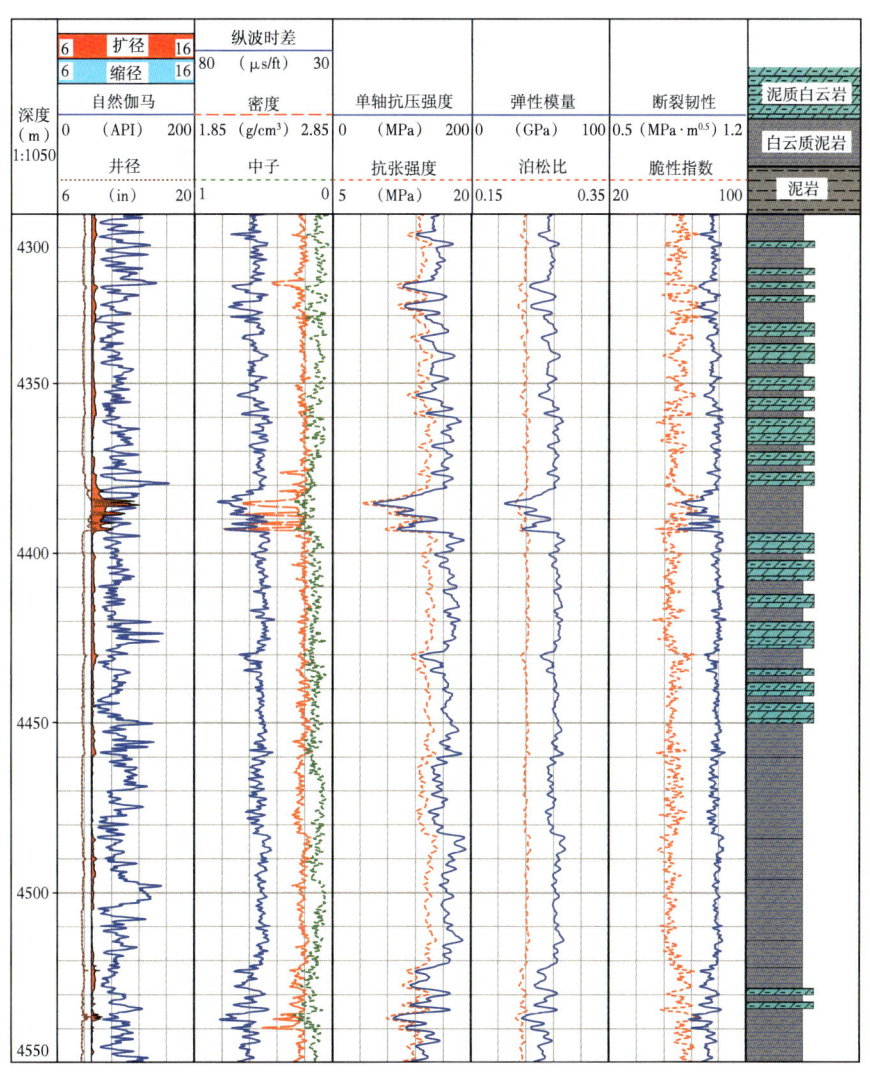

图 2-4-14  某井地层岩石力学参数测井预测

# 第三章 工作液作用下岩石物理—力学动态响应及测井校正

蒙皂石、伊利石、高岭石、绿泥石、伊/蒙混层等黏土矿物广泛分布在各种地层中，这些黏土矿物由于其特殊的结构和理化特征，当与外来流体接触时会发生水化作用，表现出显著的环境效应和时间效应，即相同地层与不同流体接触，在相同接触时间，可能表现出不同的岩石结构、物理及力学性质（环境效应）；相同地层与相同流体接触，在不同接触时间，可能具有不同的岩石结构、物理及力学性质（时间效应）。

在油气钻井完井及开采过程中，受水化作用影响，泥页岩等含黏土矿物地层的岩石结构会发生动态变化，进而导致地层岩石的各种物理、力学性质呈现动态变化特征。地层在与工作液接触过程中的动态变化会直接影响到岩石强度参数，以及后续地应力、孔隙压力等参数预测的准确性。因此，对工作液对岩石物理及力学性质的研究非常基础和关键。

本章以泥页岩地层为主要对象，就工作液作用下岩石物理-力学动态响应及测井校正进行简要介绍。

## 第一节 黏土矿物的特点及水化特性

黏土矿物对油气工程技术的实施及效果影响显著，一直备受油气工程界关注。下面对黏土矿物的基本特征作简要介绍。

### 一、黏土矿物的结构和理化性质

油气开发过程中，工作液会对敏感性地层岩石物理及力学性质造成影响，地层岩石中存在的黏土矿物是主要诱因。蒙皂石、伊利石、高岭石和绿泥石等黏土矿物均为层状硅酸盐矿物，如图3-1-1所示，结构单元层主要由硅氧四面体（以T表示）和铝氧八面体（以O表示）叠合组成。其特殊的单元层结构，使其与外来流体接触时会发生阳离子交换作用，引起自身结构的变化，进而引发赋存岩石的结构改变。根据结构单元层组合方式，可将层状硅酸盐矿物分为2∶1型（TOT），如蒙皂石、伊利石、绿泥石（图3-1-1a），以及1∶1型（TO型），如高岭石（图3-1-1b）。

地层中黏土矿物由很小的结晶颗粒组成，根据晶体结构可以分成几组黏土矿物。对石油工业有重要意义的黏土矿物主要有高岭石、蒙皂石、伊利石、绿泥石以及这些矿物组成的混层矿物。这些矿物属于含水层状硅酸盐，其主要构造单元为二维排列的硅氧四面体和二维排列的铝或镁—氧—氢八面体。在黏土矿物的结构单元层中，硅氧四面体中的$Si^{4+}$可能被$Al^{3+}$取代，八面体中的$Al^{3+}$可能被$Mg^{2+}$、$Fe^{2+}$取代，此时结构单元层中就出现了负电荷，为平衡多余的层电荷，必然出现层间阳离子。黏土矿物的层间阳离子有

"固定的"和"可交换的"的两种类型。

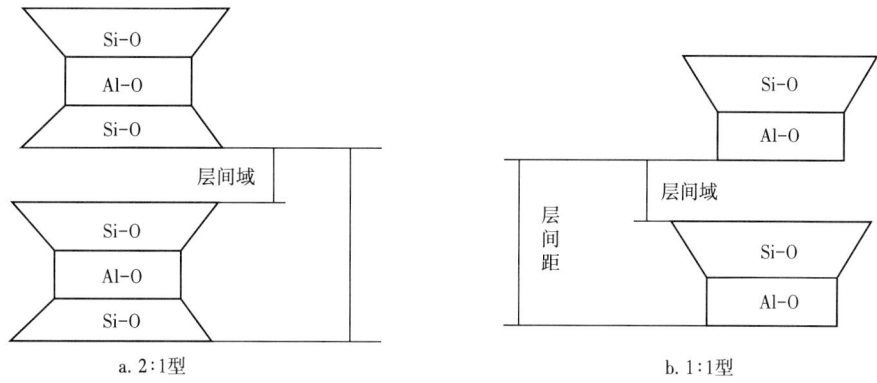

图 3-1-1 黏土矿物晶层类型结构示意图

典型的黏土晶体结构如图 3-1-2 所示。不同黏土矿物晶体结构的差异在于单元晶层的不同和层间物质组成的不同。蒙皂石为 2:1 型层状硅酸盐矿物,其晶体结构如图 3-1-2a

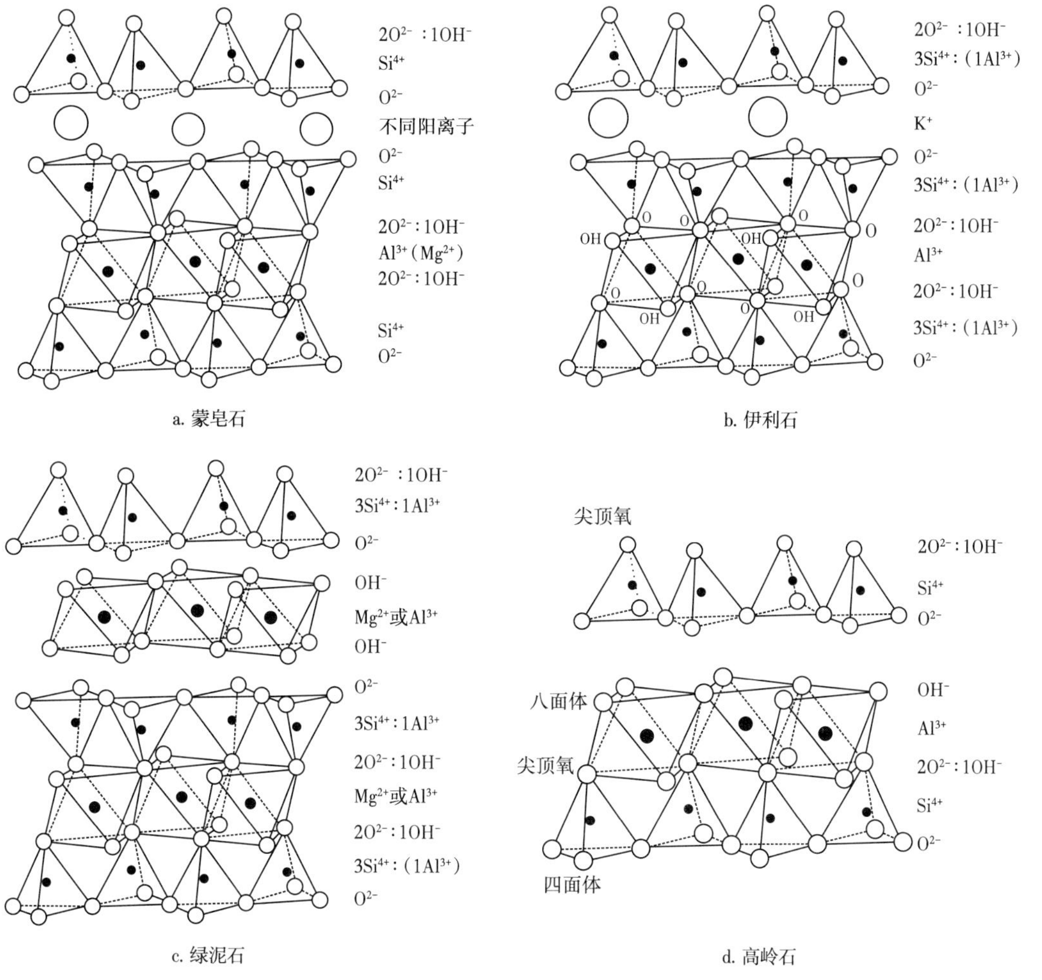

图 3-1-2 黏土矿物晶体结构示意图

所示。其晶体为单斜晶系，层间阳离子一般为 $K^+$、$Ca^{2+}$、$Na^+$ 等，$Na^+$ 为其主要吸附的交换性阳离子。交换性阳离子与晶层通过静电引力联结，联结弱，易被置换。尤其是 $Na^+$ 为其主要吸附的阳离子时，吸水后有较高的水化膨胀性能。因此，蒙皂石水化膨胀能力较强。

伊利石的晶体结构与蒙皂石结构类似，同属于 2∶1 型层状硅酸盐矿物，如图 3-1-2b 所示。其晶体为单斜晶系，与蒙皂石不同的是在硅氧四面体片中多为 $Al^{3+}$ 取代 $Si^{4+}$ 的类质同象置换，使得伊利石含有一定量的负电荷，导致伊利石常常在层间吸附部分 $K^+$，层间 $K^+$ 对晶层起着固结作用，造成其遇水后晶层间膨胀小。

绿泥石在结构上与 2∶1 型层状黏土相似，如图 3-1-2c 所示。不同的是层间阳离子被一层八面体氢氧化物片替代，并且这个八面体片的正电荷与晶层负电荷相平衡，在 2∶1 型晶层与氢氧化物片之间除静电引力外，还有氢氧键联结，晶层间结合紧密，遇水后水化膨胀能力弱。高岭石属 1∶1 型二八面体层状硅酸盐，如图 3-1-2d 所示。晶层间通过范德华力和氢键联结，晶层间联结紧密，无层间物质，晶层间距小，这类黏土矿物水化膨胀能力差。

此外，岩石黏土中还存在混层黏土矿物，指由两种或两种以上的黏土矿物沿面叠加而构成的黏土矿物。混层结构可呈无序混合堆垛、部分规则堆垛以及完全规则堆垛。

## 二、黏土矿物的水化特性

黏土水化受表面水化力、渗透水化力和毛细管作用力的影响。目前认为，黏土矿物的水化作用存在两种水化机理，分为两个阶段：表面水化和渗透水化。

（1）表面水化：表面水化决定于晶层表面的带电情况和吸附阳离子的类型、吸附状态，其主要驱动力为表面水化能。在这一阶段，水化产生的膨胀压大，体积膨胀小，随着水化作用的进行膨胀压快速下降。所有的黏土矿物都会发生表面水化，在这一阶段大约吸附 4 个分子厚的水，作用距离为 1nm。表面水化导致结晶膨胀，结晶膨胀的大小一般与黏土矿物的比表面积成正比。表面水化水的结构本性也使它带有晶体的性质。

（2）渗透水化（渗透膨胀）：渗透水化是在黏土完成表面水化过程后进行的。黏土表面与水相接触，黏土表面吸附的补偿阳离子发生扩散，在黏土矿物间形成扩散双电层。双电层斥力和渗透压共同作用而产生的水化作用即为渗透水化。只有阳离子交换容量大的黏土矿物才会发生明显的渗透水化。渗透膨胀引起的体积增加比晶格膨胀大得多，渗透水化作用的距离可达 10nm 以上，体积膨胀大，膨胀压小，达到平衡的速度慢。

当黏土矿物与外部水相介质接触时，首先产生表面水化，在表面水化完成后才产生渗透水化。目前围绕黏土矿物水化，主要围绕蒙皂石与伊利石两大类。Chávez-Páez（2001）、Cygan Randall（2004）、徐加放（2012）等学者以矿物水化应力应变实验与分子动力学模拟相结合，均显示蒙皂石具有较强的膨胀性，水化能力很强，产生的水化力和膨胀量都比较大，层间能够吸附 1~4 层水分子，晶层间距会随着吸附水分子的增大而增大等。渗透水化阶段，溶液中阳离子浓度与层间阳离子浓度存在浓度差，产生渗透压差，水分子进入层间，形成双电层，造成晶层间距增大等。

针对伊利石水化特征，刘锟（2014）、Zeng（2021）等通过室内水化应力应变测试，均发现伊利石水化膨胀量虽然小于蒙皂石，但其产生的水化应力很大，水化速率极快。

在此基础上，王跃鹏（2020）通过分子动力学模拟进一步证实伊利石晶层膨胀量低于蒙脱石，但其造成的弹性参数变化量高于蒙脱石，其水化劣化效应显著。

综上，不同类型黏土具备的水化机制具有差异性，因此当泥岩、页岩内部黏土含量与黏土矿物组成不同时，将具备不同的水化能力。以南堡凹陷东营组、乌石凹陷涠洲组、四川盆地龙马溪的泥页岩为例，其矿物组成与黏土矿物组成见表3-1-1和表3-1-2，三类不同泥页岩与水相接触后的结构特征如图3-1-3所示。可以发现：三类泥页岩均富含黏土。其中，涠洲组黏土矿物含量最高，且蒙皂石发育，进而导致其水化结构损伤更显著，

表3-1-1　泥页岩地层矿物组成分布表

| 凹陷或盆地 | 层位 | 矿物组成（%） | | | | |
| --- | --- | --- | --- | --- | --- | --- |
| | | 石英 | 碳酸盐岩 | 黏土矿物 | 长石 | 其他 |
| 南堡凹陷 | 东营组 | 27.70 | 15.12 | 29.16 | 19.85 | 8.17 |
| 乌石凹陷 | 涠洲组 | 30.20 | 2.31 | 65.20 | 0.00 | 2.29 |
| 四川盆地 | 龙马溪组 | 41.32 | 12.70 | 27.20 | 12.07 | 6.71 |

表3-1-2　泥页岩地层黏土矿物组成分布表

| 凹陷或盆地 | 层位 | 黏土矿物组成（%） | | | | | 间层比 |
| --- | --- | --- | --- | --- | --- | --- | --- |
| | | 伊利石 | 蒙皂石 | 高岭石 | 绿泥石 | 伊/蒙间层 | |
| 南堡凹陷 | 东营组 | 46.93 | 0.00 | 5.63 | 27.75 | 19.70 | 20.00 |
| 乌石凹陷 | 涠洲组 | 17.28 | 30.00 | 18.79 | 7.88 | 26.06 | 25.00 |
| 四川盆地 | 龙马溪组 | 25.53 | 0.00 | 0.00 | 6.20 | 26.81 | 10.00 |

东营组

涠洲组

龙马溪组

a. 原状岩石

东营组

涠洲组

龙马溪组

b. 与水相接触后

图3-1-3　不同类型泥页岩水化后的结果特征

具有一定膨胀现象；而东营组和龙马溪组的黏土矿物含量相对较低，且以伊利石为主导，水化损伤显然不如涠洲组泥页岩，表现出典型的水化致裂现象。虽然水化损伤特征具有差异性，但在水化作用下，岩石均出现了结构损伤现象。水化诱发的结构损伤，必然导致岩石力学参数及其岩石物理响应特征发生变化。因此，针对该类敏感性地层尤其是水基钻井液条件下，利用测井信息进行地层的岩石力学参数评价时，水化作用的影响至关重要、不应被忽视。

## 第二节　泥页岩岩石物理及强度特性的水化时间效应

黏土水化是一个典型的动态过程。水化作用对泥页岩岩石物理及强度特性的影响也具有时间效应。显然，不同的黏土含量、矿物类型、岩石结构条件下，泥页岩水化的时间效应具有差异性。因此，明确泥页岩水化时间效应对实现泥页岩岩石强度参数动态预测与评价具有重要意义。

### 一、水化时间对泥页岩岩石物理和强度性质的影响

水化作用不同时间后，泥页岩岩石物理参数与强度参数的变化程度、变化规律均有所差异。为此，本部分以某泥页岩地层为对象，系统论述不同水化时间条件下岩石强度参数变化与声学响应。

1. 水化作用不同时间的泥页岩岩石结构

水化作用能够对岩石强度参数与物性参数造成影响，其根本原因在于水化对岩石结构的损伤。图3-1-3已经展示了水化作用后岩石结构损伤特征。在此基础上，进一步以核磁共振实验，对水化作用不同时间下的泥页岩岩石结构进行量化表征。

根据核磁共振原理，对于岩石孔隙中的流体有三种不同的弛豫机制，分布为自由弛豫、表面弛豫和扩散弛豫，核磁共振总的横向弛豫速率可以表示为：

$$\frac{1}{T_2} = \frac{1}{T_{2B}} + \frac{1}{T_{2S}} + \frac{1}{T_{2D}} \qquad (3-2-1)$$

式中：$T_2$为横向弛豫时间；$T_{2B}$为足够大的容器测得的孔隙流体$T_2$，μs；$T_{2S}$为表面弛豫引起的孔隙流体$T_2$，μs；$T_{2D}$为梯度磁场下扩散引起的孔隙流体$T_2$，μs。

一般来说，亲水岩石的横向弛豫主要取决于表面弛豫和扩散弛豫，自由弛豫通常忽略不计，且回波间隔和磁场梯度较小时扩散弛豫也可忽略不计。因此，自由弛豫和扩散弛豫与表面弛豫相比非常小，故岩石的横向弛豫由表面弛豫决定。式（3-2-1）可以简化为：

$$\frac{1}{T_2} \approx \frac{1}{T_{2S}} \qquad (3-2-2)$$

表面弛豫与介质表面积有关，介质比表面（多孔介质孔隙表面积$S$与孔隙体积$V$之比）越大，则弛豫越强，反之亦然。$T_{2S}$可以表示为：

$$\frac{1}{T_{2S}} = \rho_2 \frac{S}{V} \qquad (3\text{-}2\text{-}3)$$

式中：$\rho_2$ 为 $T_2$ 表面弛豫强度，m/s；$S/V$ 为孔隙表面积与孔隙体积之比。

将式（3-2-3）代入式（3-2-2）中，得到：

$$\frac{1}{T_2} \approx \rho_2 \left(\frac{S}{V}\right) \qquad (3\text{-}2\text{-}4)$$

弛豫的速率取决于质子与表面碰撞的频繁程度，即取决于孔隙的表面与体积之比 $S/V$。因此，$T_2$ 谱分布反映了岩样的孔隙大小及分布，孔径大小与谱峰的位置有关，对应孔径的孔隙数量与峰面积的大小有关。因此，$T_2$ 谱分布与孔隙结构参数的关系能反映岩石的孔隙结构。在核磁共振实验中，认为小孔隙、中孔组分对应较小的 $T_2$ 值；大孔隙、微裂缝等结构分布对应较大的 $T_2$ 值。根据不同水化时间下页岩的核磁共振实验测试结果，得到不同水化阶段的 $T_2$ 分布与页岩孔隙度分量的关系图，如图 3-2-1 所示。在页岩水化过程中，其结构变化表现为小孔隙数量增加、小孔隙朝着大孔隙方向发展、大孔隙及微裂缝的产生；最终，随着页岩水化作用的结束，页岩内部结构趋于稳定。在水化作用下，页岩中的微孔隙及微裂缝的发展阶段不同。在水化的初期阶段 0~1h，主要表现为微小孔隙的产生，水化并不剧烈；在水化中期阶段 1~12h，微小孔隙及裂缝扩展速度急剧增加，此阶段为小孔隙数量大量增加及裂缝产生的重要时期，水化作用剧烈；在水化后期 48h，页岩微小孔隙及裂缝均无明显变化，水化作用基本结束，页岩内部结构趋于稳定。整个水化过程分为三个阶段：小孔隙发展阶段；小孔隙数量显著增加产生、大孔隙裂纹扩展产生阶段；小孔隙持续扩展、大孔隙与裂缝形成且趋于稳定阶段（高可攀，2023）。

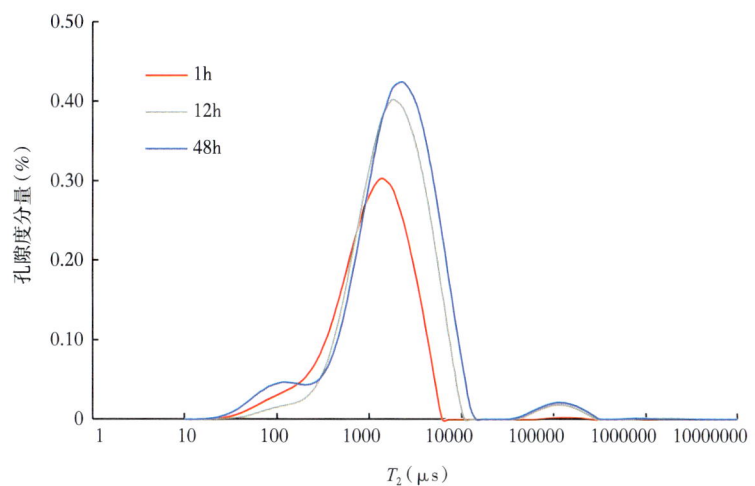

图 3-2-1　不同水化时间下页岩 $T_2$ 谱分布

在此基础上，通过计算核磁共振孔隙度，并将不同浸泡时间的核磁共振孔隙度曲线进行对比分析，可以了解不同水化时间下核磁共振孔隙度的变化过程，如图 3-2-2 所示。由实验结果可知：页岩在不同水化时间下核磁共振孔隙度与 $T_2$ 谱的变化规律类似。

在页岩水化整体过程中，其核磁共振孔隙度整体表现为随水化时间的增大而增大，最终随着页岩水化作用的结束，页岩内部结构趋于稳定，核磁共振孔隙度也趋于稳定。在水化作用下，页岩中的核磁共振孔隙度变化过程与微孔隙、微裂缝的发展阶段基本一致。在水化的初期阶段 0~1h，水化并不剧烈；在水化中期阶段 1~12h，水化作用剧烈，核磁共振孔隙度显著增加；在水化后期 48h，水化作用基本结束，页岩内部结构趋于稳定，核磁共振孔隙度变化不大。

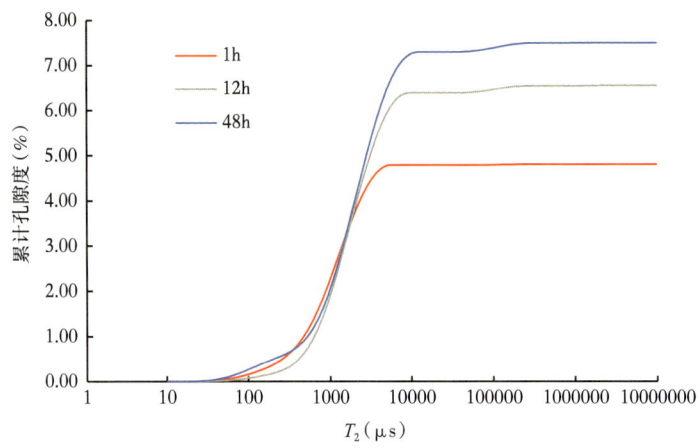

图 3-2-2　不同水化时间下页岩 $T_2$ 谱与核磁共振孔隙度关系图

2. 水化作用不同时间的泥页岩岩石力学强度

在对水化作用后岩石内部结构变化研究的基础上，进一步开展了压入硬度、单轴压缩、巴西劈裂等岩石力学测试，获取了不同水化时间后的岩石力学强度参数，如图 3-2-3 至图 3-2-6 所示。

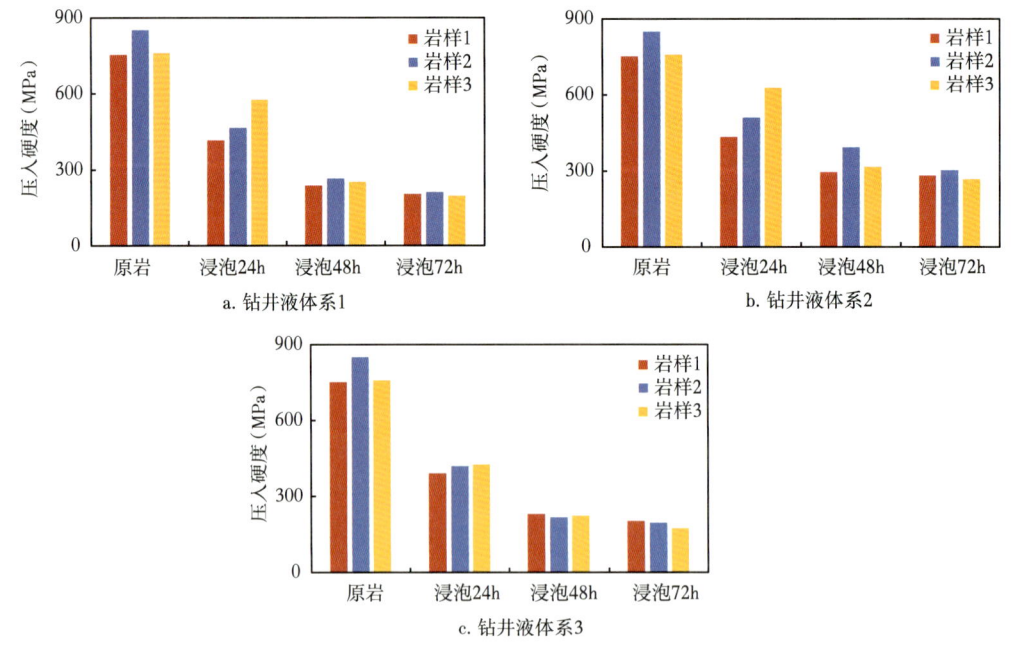

图 3-2-3　浸泡时间对岩样压入硬度的影响

水化作用不同时间下的岩样压入硬度如图 3-2-3 所示。岩样的压入硬度随着水化时间增加而呈下降趋势。其中，原岩压入硬度的范围为 756.35~854.78MPa；浸泡 72h 后岩样压入硬度值的范围为 183.25~308.27MPa，整体下降幅度约为 69.24%。在前 24h 的下降幅度最为显著。

水化作用不同时间后的岩样抗张强度变化规律如图 3-2-4 所示，从图 3-2-4 中可看出，岩样的抗张强度随着水化作用时间的增加而呈下降趋势。其中，原岩抗张强度的范围为 14.88~16.53MPa；浸泡 24h 后岩样抗张强度的范围为 9.02~13.79MPa，下降幅度平均值为 26.40%；浸泡 48h 后岩样抗张强度的范围为 5.32~8.32MPa，下降幅度平均值为 55.34%，浸泡 72h 后岩样抗张强度的范围为 3.23~5.78MPa，下降幅度平均值为 70.81%。

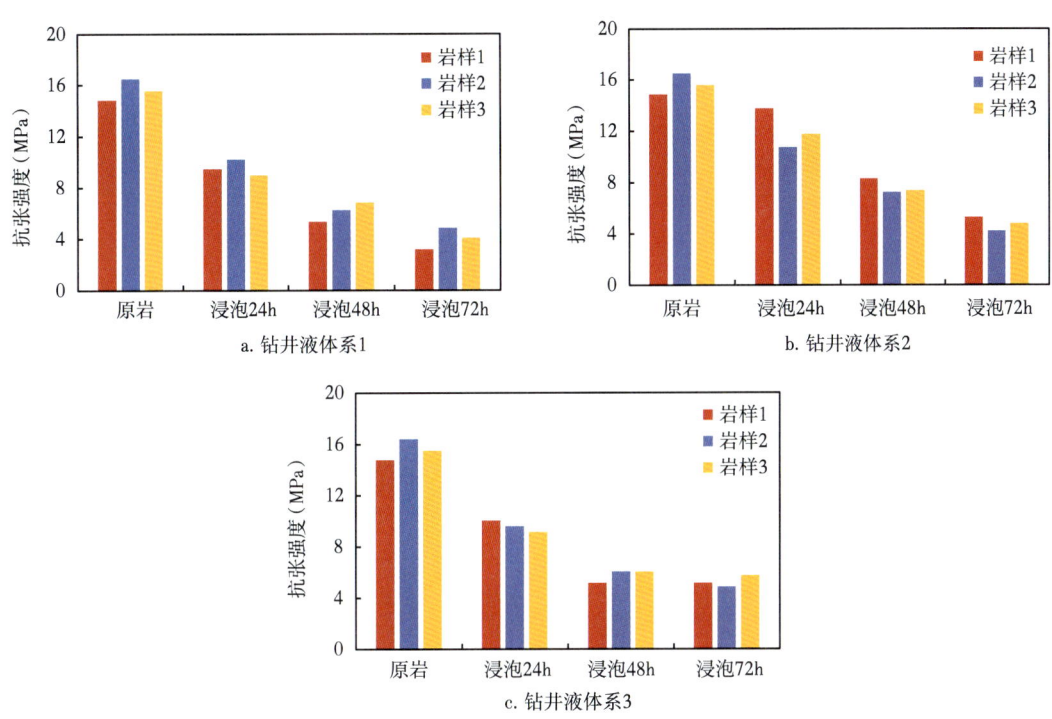

图 3-2-4　浸泡时间对岩样抗张强度的影响

水化不同时间下岩样单轴压缩应力—应变曲线如图 3-2-5 所示，岩样的单轴抗压强度、弹性模量、泊松比、内聚力和内摩擦角的变化规律如图 3-2-6 所示。从水化作用后岩样单轴抗压强度、弹性模量、内聚力和内摩擦角呈下降的趋势，而泊松比呈增加的趋势。其中，原岩单轴抗压强度分布范围为 86.34~98.47MPa，水化 72h 后岩样单轴抗压强度分布范围为 43.36~76.54MPa，下降幅度平均值为 37.58%；原岩弹性模量分布范围为 41657.45~49075.27MPa，水化 72h 后，弹性模量的范围为 10134.28~12489.77MPa，下降幅度平均值为 73.78%。同时，72h 后岩样内聚力和内摩擦角的平均下降幅度为 58.70% 和 50.31%。由此可见，水化作用对岩石抗压特性具有显著的弱化效应。此外，水化前的岩样峰后应力跌落速率最大、脆性特征明显，而随着水化时间增加，岩样变形与破坏特征发生显著变化，岩样峰后的应力跌落速率逐渐减小。

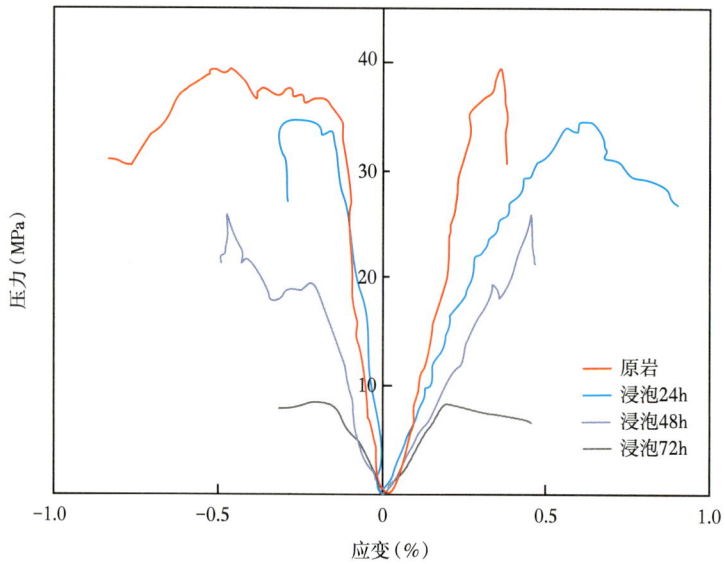

图 3-2-5　浸泡时间对岩样的应力—应变曲线的影响

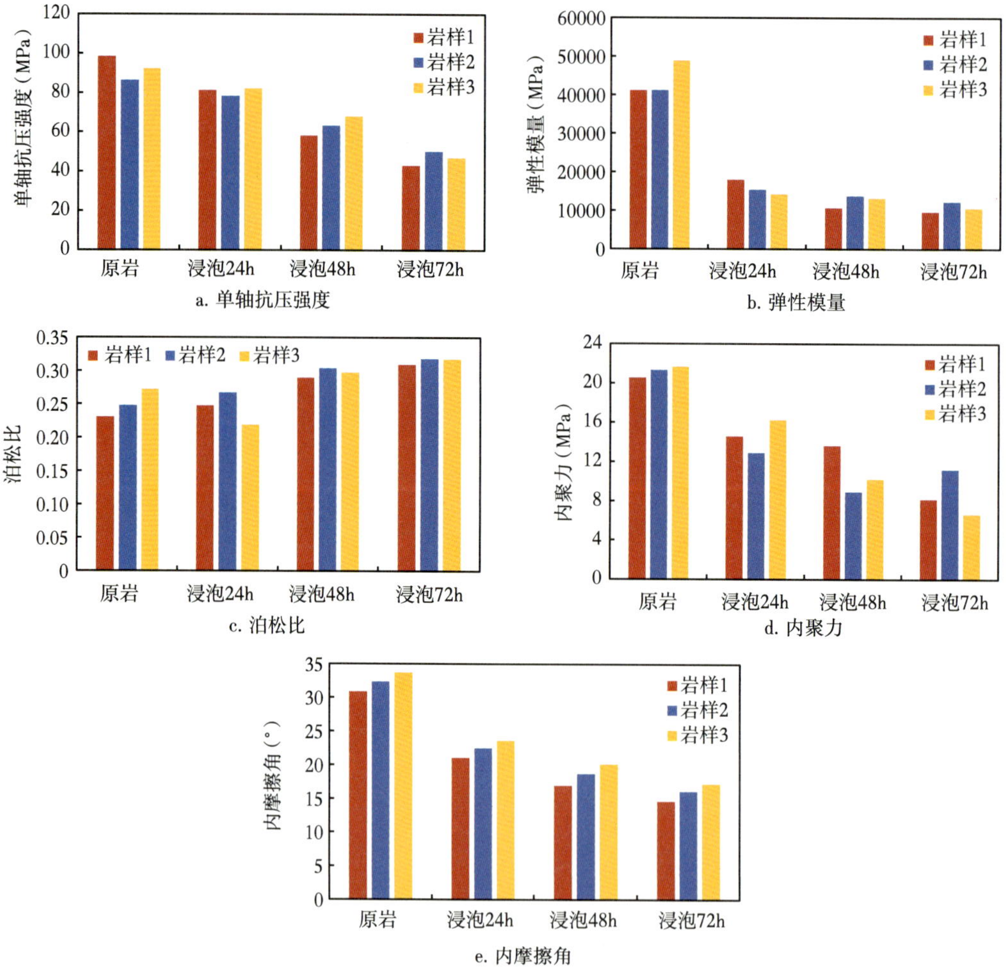

图 3-2-6　浸泡时间对岩样抗压特性的影响

3. 水化作用不同时间下泥页岩岩石声学响应

采用透射法测量不同水化时间的岩心样品声波，水化作用时间设定为24h、48h、72h和96h，以采集到的波形信号为依据，获取水化不同时间后泥页岩声波的时域信号、频域信号、声波时差和衰减系数。

水化作用不同时间下的岩样声波时域信号波形曲线如图3-2-7所示。水化作用不同时间后的岩样时域信号波形曲线特征存在明显差异。随着水化时间增加，声波振幅明显下降。当水化时间达到96h后，岩样1声波信号振幅降低为原岩的20.42%；岩样2的声波信号的振幅由原岩的46.12mV下降为5.82mV，下降幅度约为87.86%。

同时，从图3-2-7中还可看出，原岩时间域波形曲线特征表现为谱峰数量较多且能量值高，谱峰间的间距较小，而水化作用后的岩样时间域曲线特征呈现出谱峰数量减少、谱峰能量降低、谱峰间距增大等特点。这是因为水化作用造成其微观结构发生变化，引起声波在传播过程中发生折射、散射、反射等现象增多，造成声波在岩石中传播距离增大和传播过程中损耗增大或能量损失增大，导致声波首波初至时间发生延迟，声波振幅降低。

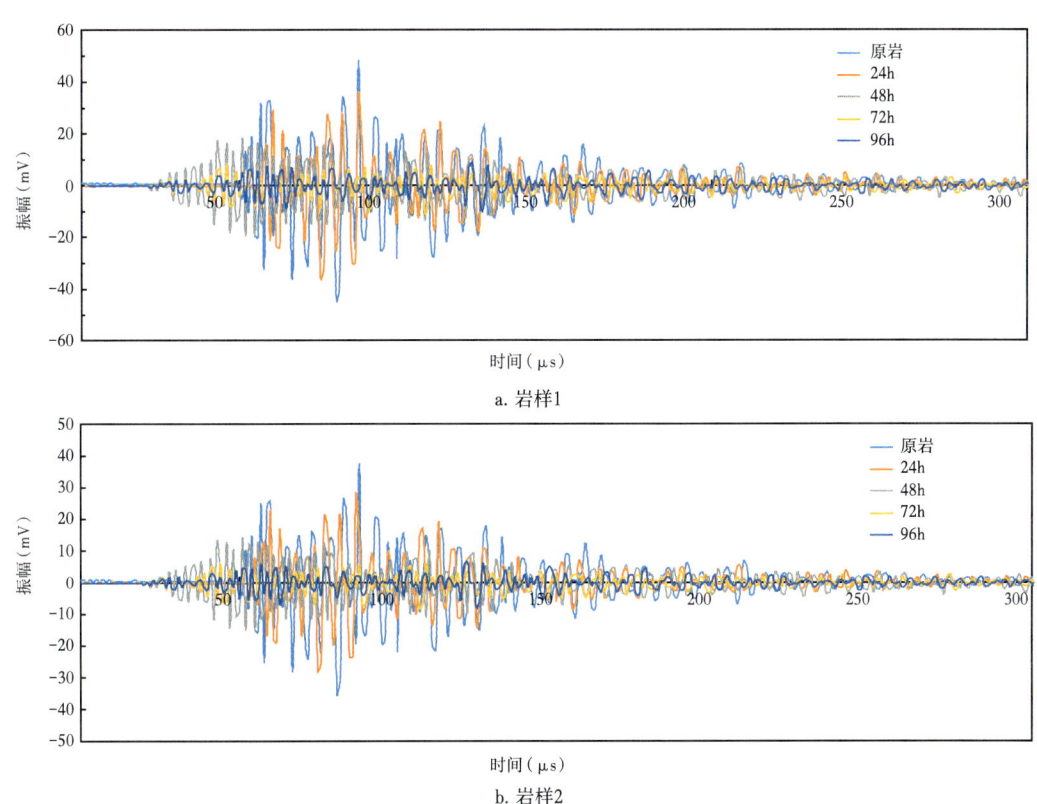

图3-2-7 水化作用不同时间下的岩样声波时域信号波形曲线

根据时域曲线上所获取首波初至时间可计算得到水化作用不同时间下的岩样声波时差，结果如图3-2-8a所示。水化作用后岩样声波时差明显增大。同时，根据信号对比法计算得到水化作用下的岩样声波衰减系数，如图3-2-8b所示。水化作用后的泥页岩声波衰减系数明显增大，作用96h后岩样衰减系数由原岩的19.04dB/m逐渐增大到

68.03dB/m，岩样声波衰减系数平均值增加幅度为 138.87%。这是因为泥页岩与钻井液接触后，水相进入岩石内部空间，引起岩石发生水化作用，造成岩石内部微观结构发生变化，产生一些新的微孔隙和微裂隙，改变了声波在岩石中传播特征，导致声波时差增大，声波在岩石中传播过程中能量损失增大，表现为声波的衰减系数增大。此外，从图 3-2-8 中还可注意到水化作用前后的声波衰减系数变化相对幅度大于声波时差，这说明了声波衰减系数比声波速度对水化作用下岩石结构的变化更为敏感。

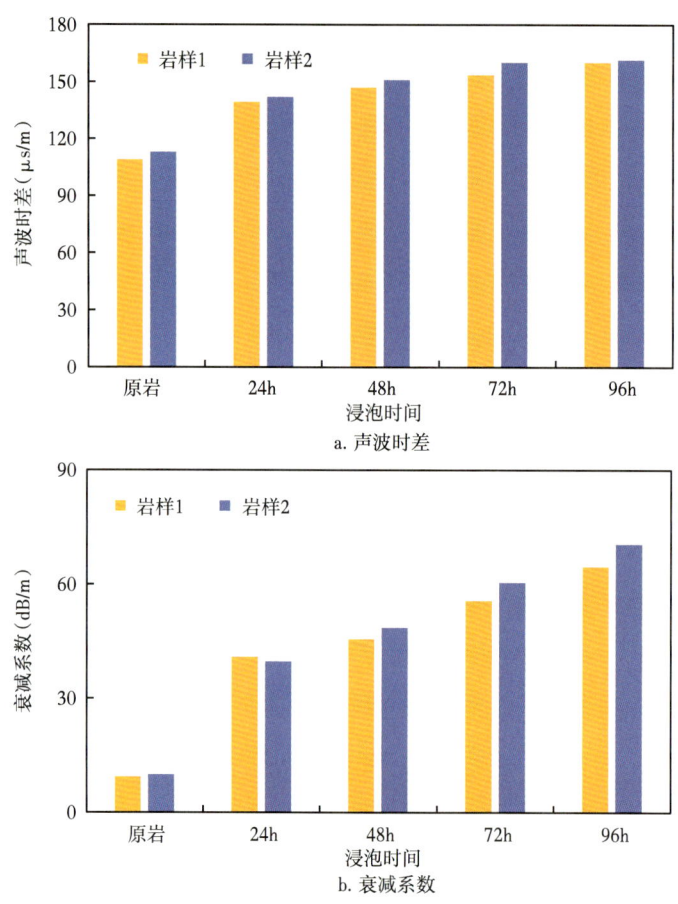

图 3-2-8　浸泡时间对岩样声波时差和衰减系数的影响

在声波时域信号基础上，通过傅里叶变换得到的岩样水化不同时间后的声波频域信号，如图 3-2-9 所示。随水化时间的增加，岩样 1 的主频峰值不断降低，由原岩的 100mV 逐渐下降到 30mV；岩样 2 也表现出相似变化，随水化时间的增加，主频幅值由 80mV 下降为 20mV。同时，水化后的岩样声波频域曲线特征存在明显差异。原岩频域曲线特征表现为频域上谱峰较少，且谱峰波形尖锐，说明了叠加信号相应通带较窄，谱峰幅值较高，峰值多分布于 100kHz 附近，中心频率集中在 100kHz，透射波主频与探头发射频率相同。水化后岩样频域曲线特征表现为谱峰数量减少，谱峰幅值明显降低，原岩频率域曲线主频位置处信号幅度降低 94.70%。

此外，在相同激发信号下，水化后岩样主频向低频端偏移。其中，原岩主频主要位于 100kHz，而水化后钻井液主频主要分布于 70~100kHz 的频率区域，且高频区域的谱峰消失。这是因为水化作用下岩样微观结构发生变化，微孔隙和微裂缝增多，微观结构变化导致了岩石对声波信号中不同频率成分吸收程度不同；在相同激发信号下，微裂缝增多致使岩石对声波信号中高频部分的吸收增强，造成声波信号中低频部分所占比例增加，从而导致主频降低。

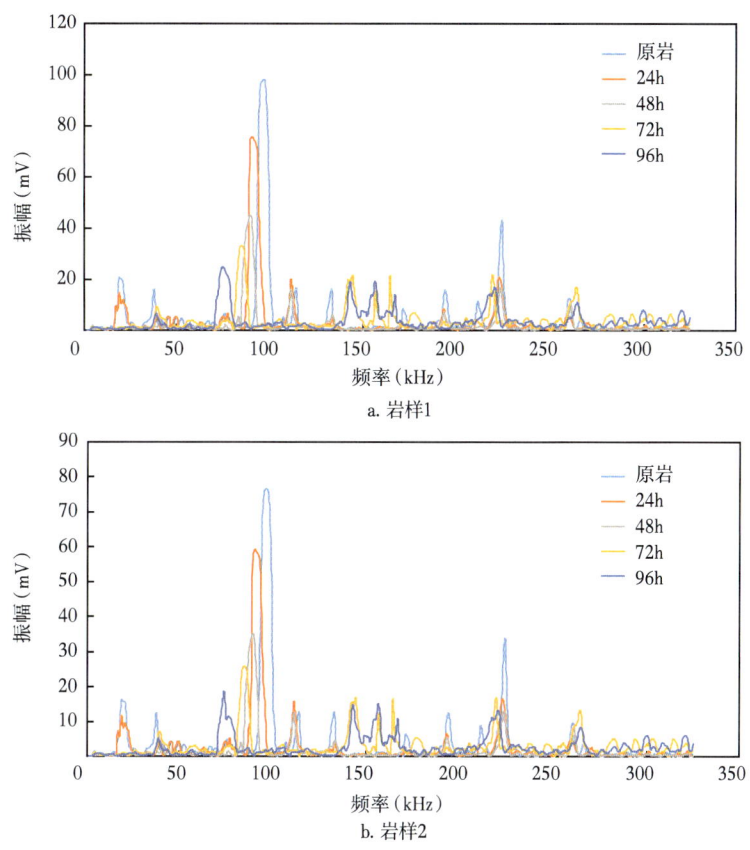

图 3-2-9　浸泡时间对岩样声波频域信号的影响

## 二、水化时间对泥页岩岩石物理和强度性质响应关系的影响

水化作用不同时间下，泥页岩岩石物性与力学强度参数均会产生相应变化。在工程测井应用中，需要依据岩石物性与力学特征的相互响应关系，构建岩石力学参数测井预测方法（在第二章已经做了详细介绍），因此进一步研究泥页岩水化对岩石物理与岩石力学参数相互响应关系的影响。

针对泥页岩地层的强水化特征，以岩石声波时差与抗压强度、弹性模量、泊松比等岩石力学参数为对象，分析不同水化时间下的岩石声学参数对岩石力学参数的响应关系，如图 3-2-10 所示。水化作用前后对比可知，水化导致声波时差明显增大、抗压强度与弹性模量均降低；但与原状岩石相似，水化作用后，声波时差依然对弹性模量、抗压强度具有较好的响应特征，具体表现为岩石抗压强度、弹性模量与声波时差均呈线性相关，而泊松比与声波时差的相关性差；但经受不同时间的水化作用后，岩石力学参数与声波时差之间的线性关系表达式有所不同。

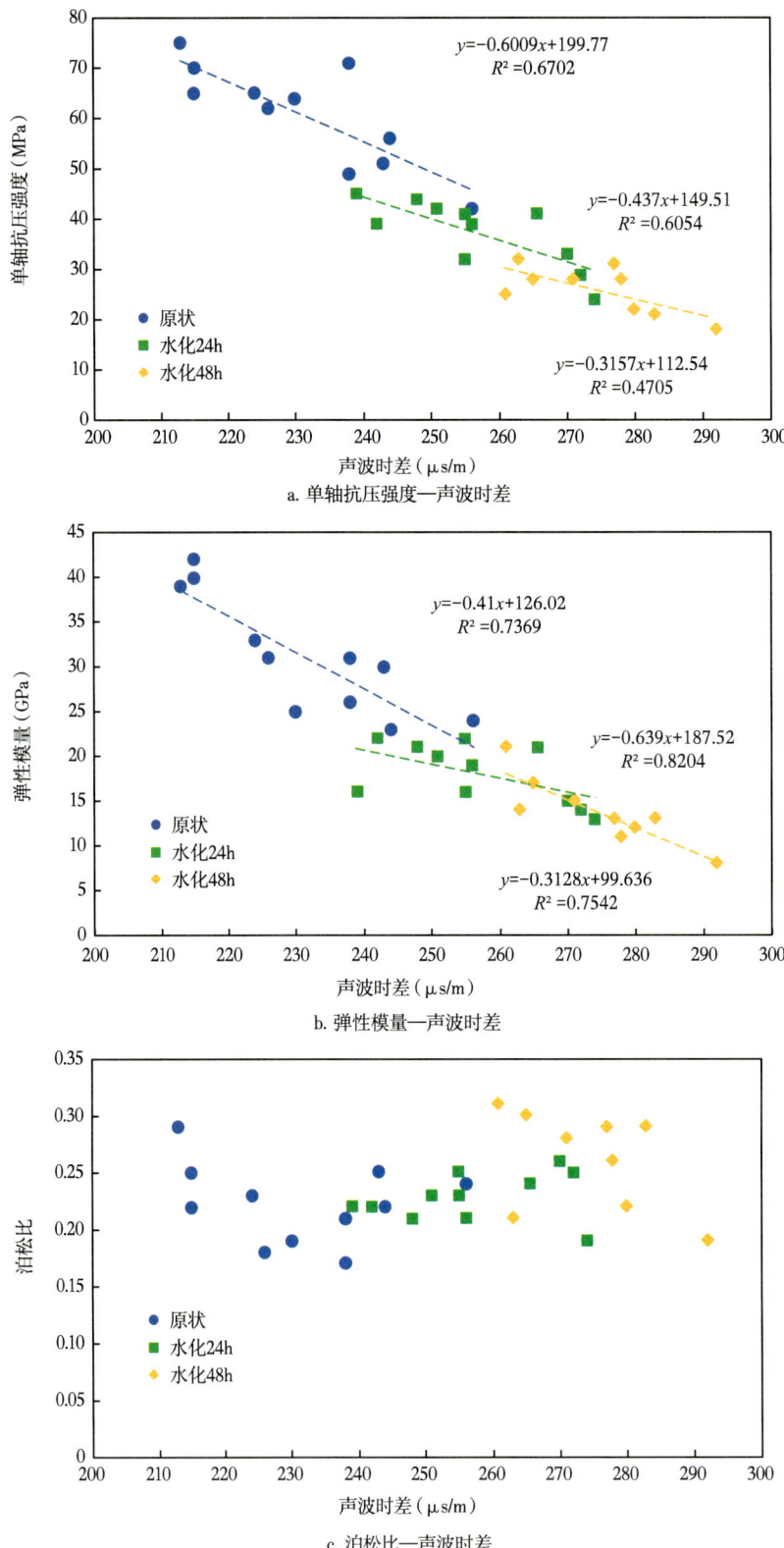

图 3-2-10 不同浸泡时间下声波波速与岩石强度的相关性

## 第三节　泥页岩岩石物理及强度特性的水化环境效应

工作液对泥页岩的影响，除了受相互作用时间影响以外，还与环境因素密切相关。水化作为一种典型化学反应，流体、温度、压力等环境因素必然对其具有影响。其中，当井筒流体及油气井工作液中加入性能良好的水化抑制剂后，水化作用程度会降低。在石油工程作业中，根据工程实际情况会采用不同类型工作液体系，工作液中含有不同种类的化学添加剂，与泥页岩接触后产生不同程度的水化作用，对岩石结构、物理特性、力学特性产生不同程度的影响。

本节基于不同类型工作液体系的水化实验，系统阐述了不同类型工作液作用下的泥页岩岩石物性、力学性质及两者相互响应关系，阐明了泥页岩岩石物理及力学强度特性的水化环境效应。

### 一、工作液类型对泥页岩岩石物理及强度性质的影响

1. 工作液类型对泥页岩声响应的影响

采用去离子水、KCl、$CaCl_2$ 和 NaCl 等溶液对泥页岩进行相同时间的浸泡，不同类型溶液作用后岩样声波时差对比结果如图 3-3-1 所示。

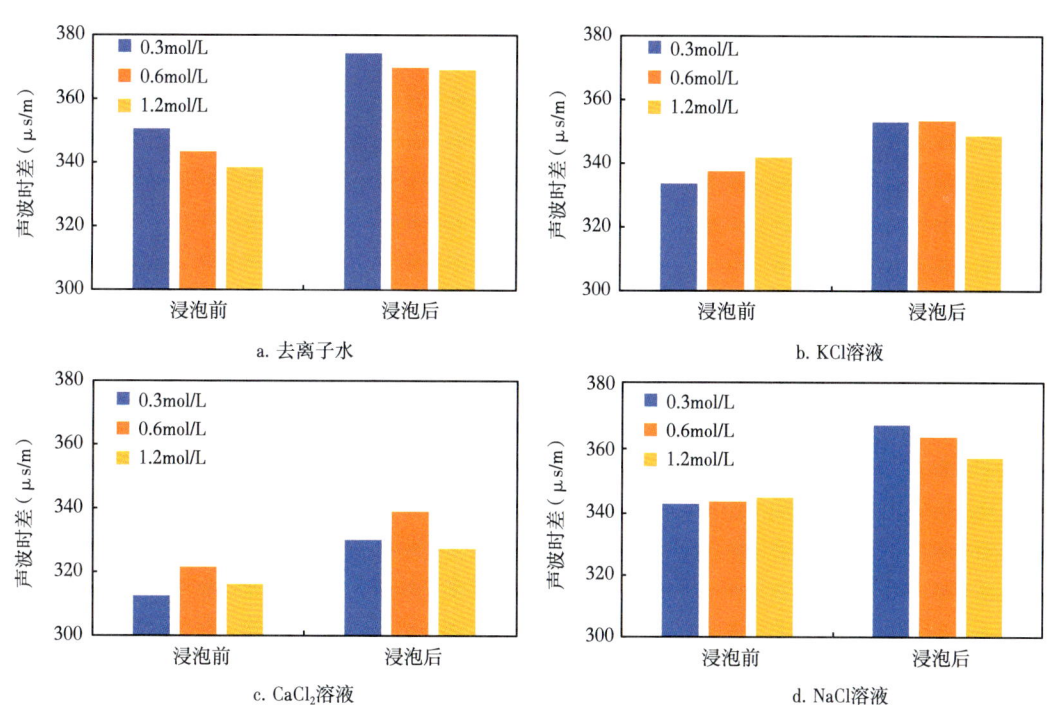

图 3-3-1　浸泡溶液对岩样声波时差的影响

不同类型溶液作用后，岩样声波时差均出现了不同幅度的增大。其中，在去离子水中浸泡后，岩样声波时差增大幅度约为 7.82%，而由于盐溶液对黏土水化具有抑制效果，盐溶液造成的岩样声波时差的增大幅度小于去离子水。

采用同一盐类离子，配制不同浓度的溶液，在相同条件下浸泡岩样，随着无机盐浓度增大，声波时差增加幅度减小。其中，浸泡在0.3mol/L、0.6mol/L、1.2mol/L的KCl溶液中的岩样，声波时差增加幅度分别约为5.92%、4.84%、1.92%。即，无机盐浓度增大，对水化的抑制作用增强、声波对水化的响应变化幅度降低。

不同类型无机盐溶液对黏土水化的抑制能力不同，表现为在相同浓度条件下，不同类型无机盐溶液浸泡后，岩石声学参数的变化幅度不同。其中，浸泡在0.3mol/L的$KCl$、$CaCl_2$和$NaCl$溶液中，增加幅度分别约为5.92%、5.68%和7.41%。

2. 工作液类型对泥页岩岩石力学特征的影响

选取三类钻井液体系，开展不同体系钻井液作用下岩样压入硬度、巴西劈裂、单轴抗压实验，获取了不同工作液体系作用下的泥页岩硬度、抗张强度、抗压强度、弹性模量等岩石力学参数，如图3-3-2至图3-3-5所示。从图3-3-2和图3-3-3中可看出，不同钻井液体系对岩样压入硬度与抗张强度的影响程度存在差异，钻井液体系1、钻井液体系2、钻井液体系3作用后页岩压入硬度平均下降幅度分别为58%、50%和64%。钻井液体系1、钻井液体系2、钻井液体系3作用后岩样抗张强度平均下降幅度分别为47%、56%和57%。

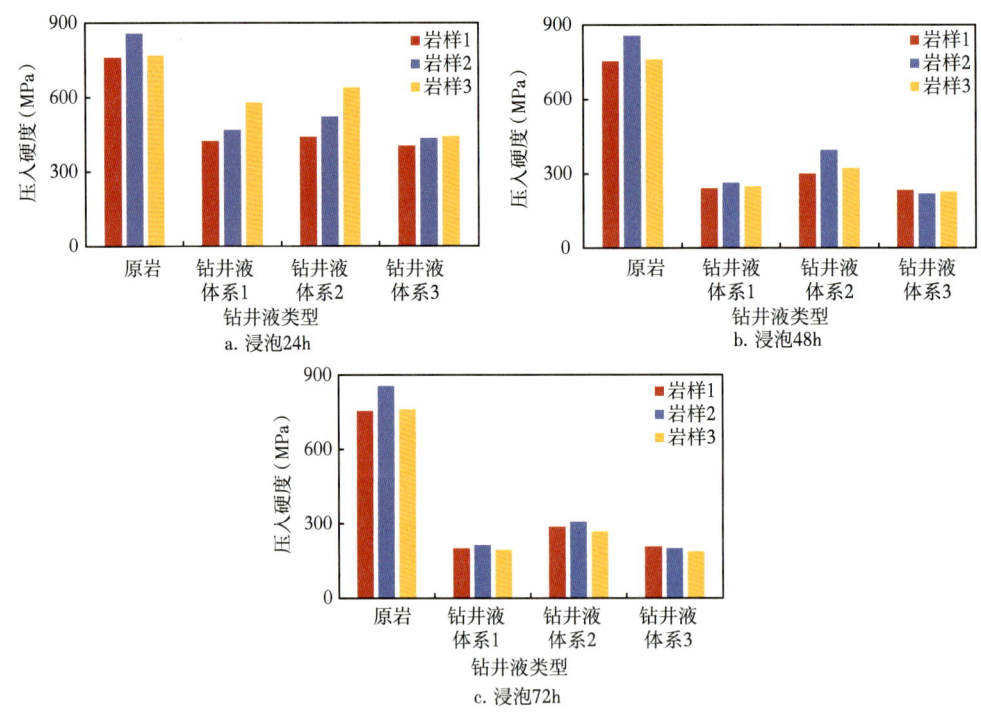

图3-3-2 不同体系钻井液对岩样压入硬度的影响

不同类型钻井液作用后，单轴抗压强度、弹性模量、内聚力和内摩擦角降低，而泊松比增大，影响程度存在差异。在不同钻井液体系作用下，岩样单轴应力—应变曲线如图3-3-4所示，单轴抗压强度、弹性模量、泊松比、内聚力和内摩擦角的变化规律如图3-3-5所示。以单轴抗压强度为例，原岩单轴抗压强度分布范围为81.03~102.35MPa，钻井液体系1浸泡后岩样单轴抗压强度分布范围为77.58~80.39MPa，平均下降幅度为

12.87%，钻井液体系 2 浸泡后岩样单轴抗压强度分布范围为 76.49~85.14MPa，平均下降幅度为 10.28%，钻井液体系 3 浸泡后岩样单轴抗压强度分布范围为 61.26~65.17MPa，平均下降幅度为 29.73%，钻井液体系 1 与钻井液体系 3 浸泡后的岩样单轴抗压强度下降幅度是钻井液体系 2 的 1.28 倍。同时，钻井液体系 2 作用下弹性模量、内聚力、内摩擦角的下降幅度相对最小。由此说明，钻井液体系 2 对岩石力学性能的弱化效应最小。

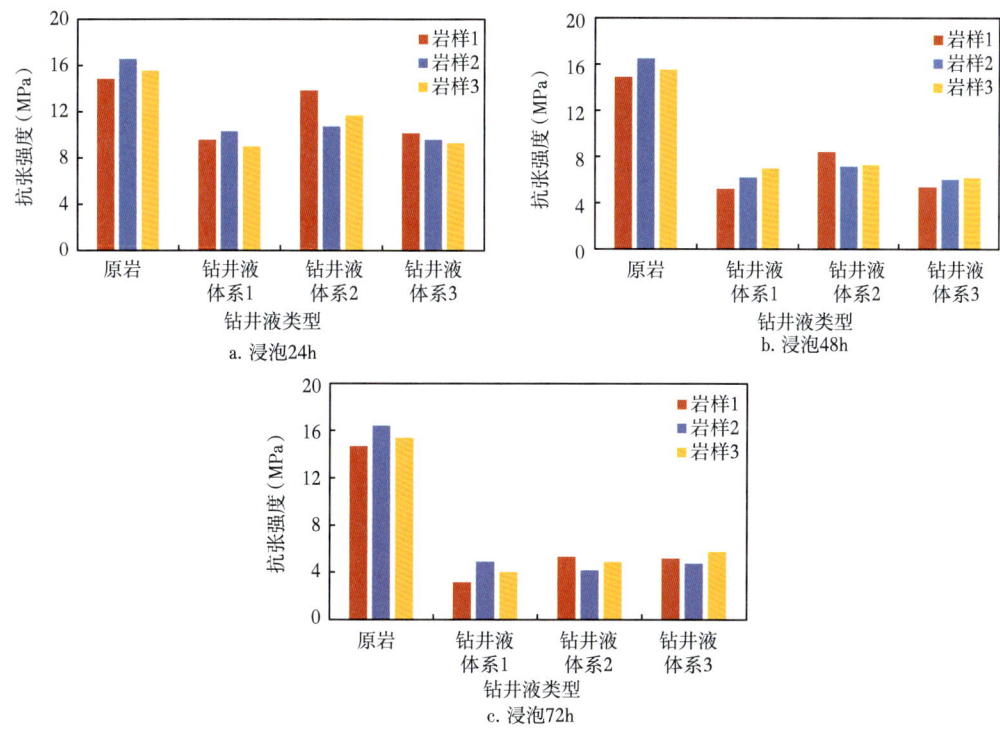

图 3-3-3　不同体系钻井液对岩样抗张强度的影响

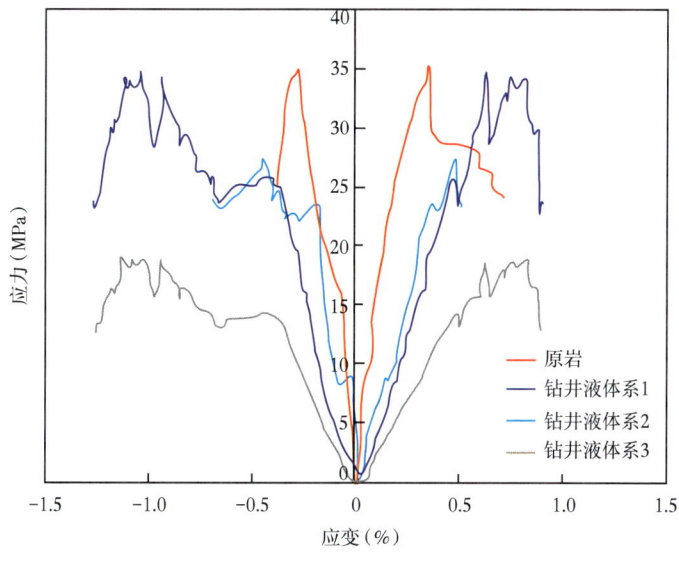

图 3-3-4　钻井液类型对岩样应力—应变曲线的影响

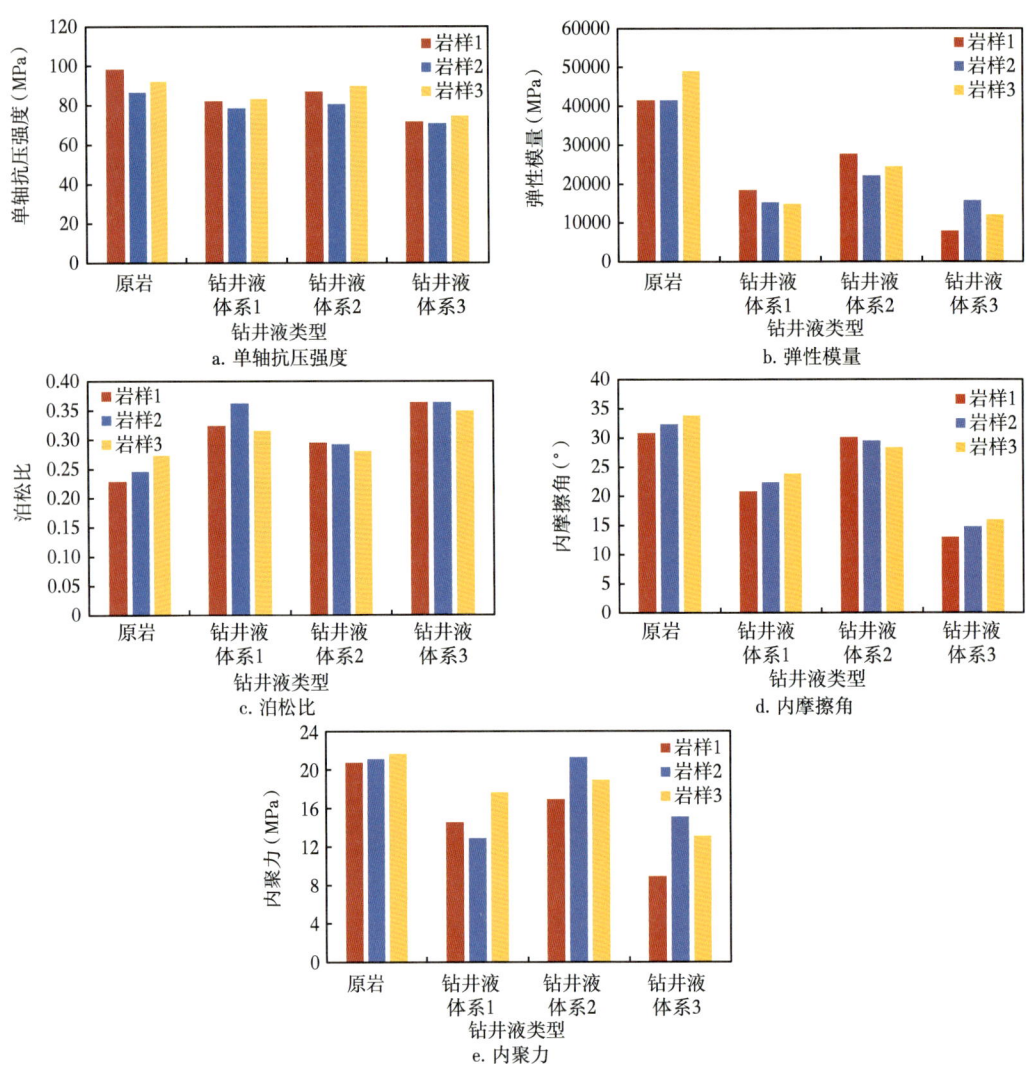

图 3-3-5 不同类型钻井液对岩样抗压特性的影响

## 二、工作液类型对泥页岩岩石物理和强度性质响应关系的影响

以泥页岩地层声波时差、单轴抗压强度、弹性模量及泊松比为例，分析了不同钻井液类型作用下泥页岩岩石声学和力学参数的响应关系。其中，钻井液与岩石相互作用时间恒定为 24h，结果如图 3-3-6 所示。

不同类型钻井液作用后，岩石声学参数对力学参数的响应特征相同，表现为：在声波时差变大时，对应的抗压强度、弹性模量呈现降低的特征，且声波时差与抗压强度、弹性模量均呈线性关系；而泊松比与声学参数的相关性不明显。

钻井液体系不同，浸泡后岩样的声波时差与抗压强度、弹性模量之间的线性关系拟合方程表达式不同。因此，在考虑工作液水化作用的岩石力学参数测井评价时，有必要开展实际所用工作液对岩石水化作用的相关实验研究，结合实验结果建立或修正岩石力学参数预测模型。

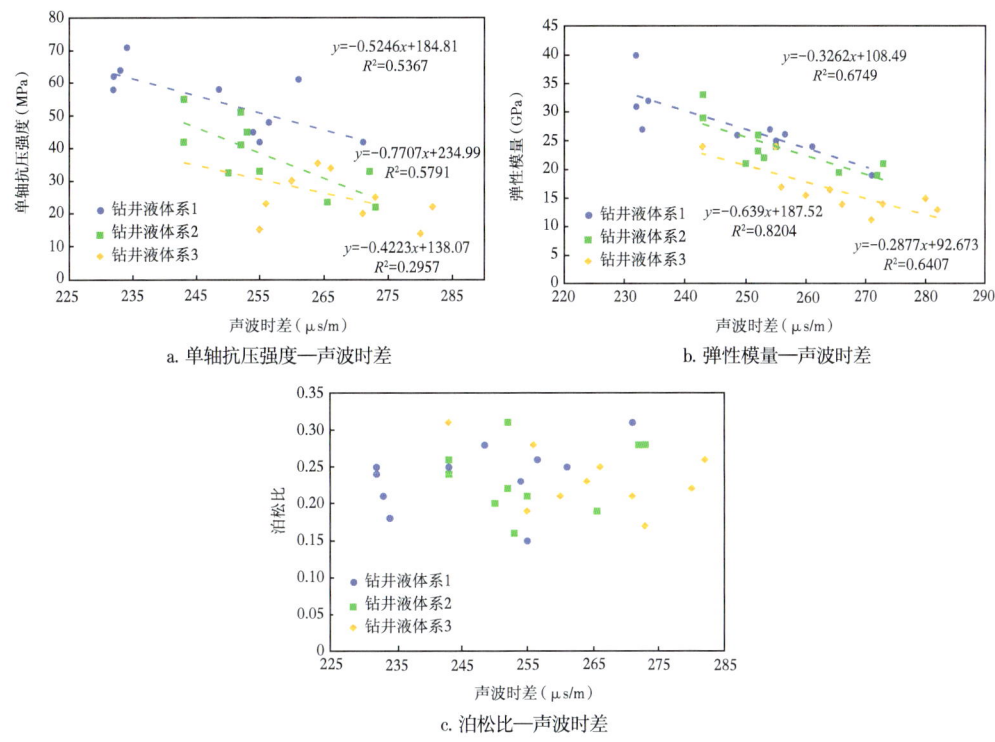

图 3-3-6　不同类型钻井液作用下声波时差与岩石强度的相关性

# 第四节　工作液对含黏土矿物地层岩石物理及力学性质的影响

黏土矿物不仅在泥页岩地层发育，还存在于其他岩性地层。这类地层与工作液接触后，同样会发生水化作用，虽然其水化能力通常不如泥页岩，但依然会造成岩石物性与岩石强度发生变化。为此，本部分以泥质砂岩与火成岩为例，进一步分析了工作液对含黏土矿物地层岩石物理及力学性质的影响。

## 一、工作液对泥质砂岩岩石物理和力学性质的影响

以塔里木盆地某区块泥质砂岩为对象，岩石矿物学分析表明，黏土矿物平均含量为 14.8%，以伊利石和伊/蒙混层为主。恒定钻井液作用时间 48h，分析了钻井液作用后的岩石声学参数与岩石力学参数的变化规律。

钻井液作用前后泥质砂岩岩样纵波时差和纵波衰减系数如图 3-4-1 所示。钻井液浸泡后泥质砂岩的纵波时差、纵波衰减系数增大。与泥页岩相似，这是因为泥质砂岩与钻井液接触后，黏土矿物水化造成岩石内部结构发生变化，导致纵波传播时在岩石中反射、折射和衍射等现象增多，从而造成纵波时差增大、衰减系数增大。同时，还可注意到浸泡钻井液前后纵波衰减系数变化幅度大于纵波时差变化，这说明了黏土矿物水化作用后泥质砂岩纵波衰减系数的敏感程度大于纵波速度。

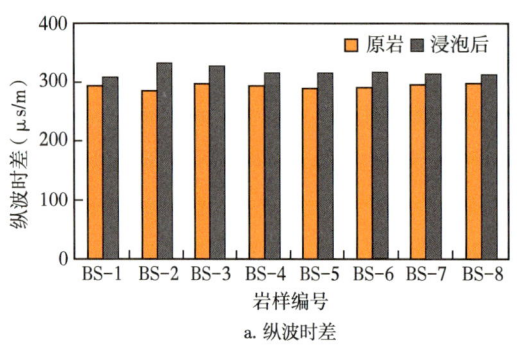 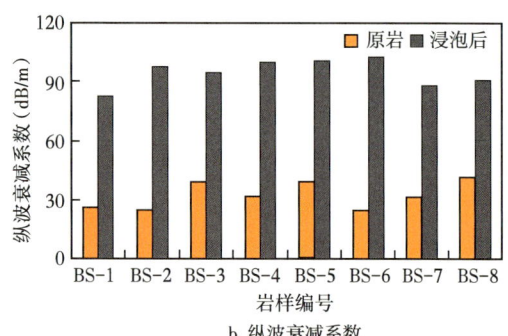

a. 纵波时差　　　　　　　　　　b. 纵波衰减系数

图 3-4-1　钻井液对泥质砂岩声波频域信号的影响

钻井液作用前后的泥质砂岩岩石单轴抗压强度、弹性模量、泊松比、抗张强度的变化如图 3-4-2 所示。钻井液浸泡后泥质砂岩的单轴抗压强度、弹性模量、抗张强度降低，而泊松比增大。单轴抗压强度、弹性模量、抗张强度的下降幅度分别为 24.3%、35.3% 及 46.4%。

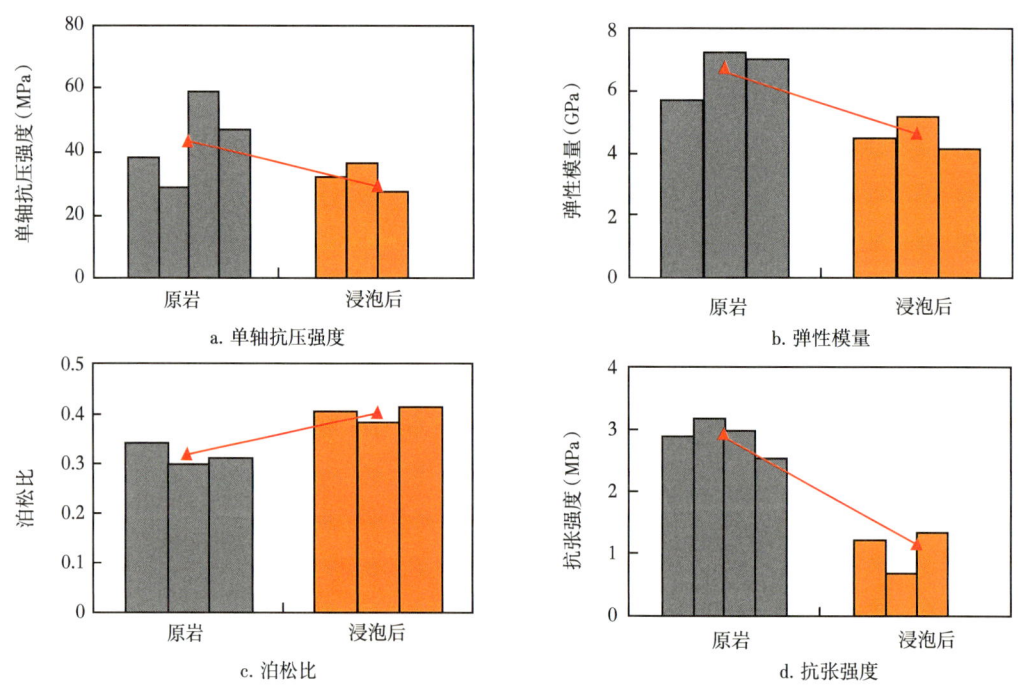

a. 单轴抗压强度　　　　　　　　　b. 弹性模量

c. 泊松比　　　　　　　　　　　　d. 抗张强度

图 3-4-2　钻井液对泥质砂岩力学性质的影响

每种岩样选取 3 个平行样

## 二、工作液对火成岩岩石物理和力学性质的影响

某区块的玄武岩和凝灰岩中黏土矿物较发育，平均含量分别为 20.4% 和 22.8%。当该区块的玄武岩和凝灰岩与工作液接触时，岩石中黏土矿物与水相之间发生水化作用，对玄武岩和凝灰岩的岩石物理与岩石力学性质产生影响。

基于不同水化时间的超声波实验，获取水化作用不同时间下的玄武岩与凝灰岩的声学参数，如图 3-4-3 和图 3-4-4 所示。水化作用后火成岩的声波时差增大、声波衰减系数增强，说明水化会导致火成岩结构损伤，增强声波传播过程中能量衰减。然而，相对而言，水化作用后岩石声学参数的变化幅度相对较小，低于典型的敏感性泥岩地层。

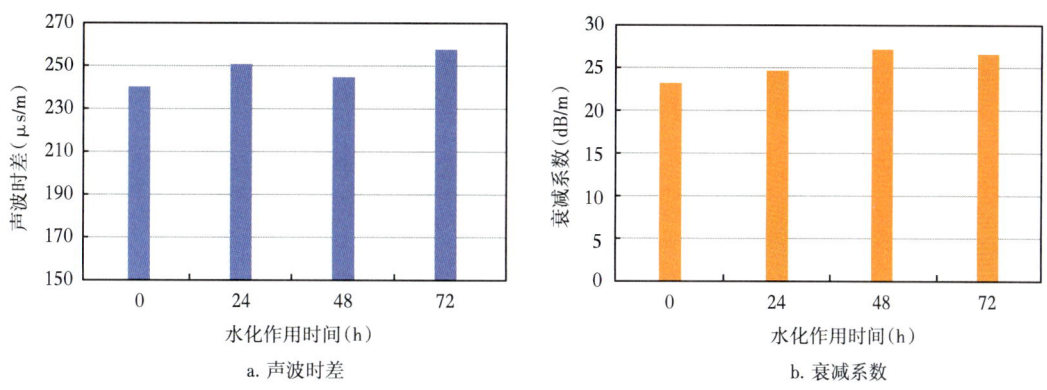

图 3-4-3　水化作用后玄武岩的声学参数

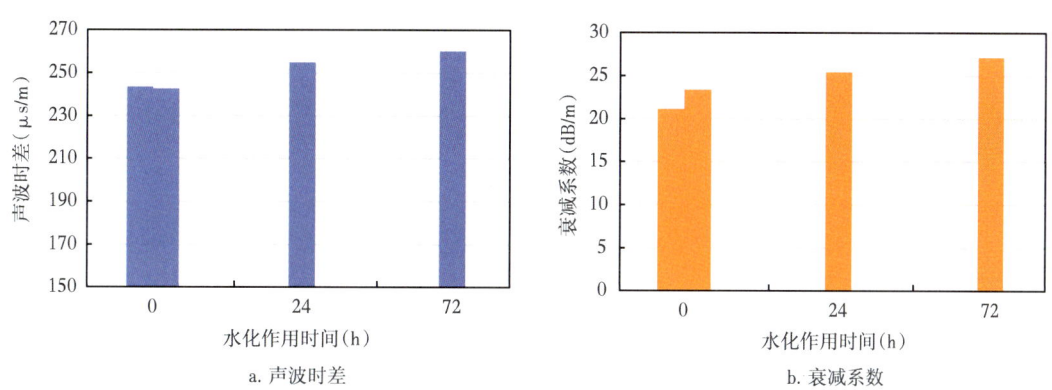

图 3-4-4　水化作用后凝灰岩的声学参数

基于不同水化时间的三轴抗压实验，获取水化作用不同时间下的玄武岩与凝灰岩的岩石强度参数，如图 3-4-5 和图 3-4-6 所示。经浸泡钻井液后，玄武岩和凝灰岩的内聚力和内摩擦角具有下降趋势。因此，对于该类含有黏土矿物的岩石，钻井液作用依然对

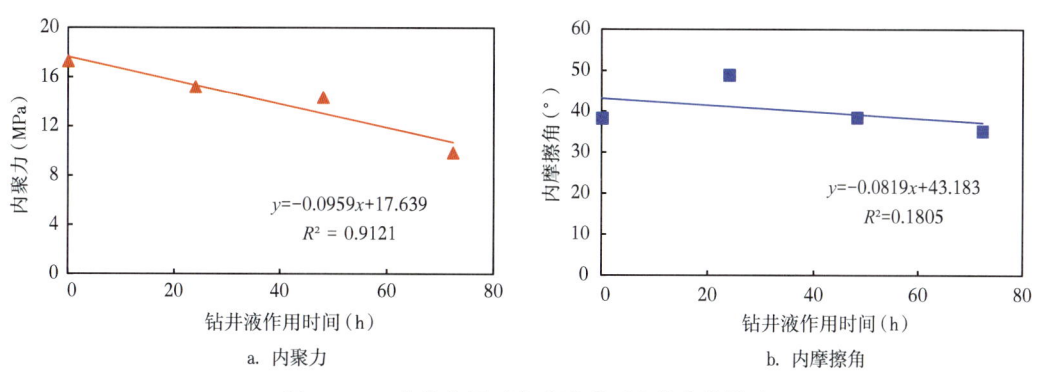

图 3-4-5　水化作用对玄武岩岩石力学参数影响

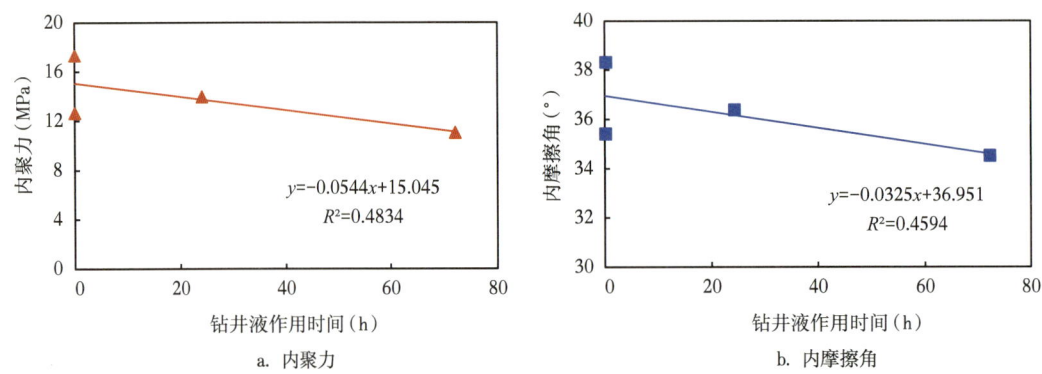

图 3-4-6 水化作用对凝灰岩岩石力学参数影响

岩石强度具有弱化效应。但是相对而言，岩石强度参数下降幅度整体较小，说明钻井液浸泡对该类地层岩石力学强度的弱化程度低于泥页岩地层。

# 第五节　泥页岩地层测井信息"去水化"校正

泥岩、页岩等地层由于含黏土矿物，钻井过程中与钻井液接触易发生水化，尤其是水基钻井液体系。水化作用可能造成这些地层的岩石膨胀或结构弱化，甚至破碎（图3-5-1）。岩石结构的这些变化会影响岩石物理与岩石力学特性，在测井响应上反映出来，从而导致测井响应无法准确反映原状地层特性。因此，在该类地层中，为了获取原状地层的地质力学特性，需要对受水化影响的测井信息进行"去水化"校正处理。

a. 水化前

b. 水化后

图 3-5-1　水化前后泥岩结构变化

## 一、钻井液水化作用对测井岩石物理信息的影响

钻井液与敏感性泥页岩相互作用不同时间后的声波、电阻率及密度变化规律如图3-5-2至图3-5-4所示。随着水化时间的增加，水相介质逐渐侵入页岩内部，水化结构损伤增强，造成岩石电阻率与密度降低、声波时差增大。在水化作用影响下，岩石物性参数前期变化幅度相对大，后期随水化作用减弱，变化幅度趋于稳定。

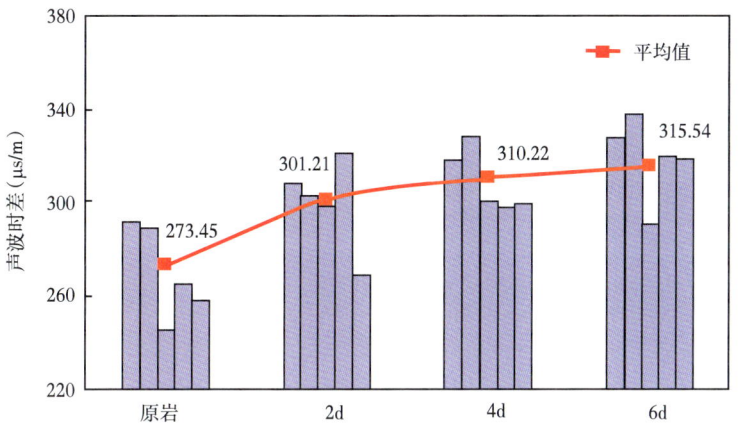

图 3-5-2　钻井液作用下页岩声波时差变化规律
5 个平行样

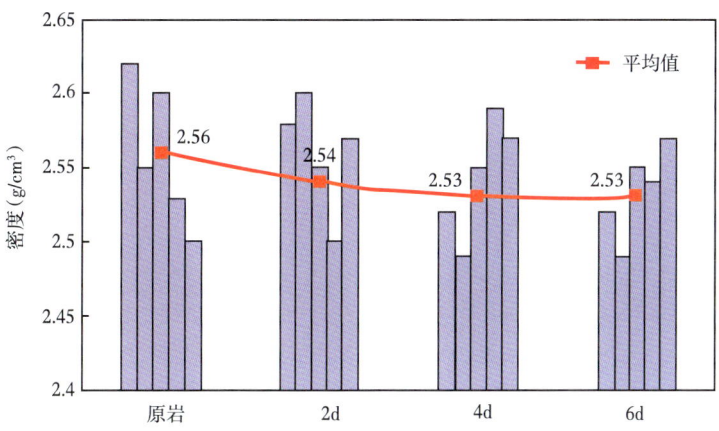

图 3-5-3　钻井液作用下页岩密度变化规律
5 个平行样

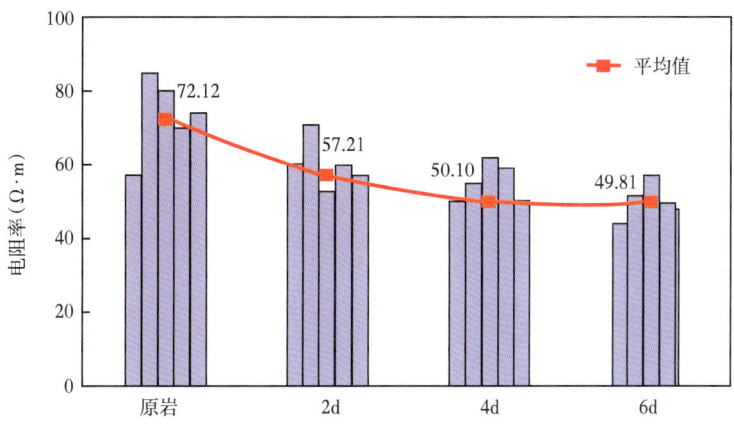

图 3-5-4　钻井液作用下页岩电阻率变化规律
5 个平行样

实际钻井过程中，钻遇地层不同，由于岩石自身矿物组成、结构等不同，测井信息受钻井液影响程度不同；并且，不同深度的岩石应力状态、温度等环境因素不同，对钻井液与岩石相互作用的影响也不同。

## 二、基于钻井液浸泡过程中岩石物理参数随时间动态变化关系的校正方法

模拟井筒条件下，将地层岩样浸泡与实际钻井液中，通过测试不同浸泡时间后地层岩样的声波、密度、电阻率等岩石物理参数，研究岩石物理参数与钻井液浸泡时间之间的关系，建立钻井液浸泡过程中岩石物理参数变化幅度随时间的定量关系模型；进一步根据地层被钻开后的实际浸泡时间计算出测井时的岩石物理参数变化幅度，从而实现测井资料"去水化"校正。

钻井液浸泡时间 $t$ 后，声波时差、电阻率以及密度的变化幅度表示如下：

$$\begin{cases} \Delta AC(t) = \dfrac{AC(t) - AC_o}{AC_o} \\ \Delta R(t) = \dfrac{R_o - R(t)}{R_o} \\ \Delta \rho(t) = \dfrac{\rho_o - \rho(t)}{\rho_o} \end{cases} \quad (3\text{-}5\text{-}1)$$

式中：$\Delta AC(t)$、$\Delta \rho(t)$、$\Delta R(t)$ 分别为声波时差、密度和电阻率的变化幅度；$AC_o$ 为原状地层岩石声波时差，μs/m；$\rho_o$ 为原状地层岩石密度，g/cm³；$R_o$ 为原状地层岩石电阻率，Ω·m；$AC(t)$ 为钻井液浸泡后 $t$ 时间后的声波时差，μs/m；$\rho(t)$ 为钻井液浸泡后 $t$ 时间后的岩石密度，g/cm³；$R(t)$ 为钻井液浸泡后 $t$ 时间后的电阻率，Ω·m。

根据钻井液对岩石作用不同时间后的电阻率、声波、密度等实验结果，某地层在钻井液浸泡过程中岩石物理参数变化幅度与浸泡时间的关系如下：

$$\begin{cases} \Delta AC(t) = 40.2\left(1 - e^{-\frac{t}{2.15}}\right) + 15.1\left(1 - e^{-\frac{t}{10.1}}\right) \\ \Delta \rho(t) = -0.009\left(1 - e^{-\frac{t}{2.55}}\right) - 0.04\left(1 - e^{-\frac{t}{6.05}}\right) \\ \Delta R(t) = -22.2\left(1 - e^{-\frac{t}{3.53}}\right) - 8.4\left(1 - e^{-\frac{t}{5.02}}\right) \end{cases} \quad (3\text{-}5\text{-}2)$$

根据钻井日志获取待处理井段的钻开时间与测井时间，即可估算待评价井段被钻开后至测井采集作业之间的时间间隔，即井壁岩石被钻井液的浸泡时间 $t$。测井采集到的声波时差、密度、电阻率即可认为是钻井液浸泡时间 $t$ 后的数值，由式（3-5-2）所示的各测井物理参数变化幅度与钻井液浸泡时间的实验关系，计算钻井液浸泡时间 $t$ 后各物理参数的变化幅度，进而根据式（3-5-1）计算原状地层的声波时差、密度、电阻率等测井物理参数。

由于钻井液浸泡、水化作用过程岩石的物理参数随时间的变化特征受地层岩性、矿物组分、井筒压力与地层围压等多因素的影响。因此，该方法在地层层系单一、岩性稳定、矿物组成变化不大的井段具有适用性；而对于深度跨度大、岩性变化大、结构复杂的井段需要考虑上述诸多因素建立多个岩石物理参数变化幅度与钻井液浸泡时间之间的关系，从而增大了该方法的应用难度、限制了其应用。

### 三、基于具有不同探测深度测井信息的校正方法

结合现有测井方法及响应特点，采用具有不同探测深度的测井资料，比如双侧向电阻率测井、阵列感应测井、阵列声波测井等，反映不同深度点钻井液的作用程度。下面以基于双侧向电阻率测井信息进行声波时差、密度的"去水化"校正为例做简要介绍。

双侧向测井包含探测深度不同的深侧向电阻率和浅侧向电阻率，原理图如图3-5-5所示，具体参考《地球物理测井学 测井装备（上册）》。深侧向电阻率测井和浅侧向电阻率测井主要差异在于探测深度。其中，前者探测深度较深，反映的是未受到钻井液影响的原状岩石电阻率，而后者反映的是井壁处受钻井液影响的岩石电阻率。因此，基于地层横观各向同性假设，一定深度下，深侧向电阻率和浅侧向电阻率的差值可用来衡量该深度点下钻井液作用对页岩的影响程度。基于此，纵向剖面上钻井液作用强度系数可表示为：

$$D_\mathrm{h} = \frac{|R_\mathrm{L} - R_\mathrm{M}|}{R_\mathrm{L}} \quad (3-5-3)$$

式中：$D_\mathrm{h}$ 为钻井液作用强度系数；$R_\mathrm{L}$ 为深侧向电阻率，$\Omega \cdot \mathrm{m}$；$R_\mathrm{M}$ 为浅侧向电阻率，$\Omega \cdot \mathrm{m}$。

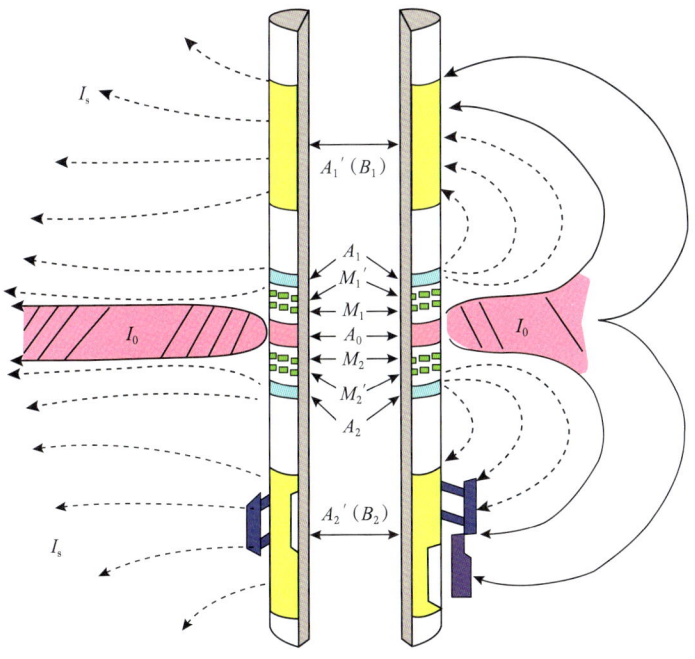

图3-5-5 双侧向测井原理示意图

对泥页岩地层纵向上钻井液影响程度的分布进行计算,如图 3-5-6 所示(丁乙,2016)。

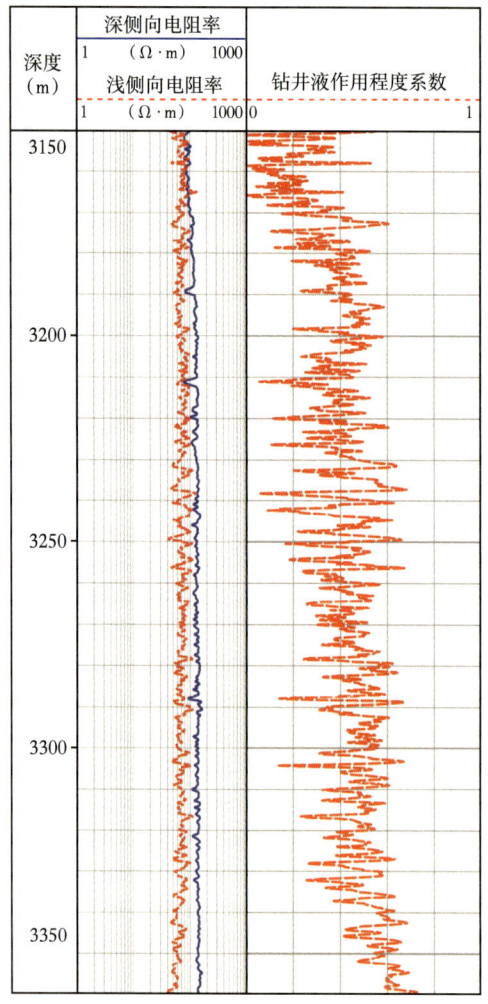

图 3-5-6 基于双侧向测井的钻井液作用强度系数分布

在不同深度位置,受钻井液影响程度不同。以取样点的钻井液影响程度系数为依据,定义任意深度处的相对钻井液作用强度 $K_H$,表达式为:

$$K_H = \frac{D_H}{D_O} \quad (3-5-4)$$

式中:$D_H$、$D_O$ 分别为任意深度 $H$ 处和取样点深度岩样钻井液作用强度系数。

当钻井液作用强度系数越大时,井壁岩石物理特性及测井数据受钻井液影响越大。针对具体地层,基于岩石物理实验建立声波时差、电阻率等测井曲线之间的映射关系,实现校正,获取原状地层的声波时差等测井参数。

基于上述方法,可以实现泥岩地层的测井"去水化"校正,从而得到泥页岩地层"去水化"后的测井剖面,如图 3-5-7 所示。总体而言,岩石声波时差、电阻率、密度井信息均因为水化作用产生了较大偏差，进一步说明了"去水化"校正对泥页岩地层的必要性。

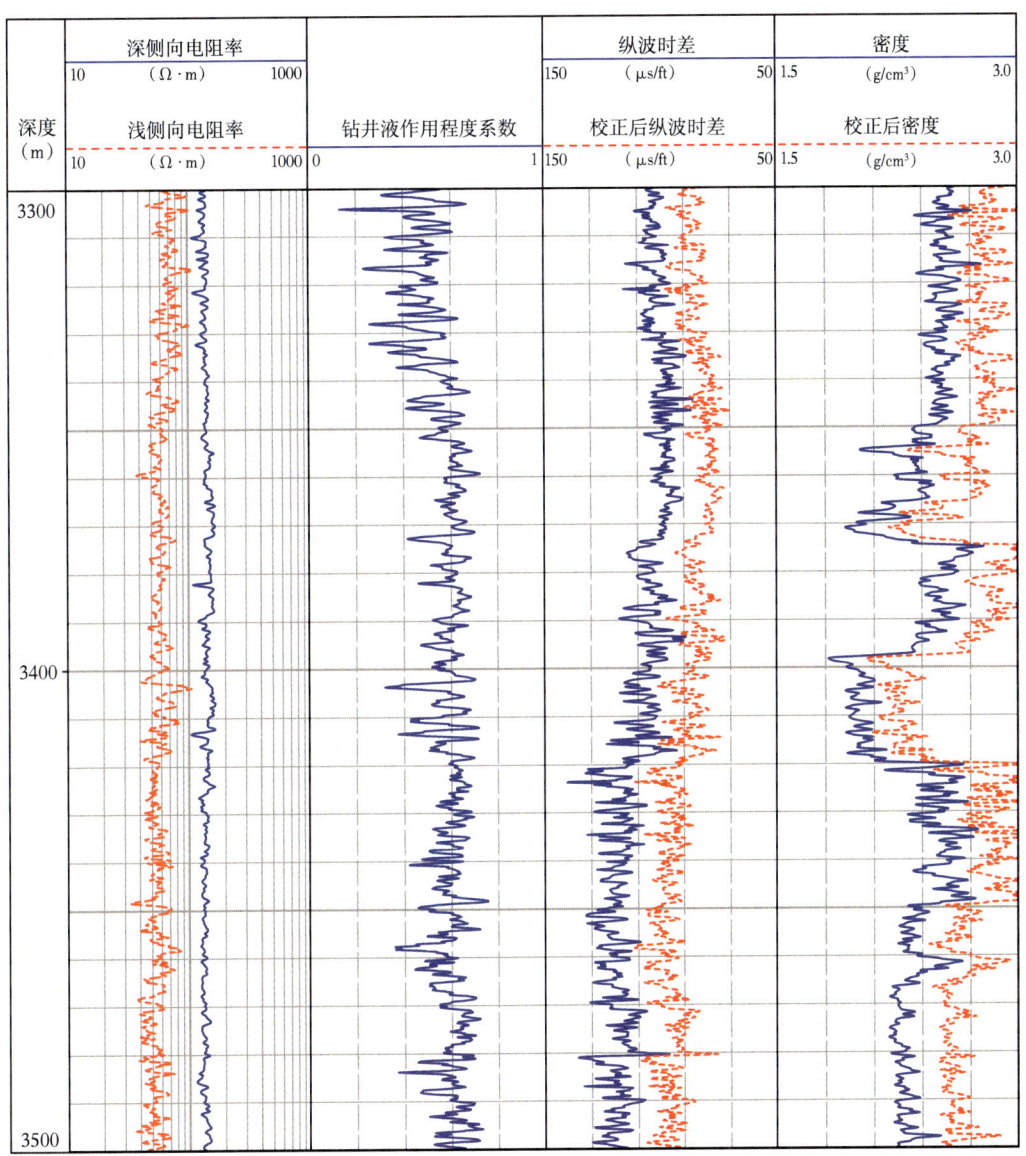

图 3-5-7　去水化测井数据剖面

　　进一步结合岩石力学参数的测井计算模型与方法，采用校正后的测井曲线计算原状地层岩石力学参数分布。分别针对泥岩、砂岩开展原状地层的岩石力学参数计算，如图 3-5-8 和图 3-5-9 所示。其中，岩石力学参数的测井预测方法详见第二章。

　　图 3-5-8 为典型泥岩地层，水化能力强，钻井液作用对其岩石力学参数的影响更为显著，原状地层岩石力学强度远大于水化后的岩石力学强度。对比而言，在图 3-5-9 中，上部泥质含量相对较高井段，原状地层与钻井液接触后的岩石力学强度具有差异。但在 2745m 以下井段为典型低泥质含量的砂岩层段，由于黏土含量低、水化能力较弱，钻井液接触后的岩石力学参数与原状地层的岩石力学参数差异不明显。

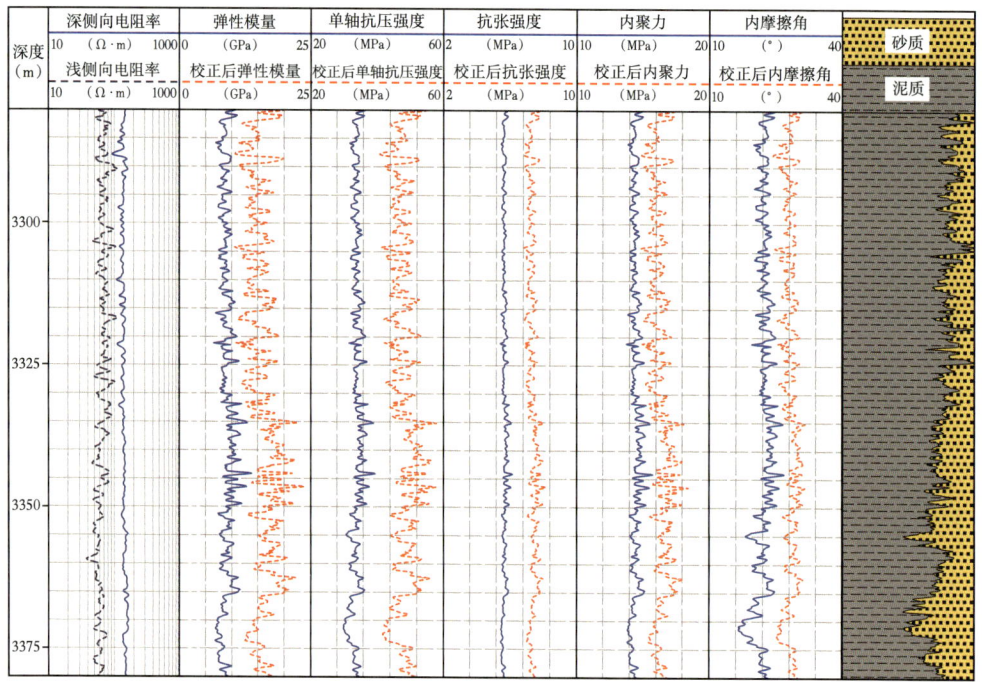

图 3-5-8 基于去水化测井信息的原状泥岩地层岩石力学参数剖面

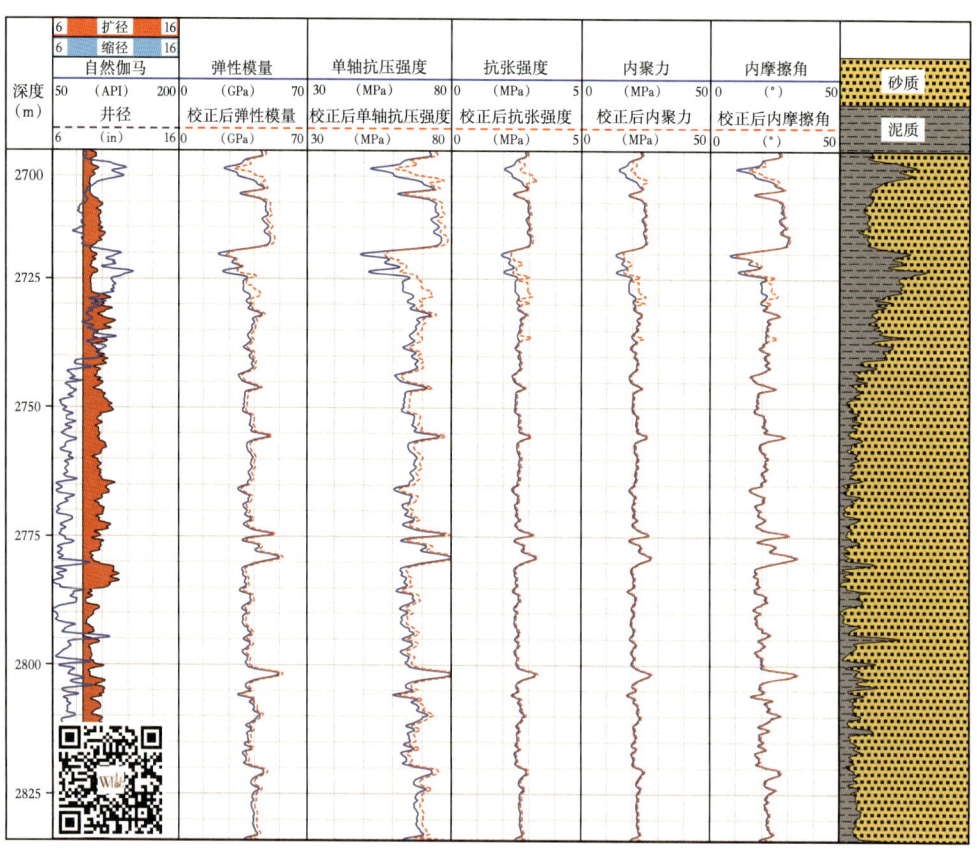

图 3-5-9 基于去水化测井信息的原状砂岩岩石力学参数剖面

# 第四章　复杂地层孔隙流体压力测井预测

地层孔隙压力又称为地层压力，指地层孔隙中所含油、气、水的压力，与地层所在深度、构造、地质演化特征等密切有关。地层孔隙压力是储量评价、开发方案编制、钻井完井及压裂等工程设计与施工过程中所需要的重要基础参数，因此，准确预测地层孔隙压力对油气工业意义重大。

本章简要介绍地层异常压力成因机制和复杂地层孔隙压力的测井预测方法。

## 第一节　地层异常压力类型与成因

根据与静水压力的大小关系，地层孔隙压力分为正常压力、异常高压、异常低压三种基本状态类型。静水压力取决于地层埋深与地层水密度，当地层孔隙压力等于静水压力时，称为正常压力；当地层孔隙压力低于静水压力时，则为异常低压；高于静水压力，则为异常高压，也被称为超压；异常高压、异常低压被统称为异常地层压力。围绕异常地层压力的类型与形成机制，油气工业领域已开展了大量研究并取得了丰富的成果。

20世纪50—90年代期间，沉积盆地异常高压的主要成因一直被认为是由地层不均衡压实作用所导致。90年代中期，随着Bowers提出有效应力与声波速度关系分析方法，不均衡压实成因机制开始受到质疑，构造作用与生烃膨胀等超压成因逐渐被关注。进入21世纪以来，生烃作用、蒙皂石—伊利石转化作用、构造挤压作用等异常地层成因机制不断被发现、被证实。近些年，随着研究的持续深入，多种异常地层压力成因类型先后被提出，如不均衡压实型、流体体积变化型、成岩作用型、构造作用型、压力传递型等。关于异常低压成因的文献报道相对较少，主要是从压实作用、流体体积减小、岩石骨架溶蚀导致孔隙度增大等方面开展研究。

### 一、不均衡压实型

在沉积盆地中，由于上覆地层压力的增加，岩石骨架的有效应力增大，岩石被逐渐压实，孔隙体积减小。一般情况下，当地层埋深较小时，随着上覆地层载荷的增大孔隙内流体逐步排除，使得孔隙压力基本保持不变，表现为正常压力。当沉积物快速沉积、上覆地层压力增大过快、孔隙流体排出无法及时同步排出，即上覆地层压力增大速率与孔隙流体排出速率无法平衡的时候，孔隙流体压力就会大于流体静压力值，表现为异常高压。这种情况通常被称为欠压实。相反，流体正常排出、而上覆地层压力增加缓慢时，孔隙压力就会低于流体静压力，表现为异常低压。

沉积物沉积速率与地层的封闭性是压实作用引起地层孔隙流体压力异常的关键影响因素。在地质历史时期中，不均衡压实往往形成时间较早，其不具备持续增压机制，且对超压保存条件要求严格，如不均衡超压形成后其保存条件不佳，则很难保存至今，因此，随着多种超压成因分析方法的不断提出与应用，原本被认为是属于不均衡压实超压的盆地被逐渐证实为其他超压成因机制。

## 二、流体体积变化型

地层温度变化、二氧化碳溶解、饱和天然气深埋、生烃作用等均会直接导致孔隙内流体体积变化。

首先，地层温度变化的影响主要为：在漫长的地质历史演变过程中，由于地层水的热膨胀系数与岩石的热膨胀系数差异巨大，随着地层温度的变化而导致地层水的体积变化幅度大于干岩石骨架的体积变化幅度，进而形成异常高压或者异常低压。

生烃作用的影响主要表现为：烃源岩内固态干酪根转化为油、气、不溶残余物时体积会增大达到约25%，这种体积的增大可能导致地层超压。

饱和天然气深埋作用的影响主要表现为：由于地层中不同相态的流体密度具有显著的差异，当饱和不同相态流体的地层埋深不断增加时，每增加相同深度，密度相对较大的流体内所增加的压力高于密度相对较小的流体，导致不同相态间形成压力差，进而造成地层表现为压力异常。

此外，二氧化碳溶解作用是由于二氧化碳大量溶于地层水，导致地层孔隙与裂缝内的流体体积整体减小，会形成异常低压地层。

## 三、成岩作用型

不同岩性岩石的成岩作用具有巨大的差异，因此，由成岩作用导致的地层压力异常，主要有以下几类：

蒙皂石向伊利石的转化作用。学者们对蒙皂石向伊利石转化引起地层异常高压的机制有不同的观点。一部分学者认为蒙皂石向伊利石转化的过程中会产生层间水，进而导致地层超压，但随着研究的不断深入，越来越多的学者倾向于认为蒙皂石向伊利石转化所引起的体积变化并非流体压力增加的一个重要原因（Bowers，2012；Swarbrick，2001）。Lahann（2002）等认为蒙皂石向伊利石转化的主要效应是影响了岩石的可压缩性，而并非通过释放结构水产生超压，其产生超压的机制为"负荷转移"。也有研究认为，蒙皂石向伊利石转化形成超压主要是通过降低渗透率引起的，由于地层渗透率降低，阻止流体排出，促使超压发育。

石膏转化为硬石膏，是成岩矿物转化作用最为典型的作用类型，石膏向硬石膏转化过程中伴随着束缚水或结晶水的释放，被认为是蒸发岩剖面形成超压的一种重要机制。

此外，沉积储层中自生矿物的生成和转化过程往往伴随着地层流体体积和流体性质的变化，其中，长石的蚀变作用和黏土矿物的转化作用往往伴随着大量地层水的消耗、储层流体体积的减小，可能因此导致异常低压的形成。

## 四、构造作用型

构造挤压、构造抬升及剥蚀、断裂与地层不整合等往往会对地层压力有显著的控制作用。对于构造挤压而言，构造挤压产生超压机制与压实作用相似。在构造挤压强烈区，作用在孔隙流体上的压应力增加，地层排水速率小于孔隙体积变小的速率从而形成地层超压。对于地层抬升与剥蚀作用，主要是当上覆地层由于构造运动抬升并遭到剥蚀时，岩石骨架受到的上覆压力降低，地层中岩石孔隙空间会增大，造成地层压力的降低；但与此同时，孔隙中的流体（水、油、气等）也会发生膨胀，产生膨胀压力。因此，在上覆地层受到剥蚀的过程中，岩石骨架的体积增大幅度与孔隙内部流体体积的增大幅度决定了最终能否形成异常低压。另外，在地层遭到剥蚀后，地层的沉降及沉积特征也将影响异常低压的形成。断裂面与不整合面往往能作为流体流通的通道，若某区域地层孔隙压力增压机制较弱，而且断裂与不整合面发育，则该区域易形成异常低压。

### 五、压力传递型

从压力传递方向上看，压力传递包括侧向传递和垂向传递。轻烃扩散作用以及流体供给不平衡往往能导致地层异常低压。地层流体从相态上可分为液体与气体，相对于液体（油、水），气体的分子量更低，密度更低，储藏气体所需要的地层条件更为严苛，即使盖层条件良好，气体分子也容易扩散。气体的散失会使得孔隙内流体减少，在轻烃扩散作用强烈的地区，易于出现异常低压。

流体的供给与排出分别对应于孔隙内流体体积的增大与减小，流体供给能促进孔隙压力增大，流体排出能促进孔隙压力降低。对含油气地层来讲，流体的排出与供给对应着油气的散失与充注，当流体的充注与散失出现不平衡的情况，便会逐渐造成储层产生地层压力异常。

在油气工程中，异常高压地层尤其受到关注。根据地层应力—应变关系，异常高压的成因通常又被划分为加载机制与卸载机制。其中不平衡压实、构造作用等属于加载机制；生烃作用、矿物转化、孔隙流体膨胀、地层剥蚀等属于卸载机制。

## 第二节 地层异常高压成因测井识别方法

利用测井资料进行地层孔隙压力预测，能够得到数据连续、分辨率高的地层压力剖面。然而，异常压力地层的成因机制多，不同作用机制形成的异常压力引起的测井信息异常不同，即具有不同的测井响应特征。因此，异常地层压力成因机制直接影响着异常地层压力测井预测方法的选择。

特定地层的压力异常，通常由某一成因机制主导。准确识别出异常压力形成的主导机制，是科学建立或选择地层压力测井预测方法的重要依据，也是准确预测地层压力的关键基础与前提。

地层异常压力成因的识别方法众多，本节主要介绍测井曲线组合分析法、鲍尔斯法和声波速度—密度交会图法。

### 一、测井曲线组合分析法

测井曲线组合分析法主要利用异常高压井段多种测井参数的响应特征进行综合分析。通常采用声波速度、密度、电阻率、孔隙度等测井信息，其中孔隙度、密度属于体积属性参数，而声波时差与电阻率属于传导属性参数。地层在形成异常高压时，岩石孔隙结构会发生变化，利用测井的体积属性参数与传导属性参数对岩石孔隙体积变化与岩石传导特征的响应差异，进行地层异常压力的判识。不同异常高压成因条件下有效应力与测井参数响应特征曲线如图 4-2-1 所示。从图 4-2-1 中可看出：

（1）正常压实段，孔隙流体能够随着压实作用而逐渐排出，有效应力随深度增大而不断增大，无论是体属性参数——密度还是传导属性参数——电阻率、声波速度，均逐渐增大。

（2）在正常压力与异常压力的过渡带，地层孔隙压力及测井曲线同步发生反转。当进入不均衡压实段，孔隙流体难以排出，地层孔隙压力快速增大进而导致有效应力随着上覆压力增大而保持不变，这是等效压实趋势线类地层孔隙压力预测方法能正常使用的依据，即井下实际深度点 A 与其等效深度点 B1、B2、B3 具有相同的有效应力。

（3）因流体膨胀等其他因素导致的地层超压段，流体难以排出，叠加流体体积增大等因素，导致地层孔隙压力快速增大，有效应力快速降低。

在不同的高压成因机制下，随有效应力变化，声波时差、密度等相关物性参数将产生不同的响应特征，可利用测井曲线组合识别异常高压类型。

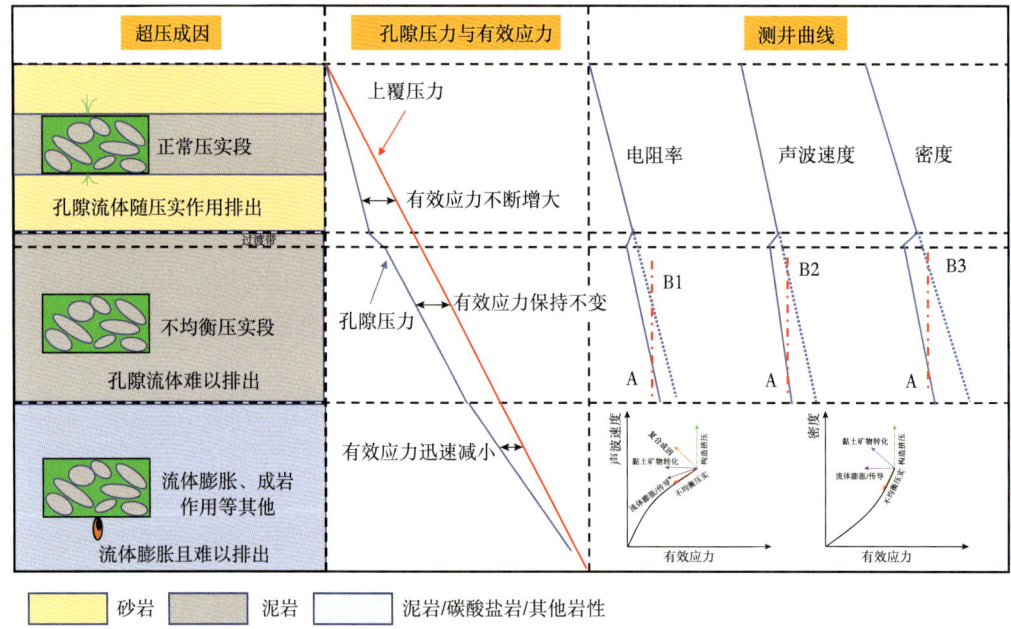

图 4-2-1 不同异常高压成因条件下有效应力与测井响应特征曲线
（据 Bowers Glenn L., 2012；赵靖舟等，2017）

依据测井组合分析法，不同成因超压的测井响应特征主要包括：

（1）随埋深增大，若声波时差增大或声波速度减小、电阻率减小、密度显著减小，则超压属不均衡压实成因；

（2）若超压段，声波时差增大或声波速度减小、电阻率增大、密度不变或略有减小，则超压可能为生烃膨胀成因；

（3）若超压段，声波时差增大或声波速度减小、密度增大，则超压可能为蒙皂石—伊利石转化作用成因；

（4）若超压段声波时差减小或声波速度增大、电阻率和密度也增大，则超压可能为构造挤压成因。

图4-2-2为典型的利用测井响应特征开展的超压分析结果。从图4-2-2中可看出，体属性参数密度在浅部主要随着深度增加而增大。在2978~3100m范围（嘉陵江组）内发生反转，3100~5500m范围内仅存在小幅度变化。传导属性参数声波时差及电阻率主要在3100~3850m范围内（主要在飞仙关组层段内）呈现出明显的反转现象，3850~5500m范围内声波时差随着深度增加而降低，在部分层段出现明显脱离整体变化趋势的现象（主要发生在龙潭组与筇竹寺组），电阻率虽然整体上随着深度增加而增大，但抖动幅度剧烈。综上所述，本井钻遇地层的传导属性参数声波时差与电阻率变化保持一致，与体属性参数不一致，可排除地层超压主要成因为不均衡压实的可能。

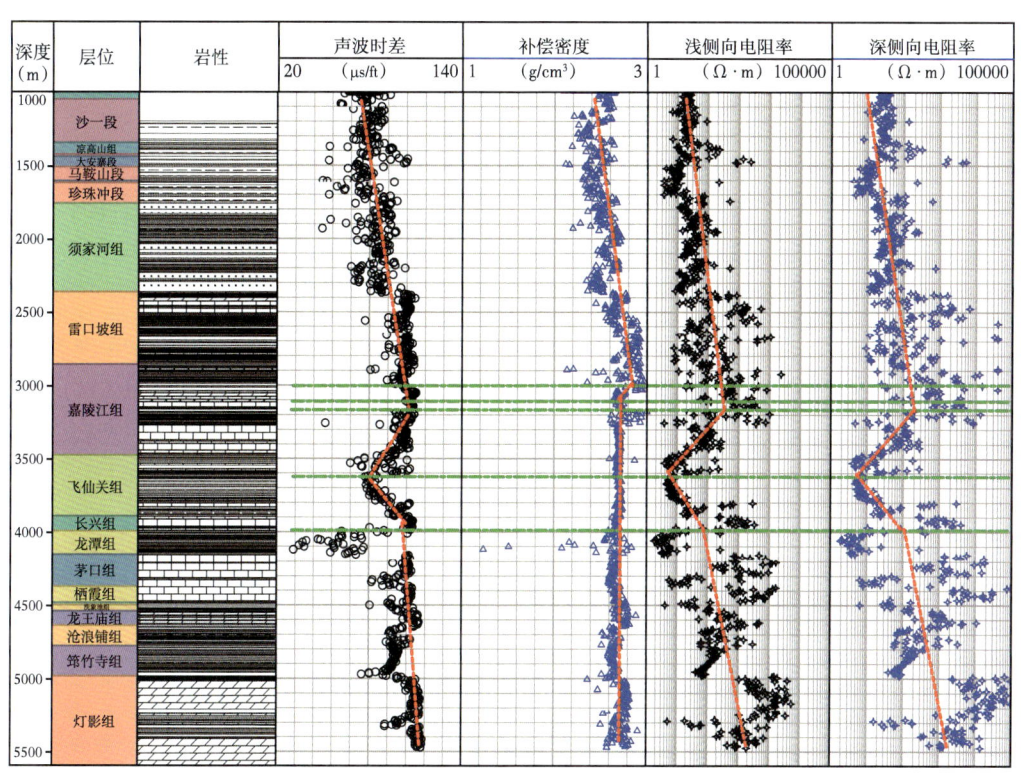

图4-2-2 某井地层的综合压实曲线分析（1000~5400m）

在此基础上，进一步提取了体属性及传导属性测井参数的变化规律，如图4-2-3所示。可以发现：声波时差随着有效应力的变化仅发生较小幅度的变化，密度对有效应力的变化不敏感。根据鉴别卸载高压成因机制的2个关键指标：

（1）与有效应力的较大变化相比，沉积物的声波速度变化相对较小；

（2）沉积物的密度对卸载不敏感。

进一步排除了地层超压主要成因为不均衡压实的可能，卸载是该区域超压的重要成因。

需要指出的是，上述特征仅是根据测井曲线组合特征对超压成因的判识，对于异常压力地层的具体成因还需要结合其他多种方法进行综合分析。

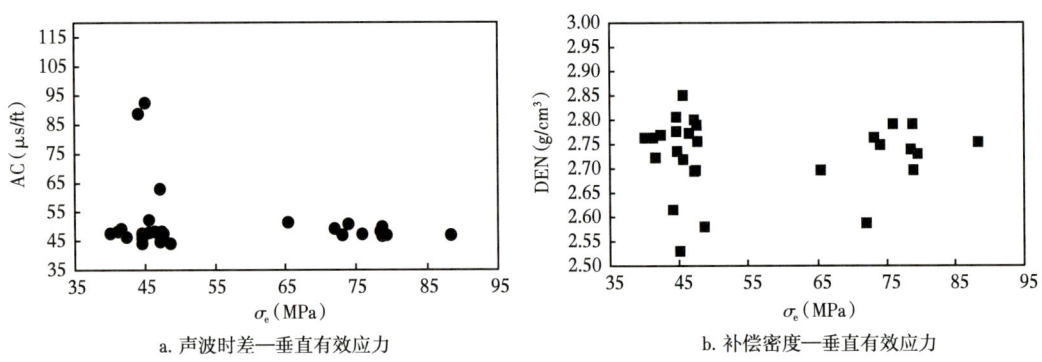

a. 声波时差—垂直有效应力　　　　b. 补偿密度—垂直有效应力

图 4-2-3　体属性测井参数、传播属性测井参数与有效应力关系图

## 二、鲍尔斯法

Bowers（1995）系统总结了影响泥岩地层异常压力的因素，认为岩石声波速度与岩石骨架的受力过程和受力大小有关，其中受力过程分为加载过程和卸载过程，并将加载过程中地层异常压力总结为欠压实成因，卸载过程中地层异常压力总结为流体膨胀成因。由此，Bowers 提出了根据声波速度/孔隙度—垂向有效应力关系分析地层异常压力成因机制的方法，称为鲍尔斯法，即加载—卸载曲线法（图 4-2-4），认为不均衡压实作用造成的超压位于加载曲线上，而流体膨胀作用引起的超压落在卸载曲线上。在此基础上，许多学者研究认为除了流体膨胀引起的超压位于卸载曲线上外，黏土矿物（蒙皂石—伊利石）转化、压力传导、构造挤压等成因引起的超压也落在卸载曲线上。

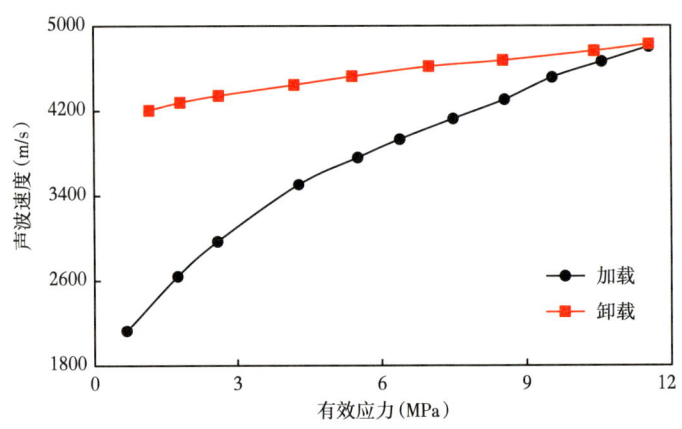

图 4-2-4　地层的加载过程和卸载过程

以准噶尔盆地 J 地区为例，绘制部分井的垂向有效应力—声波速度间关系图，如图 4-2-5 所示。从图 4-2-5 中可以发现，超压段落在加载曲线和卸载曲线上，反映了地层异常压力受到多种成因机制的影响。

## 三、声波速度—密度交会图法

声波速度—密度交会图法是建立在地层沉积压实力学关系的基础上，将地层的应力应变关系分为加载曲线类型和卸载曲线类型，根据曲线延伸方向分析地层异常压力的具体成因，如图 4-2-6 所示，具体判定依据为：

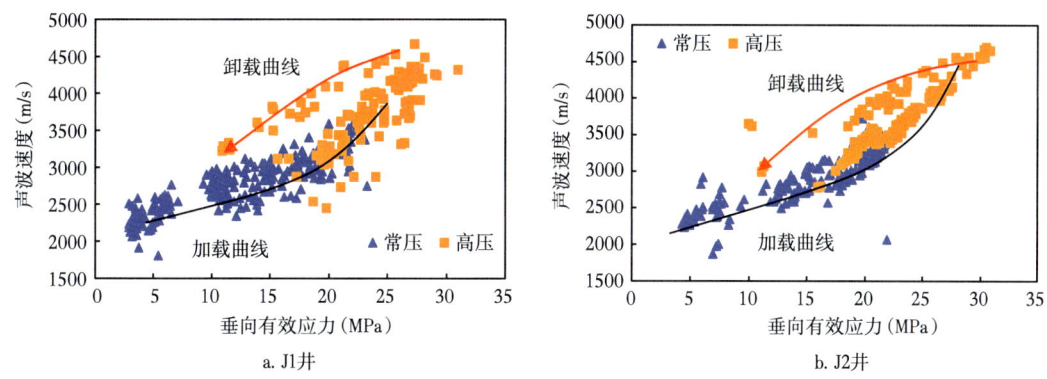

图 4-2-5 某有垂向效应力—声波速度交会图

（1）当地层沉积受到正常压实作用时，岩石的孔隙结构变化将造成声波速度和密度增大，在声波速度—密度交会图上表现为加载曲线。正常压力和不均衡压实造成的超压主要分布在加载曲线上，而由其他机制引起的超压会落在加载曲线外。其中不均衡压实是由于压实作用停滞而存在异常孔隙度，其声波速度减小，密度也随之减小，且声波速度—密度交会点分布在加载曲线上。

（2）构造挤压作用造成的超压，其声波速度增加，密度略微增大或不变，且声波速度—密度交会点分布在加载曲线的正上方或略偏向右上方波速高值处。

（3）生烃膨胀和压力传递作用不会造成孔隙度发生较大变化，只会造成岩石传导属性发生变化，其声波速度减小，而密度保持不变或变化较小，且声波速度—密度交会点主要分布在加载曲线的正下方或略偏向左下方往波速低值处。

（4）黏土成岩作用或化学压实作用引起的超压，其密度增大，而声波速度保持不变或降低很小，且声波速度—密度交会点主要分布在加载曲线略偏向右边。

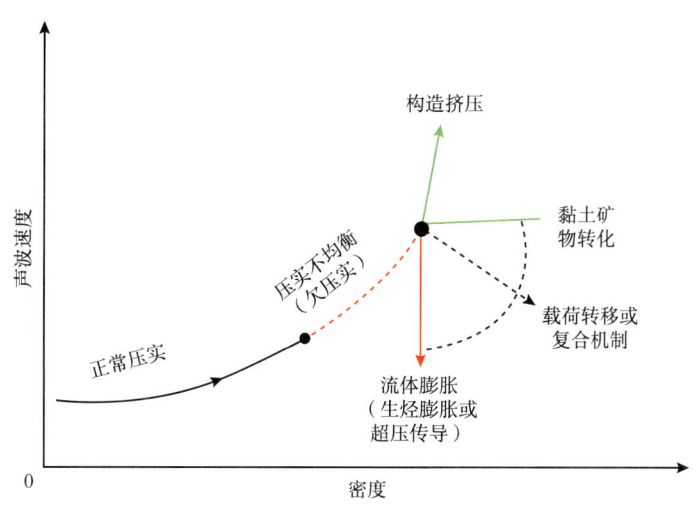

图 4-2-6 不同成因条件下压实声波速度—密度交会图

以准噶尔盆地 J 地区为例，绘制了部分井的声波速度—密度间关系图，如图 4-2-7 所示。常压点与大部分超压点落在正常压实曲线（加载曲线）上，符合压实不均衡成因机制特点，部分超压点表现出声波速度增大、密度变化不大的趋势，符合构造挤压成因机制特点，而部分超压点表现出声波速度减小、密度变化不大的趋势，符合流体膨胀（生烃膨胀）成因机制特点。据此，该地区异常压力成因机制复杂，地层异常压力是欠压实、构造挤压与生烃膨胀的综合作用的结果。

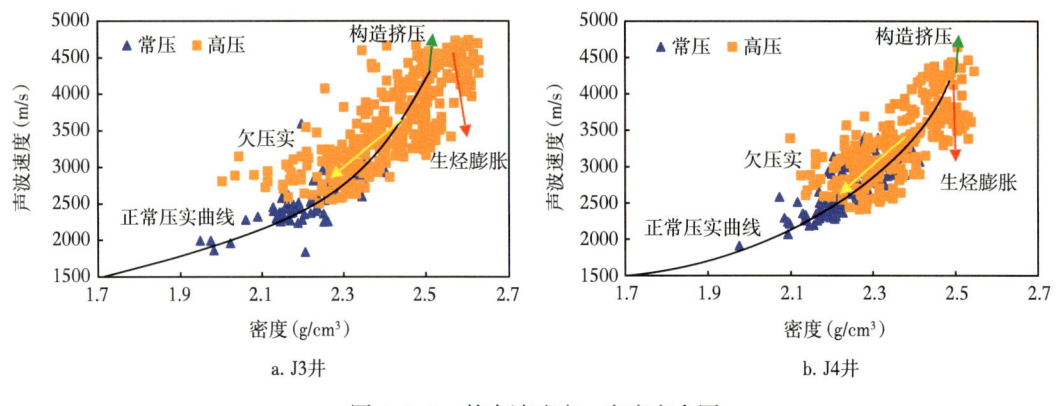

图 4-2-7 某声波速度—密度交会图

# 第三节 基于泥岩正常压实趋势的孔隙压力测井预测方法

根据本章前面两节论述，不平衡压实是产生地层压力异常的重要机制，也是砂泥岩地层异常压力的较为普遍的形成机制。基于正常压实趋势的孔隙压力测井预测方法正是基于这一成因机制于 20 世纪 60 年代提出的，是利用测井资料进行地层孔隙压力定量预测最早的，也是至今在国内外仍被广泛采用的方法。本节对该类方法的基本原理及其应用进行介绍。

## 一、正常压实趋势线

地层在正常沉积加载过程中，随着上覆沉积物的沉积压实及埋深增加，孔隙水被排出，垂直有效应力逐渐增加，该过程称为平衡压实过程，此时地层孔隙压力为静水压力。平衡压实的泥岩地层某些特性随着埋深的增加发生规律性变化，如孔隙度、中子孔隙度、声波时差随地层埋藏深度增加而减小，而密度、电阻率、自然伽马射线强度则随地层埋藏深度增加而增大（图 4-3-1），通常将这些规律性变化称为正常压实趋势线。当泥页岩地层孔隙流体压力过高或过低时，地层出现异常压实状态后（欠压实、过压实），上述测井响应必将偏离泥页岩地层的正常压实趋势，偏离程度不同，异常压实程度也不同。

等效深度法和 Eaton 法是基于欠压实理论的预测地层孔隙压力的常用方法，其核心和基础是建立泥岩正常压实趋势线。下面以声波时差为例，简要介绍泥岩正常压实趋势线建立过程。

在正常沉积作用下形成的泥岩地层，其孔隙度随着埋藏深度的增加而呈指数减小，Hottman 等（1965）推导出地层孔隙度与深度的关系式，其表达式为：

$$\phi = \phi_0 e^{-C_p H} \tag{4-3-1}$$

式中：$\phi$ 为地层孔隙度，%；$H$ 为深度，m；$\phi_0$ 为泥岩地层在深度 $H=0$ 时孔隙度，%；$C_\text{p}$ 为压实系数。

同时，对于沉积压实作用形成的泥岩地层，通过 Wyllie 时间公式，推导出地层孔隙度与声波时差的关系式，其表达式为：

$$\phi = \frac{\Delta t - \Delta t_\text{ma}}{\Delta t_\text{f} - \Delta t_\text{ma}} \qquad (4-3-2)$$

式中：$\Delta t$ 为地层声波时差，μs/m；$\Delta t_\text{ma}$ 为地层骨架声波时差，μs/m；$\Delta t_\text{f}$ 为地层孔隙流体声波时差，μs/m。

同理，地面孔隙度 $\phi_0$ 可用声波时差表示为：

$$\phi_0 = \frac{\Delta t_0 - \Delta t_\text{ma}}{\Delta t_\text{f} - \Delta t_\text{ma}} \qquad (4-3-3)$$

式中：$\Delta t_0$ 为泥页岩在地表状态下的声波时差，μs/m。

若存在 $\Delta t_0 \text{e}^{-C_\text{p}H} \geq (1-\text{e}^{C_\text{p}H}) \Delta t_\text{ma}$，进一步推导，有：

$$\Delta t \approx \Delta t_0 \text{e}^{-C_\text{p}H} \qquad (4-3-4)$$

式（4-3-4）两边同时取对数，有：

$$H = \frac{1}{C_\text{p}} \ln \Delta t_0 - \frac{1}{C_\text{p}} \ln \Delta t \qquad (4-3-5)$$

利用式（4-3-5）可以建立泥岩地层的声波时差对数值随埋深的线性统计关系，即正常压实趋势线，从而确定井剖面上的异常压力泥岩层段，如图 4-3-1 所示。若地层声波时差在正常压实趋势线之上，则说明地层孔隙压力为正常压力。当地层实测声波时差值存在偏离正常压实趋势线的深度段，则说明该深度段地层孔隙压力有异常。其中，若声波时差偏大则为异常高压，若声波时差偏小则为异常低压。

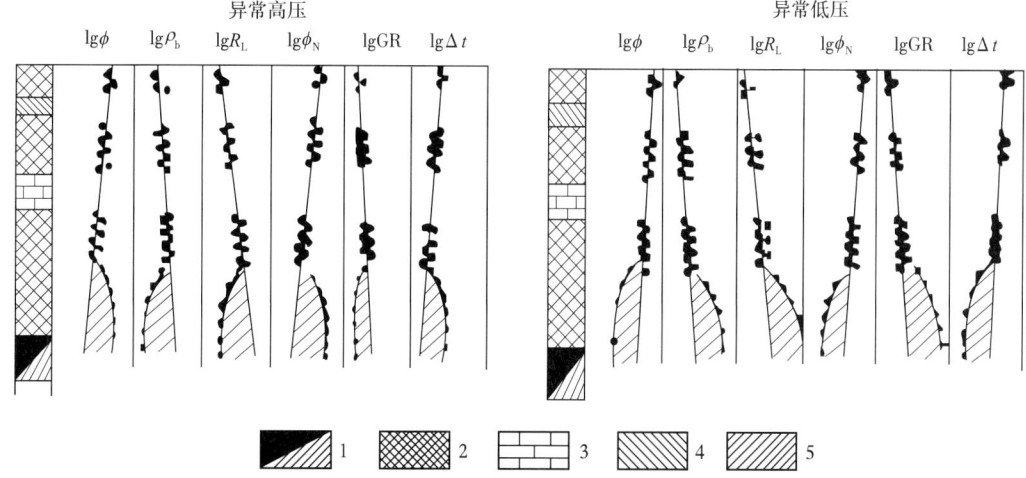

图 4-3-1 存在异常高压和异常低压时地层测井响应随深度变化的特征

1—储层中的异常高压地层；2—泥页岩；3—石灰岩；4—砂岩；5—泥页岩中的异常高压和异常低压地层

建立正常压实趋势线剖面时需要遵循泥岩层段声波时差的取值原则：剔除非泥岩段和筛选有效测井数据。具体实施步骤为：

（1）依据自然伽马测井数据计算出泥质含量，并剔除泥质含量小于85%的井段；

（2）剔除井眼扩（缩）径率大于15%的各深度点测井数据；

（3）取泥岩层声波时差曲线上的平均特征值，而非尖峰值和"周波跳跃"值，读值时避免读取孤立的过高或过低值。

按照正常压实趋势线的建立方法，得到不同井的正常压实趋势线，以声波时差为例，某地区正常压实趋势线如图4-3-2所示。基于正常压实趋势线，即可获得正常压实趋势线方程，其表达式为：

$$\begin{cases} \text{A井}: H = 3439.6 - 851.28\ln\Delta t \\ \text{B井}: H = 3901.2 - 813.94\ln\Delta t \\ \text{C井}: H = 4000.9 - 884.77\ln\Delta t \end{cases} \quad (4\text{-}3\text{-}6)$$

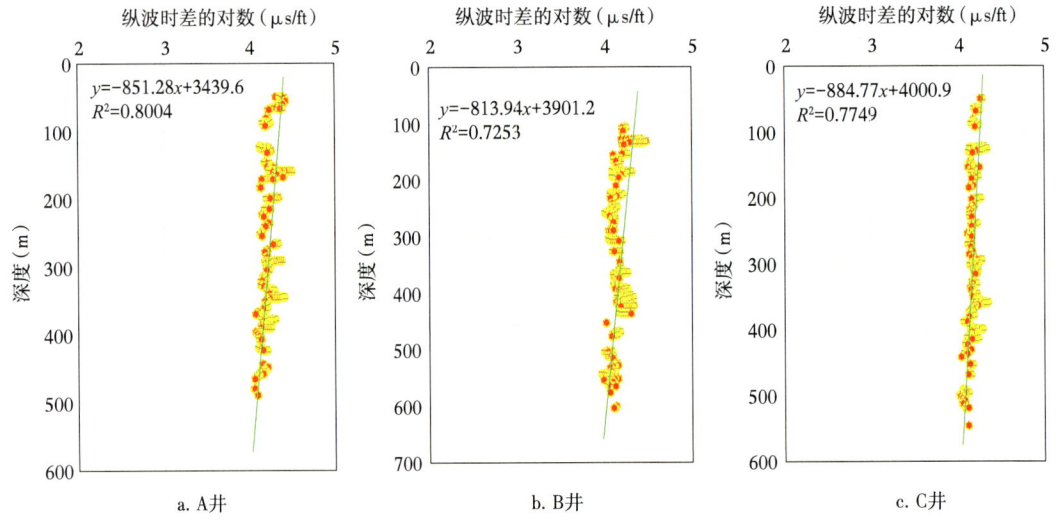

图4-3-2　部分井的正常压实趋势线

## 二、等效深度法与Eaton法

基于建立的正常压实趋势线，定量评价地层孔隙压力通常采用的方法主要有等效深度法、Eaton法等。

### 1. 等效深度法

在等效深度法中，假设不同深度具有相同岩石物理特性的同一类泥岩地层的有效应力相等，即在不考虑温度等因素的情况下，如果埋深在$H_2$的泥岩地层与处于正常趋势线上埋深为$H_1$的泥岩地层具有相同的岩石物理响应（如相同的声波时差），那么这两个不同深度的地层具有相同的压实程度，两点具有压实等效性，并称$H_1$为$H_2$的等效深度点（$H_e$）。根据有效应力原理，相同压实程度表示为：

$$\sigma_{\text{V-}H_2} - p_{\text{P-}H_2} = \sigma_{\text{V-}H_e} - p_{\text{P-}H_e} \quad (4\text{-}3\text{-}7)$$

其中：
$$p_{P-H_2} = \sigma_{V-H_2} - \left(\sigma_{V-H_e} - p_{P-H_e}\right) \quad (4-3-8)$$

式中：$\sigma_{V-H_2}$ 为埋深在 $H_2$ 的异常压力地层的上覆地层压力，MPa；$\sigma_{V-H_e}$ 为埋深在 $H_2$ 的异常压力地层对应的等效深度点的上覆地层压力，MPa；$p_{P-H_e}$ 为埋深在 $H_2$ 的异常压力地层对应的等效深度点的地层孔隙压力，MPa。$p_{P-H_2}$ 为埋深 $H_2$ 的泥岩地层的地层孔隙压力。

2. Eaton 法

Eaton 法是基于正常压实趋势线，引入了压实校正系数 $c_s$，建立砂泥岩地层孔隙压力与声波时差（电阻率和钻井 $dc$ 指数）等测井响应参数间关系，见式（4-3-9），其中压实校正系数 $c_s$ 受到岩性、成岩作用及流体类型等因素的综合影响。图 4-3-3 为某地层的压实校正系数与深度的关系。

$$p_P = \sigma_v - (\sigma_v - p_h)\left(\frac{\Delta t}{\Delta t_n}\right)^{c_s} \quad (4-3-9)$$

式中：$p_P$ 为地层孔隙压力，MPa；$p_h$ 为静水压力，MPa；$\Delta t_n$ 为地层在正常压实下声波时差，由正常压实趋势线方程得到，μs/m；$c_s$ 为压实校正系数。

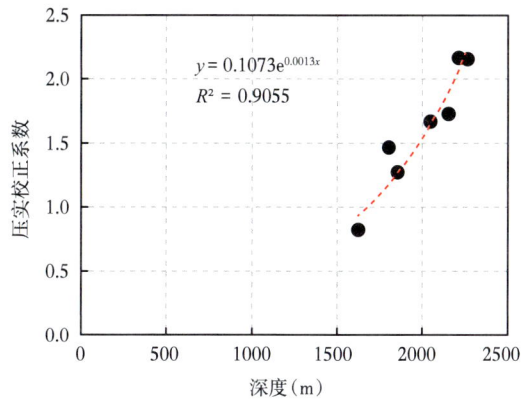

图 4-3-3 某地层的压实校正系数与深度关系图

## 三、应用分析

以某区块泥岩发育层段为例，基于等效深度法开展地层孔隙压力测井预测的结果如图 4-3-4 所示。地层孔隙压力当量密度主要在 0.75~1.07g/cm³ 范围内，属于异常低压系统或正常压力系统。同时，预测结果与实测孔隙压力的误差小于 10%，吻合程度较好，说明基于等效深度法的孔隙压力预测适用于该区块泥岩地层。

基于正常压缩趋势线的等效深度法和 Eaton 法在油气田勘探开发过程中得到了广泛应用，且取得了较好的应用效果，但是在应用过程中部分学者逐渐发现存在一定局限性：（1）在建立正常压实趋势线过程中，人为主观经验可能引入较大误差；（2）不连续沉积地层，在不同沉积层段可能对应着不同的正常压实趋势线，增加了正常压实趋势线建立的难度；（3）仅适用于不平衡压实成因下的地层异常压力预测。

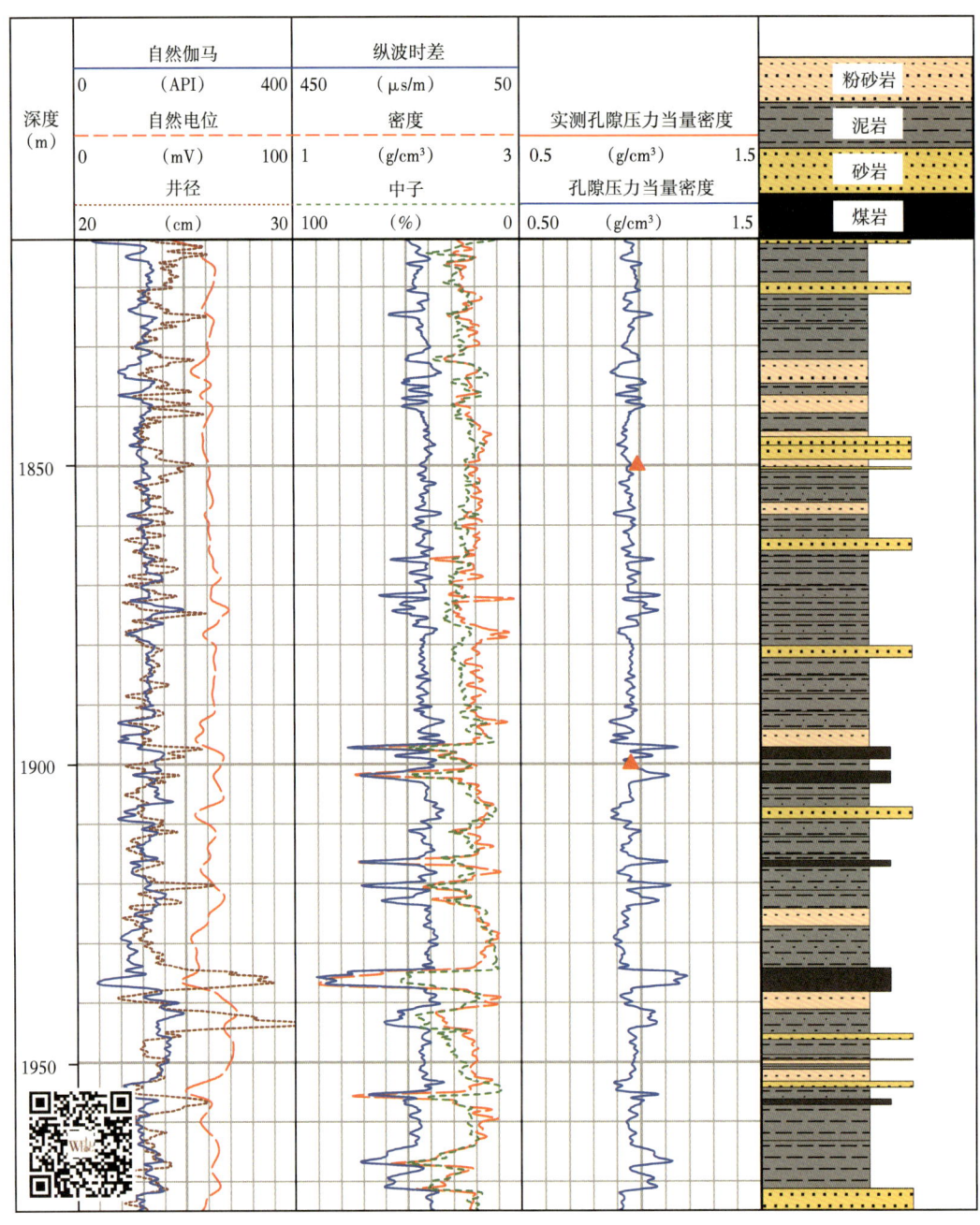

图 4-3-4 某地层孔隙压力的测井预测

## 第四节 基于有效应力理论的孔隙压力测井预测方法

随上覆岩层压力的增大,沉积物逐渐被压实,孔隙减小,有效应力增加。压实过程中,地层孔隙流体的高压形成将弱化地层的有效应力。基于有效应力理论可实现地层孔隙压力的反演计算。然而,目前无论是室内实验还是现场测试都很难对岩石的有效应力进行直接测试，因此，只能通过测井响应特征间接计算其有效应力。在确定目标地层有效应力以后，再进一步计算其孔隙压力。本节介绍基于有效应力理论的孔隙压力测井预测方法。

## 一、方法与原理

有效应力法的基本思路为：假定沉积物的压实变形仅发生在垂直方向，根据有效应力原理，地层孔隙压力等于上覆岩层压力与垂直有效应力之差。在利用已钻井的密度测井数据计算上覆岩层压力的基础上，根据有效应力相关模型计算出垂向有效应力，即可计算出地层孔隙压力的大小。因此，该方法的关键之处就是建立科学可靠的有效应力计算模型。

Terzaghi 首次在土力学领域提出压实平衡原理，并被逐渐推广应用于深部岩石力学领域，即有效应力等于总应力减去孔隙内流体压力，该理论已成为地层孔隙压力预测的重要理论基础，形成了一系列以有效应力为基础的地层孔隙压力预测方法，具体表达式为：

$$\sigma_e = \sigma_V - \alpha p_P \tag{4-4-1}$$

$$\sigma_V = \int_0^H \rho(h) g \mathrm{d}h \tag{4-4-2}$$

式中：$\sigma_V$ 为上覆岩层压力，MPa；$\sigma_e$ 为有效应力，MPa；$\rho(h)$ 为深度为 $h$ 点的密度，g/cm³；$\alpha$ 为孔弹性系数或 Biot 系数，反映了地层孔隙压力对岩石总应力贡献的大小，其值变化范围为 0~1。

由式（4-4-1）和式（4-4-2）可知，若已知上覆岩层压力与有效应力，就能计算得到地层孔隙压力。基于该方法，计算地层压力仅需精准地获取上覆岩层压力和有效应力，不需要建立泥岩正常压实趋势线。该方法中上覆岩层压力可根据密度测井曲线获得，而如何获取有效应力便成了关键问题。

岩石在不同有效应力状态下，孔隙结构具有不同的变化特征，进而具备相应的声波速度。为此，众多学者开展了声波速度和有效应力间关系的研究，见表 4-4-1。其中，Bowers 法是应用较广泛的方法之一，即 Bowers 针对欠平衡压实和流体膨胀成因分别提出了声波速度和有效应力间的关系式，以此分别建立了地层孔隙压力预测方法。此外，在声波速度的基础上，进一步引入岩石密度特征，部分学者建立了基于有效应力—声波与密度参数相关性的地层孔隙压力预测方法。

大量研究也表明，岩石的声波速度受到岩石有效应力、孔隙度、泥质含量、密度等多类参数的影响。鉴于此，Eberhart-Phillips 等（1989）在 Han 等（1986）实验基础上，通过岩石纵波速度与有效应力、孔隙度以及泥质含量之间的非线性关系，构建了孔隙压力多参数预测方法，见表 4-4-1。同时在运用该方法计算时，孔隙度可由声波时差、中子、密度测井曲线计算，泥质含量可由自然伽马、自然电位、电阻率测井曲线计算。因此，地层有效应力也可由这些测井响应参数共同进行定量表征。

表 4-4-1 地层孔隙压力的预测方法

| 类型 | 表达式 | 参数简述 | 文献出处 |
|---|---|---|---|
| 有效应力—声波速度间关系 | $v_p = A + K\sigma_e - Be^{-D\sigma_e}$<br>$p_P = (\sigma_V - \sigma_e)/\alpha$ | $A$、$K$、$B$、$D$ 为经验系数 | Eberhart-Phillips et al., 1989 |
| | 加载：$v_p = v_0 + A\sigma_e^B$，$p_P = \sigma_V - \sigma_e$<br>卸载：$v_p = v_0 + A\left[\sigma_{max}\left(\dfrac{\sigma_e}{\sigma_{max}}\right)^{(1/U)}\right]^B$<br>$\sigma_{max} = \left(\dfrac{v_{max}-5000}{A}\right)^{1/B}$ | $v_0$ 为地表岩层的声波速度，m/s；$\sigma_{max}$ 为沉积卸载起点的有效应力，MPa；$v_{max}$ 为沉积卸载起点的声波速度，m/s；$U$ 为反映沉积岩弹塑性的经验参数 | Bowers, 1995 |
| | $\sigma_e = A\tau^B$<br>$\tau = \dfrac{\Delta t_{ma} - \Delta t}{\Delta t - \Delta t_f}$ | $\Delta t$ 为地层声波时差，μs/m；$\Delta t_{ma}$ 为地层骨架声波时差，μs/m；$\Delta t_f$ 为地层孔隙流体声波时差，μs/m | Dutta, 2002 |
| | $p_P = \sigma_V - \dfrac{(\sigma_V - \alpha p_h)}{Hb}\left(\dfrac{b-c}{c}\ln\dfrac{\Delta t_0 - \Delta t_{ma}}{\Delta t_{u0} - \Delta t_{ma}} + \ln\dfrac{\Delta t_0 - \Delta t_{ma}}{\Delta t - \Delta t_{ma}}\right)$ | $b$、$c$ 分别为经验系数 | Zhang, 2013 |
| 有效应力—声波与密度关系 | $\begin{cases} p_P = 0.00980665\left(\bar{\rho}H_0 + \int_{H_0}^{H_1}\rho_b dh\right) - 96.768e^{-2.4772v_d} \\ v_d = \dfrac{\Delta t_s^2 - 2\Delta t_p^2}{2(\Delta t_s^2 - \Delta t_p^2)} \end{cases}$ | $\rho_b$ 为待测地层密度，g/cm³；$v_d$ 为动态泊松比 | 刘之的等, 2005 |
| 有效应力的多参数综合法 | $v_p = 5.77 - 6.94\phi - 1.73V_{sh}^{0.5} + 0.446(\sigma_e - e^{-16.7\sigma_e})$ | $v_p$ 为纵波波速，m/s；$V_{sh}$ 为泥质含量，% | Eberhart-Phillips et al., 1989 |

## 二、应用分析

以新疆某油田为例，基于有效应力原理开展孔隙压力预测：

（1）首先获取地层孔隙压力测试数据及测试井段地层的有效应力。收集目标工区目标地层已开展的地层孔隙压力测试数据，分析筛选出可靠的地层孔隙压力实测结果；利用密度测井数据由式（4-4-1）和式（4-4-2）计算出地层孔隙压力测试井段的上覆地层压力与地层有效应力。

（2）提取孔隙压力实测井段的测井响应信息，包括声波时差、孔隙度、密度、电阻率。

（3）利用本章第二节中异常地层高压成因机制的判断方法，依据测井响应特征，确定异常高压成因机制，划分为加载机制与卸载机制。

（4）针对不同的异常高压成因机制，建立声波速度与有效应力的相关性方程，如图

4-4-1 所示。在此基础上，进一步明确纵波速度与岩石密度、电阻率及孔隙度的相关性，如图 4-4-2 所示。

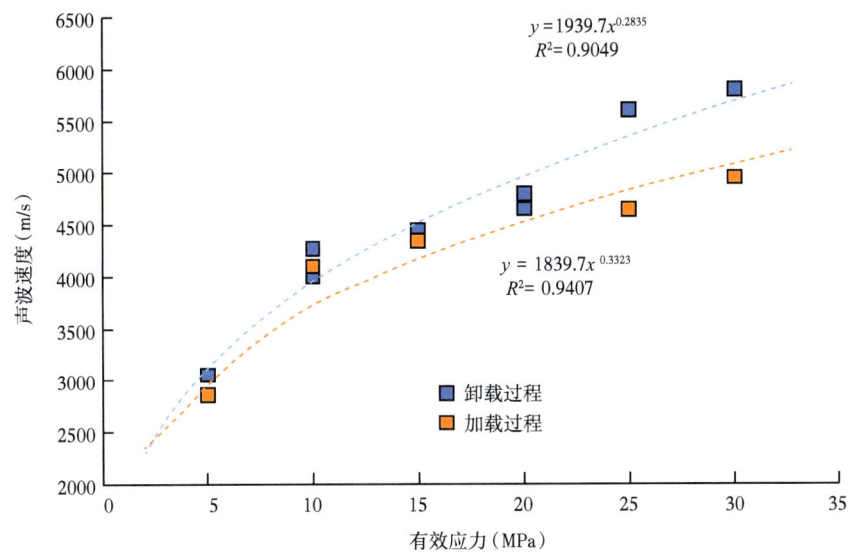

图 4-4-1　加卸载状态下声波速度—有效应力的相关性

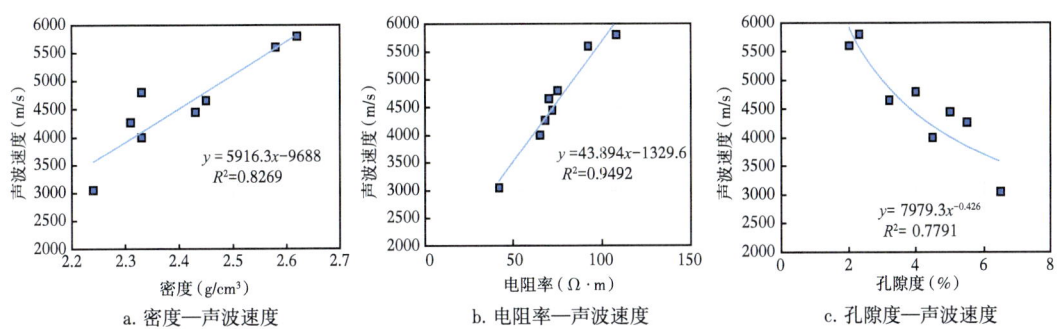

图 4-4-2　地层声速与密度、电阻率及孔隙度的相关性

（5）综合加卸载状态下有效应力与声波速度以及声波速度与其他岩石物性参数定量关系，依据有效应力原则，建立地层压力预测模型，即：

$$\begin{cases} v_p = 315.2\sigma_e^{0.3323} + 42.5R_t + 55.3\rho + 85.2\phi^{-0.426} + 422.2 & \text{卸载机制} \\ v_p = 299.2\sigma_e^{0.2853} + 32.1R_t + 51.5\rho + 81.5\phi^{-0.426} + 368.5 & \text{加载机制} \end{cases} \quad (4\text{-}4\text{-}3)$$

对该区块的 G101 和 G005 两口井开展地层压力预测。首先，依据本章第二节中的异常压力成因机制识别方法，综合判断表明 G101 井异常压力成因为加载机制，G005 井异常压力成因为卸载机制。利用式（4-4-3）中相应关系式计算地层有效应力，进而由式（4-4-1）计算得到地层压力测井剖面，如图 4-4-3 所示。将计算结果与实测地层压力进行对比显示，两者吻合度较好，表明结合异常压力机制分析，基于有效应力理论的地层孔隙压力预测模型具有较好的预测效果。

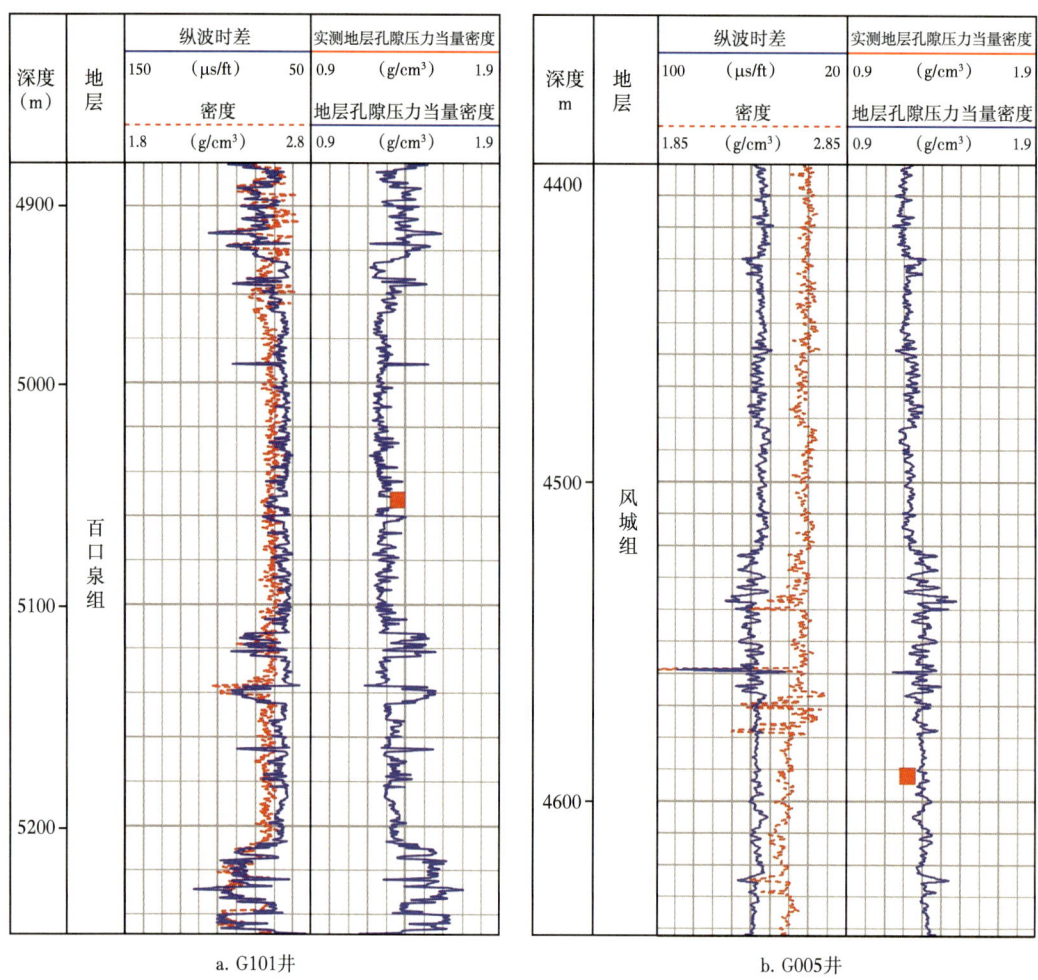

图 4-4-3 孔隙压力预测值与实测对比

# 第五节 基于人工智能算法的孔隙压力测井预测方法

随着地层异常压力成因机理研究的不断发展，除欠压实成因以外，流体膨胀、生烃、构造应力作用等多类异常压力成因机制被发现。基于压实理论的孔隙压力预测方法的局限性更为明显。此外，由于有效应力的测井响应受到岩性、地层结构、孔隙流体等多方面因素影响显著，在复杂岩性、复杂结构地层中有效应力与测井物理参数之间关系模型构建难度大，也极大程度制约基于有效应力理论的孔隙压力预测方法的高效应用。更重要的是，当预测井段跨度大、地层层系与岩性多、纵向地层压力系统复杂等条件下，应用现有上述方法准确预测地层孔隙压力更是面临极大挑战。鉴于此，人工智能理论与方法在地层孔隙压力预测技术中得到了成功应用与发展。

## 一、方法与原理

对于孔隙压力预测模型无法用数学物理方程显性表达的复杂地层，人工智能理论与技术的发展为地层孔隙压力预测提供了新的技术途径，基于人工智能方法的地层孔隙压力预测受到越来越多的关注。目前，人工神经网络、支持向量机、卷积神经网络等方法已被用于地层孔隙压力预测研究。本节依托我国西南某地区碳酸盐岩气层，以基于人工神经网络的地层孔隙压力预测为例，介绍利用人工智能算法进行地层孔隙压力预测的一般原理与方法。

图 4-5-1 给出了本次利用人工神经网络进行地层孔隙压力预测的技术流程。人工神经网络等人工智能算法的基本原理详见第二章第四节。

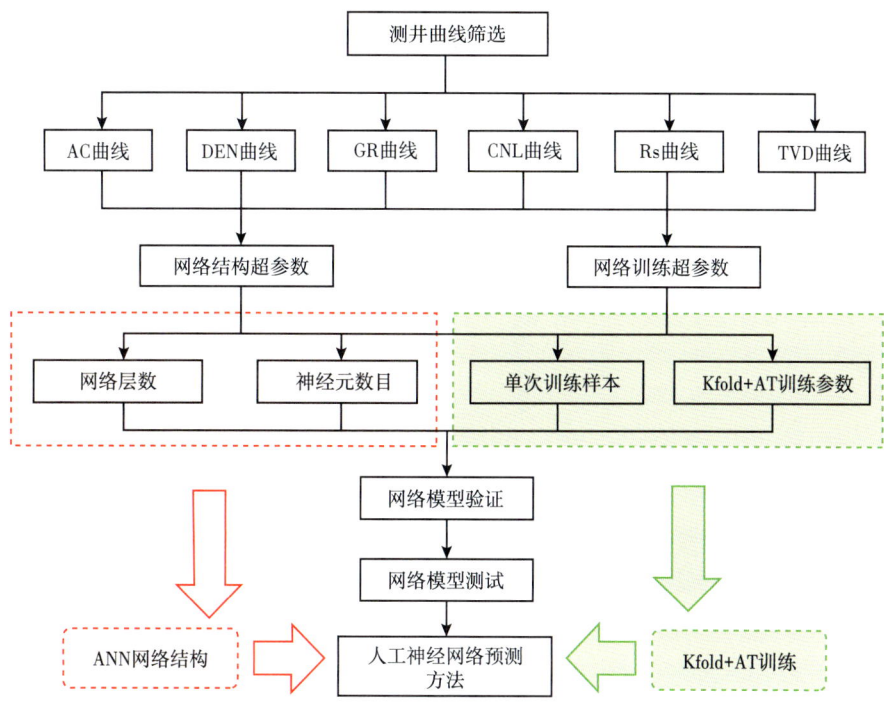

图 4-5-1　基于人工神经网络的碳酸盐岩地层孔隙压力预测方法

1. 建立地层孔隙压力预测模型的样本数据集

首先，收集研究工区已有的实测地层孔隙压力数据（图 4-5-2），图中地层孔隙压力数据为来自多井的分散数据。从各井的测井曲线上提取各地层孔隙压力测试井段的测井数据，包括声波时差（AC）、密度（DEN）、自然伽马（GR）、补偿中子（CNL）、浅侧向电阻率（Rs）、深侧向电阻率（Rt）等，与测试地层孔隙压力数据共同组成数据集，该数据集被分为训练集与测试集两部分。

由于数据集中每个参数的量纲、数据大小范围存在很大差异，为了消除量纲差异与数据范围差异对预测模型的影响，需对数据集进行归一化处理。

在数据初步处理后，需要进一步确定模型输入特征参数。首先对收集的测井数据和地层孔隙压力开展单因素相关性分析，以确定是否有任何参数在单因素之间具有非常好的相关性。图 4-5-3 为 6 个测井参数与缝洞碳酸盐岩地层孔隙压力之间的关系。从图 4-5-3 中可看出，6 个测井参数对地层孔隙压力均无明显规律性的响应，无法直接基于单个测井参数构建地层孔隙压力预测模型。

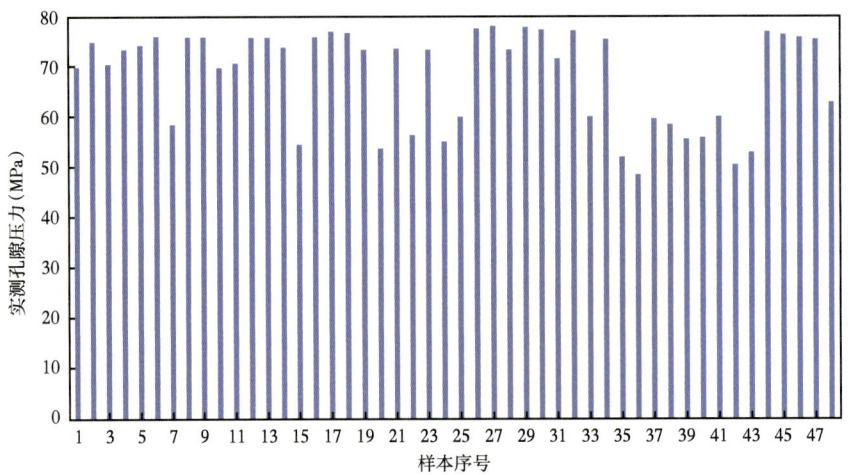

图 4-5-2　各井的实测地层孔隙压力数据

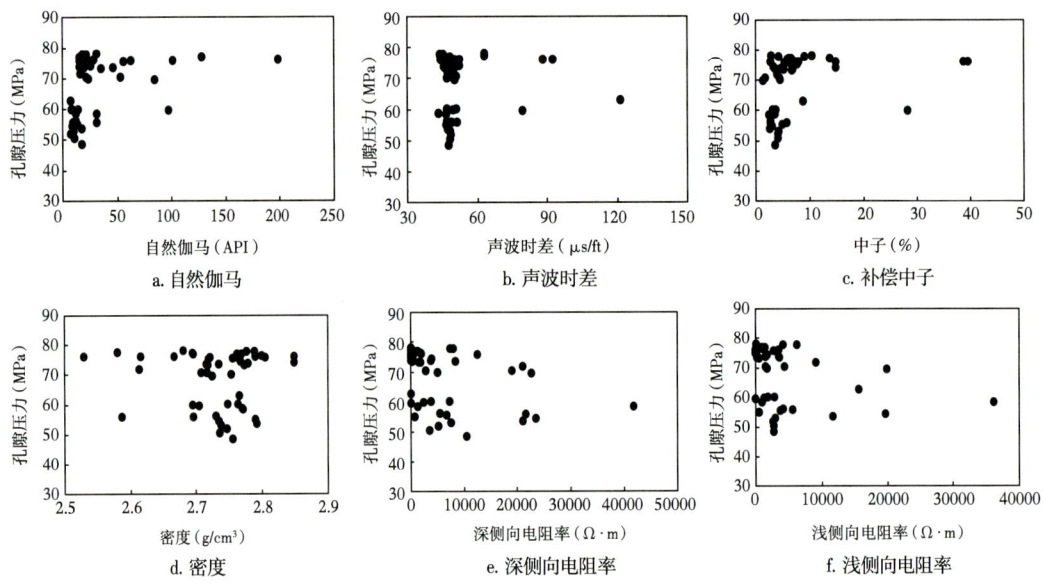

图 4-5-3　单一测井参数与地层孔隙压力关系图

进一步分析地层孔隙压力与测井参数以及测井参数之间的相关性，分别计算地层孔隙压力与各测井参数之间的 Pearson 相关系数、Spearman 相关系数，如图 4-5-4 所示。Rt 曲线与 Rs 曲线为显著相关，其余测井曲线之间均为弱相关性或中等相关。因此，常规测井曲线选择 AC 曲线、DEN 曲线、GR 曲线、CNL 曲线、Rs 曲线作为人工神经网络的输入特征参数。

为了提升小样本量数据条件下神经网络的预测结果，可采用 HoldOut 方式将数据集划分为训练集和测试集，并将训练集以 K-Fold 方式划分为 $k$ 折，$k-1$ 折数据用于训练模型，剩余一部分用于模型预测，遍历 $k$ 次，每个模型输出一个预测样本集作为第二层的新特征；对于测试集，每个基模型输出预测结果，求得平均作为第二层模型新的测试集特征，如图 4-5-5 所示。

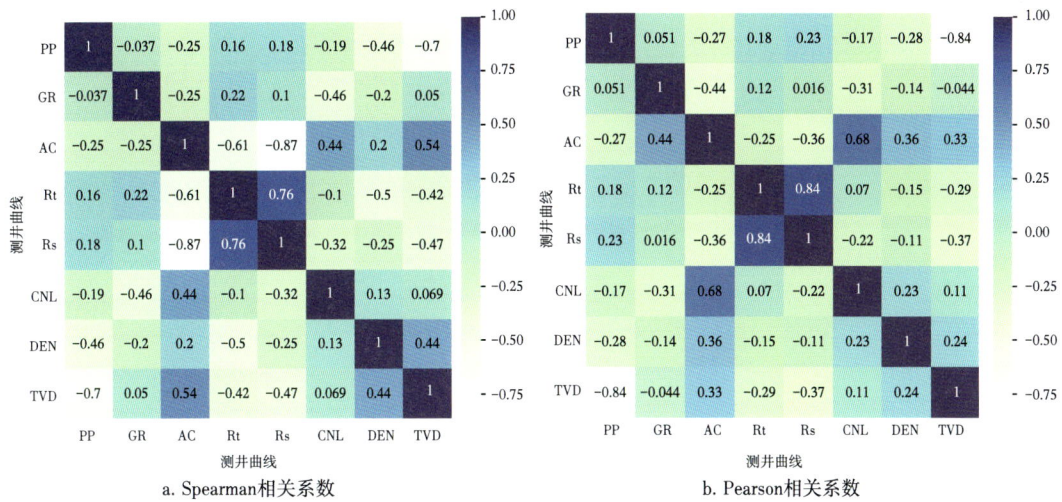

图 4-5-4 测井参数与地层压力参数两两相关性定量分析

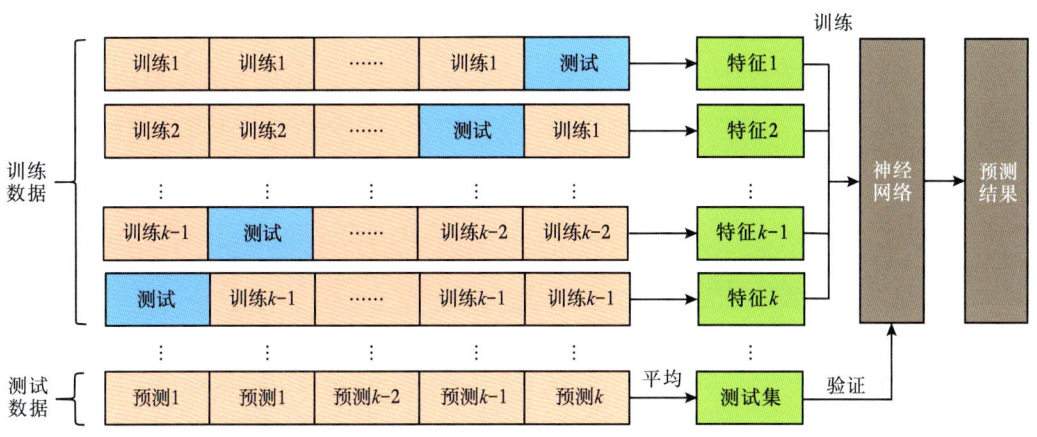

图 4-5-5 地层孔隙压力数据库划分方式

#### 2. 建立地层孔隙压力预测神经网络结构

基于神经网络原理，构建了基于神经网络的孔隙压力预测网络结构。以四层神经网络模型为例进行说明。

对于四层神经网络模型，具有输入层、第一隐含层、第二隐含层、输出层，各网络层的神经元数目是确定网络结构的关键。其中，输入层、输出层的神经元数目可分别根据输入特征参数、预测参数确定；而隐含层的神经元数目需要通过对模型进行反复训练，依据训练验证效果不断优化确定。

本节示例用于地层孔隙压力预测的神经网络在第一隐含层、第二隐含层具有不同神经元数目时，地层孔隙压力预测相对误差分布如图 4-5-6 所示。可看出随着隐含层神经元数目逐渐增多，模型在验证集的预测误差并无规律可循。整体而言，对于第一隐含层，当隐含层神经元数目为 20 个时，模型预测误差值最小（约为 12%）；对与第二隐含层，当隐含层神经元数目为 12 个时，相对误差最低，孔隙压力预测结果取得了较好的测试效果。据此，确定第一隐含层和第二隐含层的神经元数目分别为 20 个和 12 个。

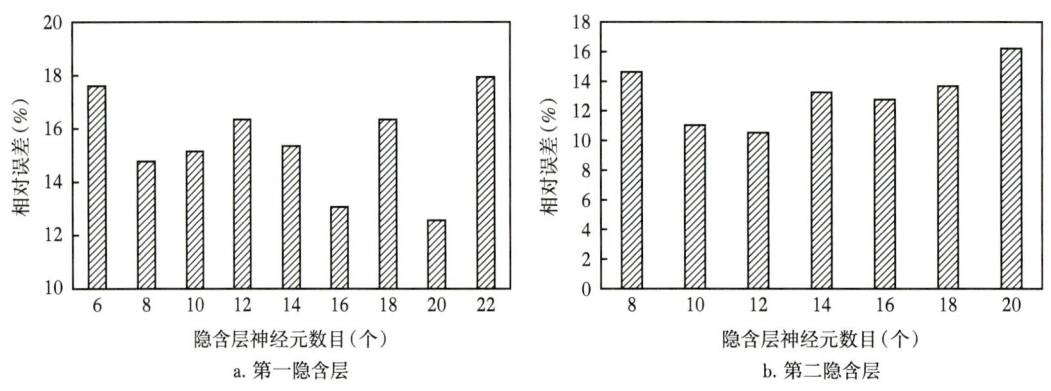

图 4-5-6 模型在验证集上的误差均值与隐含层神经元数目

为了降低模型过拟合现象，可以采取 k 折交叉技术与对抗训练相结合的技术思路，依据测试集平均误差逐步对网络层数、神经元数目、网络超参数进行优化。

## 二、应用分析

利用上述基于神经网络的孔隙压力预测方法，预测了四川盆地某井的地层孔隙压力，如图 4-5-7 所示。在预测井段发育有须家河组、雷口坡组、沧浪铺组和灯影组等多套

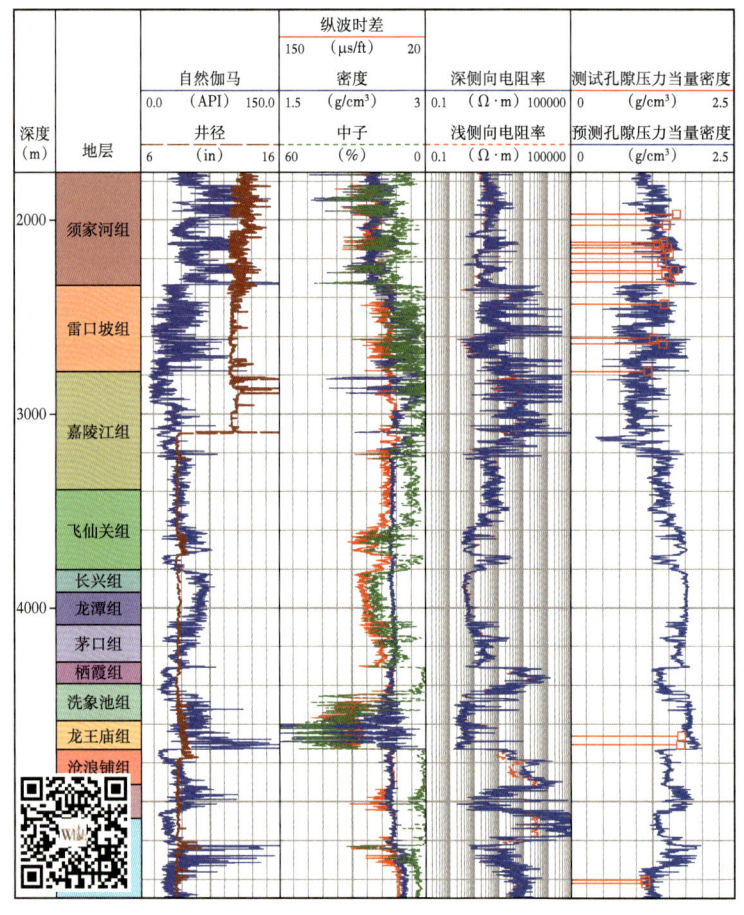

图 4-5-7 某井地层孔隙压力的测井预测

地层，依据地质认识，预测井段具有多岩性、复杂岩石结构、多套压力系统等复杂地质特征。利用人工智能算法的孔隙压力测井预测方法，所建立地层孔隙压力剖面与测试地层孔隙压力数据吻合较好，平均相对误差为 10.1%。结果表明，基于人工智能的孔隙压力预测方法可以准确实现上述不同地层的孔隙压力预测，具有较强的适用性。

## 第六节　三维地层孔隙压力场

基于地层测试方法可以得到可靠的地下单点的地层孔隙压力，基于测井信息可以计算得到纵向上连续的且分辨率较高的地层孔隙压力剖面，但地层孔隙压力受多因素控制，导致其不仅在纵向上具有非常强的差异性，且在横向上也具有明显的差异，仅借助测井信息无法获取未钻井或钻井数量较少地区的地层孔隙压力，只能在钻井结束且开展测井作业后才能计算地层孔隙压力值，其滞后性导致仅基于测井信息获取地层孔隙压力无法对钻井提供有效指导。地震信息虽然分辨率较测井信息低，但其具有横向上连续的特征，且在钻井前就已采集地震信息，因此，通过井震联合手段实现三维地层孔隙压力场构建，有助于在钻井前认识地层孔隙压力分布特征，能进一步指导油气资源潜力评估及安全钻井。

### 一、基于地震属性反演的地层孔隙压力区域三维预测

三维地层孔隙压力场主要依靠测井—地震联合手段，通过地震波属性特征反演三维地层孔隙压力，并以单井地层孔隙压力剖面为约束对反演所得的三维地层孔隙压力进行校准，关键技术流程如图 4-6-1 所示。发展至今，该技术已经比较成熟、并被广泛应用，为指导油气勘探开发对地层压力的需求提供了积极支撑。

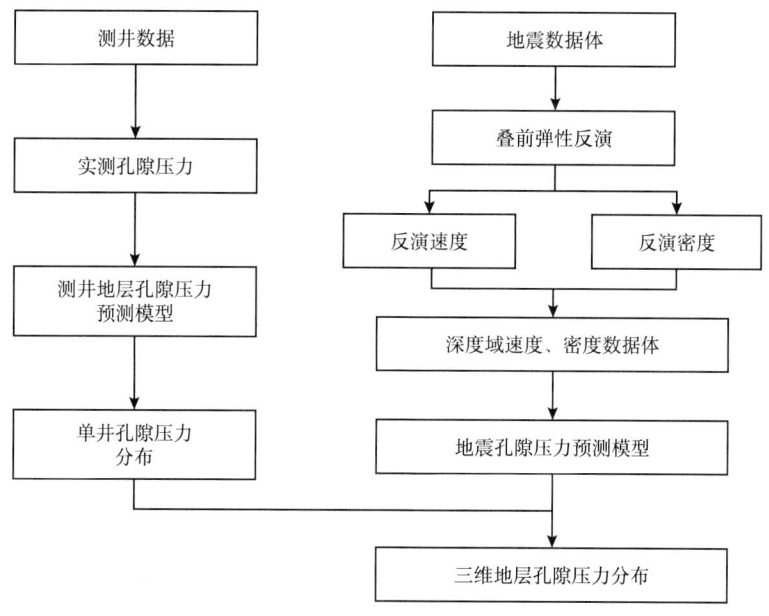

图 4-6-1　基于测井—地震联合的三维地层孔隙压力场构建技术流程图

声波速度、波阻抗等属性参数的准确反演，以及地震波属性与地层孔隙压力之间关系的可靠性是决定地层孔隙压力三维空间预测精度的关键因素。然而，影响声波速度、波阻抗等属性的地质因素众多，如地层岩性、孔隙结构、孔隙度、流体类型以及地应力等，且波速对这些因素的响应敏感度通常都强于对地层孔隙压力的响应敏感度。在地层孔隙压力模型中未合理有效地对上述影响因素进行描述、表征的情况下，直接单一地震波属性进行地层孔隙压力计算求取，将不可避免地产生较大误差。因此，提高原始地震资料的质量、反演属性的准确度，建立系统完善的基于地震属性的地层孔隙压力预测模型，是实现测井—地震联合准确预测三维地层压力的前提与基础。

## 二、基于人工智能算法的地层孔隙压力区域三维预测

声波、电阻率等传导属性与体积密度等体积属性特征都是对地层岩性、流体、压力等多因素综合响应的结果，很难获取这些属性对地层孔隙压力的响应规律以及建立地层孔隙压力预测的解析评价模型。尤其在复杂地层中，如缝洞型碳酸盐岩、砾岩、煤岩等，即便是利用测井信息，在复杂地层中直接基于解析显式的预测模型实现地层孔隙压力的准确预测都存在很大挑战；对于地震波而言，仅基于声波属性特征构建显式的三维地层孔隙压力预测模型难度更大、不确定性更强、精度更差。为此，基于人工智能算法建立非线性映射模型预测地层孔隙压力的方法受到青睐。

与本章第五节的方法相似，利用人工智能算法通过实测地层孔隙压力与地震属性数据开展训练与模型构建，进而实现目标地层的三维孔隙压力计算。下面以采用卷积神经网络算法实现某工区地层孔隙压力三维空间预测为例进行介绍。

1. 预测输入参数优选

通过实验或数值模拟研究地震波振幅、频率等相关属性对孔隙压力响应特征，根据研究认识，分形振幅密度（Rfo_FA）、振幅差值（Diff_am）以及分形频率密度（Rfo_FF）都与地层孔隙压力有着一定的相关关系。其中，分形振幅密度与分形频率密度是以不同尺寸的地震波的振幅与频率为依据，借助分形分维理论，表征振幅密度、频率密度的分形特征（侯连浪等，2023）。同时，原始振幅（Original_am）、均方根振幅（Rmsampl）、相位（Phase）、相对波阻抗（RelacImp）、甜点（Sweet）以及相位旋转90°后信号的虚部（Quadr）是地震相关研究中的基础属性参数。上述属性共同构成了待选输入特征参数。

从叠后地震体（用符号Cube_s表示）以及频率属性体（用符号Cube_f表示）分别提取小块体以三维块体的形式作为深度学习的输入特征，所提取小块体的尺寸分别与分形振幅密度块体及分形频率密度块体相同。从小块体所提取的参数作为块体几何中心位置的特征参数，不断滑动小块体实现对整个研究区域特征参数的遍历获取。

使用合适的特征参数能够有效改善模型的预测性能，为此，需要进行特征参数优选。分析孔隙压力与分形振幅密度（Rfo_FA）、振幅差值（Diff_am）、分形频率密度（Rfo_FF）之间的相关系数以及各特征参数之间的Pearson相关系数，如图4-6-2所示。与孔隙压力的相关性由高到低的排序为：振幅差值＞分形振幅密度＞分形频率密度＞均方根振幅＞原始振幅＞甜点＞相对波阻抗＞相位＞相位旋转90°后信号的虚部，相对而言，波阻抗、相位以及相位旋转90°后信号的虚部与孔隙压力的相关性较差。而特征参数之间，甜点与均方根振幅、相对波阻抗与相位的相关性相对较好。

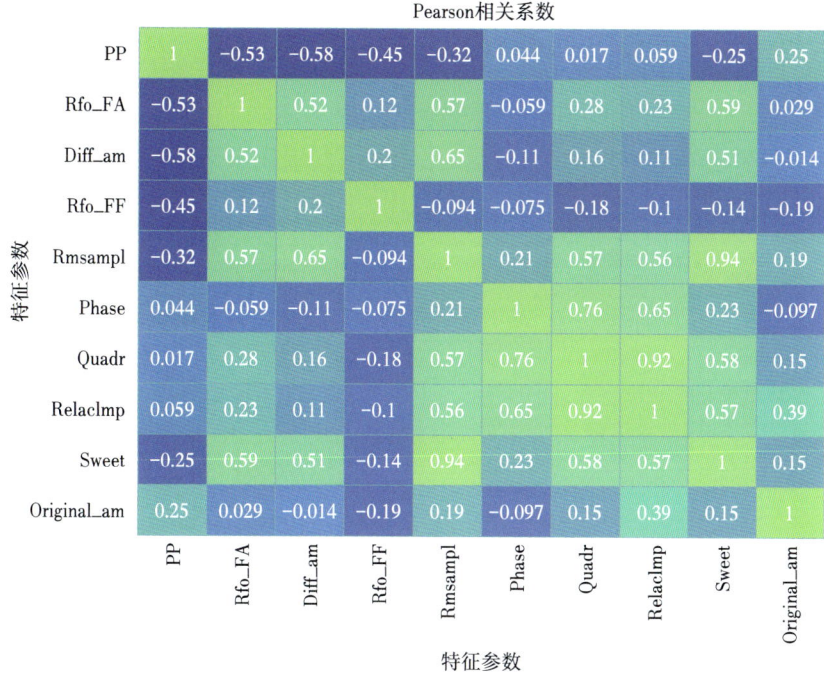

图 4-6-2　待优选参数之间及其与孔隙压力的相关系数对比

对于待优选特征参数，采取按照特征参数与孔隙压力相关性从高到低的顺序逐个添加到模型输入特征集，开展优选对比，确定最终输入特征参数。图 4-6-3 为逐步添加输入特征数量条件下模型在训练集与验证集上的相对误差，可以看出，逐步添加振幅差值、分形振幅密度、分形频率密度以及相位时模型在训练集与验证集上的误差均逐步下降，当往模型中逐步添加均方根振幅、相对波阻抗以及相位旋转 90° 后信号的虚部时，模型在训练集与验证集上的误差逐步增大或者基本保持不变。据此，确定模型的输入特征为：原始叠后地震块体（三维）、频率属性块体（三维）、振幅差值、分形振幅密度、分形频率密度以及相位。

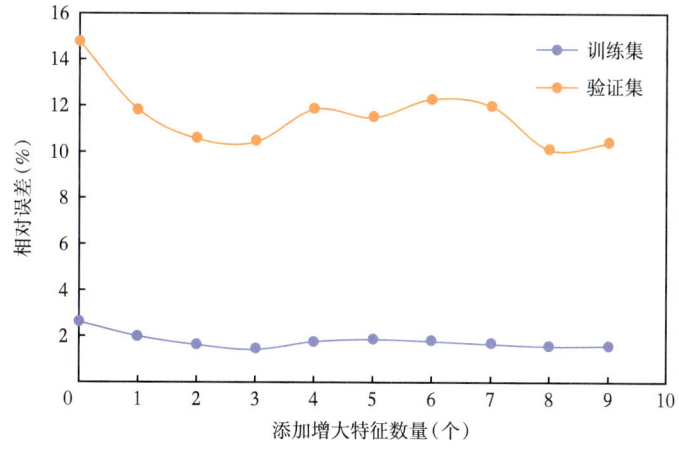

图 4-6-3　逐步添加输入特征数量条件下模型在训练集与验证集上的相对误差

2. 卷积核尺寸及神经元数量

由于输入特征有叠后地震体、频率属性体两个地层块体，需要使用卷积神经网络对这两个块体开展特征提取，其中，对应于分形振幅密度尺寸叠后地震体（Cube_s）小块体的尺寸为5×5×17，对应于分形频率密度尺寸的频率小块体（Cube_f）尺寸为25×25×25，设计如图4-6-4所示卷积神经网络结构，并开展不同卷积核大小、不同池化层滑动窗口大小以及不同数量神经元条件下的模型训练与预测。

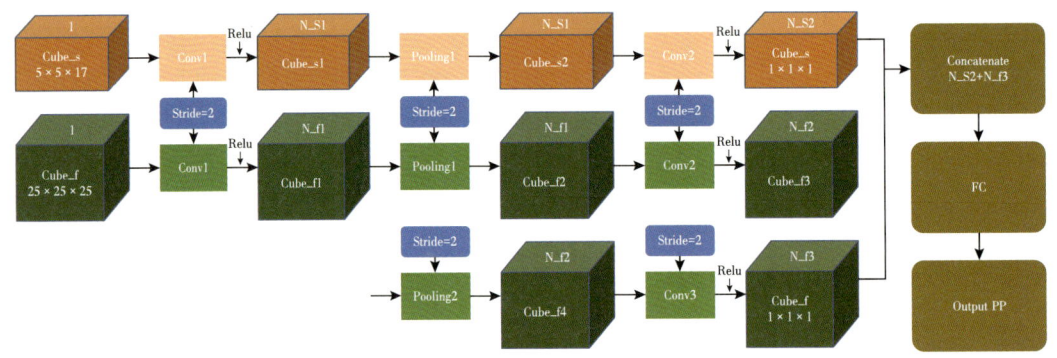

图 4-6-4 卷积神经网络结构示意图

卷积核大小以及池化层滑动窗口大小直接影响特征的提取（表4-6-1），考虑Cube_s与Cube_f尺寸分别设置3种不同的卷积层数（Conv）、池化层数（Max Pooling）、卷积核大小以及池化层滑动窗口大小组合。

表 4-6-1 卷积核与池化层滑动窗口设置

| 卷积结构组合 | Cube_s | 卷积核及滑动窗口大小 | 卷积结构组合 | Cube_f | 卷积核及滑动窗口大小 |
|---|---|---|---|---|---|
| SA_1 | Conv1 | 2×2×3 | SF_1 | Conv1 | 2×2×2 |
|  | Max Pooling1 | 2×2×3 |  | Max Pooling1 | 2×2×2 |
|  |  |  |  | Conv2 | 3×3×3 |
|  | Conv2 | 2×2×5 |  | Max Pooling2 | 2×2×2 |
|  |  |  |  | Conv3 | 5×5×5 |
| SA_2 | Conv1 | 2×2×4 | SF_2 | Conv1 | 2×2×2 |
|  | Max Pooling1 | 2×2×2 |  | Max Pooling1 | 3×3×3 |
|  |  |  |  | Conv2 | 3×3×3 |
|  | Conv2 | 2×2×7 |  | Max Pooling2 | 2×2×2 |
|  |  |  |  | Conv3 | 3×3×3 |
| SA_3 | Conv1 | 2×2×2 | SF_3 | Conv1 | 2×2×2 |
|  | Max Pooling1 | 2×2×4 |  | Max Pooling1 | 4×4×4 |
|  |  |  |  | Conv2 | 3×3×3 |
|  | Conv2 | 2×2×4 |  | Max Pooling2 | 2×2×2 |
|  |  |  |  | Conv3 | 2×2×2 |

对应于表4-6-1所列结构模型的每一种组合，需要分别对Cube_s与Cube_f两个数据体所对应的卷积层设置神经元数量。其中，按照不同卷积神经网络结构不同共设置9组不同条件模型，分别记为C1组—C9组，每组模型均设置9个不同神经元数量组合

条件，即共设置 81 个不同条件的卷积神经网络模型。分别在不同条件下开展模型训练。训练过程中，单次训练批次大小为 4，单批次训练次数为 10 次，初始学习率为 0.001，学习率从第 60 步开始递减，总的训练步数设置为 1000。为了便于对比各个条件下的模型在验证集与训练集上的综合表现，模型训练结束后，分别测试其在训练集与验证集上的相对误差。

训练结束后，各个模型在训练集与验证集上的表现如图 4-6-5 所示。整体上，模型在训练集上的误差较小，在验证集上的误差与模型在训练集上的误差，表明此时的模型较差，未能较好拟合数据。对比模型在不同组的表现可知，C7 组的条件下两条曲线变化趋势相近，表明模型在训练集与验证集上的性能随着神经元数量变化的规律相近，此时模型具有相对较好的鲁棒性，因此，卷积神经网络结构选取 C7 组对应的结构条件。对比 C7 组组内的误差数据不难看出，组内编号 C-5 对应条件下模型在训练集与在验证集上的误差相对较低，且验证集误差与训练集误差的差值相对最低，此时模型表现相对较好，因此，确定卷积神经网络的神经元数目为组内编号 C-5 对应的数目。因此，模型全连接层的输入神经元数目为 36。

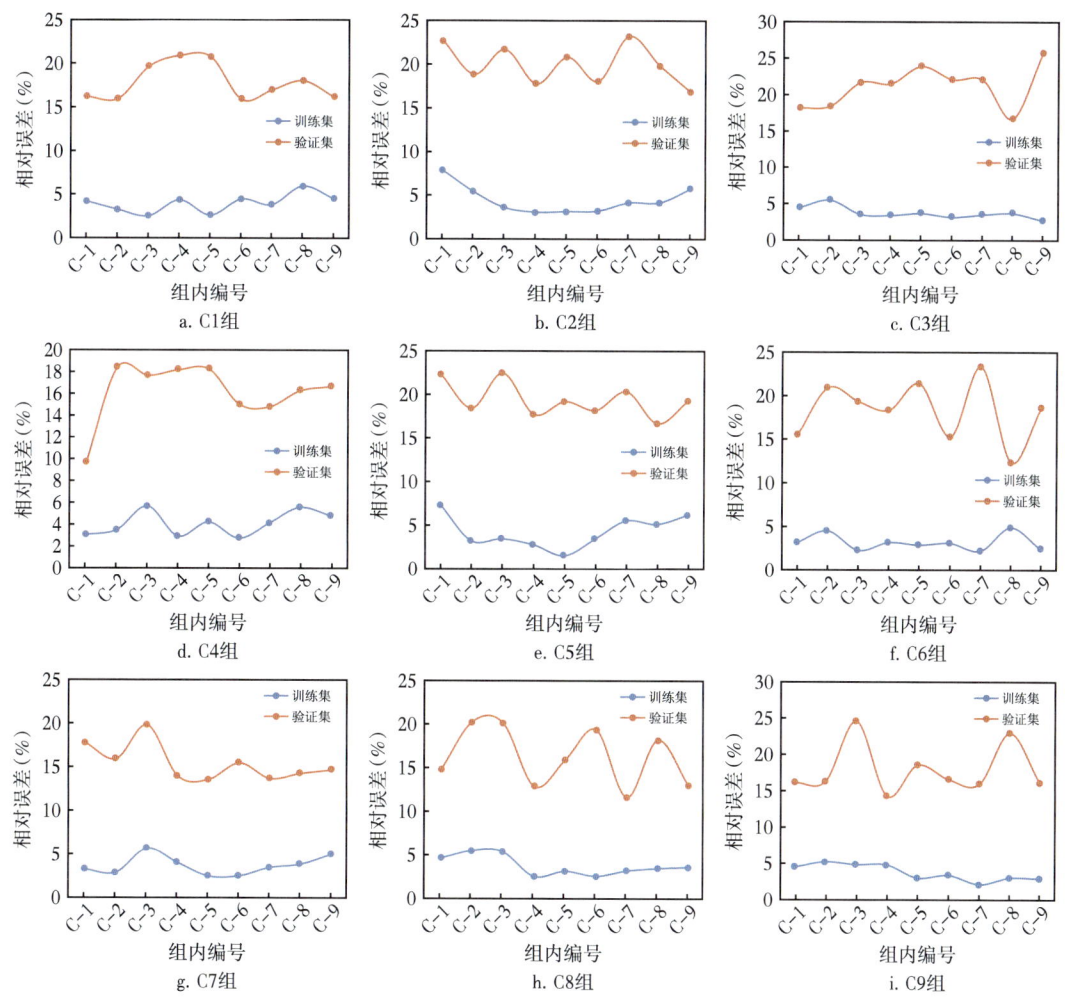

图 4-6-5  不同条件下的卷积神经网络模型在训练集与验证集上的预测误差

## 3. 三维孔隙压力场

依据上述基于卷积神经网络理论构建的三维地层孔隙压力预测方法，以四川盆地某区块地层为例，三维地层孔隙压力场如图 4-6-6 所示（侯连浪，2023）。整体上，地层孔隙压力在纵向上与横向上均表现出了较大的波动幅度，孔隙压力主要分布在 30~120MPa 范围内。在此基础上，进一步绘制 MX10 井、MX19 井、MX8 井（图 4-6-7）的孔隙压力连井剖面，可以看出，孔隙压力剖面与单井孔隙压力吻合较好，证明了该方法建立三维地层压力场的准确性。

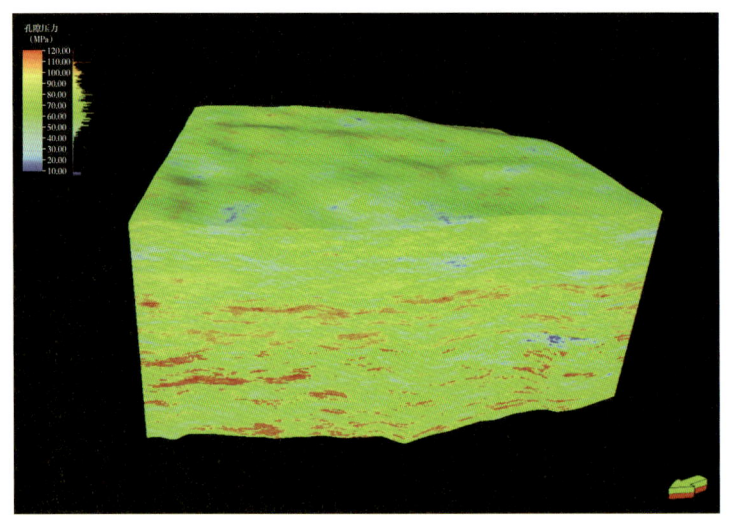

图 4-6-6 三维地层孔隙压力场

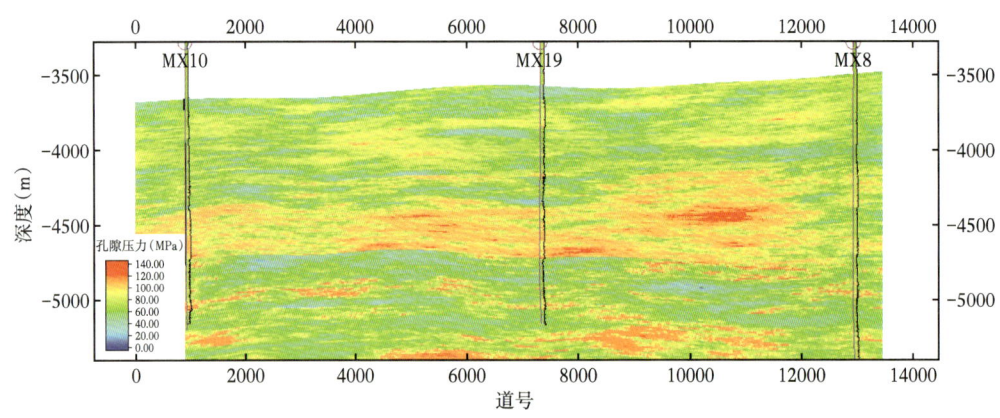

图 4-6-7 过井 MX10、MX19、MX8 孔隙压力连井剖面

为了进一步量化三维孔隙压力与单井孔隙压力的相关关系，从对应的三维体重沿井轨迹提取用于孔隙压力计算的属性参数以及孔隙压力（图中符号为：PP_Seismic，后文用地震孔隙压力表述），并同时绘制基于测井信息计算得到的孔隙压力剖面（图中符号为 PP_Log，后文用测井孔隙压力表述），如图 4-6-8a 所示。从图 4-6-8 中可以看出，地震孔隙压力与测井孔隙压力变化趋势整体保持一致。在此基础上，提取地震孔隙压力与测井孔隙压力数据，形成两者交会图以及分布频率，如图 4-6-8b 至图 4-6-8d 所示。可以发现，地震孔隙压力与测井孔隙压力的交会图位于斜对角线两侧附近，两者具有较

好对应性。测井孔隙压力当量密度主要分布在 1.4~1.8g/cm³ 范围内,地震孔隙压力当量密度主要分布在 1.4~1.8g/cm³ 范围内,两者分布频率相似,进一步论证了孔隙压力三维预测方法的适用性。

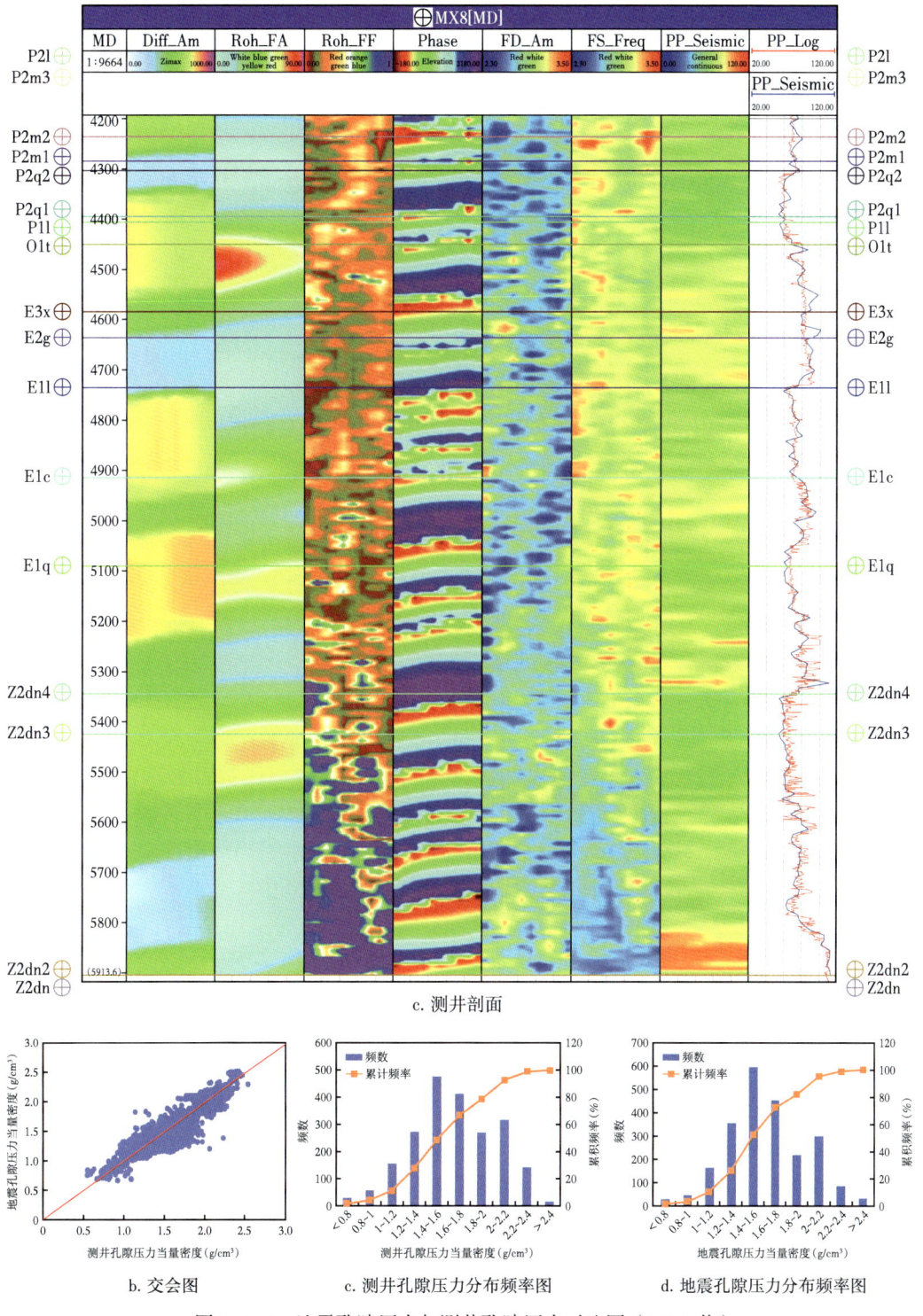

图 4-6-8　地震孔隙压力与测井孔隙压力对比图(MX8 井)

# 第五章 复杂地层地应力测井预测

地应力是由地壳运动、地质构造、沉积自重等因素引起的存在于岩层内部的应力。地应力一般用垂向应力、最大水平主应力及最小水平主应力进行描述，地应力预测包括地应力大小和方位预测。从形成时期，可将地应力分为古地应力和现今地应力，现今地应力对天然裂缝的渗流特性、井壁稳定性、人工压裂缝起裂扩展等影响显著，是井网部署、井眼轨道设计以及钻井、压裂、油气开采等施工方案设计、优化的重要基础。因此，对现今地应力的研究对油气工业具有重要的意义。本章对地应力的室内测量及测井预测方法进行简要介绍。

## 第一节 地应力预测方法概述

地应力是指存在于地壳或地层中未受扰动的天然应力，也称原地应力、地层初始应力。地应力是在漫长的地质年代里，由于地质构造运动、地球自转、地热、重力及其他因素共同作用引起的地层内部单位面积上的作用力。地应力是地壳在地质历史过程中受物理化学、热力学、地质力学等作用不断积累形成的，不同的区域不同地层中每种作用对现今地应力的影响程度存在显著差异。地应力通常用三个主应力描述，即垂向应力（$\sigma_V$）和水平向两个主应力，包括最大水平主应力（$\sigma_H$）和最小水平主应力（$\sigma_h$）。一般认为垂向应力由上覆岩层的重量引起，水平向两个主应力主要受构造应力场的控制，同时还受到岩体自重、侵蚀所导致的天然卸荷，现代断裂运动的应力释放和应力调整作用，以及岩体力学特性等因素的影响。

深部地层某一点的三个主应力互相垂直，但通常互不相等，按照三个主应力数值相对大小，可将地应力状态分为三种类型，如图 5-1-1 所示。

（1）Ⅰ类地应力状态，也称为潜在正断型：最大主应力为垂向应力，中间主应力及最小主应力为水平方向两个主应力，满足 $\sigma_V > \sigma_H > \sigma_h$。若三个主应力均为压应力，即 $\sigma_h > 0$，则为Ⅰa类地应力状态，在该应力状态下有利于形成2组正断层，如图 5-1-1a 所示；若最小主应力为张应力，中间主应力和最大主应力为压应力，即 $\sigma_V > \sigma_H > \sigma_h$，且 $\sigma_h < 0$，则为Ⅰb类地应力状态，在该应力状态下有利于形成直立或近于直立的高角度破裂，如图 5-1-1b 所示。

（2）Ⅱ类地应力状态，也称为潜在逆断型：最小主应力为垂向应力，中间主应力及最大主应力为水平方向两个主应力，满足 $\sigma_H > \sigma_h > \sigma_V$，该应力状态有利于产生逆断层，如图 5-1-1c 所示。

（3）Ⅲ类地应力状态，也称为潜在走滑型：中间主应力为垂向应力，最小主应力及最大主应力为水平方向两个主应力，满足 $\sigma_H > \sigma_V > \sigma_h$，该应力状态有利于产生平移断层，如图 5-1-1d 所示。

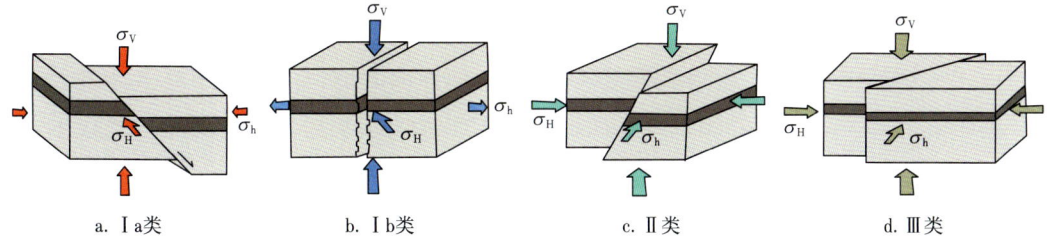

a. Ⅰa类　　　b. Ⅰb类　　　c. Ⅱ类　　　d. Ⅲ类

图 5-1-1　地应力状态类型示意图

需要注意的是，地应力状态不同，不仅会对油气钻采工程产生不同的影响，同时也会影响地应力评价方法的选择。因此，综合地质工程信息确定目标地层的地应力状态是地应力评价与应用需解决的首要问题。

由于垂向应力通常被认为是上覆地层的重力作用结果，在地应力的三个分量中，水平向两个主应力是地应力预测的重点和难点。目前，许多学者已提出了多种地应力测量方法，在石油与天然气工程领域，主要通过地质分析、岩心测试、测井资料分析以及压裂施工资料反分析等方法进行地应力的测量与评价。凯塞效应法、差应变及压裂资料分析等是常用的深部地应力大小测量方法；常用的地应力方向评价方法主要有波速各向异性分析法、微地震监测法、井壁诱导缝法、井壁崩落法等。

## 第二节　地应力方位测井评价

针对地层地应力测井评价，首先需要明确的是地应力方位。地应力方位对注采井网部署、井眼轨迹设计、射孔相位优化、人工压裂缝扩展及其空间形态特征等都有着重要的影响与控制。地应力方位的测井评价主要基于直井井壁应力状态、破裂特征及其引起的测井物理响应变化，本节将以此为依据，对地应力方位测井评价进行介绍。

### 一、直井井壁地层应力状态及破坏特征

直井条件下，在均质各向同性地层圆形井眼中，取垂直于井眼轴线的横截面，在该截面中以井眼中心为原点、以最大水平主应力方位为坐标轴 0° 方位建立坐标系，对于距孔眼中心为 $r$ 的地层任意点，其受力状况可表示为：

$$\sigma_r = \frac{1}{2}(\sigma_H + \sigma_h)\left(1 - \frac{r_w^2}{r^2}\right) + \frac{r_w^2}{r^2}p_w + \frac{1}{2}(\sigma_H - \sigma_h)\left(1 - \frac{4r_w^2}{r^2} + \frac{3r_w^4}{r^4}\right)\cos 2\theta \quad (5-2-1)$$

$$\sigma_\theta = \frac{1}{2}(\sigma_H + \sigma_h)\left(1 + \frac{r_w^2}{r^2}\right) - \frac{r_w^2}{r^2}p_w + \frac{1}{2}(\sigma_H - \sigma_h)\left(1 + \frac{3r_w^4}{r^4}\right)\cos 2\theta \quad (5-2-2)$$

$$\tau_\theta = \frac{1}{2}(\sigma_H - \sigma_h)\left(1 + \frac{4r_w^2}{r^2} - \frac{3r_w^4}{r^4}\right)\sin 2\theta \quad (5-2-3)$$

式中：$\sigma_r$、$\sigma_\theta$、$\tau_{r\theta}$分别为径向主应力、周向主应力及剪切应力，MPa；$p_w$为井筒液柱压力，MPa；$r_w$为井眼半径，m；$r$为距孔眼中心的距离，m；$\theta$为井周角，（°），以最大水平主应力方位为0°。

由式（5-2-2）分析，在井周角等于90°或270°的方位，即在最小水平主应力方向上，周向应力趋于最大，且随着井筒液柱压力的增大而减小；因此，在井筒液柱压力较小时，该方位易产生应力集中引发的井壁岩石破坏失稳、形成井壁崩落区域，且应力崩塌造成的椭圆井眼长轴与最小水平主应力方向一致，如图5-2-1所示。

在井周角等于0°或180°的方位，即在最大水平主应力方向上，周向应力趋于最小；随着井筒内液柱压力的持续增大，该方位的周向应力会不断减小，直至由压应力状态转变为拉张应力状态；当拉应力大小达到或超过井壁岩石的抗张强度时，井壁岩石就会发生破裂，形成压裂诱导裂缝，且诱导裂缝的走向与最大水平主应力方向一致，如图5-2-1所示。

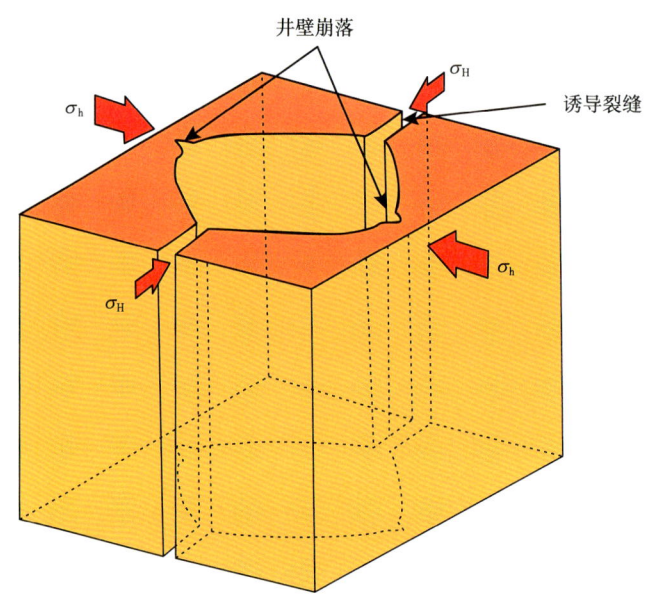

图 5-2-1　直井壁崩落和诱导缝示意图

综上，在均质各向同性地层钻直井过程中，当钻井液液柱压力高于地层的破裂压力时，沿着最大水平主应力方向的井壁将被压开，形成压裂缝；当钻井液液柱压力低于地层的坍塌压力，钻井液液柱压力不足以支撑井壁时，沿着最小水平主应力方向的井壁将产生应力垮塌或应力崩落；并且，井周应力分布不平衡所引起的张性破裂和剪切垮塌在井周通常呈对称分布。因此，研究水平主应力方向的关键是能否在钻井后所获得的测井资料中准确地识别出井周地层发生的应力垮塌或诱导缝井段及方位。各种成像测井提供的井壁图像及井径是获取水平向主应力方向的重要依据。

## 二、井壁钻井诱导裂缝的成像测井显示特征

研究实践表明，从成像测井资料看，钻井以后，在井壁形成的裂缝主要有钻具振动裂缝、热差诱导缝、应力释放缝和由于钻井液密度过高引起的钻井压裂缝4种类型。其

中，应力释放缝、高密度的钻井压裂缝最为常见，是指示水平最大地应力方向的重要指标。

应力释放缝是由于地层被钻开，随着应力释放而产生的细微裂隙，其特征是一组接近平行的高角度裂缝（羽状缝）。高密度的钻井压裂缝是当井筒内部钻井液密度过高时，超过井壁地层破裂压力后引起的井壁地层张性破坏现象，一般以高角度张性裂缝为主。

应力释放缝、高密度的钻井压裂缝都与地应力状态密切相关。其中，在潜在正断型应力状态、潜在走滑型应力状态下，直井中的诱导裂缝起裂方位、走向通常沿着或接近水平最大主应力方位。

与天然裂缝相比，应力相关的钻井液诱导裂缝通常呈现出180°对称、裂缝开度稳定等特征。典型诱导裂缝形态如图 5-2-2 所示。

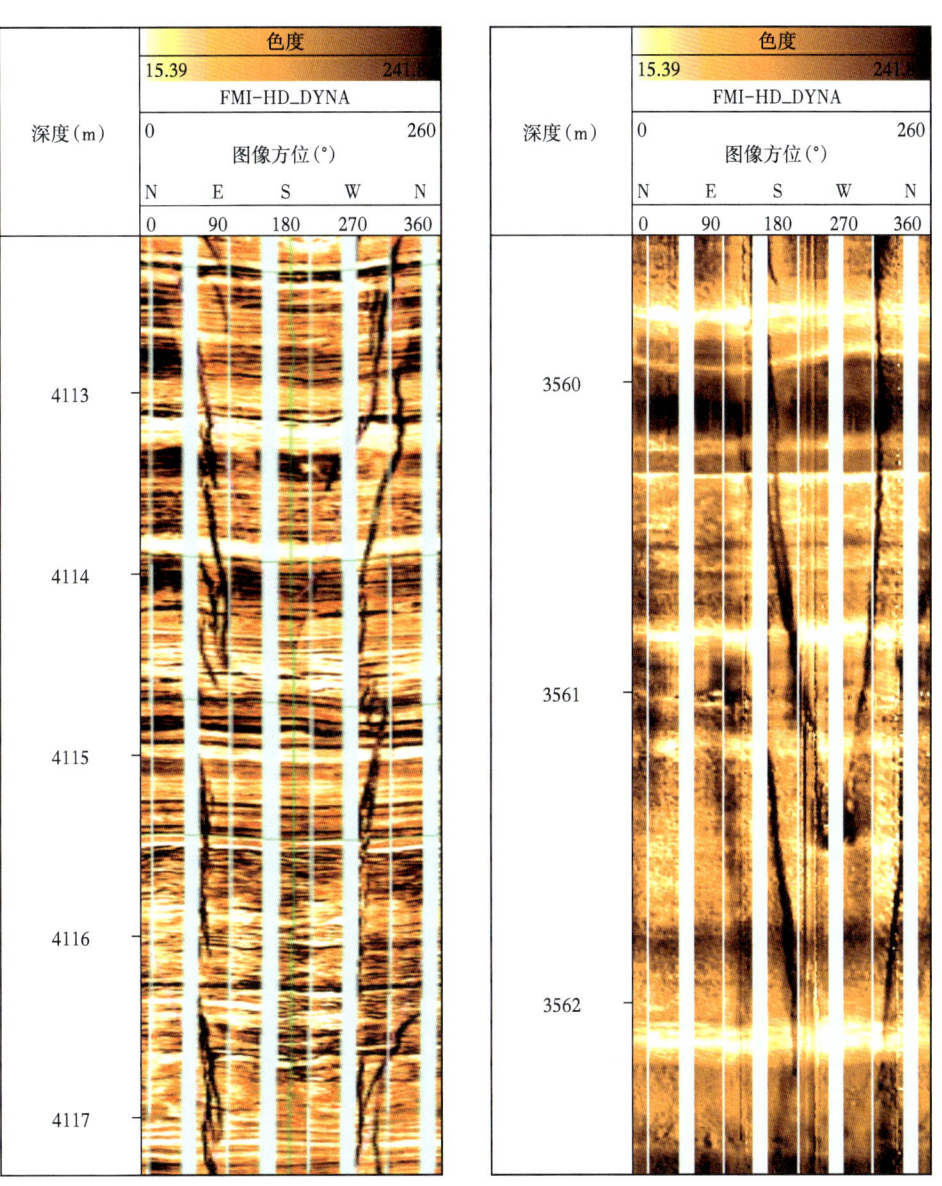

图 5-2-2 成像测井上的典型钻井诱导裂缝形态

## 三、井壁应力垮塌的测井显示特征

### 1. 在成像测井的显示特征

钻井过程中,井壁出现的应力崩落、应力垮塌通常被认为是井壁附近应力集中产生剪切破坏的结果。对于直井,应力崩落和应力垮塌的方向与区域水平最小主应力方向一致。井壁应力崩落、应力垮塌的方位、形状、宽度和深度都可从各种成像测井图上观察得到。如图 5-2-3 所示,井壁崩落在成像测井上表现为相间的宽阔暗色条带,条带间距 180°,具有明显的对称性。

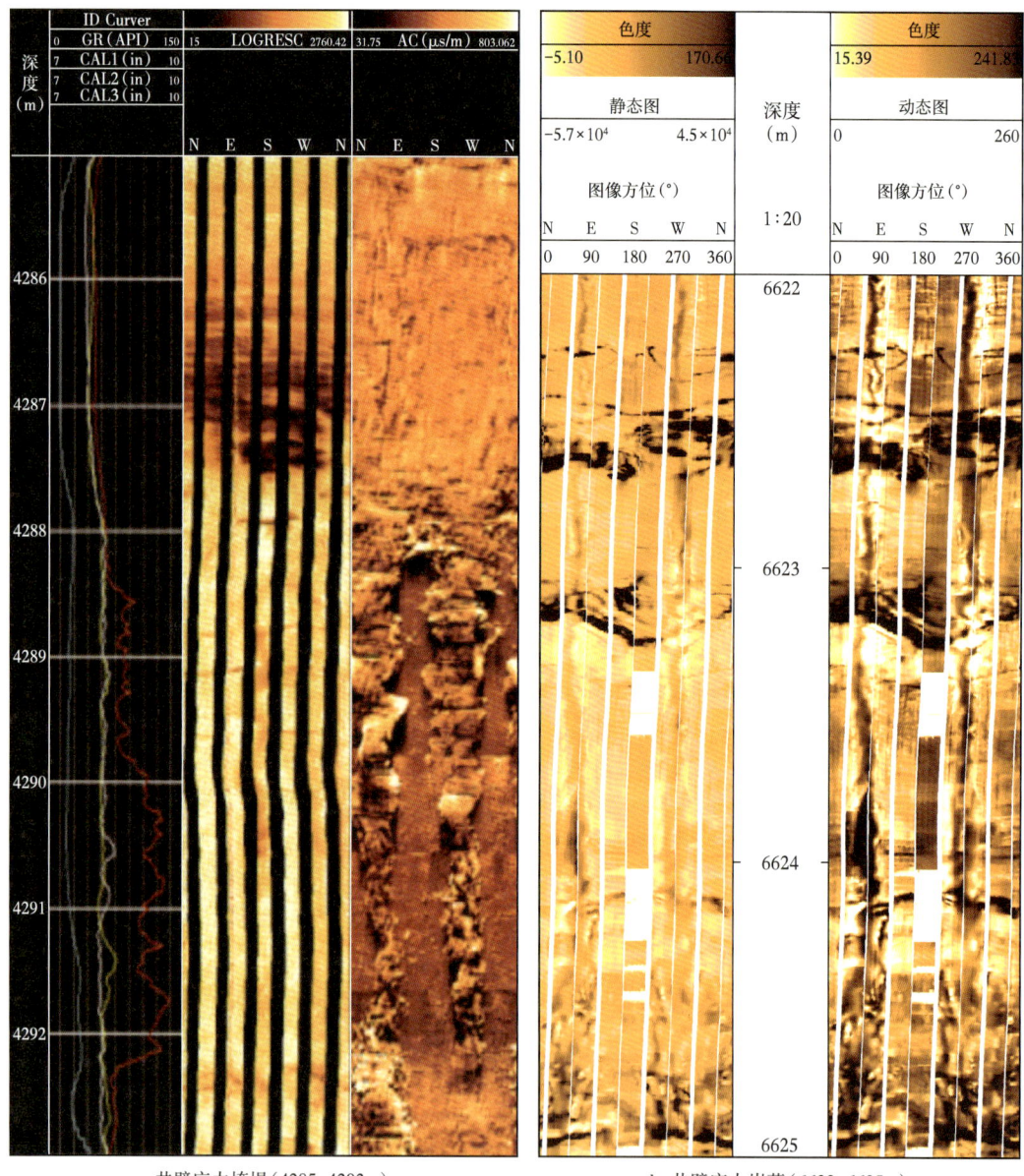

a. 井壁应力垮塌(4285~4293m)　　　b. 井壁应力崩落(6622~6625m)

图 5-2-3　井壁应力垮塌和应力崩落电成像测井显示特征
(据刘向君等,2015;Wang, et al., 2022)

## 2. 在常规测井曲线上的显示特征

钻井过程中,由于井壁附近应力集中而产生的井壁应力崩落和应力垮塌不仅可在成像图上进行直接识别,而且在双井径曲线上也能得到较好显示。在未发生井壁垮塌的井段,多条井径曲线几乎彼此重合(图 5-2-4a)。在井壁发生应力垮塌的井段,形成了应力型椭圆井眼,会有一条或多条井径曲线显示其对应方向上的井径扩大,是水平主应力的不平衡造成井壁在最小主应力方向上剪切掉块或井壁崩落而形成的,其长轴方向指示水平最小主应力方向。以直井双井径曲线为例,其特征如下:

(1)溶蚀型井眼。地层被钻井液溶蚀而形成,井眼形状基本为圆形,常发生在膏盐地层。在双井径曲线上表现为井径均大于钻头直径,如图 5-2-4b 所示。

(2)冲蚀型椭圆井眼。地层受钻井液浸泡、冲刷作用,引起井壁坍塌、井眼扩大,常发生在泥岩等软岩层。在双井径曲线上表现为井径不等,且都大于钻头直径,如图 5-2-4c 所示。

(3)键槽井眼。由钻具偏心磨损井壁形成,常发生在井斜较大且岩石强度较低的地层。在双井径曲线上表现为一条井径大于钻头直径,一条井径小于钻头直径,如图 5-2-4d 所示。

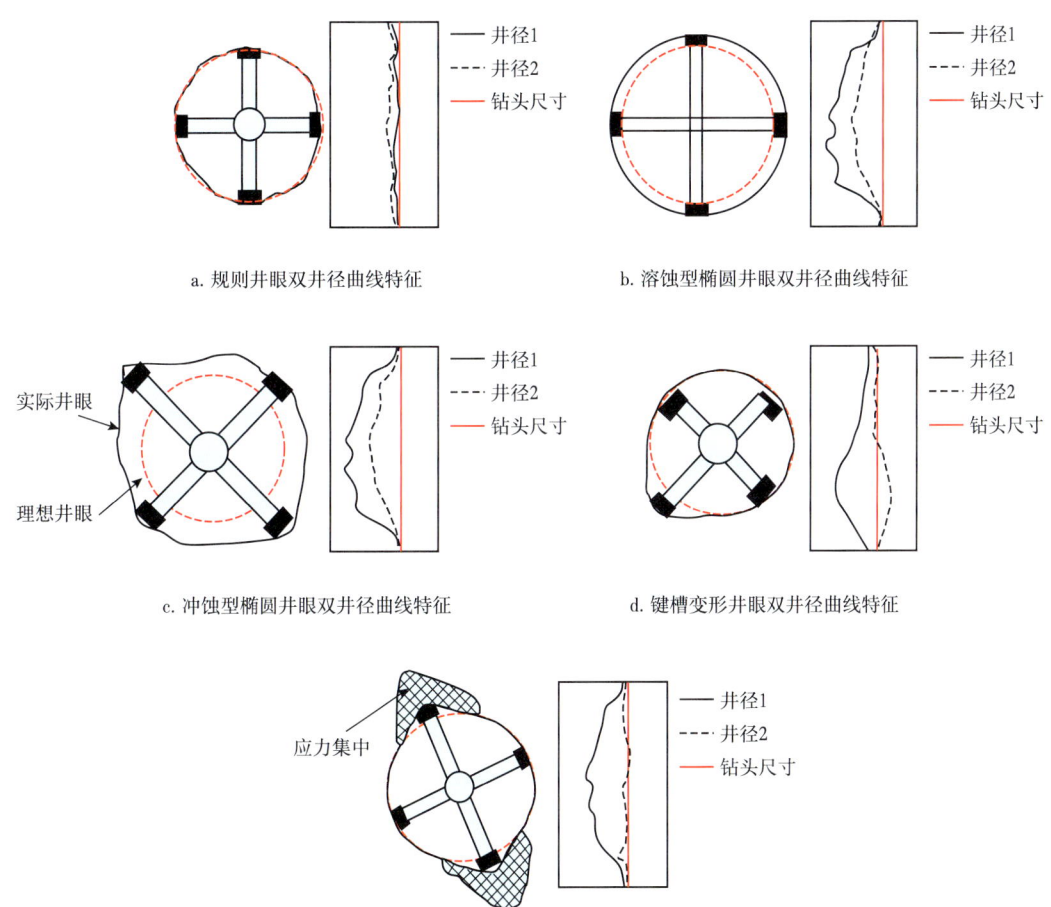

图 5-2-4 扩径井眼类型及双井径曲线特征(据刘向君等,2015)

（4）应力型椭圆井眼。因水平主应力的不平衡造成井壁发生剪切掉块或井壁崩落，从而形成对称椭圆井眼，其长轴方向指示最小水平主应力方向。在双井径曲线上表现为一条井径大于钻头直径，一条井径近似等于钻头直径，如图5-2-4e所示。

### 四、地应力各向异性的测井指示特征

在各向异性地层中，地层中岩石在不同方向上受压程度不同，其中沿最大水平主应力方向的岩石受压程度最高，声波在该方向地层中传播速度也最大。

偶极横波成像测井是一种通过声波信号探测地层各向异性的有效方法，根据DSI的测量原理，在各向异性介质中，横波沿传播方向将分裂为质点振动方向相互垂直的两个横波（横波分裂），这两个横波以不同的速度传播，其中传播速度相对较快的横波称为快横波，通过分析声波信号的快慢横波的能量或速度差异，可以获取地层的各向异性。理论上，快横波指示水平最大主应力的方向或裂缝的走向、地层层理的走向（表5-2-1）。

表5-2-1 各井快横波方位对水平最大主应力方位的指示

| 序号 | 井号 | 井段（m） | 最大水平主应力方位（°） |
|---|---|---|---|
| 1 | D29 | 1857.0~2001.0 | 75°~105° |
| 2 | D29 | 2001.0~2041.0 | 90°~105° |
| 3 | D29 | 2041.0~2083.0 | 90°~105° |
| 4 | D37 | 1915.0~2066.0 | 45°~60° |
| 5 | D37 | 2066.0~2106.0 | 15°~30° |
| 6 | D37 | 2106.0~2143.0 | 15°~30° |

然而，在钻井过程中，井周地层将产生不同程度的应力释放，同时也会诱发微裂缝不同程度的发育，这对快慢横波在井周地层不同位置的传播造成的影响不同。同时，横波分裂还受到地层复杂结构、各向异性程度等因素的影响。因此，在使用偶极横波测井资料进行地应力方向分析时，需要结合多种资料进行综合分析。当电成像资料与偶极横波测井资料分析结果出现较大偏差时，应参考电成像资料的分析结果。

基于DSI测井数据的地层各向异性分析，可对井周最大水平主应力方向进行连续的评价与分析。图5-2-5和图5-2-6为两口井不同井段的地层各向异性及其指示地层水平最大主应力分析结果。不同井段的地层最大水平主应力方位有所不同，其中对于D29井，1857.0~2001.0m井段地层的最大水平主应力的统计方位为75°~105°，2001.0~2083.0m井段地层的最大水平主应力的统计方位为90°~105°；对于D37井，1915.0~2066.0m井段地层的最大水平主应力的统计方位为30°~45°，2066.0~2143.0m井段地层的最大水平主应力的统计方位为15°~30°。

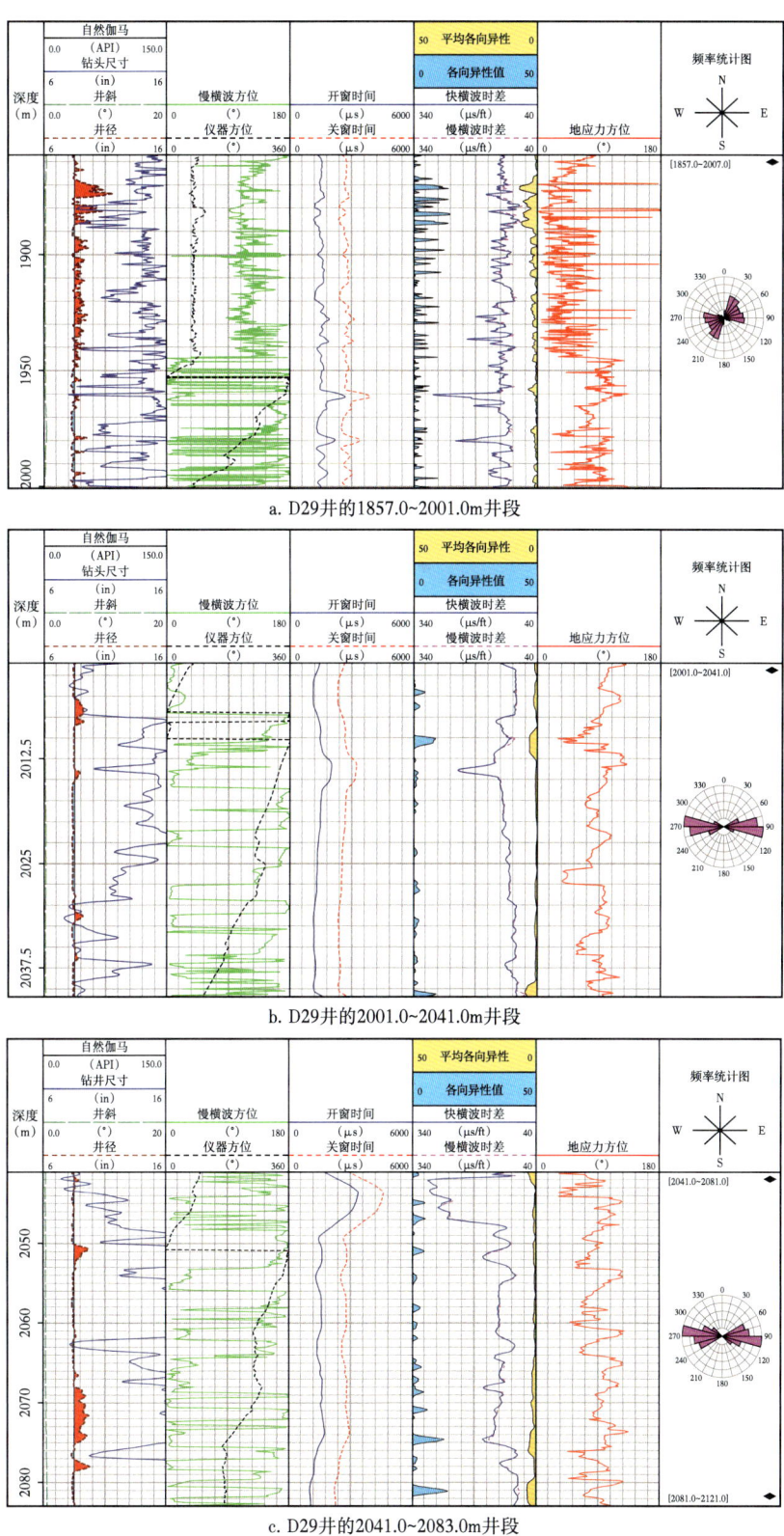

图 5-2-5  D29 井 DSI 各向异性处理成果及水平最大主应力方位

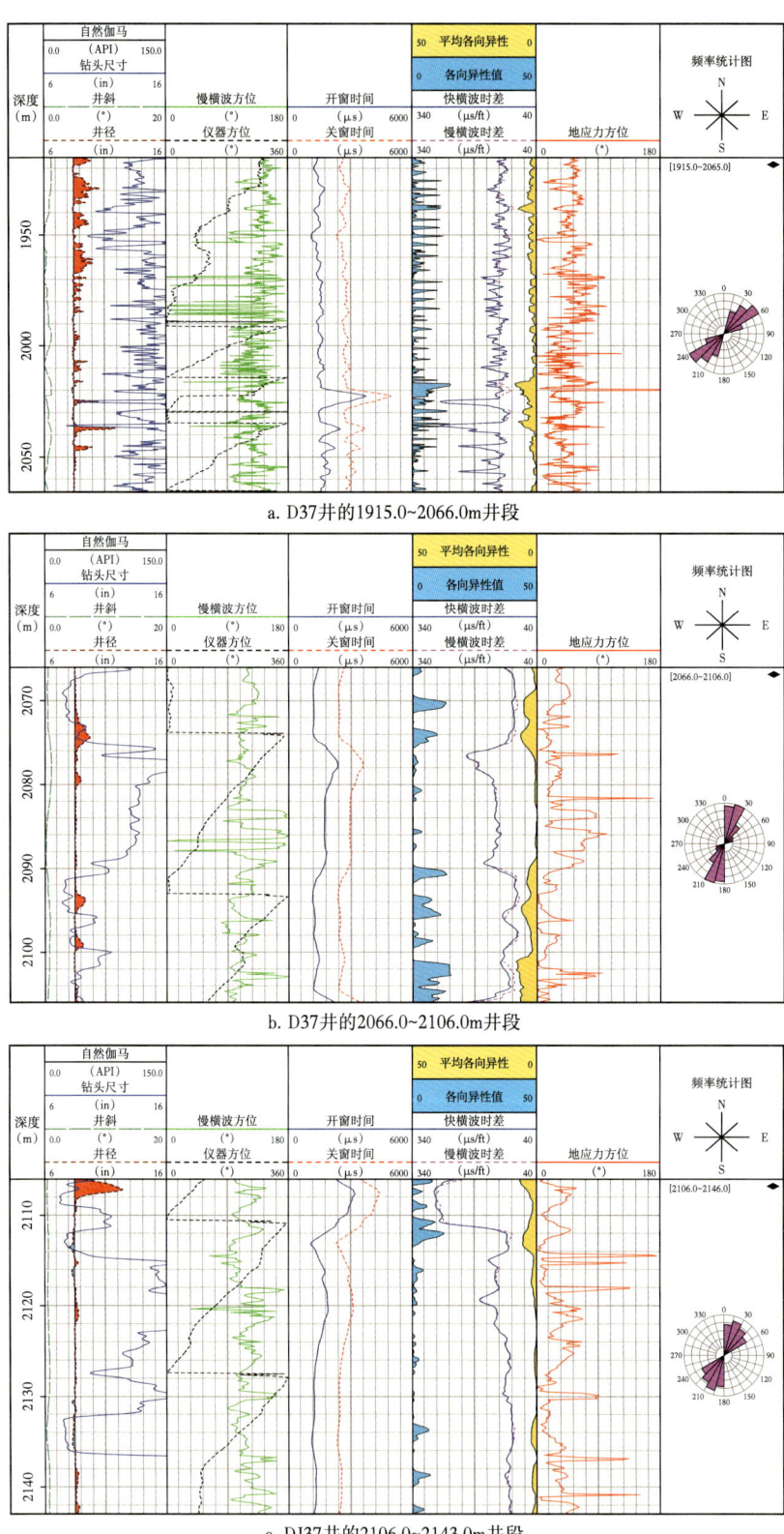

a. D37井的1915.0~2066.0m井段

b. D37井的2066.0~2106.0m井段

c. DJ37井的2106.0~2143.0m井段

图 5-2-6　D37井 DSI 各向异性处理成果及水平最大主应力方位

# 第三节　地应力大小测井评价

地应力的大小对于井眼轨迹设计、完井优化、压裂增产以及安全开采作业制度建立等都具有极其重要的意义。地应力大小的评价方法主要包括钻井岩心地应力测试、基于水力压裂资料的地应力反演、地应力测井评价及地应力剖面测井计算等。其中，采用测井信息进行地应力评价是目前应用最为广泛的方法。此外，在进行地应力测井评价时，通常会同时开展室内地应力测试、压裂资料的地应力反演，利用地应力测试结果对地应力测井评价进行验证与标定。

## 一、地应力大小的室内测试方法

1. 基于 Kaiser 效应的地应力测试

凯塞效应（Kaiser 效应）是材料受力作用后所产生的声发射现象。声发射是材料内部应变能快速释放而产生瞬态弹性波的一种物理现象。利用 Kaiser 效应测定地应力是利用了岩石材料具有记忆的特性，岩石的记忆特性是指岩石材料对过去经历过的所有应力状态都具有记忆特性。

1950 年，德国学者 Kaiser 做金属材料的单向拉伸试验时，发现发生形变的金属材料应力释放后重新加载时，若所受应力达到或超过先期最高应力值后，就会产生相对更强更多频次的声发射。这一现象被称为 Kaiser 效应，使得声发射骤然增强的应力水平被称为 Kaiser 效应点。1963 年，Goodman 通过试验证实岩石也具有 Kaiser 效应，从而为应用这一技术测定岩体应力奠定了基础。在施加荷载后，岩样产生声发射信号，且当岩样加载到曾经的最大应力水平时，声发射信号会明显增强。声发射信号明显增强所对应的应力大小即为岩石的 Kaiser 效应点，该点位置对应的应力值即沿该岩样钻取方向曾经的最大应力。

Kaiser 效应实验一般在与钻井岩心轴线垂直的水平面内，进行 45° 间隔取样并钻取三块岩样（0°、45°、90° 方向）（图 5-3-1），通过测试岩石各个方向的 Kaiser 效应点，获取三个方向的应力，得到地下岩石的原始应力状态。

在获取各方向应力分量的基础上，根据应力分量空间关系，可由三个方向的应力向量，通过相应转换计算得到测试点的水平主应力大小及方向。最大水平主应力、最小水平主应力大小的计算公式为：

$$\begin{cases} \sigma_H = \dfrac{\sigma_{x0}+\sigma_{y90}}{2}+\dfrac{\sigma_{x0}-\sigma_{y90}}{2}\left(1+\tan^2 2\beta\right)^{\frac{1}{2}} \\ \sigma_h = \dfrac{\sigma_{x0}+\sigma_{y90}}{2}-\dfrac{\sigma_{x0}-\sigma_{y90}}{2}\left(1+\tan^2 2\beta\right)^{\frac{1}{2}} \\ \tan 2\beta = \dfrac{\sigma_{x0}+\sigma_{y90}-2\tau_{xy45}}{\sigma_{x0}-\sigma_{y90}} \end{cases} \quad (5-3-1)$$

式中：$\sigma_{x0}$、$\sigma_{y90}$、$\tau_{xy45}$ 分别为沿 0°、90°、45° 方向取样的岩心声发射测试得到的正应力及剪应力，MPa；$\beta$ 为 $\sigma_{x0}$ 与最小水平主应力方向的夹角，(°)。

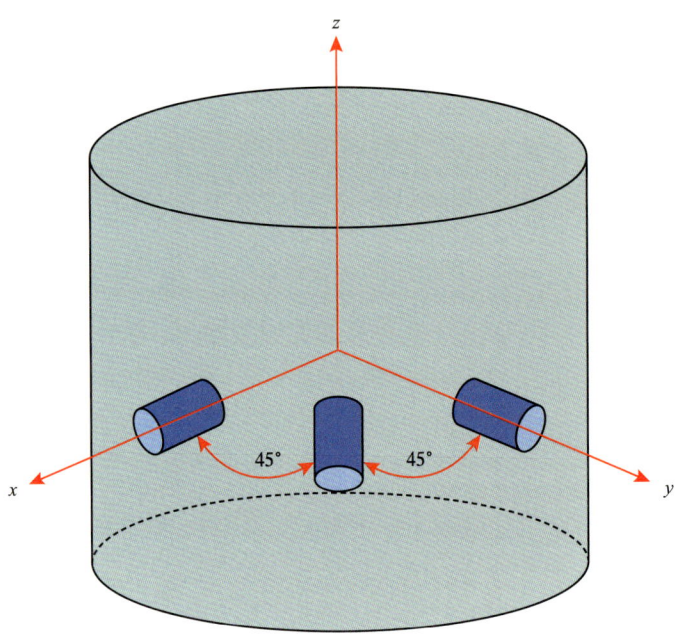

图 5-3-1 声发射测试岩心取样示意图

声发射累计能量、声发射计数是表征岩石的声发射强度最常用的特征指标。对某地层岩心进行声发射 Kaiser 效应测试，测试样品均从同一块大岩样上钻取，且从水平向间隔 45° 取 3 组岩心，声发射能量的测试结果如图 5-3-2 所示。表 5-3-1 为该地层基于声发射 Kaiser 效应得到的水平向主应力测试结果。

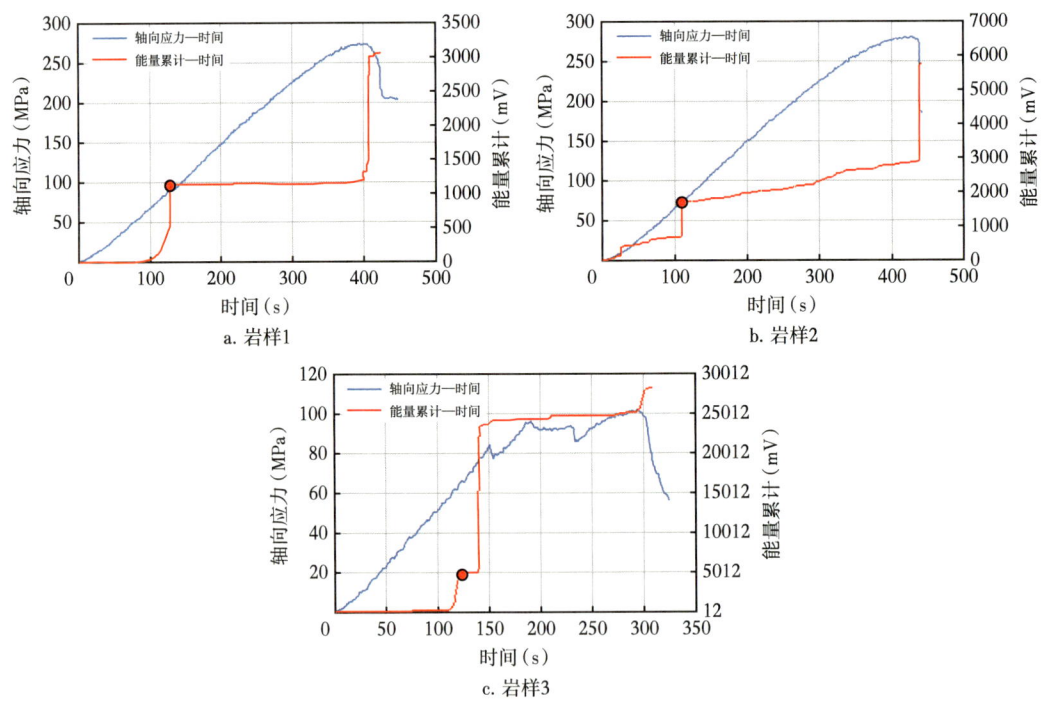

图 5-3-2 不同取心方位下的声发射能量与加载应力关系图

表 5-3-1　岩石声发射 Kaiser 效应水平向主应力测试结果

| 岩样编号 | 取样相对方向（°） | 声发射指示应力（MPa） | 地应力分析结果 | |
|---|---|---|---|---|
| | | | 最大水平主应力（MPa） | 最小水平主应力（MPa） |
| 1 | 0 | 94.5 | 108.01 | 61.72 |
| 2 | 45 | 63.8 | | |
| 3 | 90 | 75.3 | | |

大量的实验结果表明，利用声发射 Kaiser 效应测定地应力受到岩性、岩心放置时间、围压、加载速率、加载方向等因素影响。这些因素都为利用声发射的 Kaiser 效应测试地应力的准确性带来挑战，部分学者也进行了校正方法研究。

王连俊等（1996）通过大量试验建立了岩石三轴 Kaiser 效应点应力值（$\sigma_{TKE}$）与单轴 Kaiser 效应点应力值（$\sigma_{UKE}$）间比值与测试围压之间的关系，其表达式为：

$$\left(\frac{\sigma_{TKE}}{\sigma_{UKE}}\right)^2 = \frac{\sigma_3 + \sigma_t}{\sigma_t} \tag{5-3-2}$$

式中：$\sigma_3$ 为最小主应力，此处指代围压，MPa；$\sigma_t$ 为抗张强度，MPa。

式（5-3-2）表明了外部围压因素对岩石三轴 Kaiser 效应的影响，可通过该式对 Kaiser 效应点应力大小进行围压校正。

2. 基于差应变的地应力测试

差应变是通过模拟岩石在地下受到的应力状态，以及岩石在取出地表后应力释放所产生的变形，来反推地下地应力的大小和方向。

在地层深处，由于地应力的存在，岩石处于压缩状态，其中的天然裂隙也处于闭合状态。当岩心被取出到地表后，由于地应力的解除，岩心会发生膨胀并产生许多新的微裂隙。这些新产生的微裂隙的张开程度、密度和方向与岩心在地下所受的地应力场密切相关，是地下地应力场的直接反映。

将岩心放置于三向等压环境中并对其进行加载，岩心将重新经历加载并逐渐恢复到原岩应力状态。加载过程中，由于应力释放而产生的微裂隙会首先闭合，随后继续加载则会产生由岩石基质变形引起的应变。由于岩石在原始应力最大的方向上变形最大，在原始应力最小的方向上变形最小，因此，可以通过分析各方向上的应变之差来确定岩心在地下所受的地应力状态。

基于弹性力学理论，可计算三个主应力的大小和方向。利用差应变的方法进行地应力测试需要基于以下假设：

（1）地应力释放将使岩心内产生微裂隙；
（2）这些裂隙的排列受原地应力的影响；
（3）裂隙的体积与所受原地应力大小成比例；
（4）卸压膨胀后岩心在施加压力后，任一方向上压缩量与该方向的膨胀应变量有关。

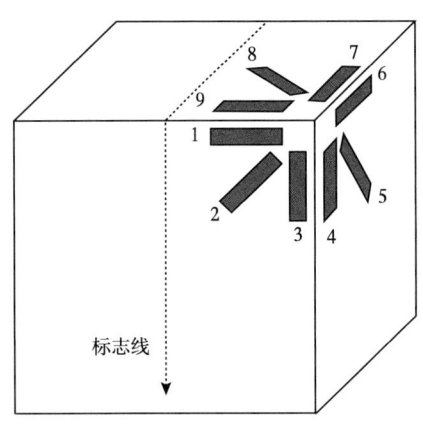

图 5-3-3　差应变测试岩心准备示意图

开展差应变测试时，需要将岩心加工成边长为 50~60mm 的近似立方体，以保证岩心至少有三个平面相互正交，然后在立方体相互垂直面贴上三组应变片，并依次对每个应变片进行编号。差应变测试岩心准备示意图如图 5-3-3 所示。岩心制备完成后先通过采集线将各应变片与应变采集卡连接好，然后将岩心放置在尺寸略大于边长的容器内，将调制好的硅胶倒入容器内，待硅胶固结后即可进行差应变测试。实验过程中，将固结好的岩心放入岩石三轴实验机的釜体内，以小于 0.01MPa/s 的速度连续加载，直至实验设定的压力。

实验过程中直接采集到的是在岩样上相邻的、正交的三个面上的九个应变，根据弹性力学基本原理，基于 9 个应变值能够计算出试样加载过程中的正应变和剪应变，见式（5-3-3）。

$$\begin{cases} \varepsilon_x = (\varepsilon_1 + \varepsilon_9)/2 \\ \varepsilon_y = (\varepsilon_6 + \varepsilon_7)/2 \\ \varepsilon_z = (\varepsilon_3 + \varepsilon_4)/2 \\ \varepsilon_{xy} = \varepsilon_8 - (\varepsilon_7 + \varepsilon_9)/2 \\ \varepsilon_{yz} = \varepsilon_5 - (\varepsilon_4 + \varepsilon_6)/2 \\ \varepsilon_{zx} = \varepsilon_2 - (\varepsilon_1 + \varepsilon_3)/2 \end{cases} \quad (5\text{-}3\text{-}3)$$

式中：$\varepsilon_1$ 至 $\varepsilon_9$ 为实验中测得 9 个应变片的应变值；$\varepsilon_x$、$\varepsilon_y$、$\varepsilon_z$ 分别为 $x$、$y$、$z$ 方向的正应变；$\varepsilon_{xy}$、$\varepsilon_{yz}$、$\varepsilon_{zx}$ 分别为平面上的剪应变。

根据计算得到正应变和剪应变确定应变矩阵，求解三元一次方程 [式（5-3-4）] 的三个根 $\varepsilon_{11}$、$\varepsilon_{22}$、$\varepsilon_{33}$，即为三个方向的主应变大小：

$$\varepsilon^3 - I_1\varepsilon^2 + I_2\varepsilon - I_3 = 0 \quad (5\text{-}3\text{-}4)$$

其中：

$$\begin{cases} I_1 = \varepsilon_x + \varepsilon_y + \varepsilon_z \\ I_2 = \varepsilon_y\varepsilon_z + \varepsilon_z\varepsilon_x + \varepsilon_x\varepsilon_y - \frac{1}{4}(\varepsilon_{yz}^2 + \varepsilon_{zx}^2 + \varepsilon_{xy}^2) \\ I_3 = \varepsilon_x\varepsilon_y\varepsilon_z - \frac{1}{4}(\varepsilon_x\varepsilon_{yz}^2 + \varepsilon_y\varepsilon_{zx}^2 + \varepsilon_z\varepsilon_{xy}^2) + \frac{1}{4}\varepsilon_{yz}\varepsilon_{zx}\varepsilon_{xy} \end{cases} \quad (5\text{-}3\text{-}5)$$

根据弹性力学应力与应变的关系，由三向主应变可求取三向主应力大小的比值：

$$\begin{aligned}\sigma_1:\sigma_2:\sigma_3 = &[\nu_s(\varepsilon_{22}+\varepsilon_{33})+(1-\nu_s)\varepsilon_{11}]:[\nu_s(\varepsilon_{11}+\varepsilon_{22})+[1-\nu_s]\varepsilon_{33}]:\\&[\nu_s(\varepsilon_{11}+\varepsilon_{33})+(1-\nu_s)\varepsilon_{22}]\end{aligned} \quad (5\text{-}3\text{-}6)$$

在已知垂向应力的基础上，可进一步根据主应力比值计算出三向主应力大小。

依据上述方法，将某井取得岩心放入压力室内，压力加载到75MPa，根据测得的9个应变片的应变值，计算得到三向主应力比值与围压的关系如图5-3-4所示，差应变的地应力测试结果见表5-3-2。

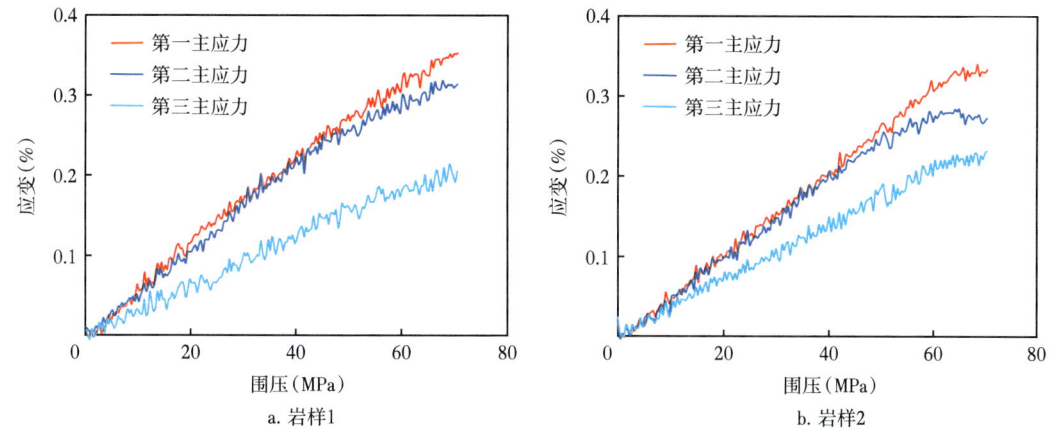

图5-3-4 岩样三向主应力比值与围压的关系图

表5-3-2 差应变的地应力测试结果

| 岩样编号 | 岩性 | 深度（m） | 垂向应力（MPa） | 最大水平主应力（MPa） | 最小水平主应力（MPa） |
|---|---|---|---|---|---|
| 1 | 碳酸盐岩 | 2818.76 | 72.71 | 69.91 | 52.69 |
| 2 | 页岩 | 4414.67 | 120.80 | 118.43 | 92.21 |

## 二、基于水力压裂资料的地应力反演

水力压裂法是深部地层应力原位测试最有效的方法之一，也是测试深部最小水平主应力最直接的方法。水力压裂法是国际岩石力学学会试验方法委员会于2003年发布的确定岩石应力的推荐方法之一，包括经典水力压裂法（HF法）和原生裂隙水力压裂法（HTPF法）。其中经典水力压裂法是一种平面测量法，假设地层是均匀、各向同性、线性弹性、连续的介质，且要求钻孔方向与某一主应力方向相同；而HTPF法是HF法的发展，适用于原生裂隙较多的岩体，且不用考虑破坏准则、钻孔方向等因素，该方法计算耗时较长，影响地应力计算精度的因素较多。

水力压裂法是通过向地层注入高压流体，在流体压力作用下使得井壁张性破裂并产生裂缝，此时的井内流体压力称为地层的破裂压力；在流体压力作用下，新形成裂缝将继续延伸，此时的流体压力称为裂缝扩展压力；当裂缝延伸到一段距离后停泵，因流体泵入动力突然停止，井底压力先快速降低后缓慢降低，此时的流体压力为瞬时停泵压力；随着流体压力继续降低，裂缝逐渐趋于闭合，此时的流体压力为闭合压力，该值反映了最小水平主应力的大小。根据井壁破裂的力学模型，根据地层破裂压力可计算出最大水平主应力的大小。

如图5-3-5所示，可确定出地层的破裂压力、瞬时停泵压力、闭合压力等。根据水力压裂原理，产生水力压裂缝时破裂压力与地应力的关系可用式（5-3-7）表示，在已知某深度点的地层孔隙压力、抗张强度等基础上，可利用该关系式计算最大水平主应力的大小。

$$p_\text{f} = 3\sigma_\text{h} - \sigma_\text{H} - \alpha p_\text{P} + \sigma_\text{t} \tag{5-3-7}$$

式中：$p_\text{f}$ 为地层破裂压力，MPa；$\alpha$ 为 Biot 系数；$p_\text{P}$ 为地层孔隙压力，MPa。

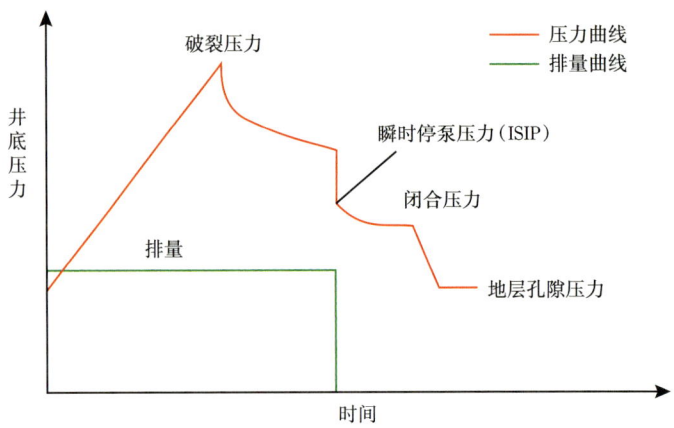

图 5-3-5　典型水力压裂施工曲线

图 5-3-6 为某井地层水力压裂施工动态曲线，依据上述理论综合分析计算得到相应深度段地层的地应力，见表 5-3-3。需要注意的是，从压裂施工曲线中确定的压力值是地面泵压值，应用时需要结合实际井压裂液的液柱压力和摩阻，将地面泵压值换算到井底地层状态的压力值。

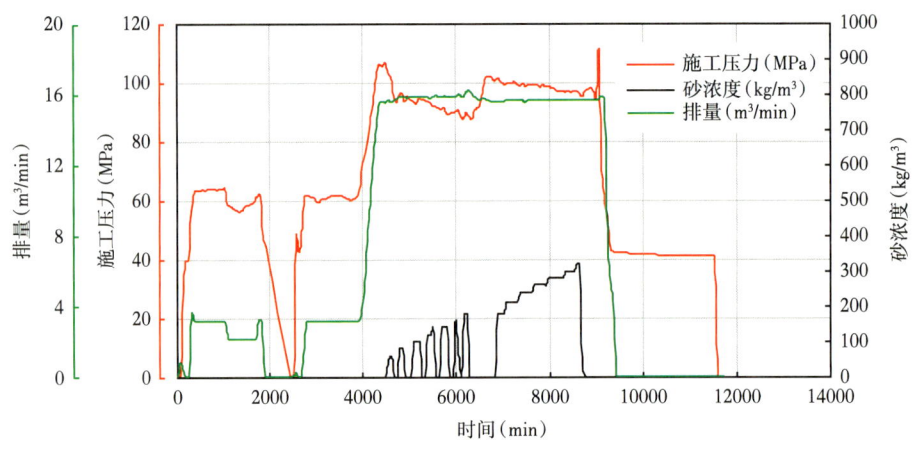

图 5-3-6　某井地层水力压裂施工动态曲线图

表 5-3-3　根据压裂资料分析得到的水平主应力

| 井号 | 中部深度（m） | 破裂压力（MPa） | 闭合压力（MPa） | 水平主应力（MPa） ||
|---|---|---|---|---|---|
| | | | | 最小水平主应力 | 最大水平主应力 |
| FNX | 4830 | 150.2 | 90.2 | 90.2 | 94.5 |

可以看出，利用水力压裂施工资料评价地应力大小的准确性强烈依赖于从压裂施工压力曲线上对地层破裂压力、裂缝闭合压力等关键点的准确识别，尤其是裂缝闭合压力点。为了准确识别压裂施工曲线上闭合压力点，部分学者提出了多种确定方法，如 $p_w$—lg（$t+\Delta t$）/$\Delta t$ 法、$p_w$—lg$\Delta t$ 法、时间平方根法等（$p_w$ 为井底压力，MPa；$t$ 为时间，min；$\Delta t$ 为闭合时间，min）。

同时，受地应力各向异性影响，直井中压裂产生的水力压裂缝通常沿最大水平主应力方向延伸。因此，根据水力压裂缝形态的监测或检测结果，可通过对水力压裂缝的走向进行分析，确定原地水平最大主应力的方向。

### 三、地应力大小的测井评价

1. 均质地层的地应力评价方法

地应力大小测井预测是在一定的假设条件下，以地应力实测数据为基础，建立地应力计算模型，然后利用测井资料进行地应力计算分析的一种方法。利用测井资料可连续计算地应力大小，包括垂向应力和两个水平主应力。

目前，地应力测井计算模型主要有四大类：

（1）Mohr-Columb 计算模型，该模型假设地层处于剪切破坏临界状态，基于 Mohr-Columb 强度准则给出了最大主应力与最小主应力之间的计算关系模型；

（2）单轴应变模型，其中较有代表性的模型有 Matthews & Kelly 模型（1967）、Anderson 模型（1973）和 Newberry 模型（1986）等，该类模型主要用于计算原地最小水平主应力；

（3）黄荣樽模型（黄荣樽，1984），该模型考虑了构造应力的影响，可用于解释水平应力大于垂向应力的现象；

（4）组合弹簧模型（1988），该模型指出水平向地应力大小不仅与垂向应力、泊松比有关，而且还与地层的弹性模量、构造应变成正比。

垂向应力通常使用密度测井资料估算。水平向地应力的预测模型较多，其中组合弹簧模式综合考虑了地层岩石力学、地层孔隙压力及构造作用对地应力的影响，在实际工程应用较为广泛。该模式假设岩石为均质、各向同性的线弹性体，并假定在沉积及后期地质构造运动过程中，地层和地层之间无相对位移，同一地层两个水平方向的应变为常数。该模型将两个水平主应力分量表示为：

$$\begin{cases} \sigma_H = \dfrac{\nu}{1-\nu}\sigma_V + \dfrac{1-2\nu}{1-\nu}\alpha p_p + \dfrac{E}{1-\nu^2}\varepsilon_H + \dfrac{\nu E}{1-\nu^2}\varepsilon_h \\ \sigma_h = \dfrac{\nu}{1-\nu}\sigma_V + \dfrac{1-2\nu}{1-\nu}\alpha p_p + \dfrac{E}{1-\nu^2}\varepsilon_h + \dfrac{\nu E}{1-\nu^2}\varepsilon_H \end{cases} \quad (5\text{-}3\text{-}8)$$

式中：$\varepsilon_H$、$\varepsilon_h$ 为沿最大水平主应力方向与最小水平主应力方向构造应变系数。

在已知岩石强度、地层孔隙压力的基础上，确定构造应变系数 $\varepsilon_H$ 和 $\varepsilon_h$ 是基于组合弹簧模型利用测井资料构建地应力剖面的关键；单点地应力测试、反演分析是确定构造应变系数的基础。基于地应力的测试结果或反演分析结果，结合测试深度点的地层孔隙压力、弹性模量、泊松比以及垂向应力等信息，将测试点的最大水平主应力、最小水平主应力代入式（5-3-8）可求取对应深度点的构造应变系数 $\varepsilon_H$、$\varepsilon_h$。

如图 5-3-7 所示，按照上述方法，从压裂施工曲线中获取地层破裂压力、闭合压力以及停泵压力，求取压裂井段的水平最大主应力、水平最小主应力，进一步计算出各井的 $\varepsilon_H$ 和 $\varepsilon_h$，见表 5-3-4。

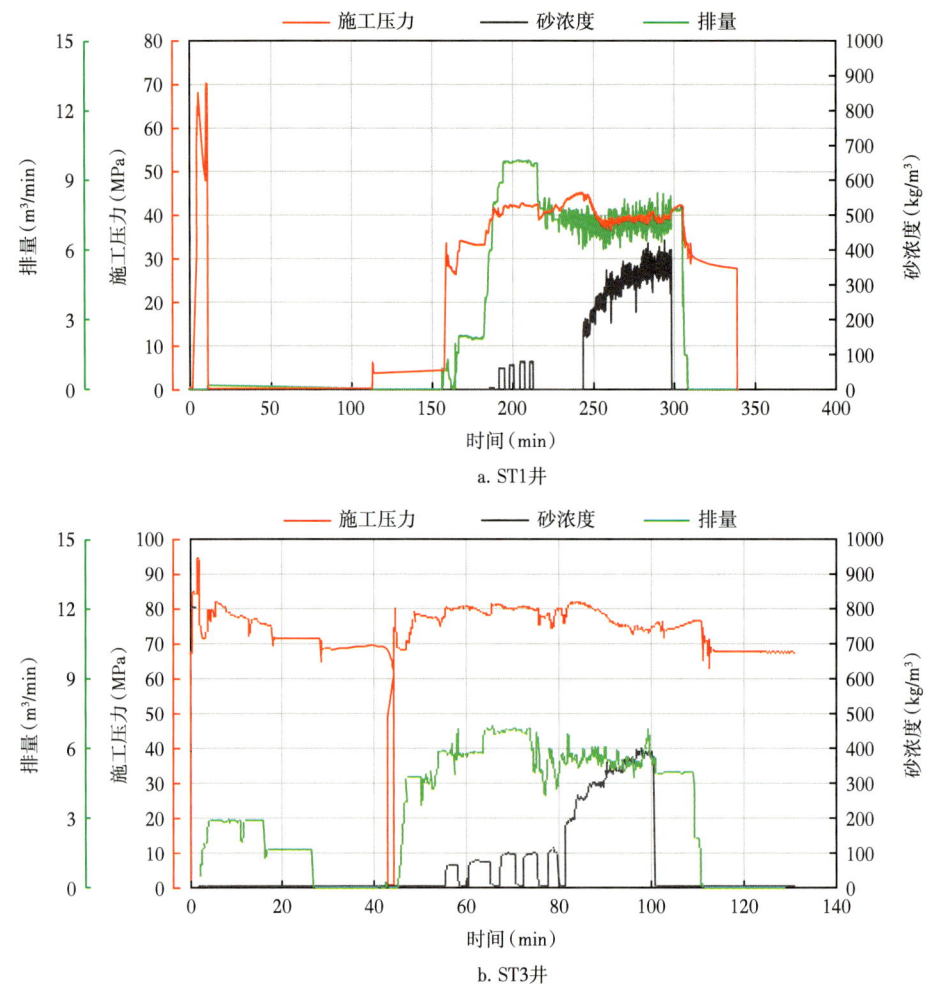

图 5-3-7　各井压裂施工曲线

表 5-3-4　各井的构造应变系数分析结果

| 井号 | $\varepsilon_H$ | $\varepsilon_h$ |
| --- | --- | --- |
| ST1 | 0.000741 | 0.000143 |
| ST3 | 0.000711 | 0.000172 |

利用表 5-3-4 所示的构造应变系数，依据式（5-3-8）所示的地应力模型构建单井地应力剖面，如图 5-3-8 和图 5-3-9 所示。可看出，两口井的地应力分布以潜在正断型为主，两口井的构造应变系数接近，计算得到的最大、最小地应力数值也相近，最小水平主应力当量密度和最大水平主应力当量密度分别分布在 1.61~2.22g/cm³ 和 2.13~2.35g/cm³。

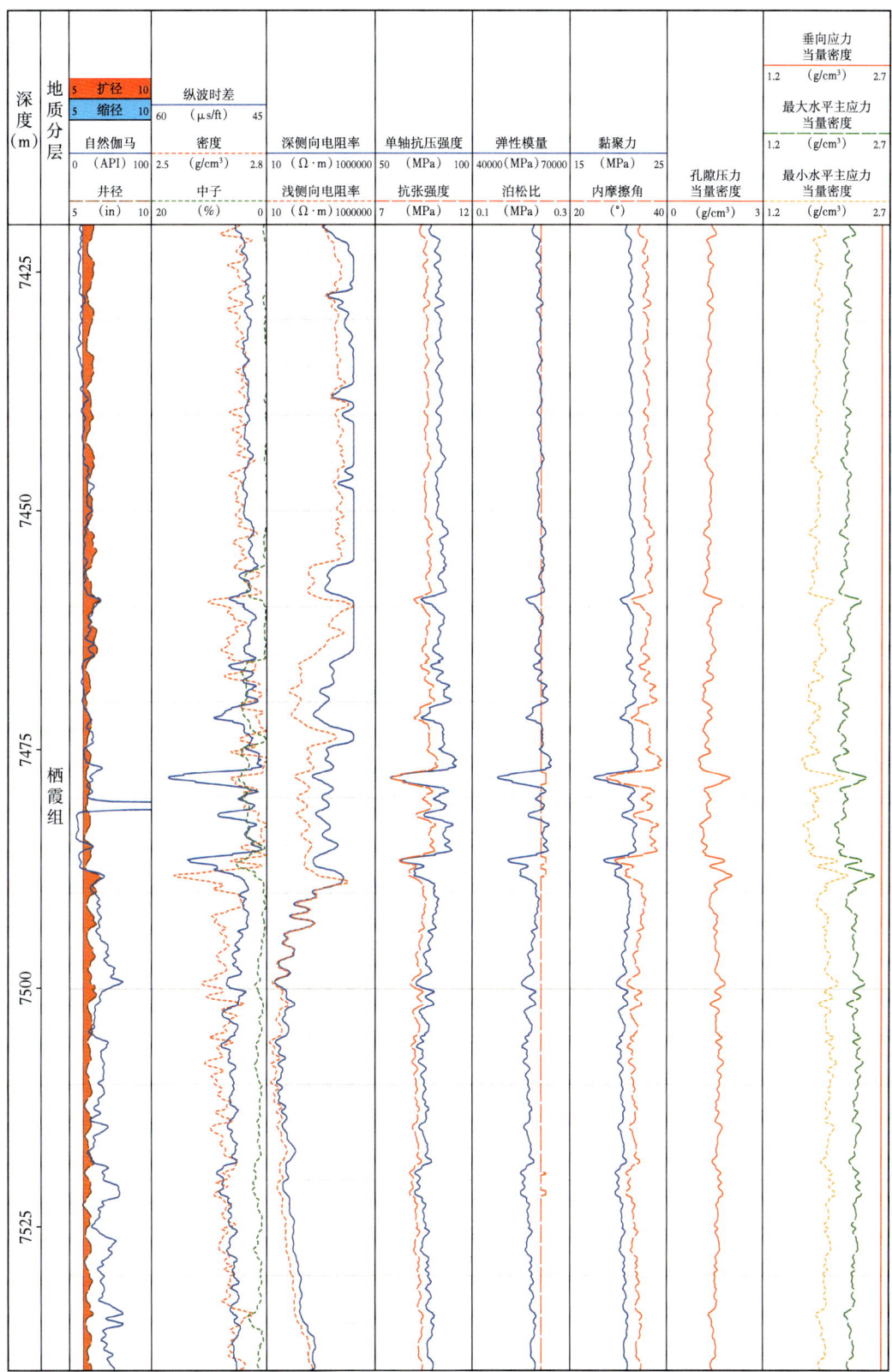

图 5-3-8　X-001 井栖霞组的地应力剖面

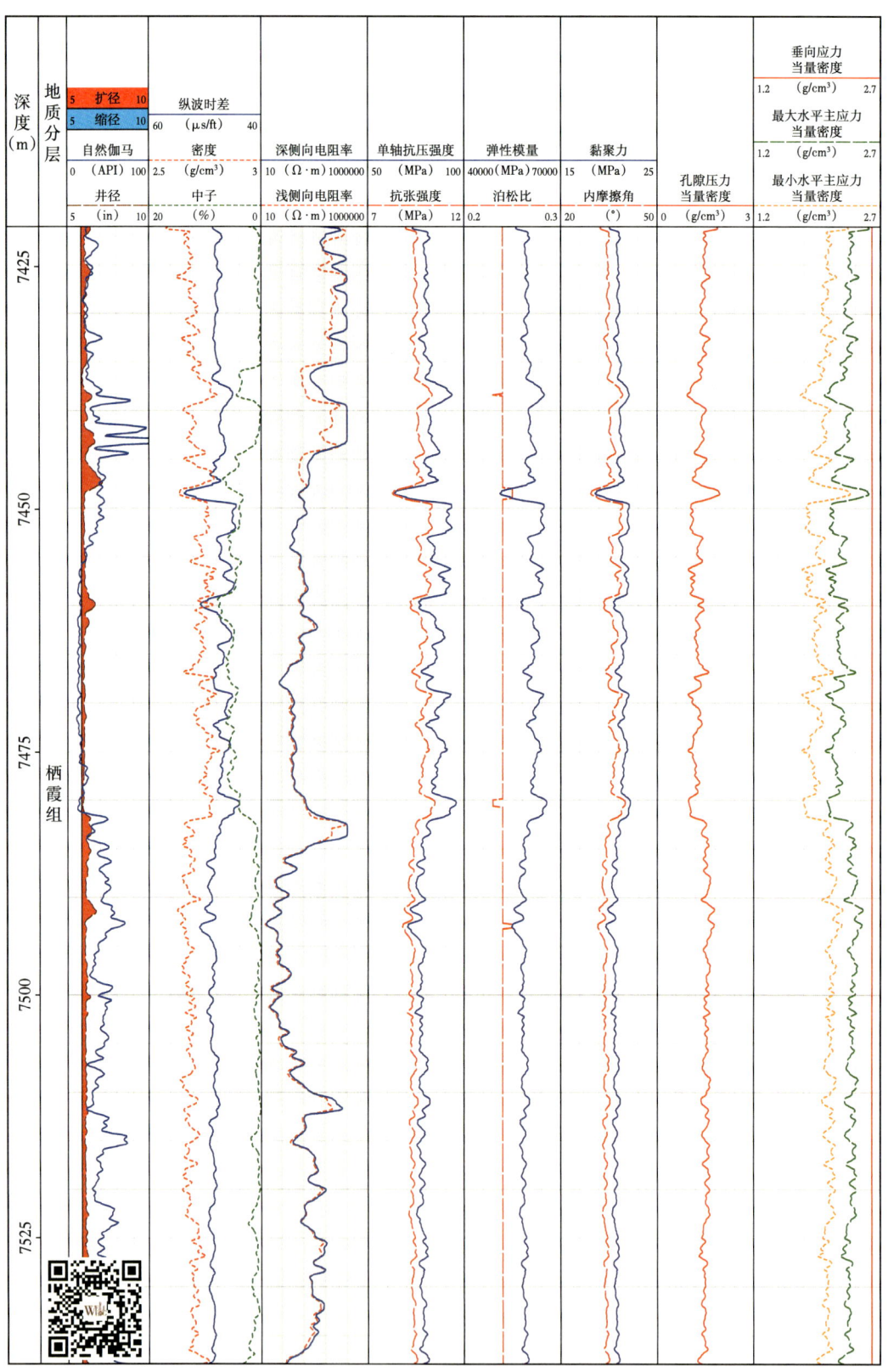

图 5-3-9　X-007 井栖霞组的地应力剖面

## 2. 横观各向同性地层的地应力评价方法

上述地应力的测井评价均基于均质地层，但对于具有强各向异性地层的地应力评价具有局限性。以页岩地层为例，层理发育，呈现各向异性，基于均质弹性体的地应力模型无法体现各向异性特征、准确地应力。为此，采用横观各向同性介质假设，建立适用于页岩地层的地应力评价模型。

基于广义胡克定律，描述介质应力与应变关系可表示为：

$$\sigma_{ij} = C_{ijkl}\varepsilon_{kl} \tag{5-3-9}$$

式中：$\sigma_{ij}$ 为应力张量分量形式；$C_{ijkl}$ 为表征物质特性的 4 阶刚度系数矩阵；$\varepsilon_{kl}$ 为应变张量分量形式。

横观各向同性介质（VTI 介质）的刚度系数矩阵可以表示为式（5-3-10），是由 5 个独立刚度系数组成（$C_{11}$、$C_{13}$、$C_{33}$、$C_{44}$ 及 $C_{66}$），其代表着不同方向上介质在力的作用下应力与应变的关系。水平方向上正应力与正应变关系表示为 $C_{11}$，水平方向上正应力与垂直方向正应变关系表示为 $C_{13}$，垂直方向正应力与正应变关系表示为 $C_{33}$，垂直方向上剪应力与剪应变关系表示为 $C_{44}$，水平方向上剪应力与剪应变关系表示为 $C_{66}$，计算公式见式（5-3-11）。

$$\boldsymbol{C} = \begin{bmatrix} C_{11} & C_{11}-2C_{66} & C_{13} & 0 & 0 & 0 \\ C_{11}-2C_{66} & C_{11} & C_{13} & 0 & 0 & 0 \\ C_{13} & C_{13} & C_{33} & 0 & 0 & 0 \\ 0 & 0 & 0 & C_{44} & 0 & 0 \\ 0 & 0 & 0 & 0 & C_{44} & 0 \\ 0 & 0 & 0 & 0 & 0 & C_{66} \end{bmatrix} \tag{5-3-10}$$

$$\begin{cases} C_{11} = \rho v_{\text{P,H}}^2 \\ C_{33} = \rho v_{\text{P,V}}^2 \\ C_{44} = \rho v_{\text{S,V}}^2 \\ C_{66} = \rho v_{\text{S,H}}^2 \\ C_{13} = -C_{44} + \sqrt{(C_{11}+C_{44}-2\rho v_{\text{P,45}}^2)(C_{33}+C_{44}-2\rho v_{\text{P,45}}^2)} \end{cases} \tag{5-3-11}$$

式中：$v_{\text{S,H}}$、$v_{\text{S,V}}$ 分别为 VTI 介质中水平向、垂向横波速度，m/s；$v_{\text{P,H}}$、$v_{\text{P,V}}$ 分别为 VTI 介质中水平向、垂向纵波速度，m/s。

地层各向异性大小可以用 Thomsen 各向异性系数表示为：

$$\begin{cases} \varepsilon = \dfrac{C_{11}-C_{33}}{2C_{33}} \\ \gamma = \dfrac{C_{66}-C_{44}}{2C_{44}} \end{cases} \tag{5-3-12}$$

式中：$\varepsilon$ 为纵波各向异性系数；$\gamma$ 为横波各向异性系数。

通过 0°、45°、90° 方向岩心声波速度测试，可计算得到某一深度点的 5 个独立弹性参数。通过纵横波测井资料可以直接得到单井剖面上 $C_{33}$ 及 $C_{44}$，若有斯通利波资料且地层为慢地层则可反演出 $v_{S,H}$ 进而得到 $C_{66}$。然而，根据测井资料不能直接得到 $C_{11}$ 及 $C_{13}$。Schoenberg Michael A. 等（1996）提出 ANNIE 假设解决了这个问题：

$$\begin{cases} C_{11} = K_1 \left[ 2(C_{66} - C_{44}) + C_{33} \right] \\ C_{13} = K_2 C_{12} \\ \gamma = K_3 \varepsilon \end{cases} \quad (5\text{-}3\text{-}13)$$

式中：$K_1$、$K_2$、$K_3$ 为待定系数，由室内岩心测试资料得到，当 $K_1 = K_2 = 1$ 时，为 ANNIE 假设关系式。

将式（5-3-13）代入式（5-3-12）中，即可得到 $C_{66}$、$C_{11}$ 和 $C_{13}$ 的计算公式，见式（5-3-14）。从式（5-3-14）中可看出若已知待定系数 $K_1$、$K_2$ 和 $K_3$，便可利用测井资料计算 5 个独立刚度系数。

$$\begin{cases} C_{66} = \dfrac{(K_1 K_3 - K_3 + 1) C_{33} C_{44} - 2 K_1 K_3 C_{44}^2}{C_{33} - 2 K_1 K_3 C_{44}} \\ C_{11} = K_1 \left[ 2(C_{66} - C_{44}) + C_{33} \right] \\ C_{13} = K_2 (C_{11} - 2 C_{66}) \end{cases} \quad (5\text{-}3\text{-}14)$$

页岩岩心室内测量得到的刚度系数交会图如图 5-3-10 至图 5-3-12 所示。各交会图相关系数 $R^2$ 达 0.9 以上，拟合参数具有较好的准确性。因此，可得到式（5-3-14）中待定系数 $K_1 = 1.0573$、$K_2 = 0.9007$ 和 $K_3 = 0.9562$。

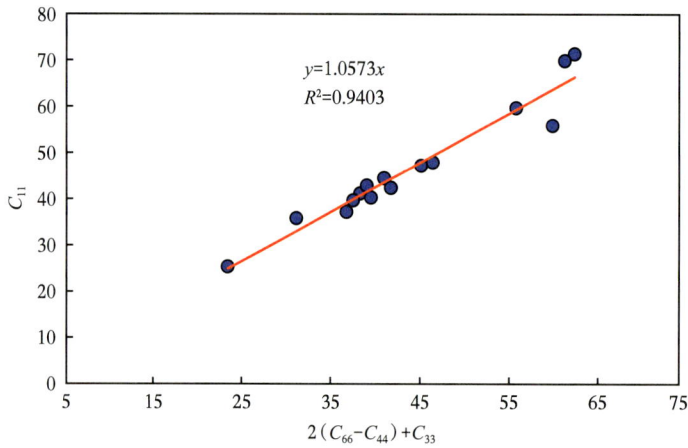

图 5-3-10　岩心 $2(C_{66} - C_{44}) + C_{33}$ 与 $C_{11}$ 交会图

根据弹性波动理论，对于各向同性地层，弹性模量与泊松比可用 $C_{33}$ 与 $C_{44}$ 表示为：

$$\begin{cases} E_{\text{iso}} = C_{33} - \dfrac{(C_{33} - 2 C_{44})^2}{C_{33} - C_{44}} \\ v_{\text{iso}} = \dfrac{0.5 C_{33} - C_{44}}{C_{33} - C_{44}} \end{cases} \quad (5\text{-}3\text{-}15)$$

式中：$E_{\text{iso}}$ 为各向同性地层弹性模量，MPa；$v_{\text{iso}}$ 为各向同性地层泊松比。

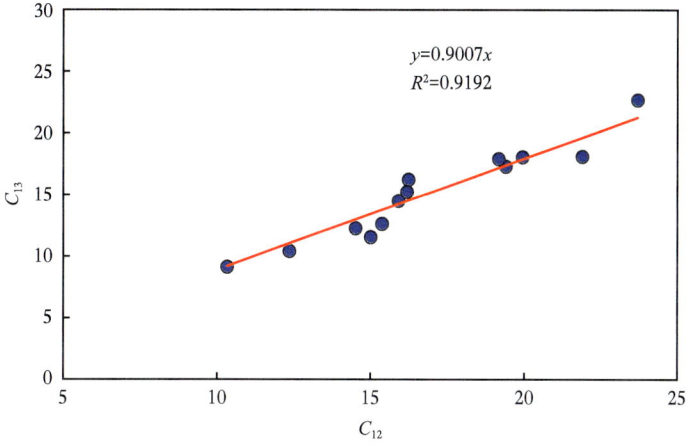

图 5-3-11　岩心 $C_{12}$ 与 $C_{13}$ 交会图

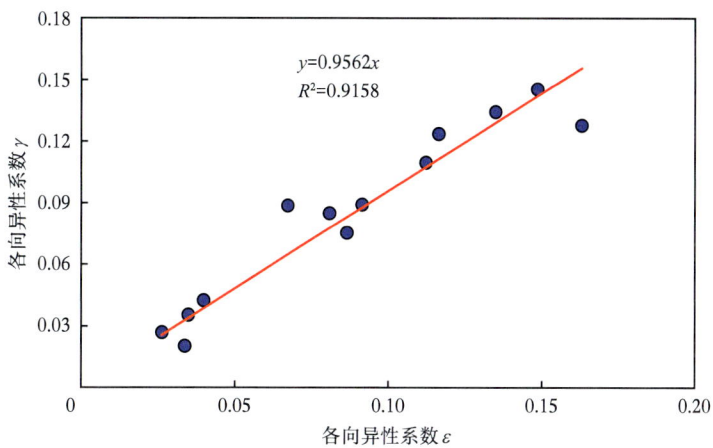

图 5-3-12　岩心各向异性系数 $\varepsilon$ 与 $\gamma$ 交会图

根据弹性波动理论，对于横观各向同性介质，弹性模量和泊松比可用 $C_{11}$、$C_{12}$、$C_{13}$ 和 $C_{33}$ 表示为：

$$\begin{cases} E_V = C_{33} - 2\dfrac{C_{13}^2}{C_{11}+C_{12}} \\ E_H = \dfrac{(C_{11}-C_{12})(C_{11}C_{33}-2C_{13}^2+C_{12}C_{33})}{C_{11}C_{13}-C_{13}^2} \\ \nu_V = \dfrac{C_{13}}{C_{11}+C_{12}} \\ \nu_H = \dfrac{C_{33}C_{12}-C_{13}^2}{C_{33}C_{11}-C_{13}^2} \end{cases} \quad (5\text{-}3\text{-}16)$$

式中：$E_V$、$E_H$ 分别为垂向、横向弹性模量，MPa；$\nu_V$、$\nu_H$ 分别为垂向、横向泊松比。

对于横观各向同性地层，在组合弹簧模型的基础上，Thiercelin M. J. 等（1994）提出了水平最大、最小主应力大小的计算公式，其表达式为：

$$\begin{cases} \sigma_H = \dfrac{E_H}{E_V}\dfrac{\nu_V}{(1-\nu_H)}(\sigma_V - \alpha p_P) + \dfrac{E_H \varepsilon_H}{1-\nu_H^2} + \dfrac{E_H \nu_H \varepsilon_h}{1-\nu_H^2} + \alpha p_P \\ \sigma_h = \dfrac{E_H}{E_V}\dfrac{\nu_V}{(1-\nu_H)}(\sigma_V - \alpha p_P) + \dfrac{E_H \varepsilon_h}{1-\nu_H^2} + \dfrac{E_H \nu_H \varepsilon_H}{1-\nu_H^2} + \alpha p_P \end{cases} \quad (5\text{-}3\text{-}17)$$

以 A、B 两口井为例，分析横观各向同性页岩储层段地应力大小，计算剖面如图 5-3-13 和图 5-3-14 所示。第 2 道为刚度系数，可以看出在绘制井段 $C_{44}$ 整体上呈现出小于 $C_{66}$ 的现象。第 3 和第 4 道为垂向、横向弹性模量及泊松比，可以看出在页岩储层段呈现出 $E_V > E_H$，$\nu_V > \nu_H$ 的特征。第 6 道为使用横观各向同性地应力模型计算得到的地应力剖面，最大水平主应力当量密度分布在 2.07~2.55g/cm³，平均为 2.34g/cm³，最小水平主应力当量密度分布在 1.72~1.94g/cm³，平均为 1.85g/cm³。

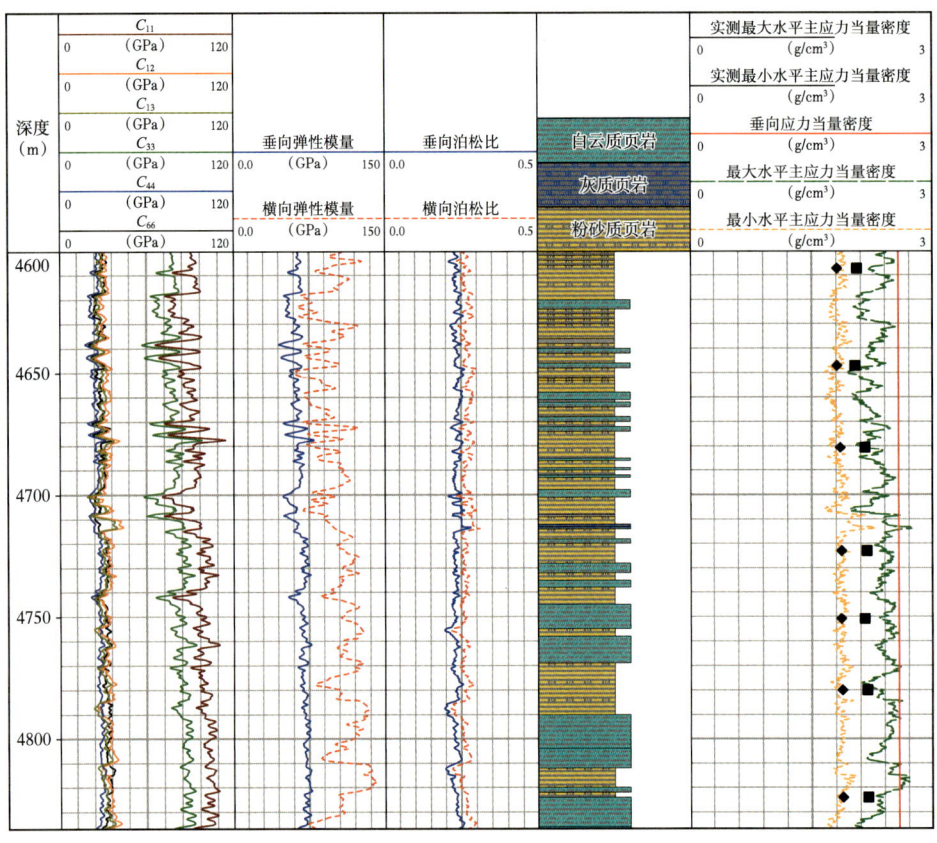

图 5-3-13　A 井地应力测井剖面（4600~4850m）

为了分析模型计算地应力大小效果，使用平均相对误差作为评价指标。同时，使用了将地层视为各向同性介质的组合弹簧模型及黄荣樽模型计算该井段的水平主应力大小，以对比各模型的适用性。地应力计算结果见表 5-3-5。可以看出，各模型对陆相页岩油储层水平主应力预测效果：横观各向同性模型＞组合弹簧模型＞黄荣樽模型，相较于其他两个模型计算最大水平主应力、最小水平主应力的平均相对误差均超过 10%，横观各向同性模型计算最大水平主应力、最小水平主应力平均相对误差仅为 5.00% 和 1.79%，这说明了在计算横观各向同性地层地应力值时考虑横观各向同性的必要性。

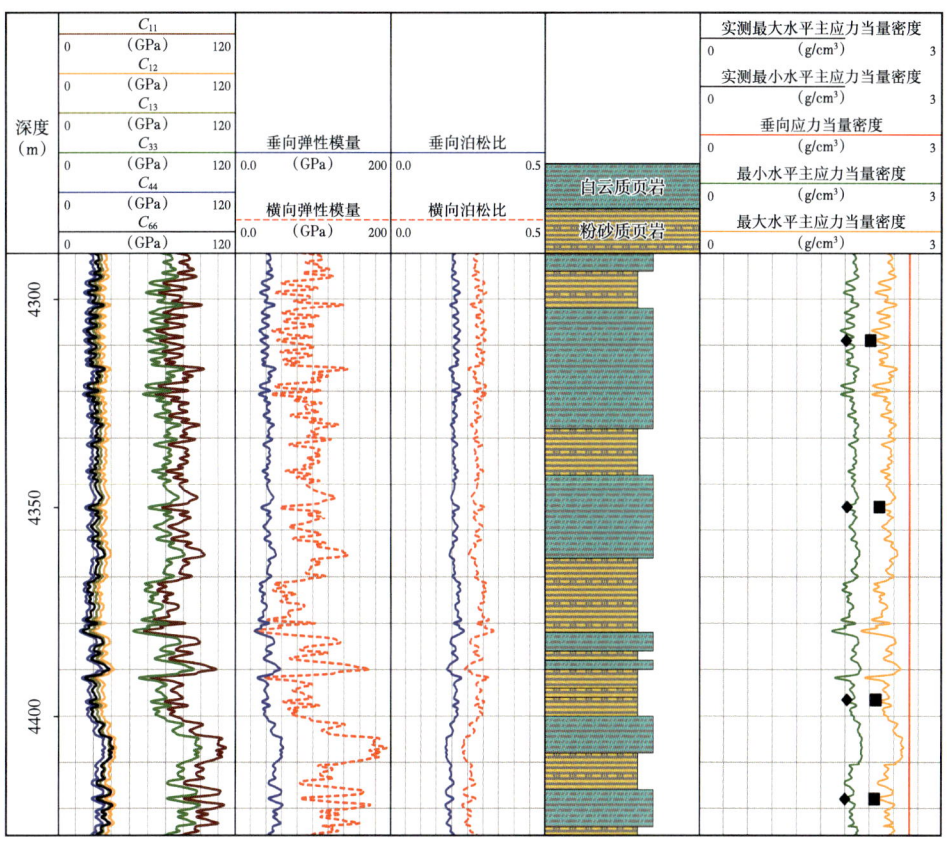

图 5-3-14　B 井地应力测井剖面（4300~4425m）

表 5-3-5　各模型计算水平主应力结果对比

| 井号 | 深度（m） | 实测应力值 | | 组合弹簧模型 | | 黄荣樽模型 | | 横观各向同性模型 | |
|---|---|---|---|---|---|---|---|---|---|
| | | $\sigma_H$（MPa） | $\sigma_h$（MPa） | $\sigma_H$（MPa） | $\sigma_h$（MPa） | $\sigma_H$（MPa） | $\sigma_h$（MPa） | $\sigma_H$（MPa） | $\sigma_h$（MPa） |
| A 井 | 4605 | 94.57 | 83.32 | 84.63 | 69.24 | 75.43 | 62.44 | 103.23 | 81.60 |
| | 4642 | 94.23 | 84.02 | 87.02 | 73.29 | 79.36 | 66.16 | 100.87 | 83.39 |
| | 4680 | 100.84 | 86.58 | 90.36 | 77.60 | 83.52 | 69.83 | 97.92 | 81.71 |
| | 4723 | 102.89 | 88.06 | 90.61 | 74.03 | 79.49 | 65.29 | 109.32 | 85.14 |
| | 4750 | 102.25 | 88.44 | 91.95 | 75.57 | 80.84 | 66.97 | 110.91 | 89.94 |
| | 4780 | 104.41 | 89.65 | 88.70 | 73.49 | 79.94 | 65.99 | 111.96 | 89.70 |
| | 4824 | 105.79 | 90.85 | 93.80 | 78.41 | 83.89 | 69.88 | 113.29 | 89.48 |
| B 井 | 4319 | 91.34 | 78.41 | 99.94 | 90.79 | 90.43 | 74.45 | 94.03 | 77.12 |
| | 4355 | 96.68 | 79.40 | 102.06 | 90.25 | 89.97 | 73.75 | 95.54 | 78.39 |
| | 4396.5 | 95.80 | 80.16 | 103.53 | 89.84 | 89.08 | 72.35 | 100.34 | 82.34 |
| | 4418 | 95.51 | 79.48 | 103.12 | 90.70 | 89.32 | 72.20 | 97.49 | 79.44 |
| C 井 | 4376 | 88.91 | 76.25 | 98.16 | 84.86 | 79.35 | 68.43 | 90.72 | 76.16 |
| | 4432 | 90.18 | 77.29 | 102.85 | 88.45 | 78.84 | 67.56 | 93.64 | 79.25 |
| 平均相对误差（%） | | | | 10.19 | 14.13 | 14.29 | 16.86 | 5.00 | 1.79 |

- 161 -

**3. 基于工程响应信息的地应力测井评价**

基于岩心 Kaiser 效应实测得到的地应力、水力压裂反演得到的地应力计算地层构造应变系数的方法较为常用。但声发射测试结果受取心的方向性、构造的多期次性等影响，数据离散，且以岩心试样的均质且各向同性为理论前提；此外，地层复杂结构直接影响到水力压裂过程中人工裂缝的起裂、延伸，为基于压裂信息的地应力分析带来困扰、降低分析结果的可靠性。鉴于此，本书提出了基于"实际压裂资料—已钻井井壁稳定性预测—已钻井井下复杂与事故数据"联合反演的地应力评价技术，实现了复杂地层单井地应力剖面的有效评价。

水力压裂缝的起裂、延伸、闭合等行为，钻井过程中井眼垮塌、压裂性漏失等，都是地应力作用下，井周地层破坏失稳或形变的结果。因此，这类工程表象中也必然蕴藏着有效的地应力信息。围绕复杂结构地层地应力剖面的有效预测，从水力压裂资料反演井周地应力大小出发，通过初步分析构造应变系数、计算地应力剖面，进而计算地层坍塌压力剖面、破裂压力剖面，综合应用压裂施工曲线、井眼垮塌、地层漏失以及钻井液性能等信息对地应力剖面进行可靠性分析及检验修正，直至由地应力分析得到的地层坍塌压力剖面、地层破裂压力剖面与钻井工程、压裂工程的各种表现相符合。地应力预测与地应力剖面建立的技术流程如图 5-3-15 所示。

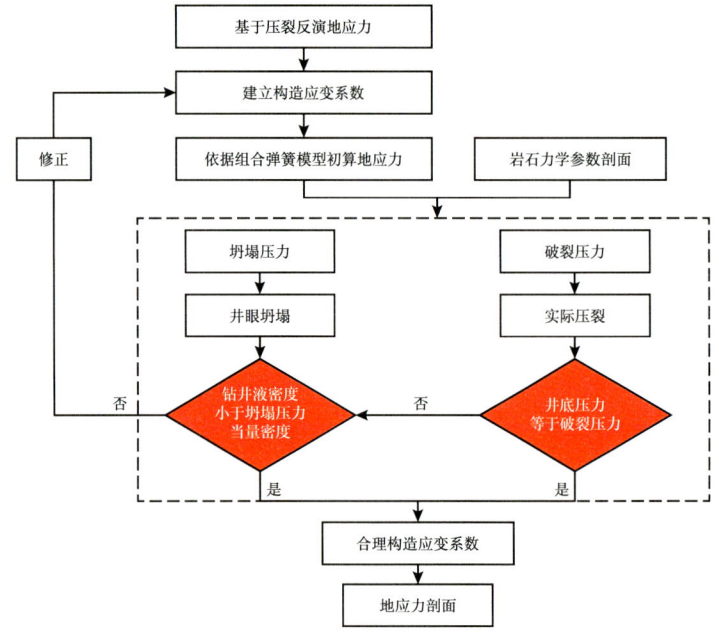

图 5-3-15 基于各类工程表现的地应力预测与地应力剖面建立技术流程图

利用该方法流程，可以对其他方法测试得到的地应力及其对应的构造应变系数进行校验。基于该方法，对某区块多口井的构造应变系数进行计算、校正，对比校正前后的最大和最小构造应变系数，见表 5-3-5。与校正前相比，依据钻井、压裂工程表现的校正后，最大和最小构造应变系数均有明显差异；显然，如果不开展工程表现进行校正，基于单一压裂曲线反演的构造应变系数对地应力的预测结果会产生明显误差，也进一步表明基于工程表现反演地应力的可靠性，以及利用工程资料相互校正的必要性和重要性。

以表 5-3-6 中的最大和最小构造应变系数计算结果，计算地应力测井剖面如图 5-3-16 和图 5-3-17 所示。

表 5-3-6 基于工程表现校正前后的构造应变系数表

| 井号 | 最小构造应变系数 | | 最大构造应变系数 | |
|---|---|---|---|---|
| | 校正前 | 校正后 | 校正前 | 校正后 |
| G5 井 | 0.0001023 | 0.0001202 | 0.0001445 | 0.000224 |
| GX1 井 | 0.0000789 | 0.0001102 | 0.0001121 | 0.000216 |
| ZT1 井 | 0.0001561 | 0.0002131 | 00002541 | 0.0004567 |
| WT101 井 | 0.0002134 | 0.0002846 | 0.0005013 | 0.0007561 |

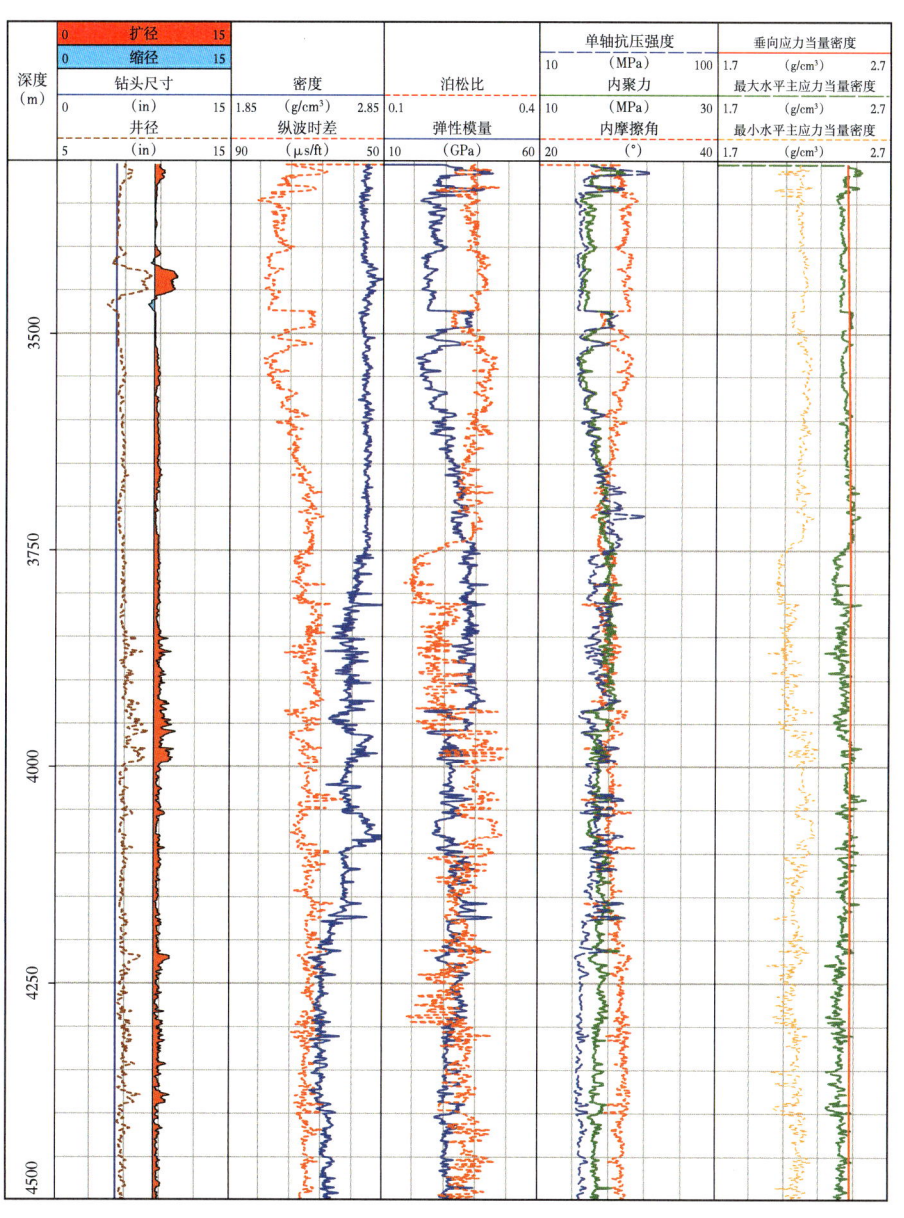

图 5-3-16 G5 井复杂地层地应力测井剖面

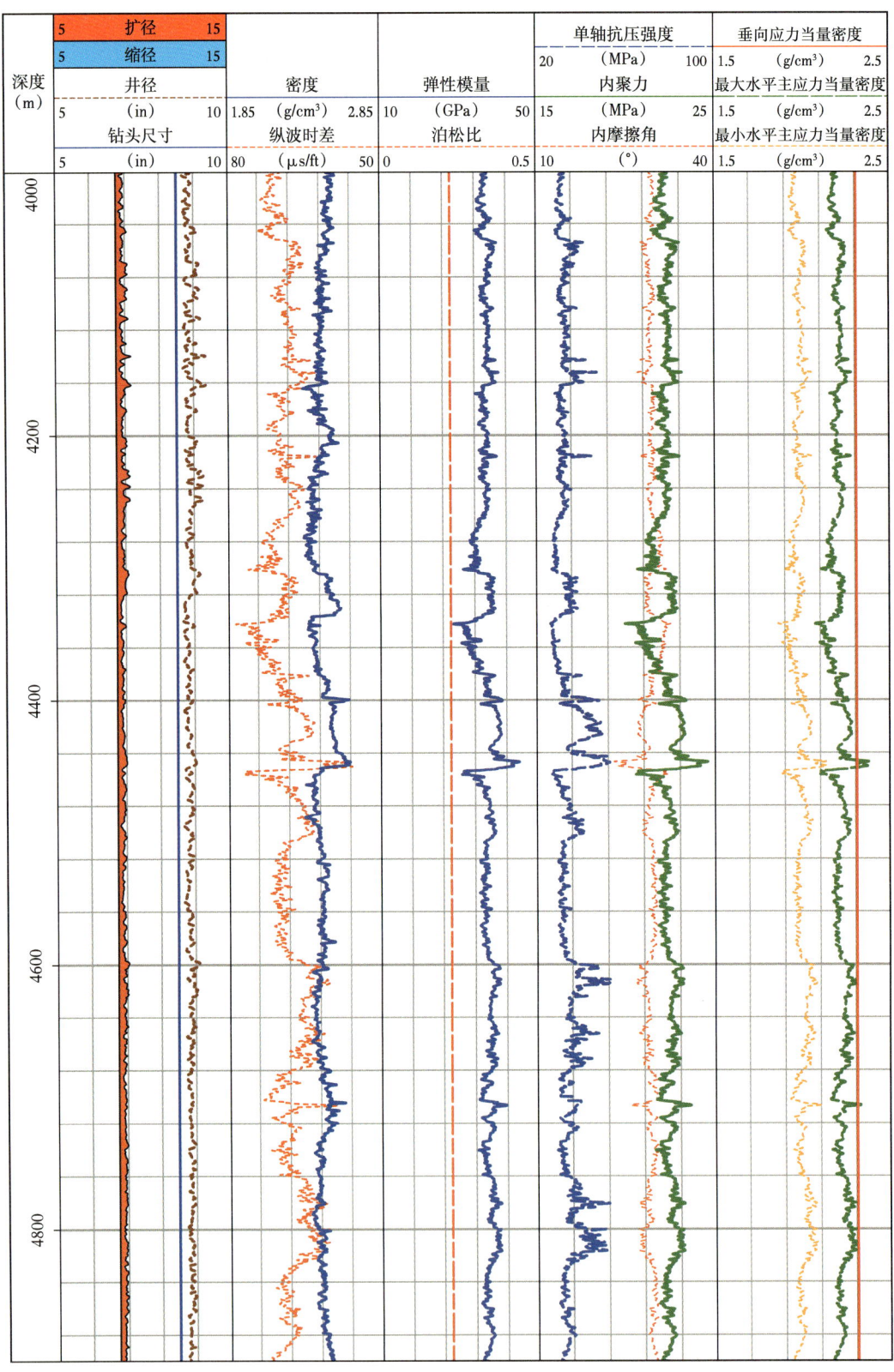

图 5-3-17 GX1 井复杂地层地应力测井剖面

# 第四节　井震联合地应力场三维建模

利用井震联合方法进行地应力三维反演是目前获取地应力场的主要手段，是在地应力测井剖面上的进一步扩展，对认识地应力的空间分布规律以及对井眼轨迹优化、钻完井方案的钻前设计具有重要意义。本节简要介绍通过井震联合进行地应力场三维建模的方法。

## 一、原理与方法

目前，井震联合构建三维地应力场方法主要有：

（1）以地应力测井剖面约束，考虑地层岩性、构造展布特征的地应力三维插值。

（2）基于地应力与波速等地震属性的关系，利用地震属性数据体的地应力三维计算。

（3）基于地质力学模型的地应力场数值模拟反演。地应力场所研究的对象往往具有地质构造形态复杂、地层介质分布不均匀不连续、岩石物理力学特性多变的特点，而实测成果在很大程度上仅反映了测试点附近某一局部范围的应力状况。因此，定量研究深部一定范围内应力场，分析三维地应力的分布规律，最好方法就是在地质构造精细解析的基础上，构建合理的地质力学模型，根据有限个测试点的地应力数据，借助于数学和力学理论进行数值模拟反演分析，从而获取整个域的地应力场。

地应力场的数值模拟反演分析方法，首先需要依据构造格局及演化的解析结果，构建地质力学模型；然后通过数学优化理论不断改变边界力的作用方式和大小量值（包括大小和方向）来模拟计算区域应力场，使区域内应力计算结果与已有地应力实测结果（水平主应力大小和方向）达到最佳拟合。该方法的突出优点是能够较好地体现地层空间分布的非均质性、构造形态多变性、由断裂/断层发育导致的地层不连续性以及域边界的复杂性等复杂地质条件对地应力场的影响和控制。基于井震联合地应力场数值模拟反演分析流程如图 5-4-1 所示。

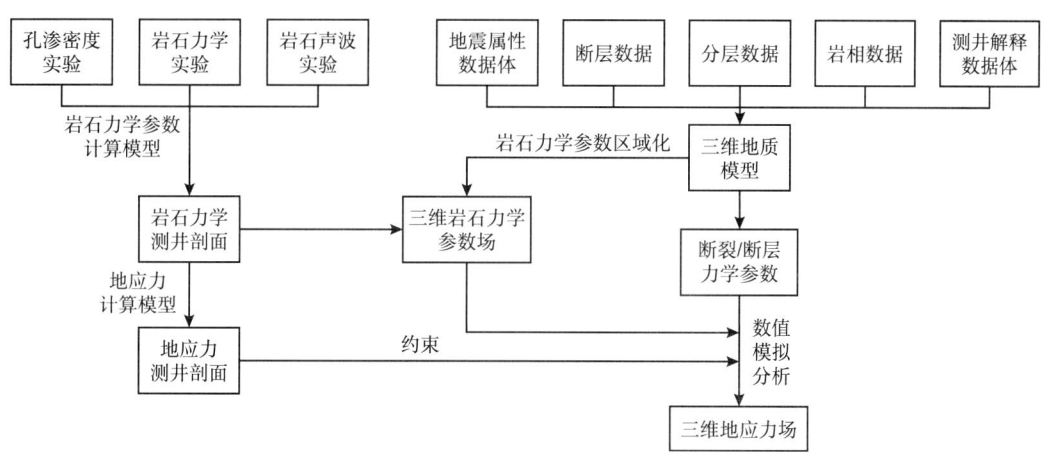

图 5-4-1　基于井震联合地应力场数值模拟反演分析流程图

## 二、岩石力学参数场的三维空间构建

根据地质力学理论，地应力空间分布特征受地质构造、地层岩石力学特性的空间分布等因素影响。因此，首先建立岩石力学参数场的三维模型，明确岩石力学参数的空间分布特征，是实现地应力三维空间精细建模，地应力分布特征准确认识的关键与基础。

同一层系地层的弹性模量、泊松比、抗压强度、抗拉强度等岩石力学参数在空间上并不是处处相等、均质不变，而是通常呈现为在三维空间非均匀分布的特征。

岩石力学参数的空间分布特征受到多种因素的影响，主要包括：岩性、矿物组成、孔隙结构等地层自身的内在因素，以及构造、应力、流体、温度等地质环境因素。在同一构造部位，由于地层岩性、矿物组分等自身因素的差异，地层岩石力学参数差异显著；而对于同一层段相同沉积环境形成的同一岩性地层，由于构造、埋深、温度及地层流体等环境因素的不同，其岩石力学参数也呈现显著的不同。以围压为例，随着围压增大，岩石中的孔隙和部分裂隙受压闭合，造成岩石的孔隙与裂隙的密度变小，岩石的弹性模量和泊松比值变大，而岩石动态与静态弹性参数的差别减小；同时，围压增大，矿物的排列方向不发生变化，但是围压方向上微裂缝闭合的速率高于与其正交方向上裂缝闭合的速率，岩石力学参数的各向异性强度逐渐降低；而温度升高导致的地层岩石力学参数变化趋势，通常与围压相反。

对于油气储层而言，在油气开发过程中地层温度、围压、孔隙压力、流体类型、流体饱和度等外部环境条件可能随时都在发生变化。

综上，石油工程领域所关注的地层岩石力学参数，不仅在三维空间呈现复杂变化，同时也随着油气开采呈现动态变化的特征。

*1. 岩石力学参数三维建模研究的特点*

（1）范围大、研究对象复杂。

与岩石力学室内实验研究以岩心为载体所不同，岩石力学参数三维建模通常是小则以钻井平台所控制储集体为研究目标，面积最小可为数平方千米；大则模型覆盖整个油气藏或含油气盆地等油气聚集单元，面积可达数百甚至千余平方千米。研究对象不再只简单针对岩石，还涉及所有可能影响岩石力学空间分布的地层要素，不仅包括复杂多变的岩性，同时还包括各种成因、各种尺度的结构面，如断层、不整合面、层理、裂缝等。

裂缝、断层、层理等结构面几何形态、产状、规模的不确定性导致了地层力学行为的不确定性，致使岩石力学参数量化表征难度大、可信度偏低。就目前数值模拟技术来说，不论是有限元、边界元、离散元、还是它们的耦合计算，以及它们与模糊数学、概率统计、分形几何学或与损伤力学、断裂力学的结合等，计算结果的可靠性都取决于力学模型的建立以及结构面参数的选取，而结构面及其结构控制的岩体力学参数的量化至今仍是工程领域亟须解决的难点问题。

（2）建模信息多源化。

随着研究对象从岩心到油气藏、研究尺度从厘米级到数百米甚至数十千米的变化，岩石力学参数三维建模研究所用的资料信息也从岩石力学实验等岩心分析数据转变为测井资料、地震资料，同时还需结合沉积、构造等地质相关信息以及钻井、完井、油气井测试等工程数据,因此,建模信息呈现来源多样、数据类型不一的特点。其中,测井信息是岩心、地震跨尺度信息融合的桥梁与纽带,是实现岩石力学参数勘探开发一体化三维建模的关键。

测井信息纵向分辨率高、力学参数计算评价可靠性高,能够很好地反映地层地质力学特性的纵向分布特征;相对于测井资料,地震资料尤其是三维地震资料反映地层特性横向及三维空间分布的能力则相对突出,能够有效反映并刻画断裂发育、地层展布等地质构造特征对岩石力学参数的影响和控制。因此,充分利用测井数据纵向分辨率高、三维地震数据横向表征能力强的特点,以测井信息为约束,综合岩石物理与岩石力学实验、地质构造、地震等信息建立岩石力学参数三维模型,是预测、刻画岩石力学参数空间分布特征有效且最为常用的技术手段。

(3)岩石力学参数与地球物理属性之间的高度非线性映射。

受地层构造、结构以及地层展布不均匀等因素影响,无论是岩心尺度,还是宏观井筒尺度、油气藏尺度,地层的岩石力学参数通常表现为高度的非均质性,导致深部地层的岩石力学参数与测井信息,尤其是地震信息之间的映射关系复杂,为高度非线性的映射。

针对这一特点,以地质认识、岩石力学理论为指导,通过数据驱动,解决深部地层岩石力学特性精细描述的综合性方法。即在地质统计学理论的指导下,通过已知控制点数据内插、外推数据点间及以外的地质力学特性,以达到三维定量化表征地层地质力学空间分布的目的。

基于上述特点,目前,利用测井信息进行地层岩石力学参数三维空间建模、预测的理论方法主要有基于地质统计学的岩石力学参数建模、基于地震波属性的岩石力学参数建模以及基于人工智能的岩石力学参数建模等理论方法。对基于地质统计学的岩石力学参数建模、基于地震波属性的岩石力学参数建模进行介绍。

2. 基于地质统计学的岩石力学参数场

以已钻井岩石力学参数剖面为数据样本,以地震数据处理解释的地层格架、断层、沉积相等信息作为约束,逐层建立差异化的变异函数,优选科学的插值方法可建立区域岩石力学参数场。其中,适当的变异函数是该方法的核心,适当的插值技术是关键。目前用于构建区域岩石力学参数场的插值方法主要有最小曲率法、趋势面法、径向基函数法、多元回归法、反距离加权法和克里金法等,其中以反距离加权法和克里金法最为常用。

以中国西南地区某区块为例,利用已建立的单井岩石力学参数剖面为约束,在三维地质构造模型的基础上,采用序贯高斯模拟方法,建立研究区三维岩石力学参数场。根据研究区数据分析结果调整变异函数拟合曲线,确定插值比例与数据点间距离的函数关系。如图5-4-2所示,序贯高斯模拟对具有正态分布数据较好的拟合性能,首先将已建立的单井岩石力学参数剖面进行正态变换,得到具有正态分布的输入数据,而后对得到的具有正态分布的数据开展序贯高斯模拟,为了恢复数据原本分布特征,将序贯高斯模拟得到的数据体进行正态反变换即可得到三维岩石力学参数场数据(图5-4-3)。在开展序贯高斯模拟过程中,$N$个随机变量的条件联合概率模型为:

$$F_N[Z_1,Z_2,\cdots,Z_N|(n)]=\text{Prob}\{Z_i\leqslant z_i, i=1,2,\cdots,N|(N)\} \quad (5\text{-}4\text{-}1)$$

序贯模拟过程中需要确定$N$个单变量:

$$\text{Prob}\{Z_1 \leqslant z_1 | (n)\}$$
$$\text{Prob}\{Z_2 \leqslant z_2 | (n+1)\}$$
$$\text{Prob}\{Z_3 \leqslant z_3 | (n+2)\} \tag{5-4-2}$$
$$\cdots$$
$$\text{Prob}\{Z_N \leqslant z_N | (n+N-1)\}$$

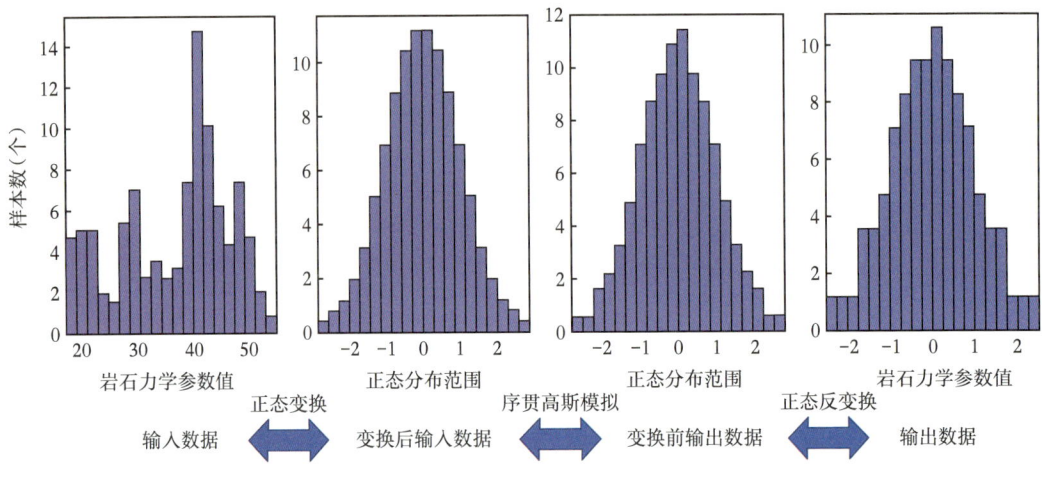

图 5-4-2 基于序贯高斯模拟法构建岩石力学参数场流程图

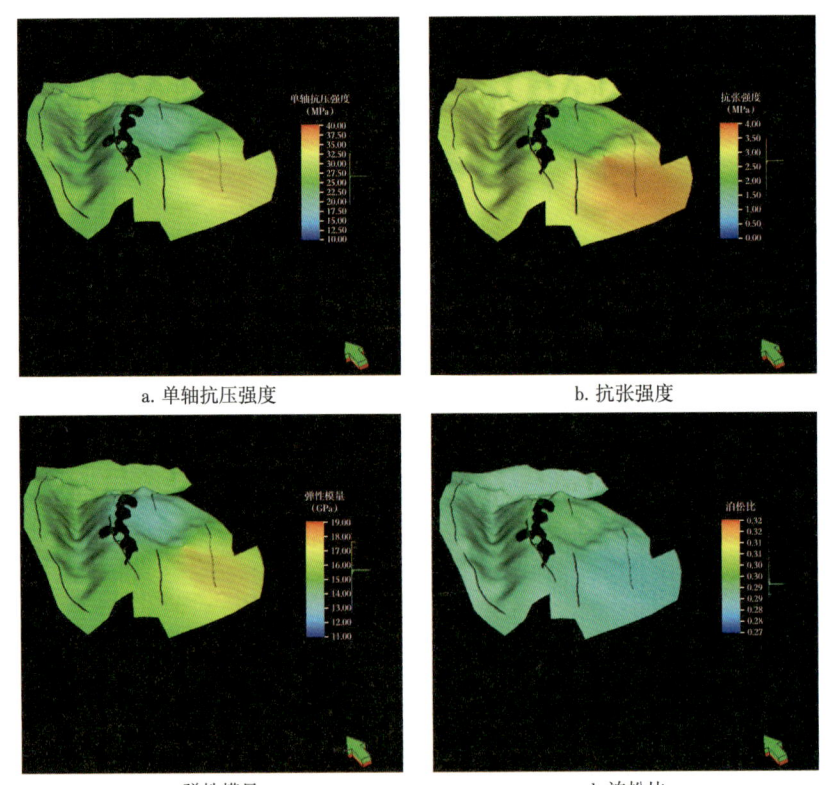

a. 单轴抗压强度        b. 抗张强度

c. 弹性模量            d. 泊松比

图 5-4-3 基于地质统计学的三维岩石力学参数场数据

3. 基于地震波属性的岩石力学参数场

以岩石物理模型为基础、以测井资料为约束，利用叠前地震数据体根据弹性波动理论可反演得到地层的弹性参数、波阻抗、波速以及密度等地层参数，进而利用第二章所建立的基于声波属性的岩石力学参数评价模型，即可实现基于地震波属性的岩石力学参数三维空间预测。

关于地震反演目前已形成了相对完整的理论与方法体系，在地球物理勘探领域的相关论著有系统的论述。值得注意的是，针对测井声波频率与地震波频率差异较大，在复杂孔隙结构地层可能存在的严重频散现象及其带来的岩石力学特性声波响应差异显著等问题，基于前述岩石物理实验建立的岩石力学参数计算模型不可直接应用于地震数据的岩石力学参数评价，必须进行必要的波速频散校正。因此，建立适用于复杂地层测井声波与地震声波的波速频散校正模型是利用前述基于岩石物理建立的岩石力学参数模型进行岩石力学参数三维空间区域构建的重要基础。

在时深转换的基础上，建立研究区三维几何模型并将其网格化，为岩石力学参数三维建模准备地质格架。在地质模型的基础上，综合应用地震数据反演获得的波速、波阻抗等地震属性，考虑地层空间展布特征及断裂发育精细解析，以单井岩石力学参数计算结果为基本约束，以第二章建立的基于声波的岩石力学参数评价模型为基础算法，计算构建地层岩石力学特性属性模型。如图 5-4-4 所示，分别为抗压强度、抗张强度、弹性模量与泊松比的基于声波的岩石力学参数场三维模型。

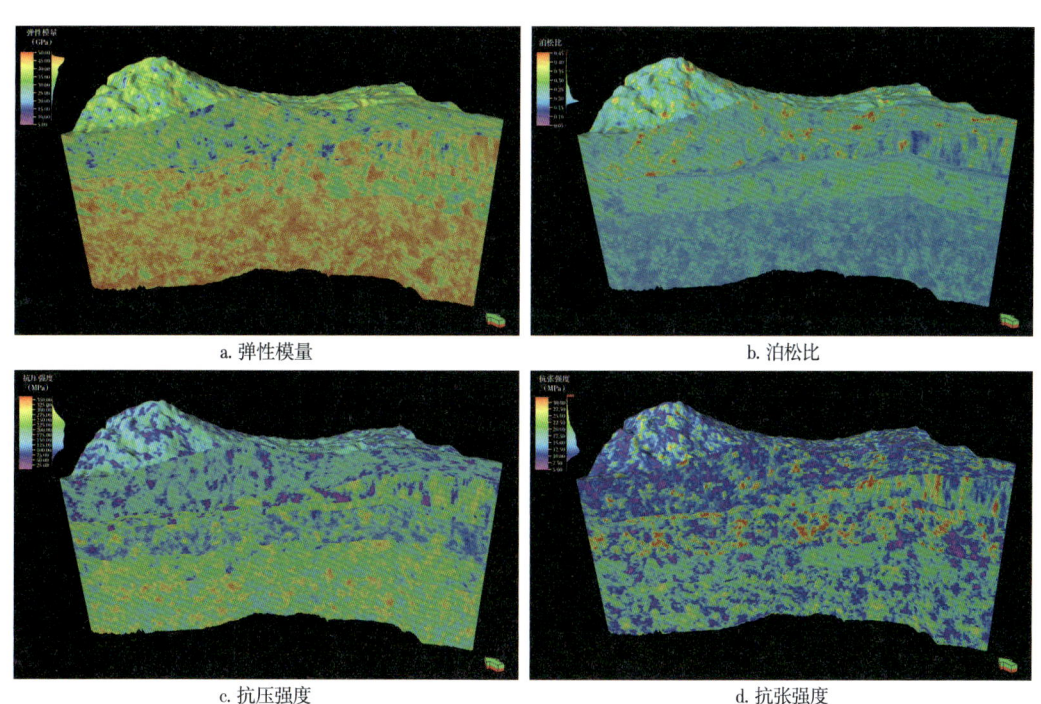

a. 弹性模量　　　　　　　　　　　　b. 泊松比

c. 抗压强度　　　　　　　　　　　　d. 抗张强度

图 5-4-4　岩石力学参数场三维模型

基于人工智能的岩石力学参数建模是近年来随着人工智能技术的不断发展，在地质力学领域的应用日益广泛且深入，人工智能与地球物理、深层岩石力学、构造地质学以及数值建模等理论、技术相融合而形成岩石力学建模技术，该技术促进了岩石力学空间建模的高效化、智能化、科学化,提高了复杂地层岩石力学三维模型的精细度、准确度。

### 三、三维地应力场的构建

地应力场数值反演的数值方法主要有有限单元法、有限差分法、边界元法以及离散元等,其中有限单元法是目前广为应用的数值方法之一。其基本思想是把连续介质转化为离散介质的组合,各单元通过节点联系,单元内任意点位移由节点位移用形函数插值获得,通过变分或虚功原理建立求解节点位移的联立方程,然后再用节点位移计算单元内应变,最后计算单元内应力。

应力场的有限元反演是在地质模型构建的基础上,根据有限的单井实测地应力数据来推求整个的地应力场状况。其基本思想为:在地质力学模型构建和单元离散划分的基础上,以单井实测地应力分析为基本约束,通过反演分析确定计算模型的边界作用荷载,进而计算分析研究工地应力场的分布规律。

1. 边界加载方式的处理

边界作用荷载的作用方式及大小是地应力场反演分析的关键,在数值模拟分析过程中,重力场可通过设置地层的容重来实现,而构造应力场则需分析具体的构造状态并通过合理设置计算模型的构造作用边界来实现。其中,远场边界构造作用可认为是以下两种基本构造状态的叠加结果(图 5-4-5):沿 $x$ 方向与 $y$ 方向的水平挤压或水平拉伸构造作用;水平面内的均匀剪切构造变形作用。

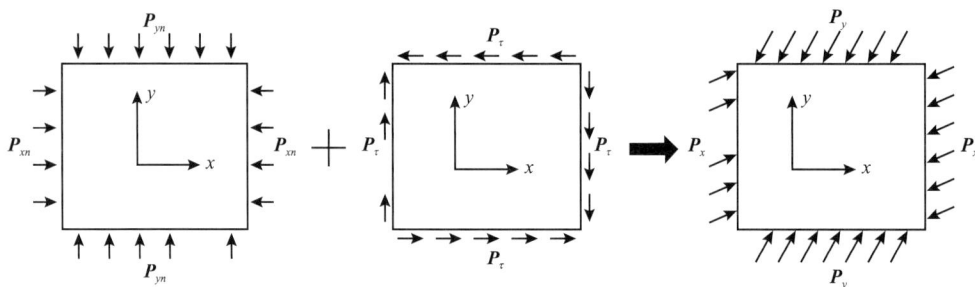

$P_{xn}$—$x$ 向正应力;$P_{yn}$—$y$ 向正应力;$P_\tau$—剪应力;$P_x$—$x$ 向应力;$P_y$—$y$ 向应力。

图 5-4-5 构造运动作用模式

通常,边界面采用位移加载方式,则模型中各边界面上的位移作用可表示为应力的函数,如式(5-4-3)。

$$\left\{\begin{array}{l} u_x = u(P_{xn}, P_{t1}) \\ u_y = u(P_{yn}, P_{t2}) \end{array}\right\} \quad (5-4-3)$$

式中:$u_x$、$u_y$ 分别为 $x$ 方向 $y$ 方向边界水平加载位移量,m;$P_{xn}$、$P_{yn}$ 分别为 $x$ 方向、$y$ 方向水平挤压或拉伸作用应力矢量;$P_{t1}$、$P_{t2}$ 为水平剪切构造应力矢量。

2. 确定合理的边界载荷

合理确定施加边界,保证应力计算结果与应力测试结果(测井地应力剖面)相适应是地应力数值反演的关键问题。应力场反演是基于逐步修正未知参数试算值,使误差函数趋于极小值的迭代算法,误差函数是用计算应力与实测应力的偏差来表示。现场实测点的应力值为 $\sigma_{ij}^{mk}$($k$=1, 2, …, $n$),数值模拟计算所得的相应测点的应力值为 $\sigma_{ij}^{ck}$($k$=1, 2, …, $n$)。

假定实测地应力及其所反映的初始应力场 $\sigma_{ij}^{ck}$ 是变量 $u_x$ 和 $u_y$ 的函数,则有:

$$\sigma_{ij} = f(P_{xn}, P_{yn}, P_{t1}, P_{t2}) \qquad (5\text{-}4\text{-}4)$$

构建联合反演模型的误差函数,其表达式为:

$$\psi(P_{xn}, P_{yn}, P_{t1}, P_{t2}) = |\sigma_{ij}^{ck} - \sigma_{ij}^{mk}|/\sigma_{ij}^{ck} \qquad (5\text{-}4\text{-}5)$$

式中:$n$ 为测点个数;$\sigma_{ij}^{c}$ 是岩体自重和水平地质构造运动对初始应力场形成有贡献因子的函数,是测点的实测值;$\sigma_{ij}^{m}$ 是相应测点的数值模拟计算值。岩体自重和构造运动对初始应力场的影响可通过在模型上施加初始条件和边界条件来模拟。

已有大量研究都表明,断裂/断层对地应力影响显著,因此,在地应力反演过程中,在确定边界位移时,需考虑断层发育特征的影响,考虑到确定断层力学参数比较困难,可将断裂/断层参数也作为反演变量,此时,式(5-4-4)变化为:

$$\sigma_{ij} = f(P_{xn}, P_{yn}, P_{t1}, P_{t2}, E_{f1}, \mu_{f1}, E_{f2}, \mu_{f2}, \cdots) \qquad (5\text{-}4\text{-}6)$$

式中:$E_{fi}$ 为基于反演分析确定的断裂/断层静态弹性模量,GPa;$\mu_{fi}$ 为基于反演分析确定的断裂/断层静态泊松比。

基于联合反演模型的误差函数,以单井实测地应力数据为约束,对待反演的边界荷载作用在取值区间内进行全局寻优,使内约束井段的数值计算应力与实测应力的大小及方向相逼近。早期多采用试算法确定边界载荷,该方法简单易操作,但不确定性强、工作量大,且过分依赖分析人员的处理经验。运用人工智能优化理论,选取合理的优化算法是当前确定边界荷载最行之有效的技术途径,包括神经网络算法、遗传算法等。图 5-4-6 所示为基于遗传算法的边界荷载优化流程图。具体步骤包括:

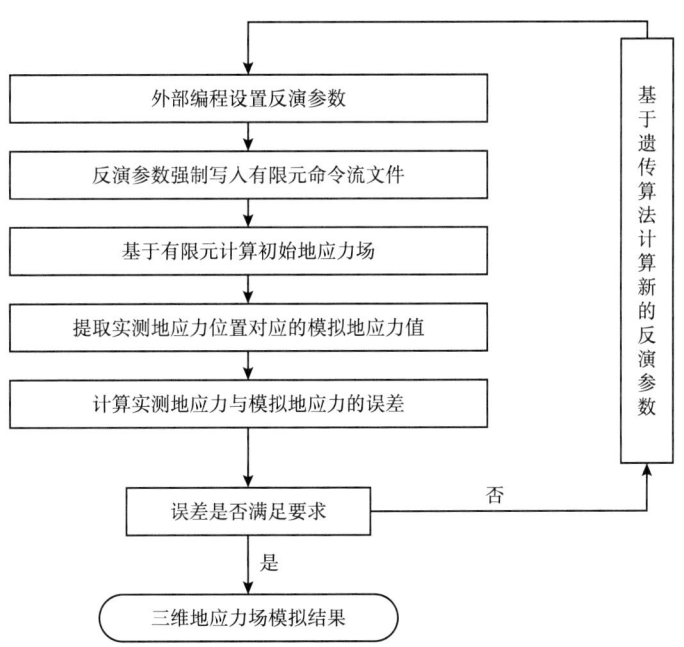

图 5-4-6 基于遗传算法的边界荷载优化流程图

(1)在有限元命令流文件内根据经验设置地应力有限元反演初始参数;

(2)使用限元模拟工具读取命令流文件,模拟地应力场并输出结果文件,从模拟结果文件中提取实测地应力位置对应的模拟地应力值;

(3)对比分析模拟地应力值与实测地应力值并计算误差;

(4)按照遗传算法计算出新的模拟参数并强制更新有限元命令流文件内参数值;

(5)重复步骤(2)至步骤(4),直至误差满足要求。

3. 地应力场反演结果

如图 5-4-7 所示,红色区域代表高应力区域、蓝色代表低应力区域。整体处于压应力作用下,垂向应力、最大水平主应力、最小水平主应力整体呈现由西北向东南方向地应力逐渐降低的趋势。

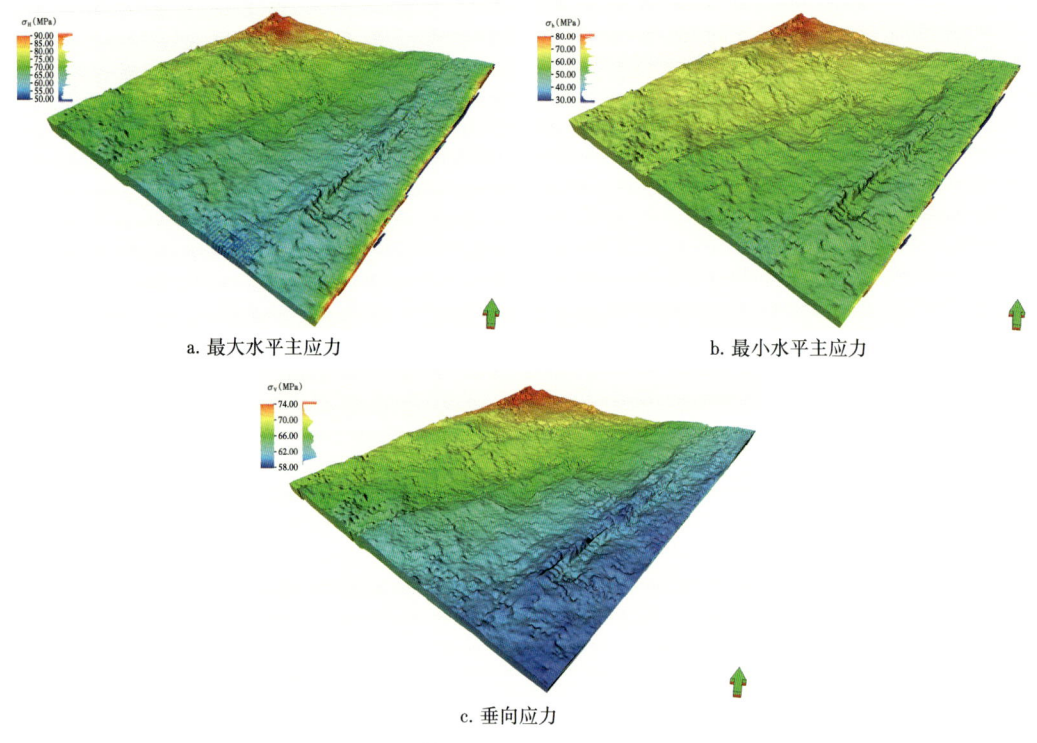

a. 最大水平主应力　　　　　　b. 最小水平主应力

c. 垂向应力

图 5-4-7　某地层的三维地应力场反演结果

# 第六章　复杂地层井壁稳定性测井评价

井壁失稳是钻井普遍面临的工程难题之一，一直制约着钻井的安全高效实施。随着深井、超深井、水平井等复杂井越来越多，开展拟钻井井壁稳定性的钻前准确预测和钻后科学评价，安全高效钻井的重要性日益凸显。测井数据作为高分辨率的地层信息，既包含了原位地层的信息，也包括了钻井工程技术对地层的影响。因此，测井在钻井井壁稳定性的预测和评价中具有其他技术所不能替代的显著优越性。同时，由井壁稳定性分析所得到的井壁坍塌压力、破裂压力等参数也是固井、压裂等油气工程技术方案设计优化所需的基础参数，井壁稳定性分析在油气工程技术领域具有特殊而重要的地位。

本章将对井壁稳定测井评价基本理论和方法与理论体系进行简要介绍。

## 第一节　均质地层井壁稳定性测井评价

钻井工程中，井壁稳定性评价的主要目的是建立地层的坍塌压力剖面与破裂压力剖面，为安全钻井提供不可或缺的基础信息支撑。地层坍塌压力越高，表明井壁易发生垮塌失稳，需采用更高的钻井液密度、产生更大的井筒液柱压力来支撑井壁、稳定地层；地层破裂压力越小，则表明井壁岩石易发生破裂失稳，需控制钻井液密度不宜过高、避免井筒液柱压力过大压裂井壁、诱发钻井漏失。因此，地层坍塌压力与破裂压力分别代表钻井安全密度窗口的下限与上限，当钻井液密度大于坍塌压力且小于破裂压力时，井壁处于稳定状态。因此，准确评价井壁稳定性，明确地层坍塌压力、破裂压力，设计合理的钻井液密度，对指导安全钻井具有重要意义。

基于测井信息可实现连续剖面的井壁稳定性评价，本节将对井壁稳定性测井评价的基本原理、方法进行概述。

### 一、井壁稳定性测井评价基本原理

井壁失稳指钻井过程中井壁应力集中过大、力学平衡被打破，地层发生垮塌、破裂等现象，井壁失稳通常会造成掉块、卡钻、漏失等井下复杂情况。

常规的均质地质中，井壁稳定性与钻井液密度密切相关。如前所述，地层坍塌压力和地层破裂压力构成了保持井壁稳定的安全钻井液密度窗口。根据岩石力学理论，井眼垮塌通常被认为是井壁岩石剪切破坏的结果，井壁破裂则通常被认为是井壁岩石张性破裂的结果，因此，地层坍塌压力是指保持井壁不发生井壁剪切失稳垮塌的井筒液柱压力下限；地层破裂压力通常是指保持井壁不发生张性破裂的井筒液柱压力上限。

井眼稳定性分析本身是一个岩石力学的分析过程。对由砂岩、碳酸盐岩等与钻井液接触过程中相对惰性岩石构成的常规地层而言，井眼稳定性分析可简化为纯粹的岩石力学分析，其分析思路如图 6-1-1 所示。

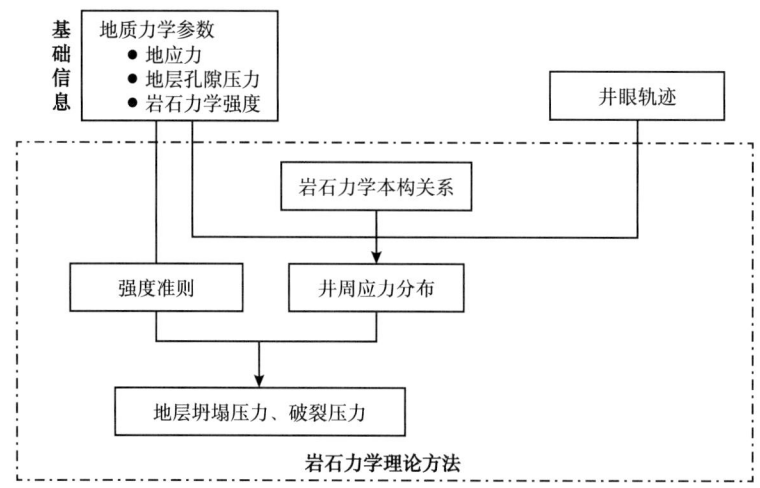

图 6-1-1 井壁稳定力学分析基本原理图

从井眼稳定性力学分析的基本原理图中可以看到，不考虑钻井液对地层的影响，纯粹从岩石力学的角度研究井眼稳定性，不论是利用解析的方式，还是利用有限元软件数值计算井周应力分布，进而开展稳定性分析的方式，都必须首先解决两个关键问题：岩石的力学本构方程及强度准则；地层的基础地质力学参数，包括地层岩石的力学强度、地应力和孔隙流体压力。前者是岩石力学的基础问题，可通过对岩石强度特性、应力—应变曲线特征进行相关分析得到。当只研究某个特定深度点地层或面向的大段地层为均质各向同性且纵向无变化时，地层的岩石强度、地应力也可以利用少量的钻井取心，通过岩石力学的相关实验测量得到。但对于钻井工程所需要的大跨度地层剖面而言，显然完全依靠逐深度、逐层和逐点取心方式获取岩石的强度、地应力是不可能的，必须也只能依靠测井资料才能实现从点到线的剖面延伸，获得对全井地层岩石力学特性的整体认识。因此，从这种意义上说，井眼稳定性研究的关键在于如何利用测井资料获得岩石力学强度、地应力和地层孔隙流体压力等基础地质力学参数，其中岩石力学强度、孔隙压力又是基础中的基础。

井壁稳定性的测井评价一般技术流程是：

（1）基于测井信息依次建立目标地层的岩石力学参数测井剖面（包括弹性模量、泊松比、岩石抗压强度、抗张强度、内聚力、内摩擦角等）、地层孔隙压力测井剖面、地应力测井剖面（包括垂向主应力、水平最大地应力、水平最小地应力以及水平最大主应力的方向）；

（2）综合地应力状态、井眼轨迹进行井周应力分析；

（3）选择适合的岩石破坏准则，计算地层的坍塌压力与破裂压力。

目前，在发生垮塌、漏失等井下复杂状况风险比较高的地层，井壁稳定性分析除了评价地层孔隙压力、坍塌压力、破裂压力等地层"三压力"外，还会根据工程需求评价地层的漏失压力；而对于裂缝发育的储集层段，裂缝的闭合压力评价也越来越受到重视。

## 二、井周应力分布

钻井过程中原地应力平衡被破坏,井周出现应力集中,井壁围岩应力状态和分布受原地应力控制,同时还与井筒液柱压力、井斜方位角、井斜角等密切相关。

通常采用圆柱坐标系开展井周围岩应力分析,井壁上任意一处的应力状态通常用径向应力、周向应力、轴向应力等分量来表示。由于原地应力坐标系、井筒笛卡尔坐标系通常不重叠,井周应力分布分析通常需要对各应力分量进行原地应力坐标系与井筒笛卡尔坐标系、井周笛卡尔坐标系与圆柱坐标系之间的转换,实现利用原地应力表示圆柱坐标系中井周任意点的径向应力、周向应力、轴向应力等应力分量以及主应力。具体过程如下:

假设地层为线弹性、各向同性介质,结合大地坐标、地应力坐标、井筒坐标的相互空间关系,开展空间坐标转换(图6-1-2),转换方程式(刘向君等,2004)为:

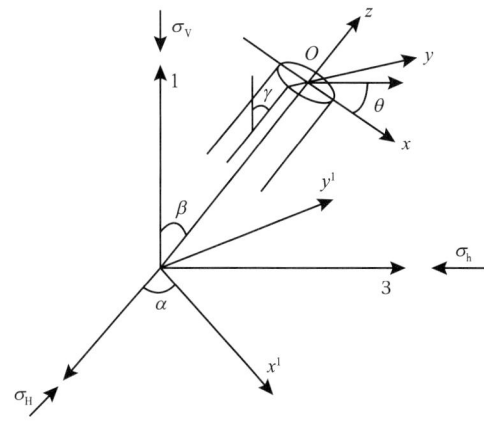

图6-1-2 井眼坐标转换图

$$\begin{bmatrix} \sigma_{xx} & \sigma_{xy} & \sigma_{xz} \\ \sigma_{xy} & \sigma_{yy} & \sigma_{yz} \\ \sigma_{xz} & \sigma_{yz} & \sigma_{zz} \end{bmatrix} = L \begin{bmatrix} \sigma_H & & \\ & \sigma_h & \\ & & \sigma_V \end{bmatrix} L^T \quad (6\text{-}1\text{-}1)$$

其中:

$$L = \begin{bmatrix} \cos\beta\cos\alpha & \cos\beta\sin\alpha & -\sin\beta \\ -\sin\alpha & \cos\alpha & 0 \\ \sin\beta\cos\alpha & \sin\beta\sin\alpha & \cos\beta \end{bmatrix} \quad (6\text{-}1\text{-}2)$$

式中:$\sigma_{xx}$、$\sigma_{yy}$、$\sigma_{zz}$ 分别为直角坐标系下 $x$、$y$、$z$ 轴方向上地应力分量,MPa;$\sigma_{xy}$、$\sigma_{xz}$、$\sigma_{yz}$ 分别为直角坐标系下 $xy$、$xz$、$yz$ 平面上地应力分量,MPa。

根据式(6-1-1),对井周应力进行分析,其主要受井筒液柱压力和地应力控制。由液柱压力 $p_w$ 引起的应力为:

$$\begin{cases} \sigma_r = \dfrac{r_w^2}{r^2} p_w \\ \sigma_\theta = -\dfrac{r_w^2}{r^2} p_w \end{cases} \quad (6\text{-}1\text{-}3)$$

式中：$r$、$r_w$ 分别为井周径向距离和井筒半径，m；$\sigma_r$、$\sigma_\theta$ 分别为柱坐标系下径向、周向正应力，MPa。

应力 $\sigma_{xx}$ 引起的井壁应力为：

$$\begin{cases} \sigma_r = \dfrac{\sigma_{xx}}{2}\left(1+3\dfrac{r_w^4}{r^4}-4\dfrac{r_w^2}{r^2}\right)\cos 2\theta + \dfrac{\sigma_{xx}}{2}\left(1-\dfrac{r_w^2}{r^2}\right) \\ \sigma_\theta = \dfrac{\sigma_{xx}}{2}\left(1+\dfrac{r_w^2}{r^2}\right) - \dfrac{\sigma_{xx}}{2}\left(1+3\dfrac{r_w^4}{r^4}\right)\cos 2\theta \\ \tau_{r\theta} = -\sigma_{xy}\left(1+2\dfrac{r_w^2}{r^2}-3\dfrac{r_w^4}{r^4}\right)\sin 2\theta \end{cases} \quad (6\text{-}1\text{-}4)$$

式中：$\tau_{r\theta}$ 为柱坐标系下 $rz$ 平面切应力，MPa；$\theta$ 为井周角，(°)。

$\sigma_{yy}$ 引起的应力为：

$$\begin{cases} \sigma_r = -\dfrac{\sigma_{yy}}{2}\left(1+3\dfrac{r_w^4}{r^4}-4\dfrac{r_w^2}{r^2}\right)\cos 2\theta + \dfrac{\sigma_{yy}}{2}\left(1-\dfrac{r_w^2}{r^2}\right) \\ \sigma_\theta = \dfrac{\sigma_{yy}}{2}\left(1+\dfrac{r_w^2}{r^2}\right) + \dfrac{\sigma_{yy}}{2}\left(1+3\dfrac{r_w^4}{r^4}\right)\cos 2\theta \\ \tau_{r\theta} = \dfrac{\sigma_{yy}}{2}\left(1+2\dfrac{r_w^2}{r^2}-3\dfrac{r_w^4}{r^4}\right)\cos 2\theta \end{cases} \quad (6\text{-}1\text{-}5)$$

上覆岩层压力引起的应力为：

$$\sigma_z = \sigma_{zz} - 2\nu\left[(\sigma_{xx}-\sigma_{yy})\dfrac{r_w^2}{r^2}\cos 2\theta\right] \quad (6\text{-}1\text{-}6)$$

式中：$\sigma_z$ 为柱坐标系下轴向正应力，MPa。

地应力分量 $\sigma_{xy}$ 引起的井壁应力为：

$$\begin{cases} \sigma_r = \sigma_{xy}\left(1+3\dfrac{r_w^4}{r^4}-4\dfrac{r_w^2}{r^2}\right)\sin 2\theta \\ \sigma_\theta = -\sigma_{xy}\left(1+3\dfrac{r_w^4}{r^4}\right)\sin 2\theta \\ \tau_{r\theta} = \sigma_{xy}\left(1+2\dfrac{r_w^2}{r^2}-3\dfrac{r_w^4}{r^4}\right)\cos 2\theta \end{cases} \quad (6\text{-}1\text{-}7)$$

地应力分量 $\sigma_{yz}$ 引起的应力为：

$$\begin{cases} \tau_{rz} = \sigma_{yz}\left(1-\dfrac{r_w^2}{r^2}\right)\sin\theta \\ \tau_{z\theta} = \sigma_{yz}\left(1+\dfrac{r_w^2}{r^2}\right)\cos\theta \end{cases} \quad (6\text{-}1\text{-}8)$$

式中：$\tau_{z\theta}$ 为柱坐标系下 $\theta z$ 平面切应力，MPa。

地应力分量 $\sigma_{xz}$ 引起的应力为：

$$\tau_{rz} = \sigma_{xz}\left(1 - \frac{r_w^2}{r^2}\right)\cos\theta \qquad (6-1-9)$$

式中：$\tau_{rz}$ 为柱坐标系下 $rz$ 平面切应力，MPa。

钻井过程中，由于钻井压差，钻井液会侵入井周地层，尤其在钻井液造壁性较差的情况下，钻井液井周渗流现象更为严重。钻井液井周渗流符合达西定律，地层为多孔介质，则井周渗流产生的附加应力场分布表达式为：

$$\begin{cases} \sigma_r^P = \delta\left[\dfrac{a(1-2\nu)}{1-\nu}\dfrac{(r^2-r_w^2)}{r^2} - \phi\right](p_w - p_P) \\ \sigma_\theta^P = \delta\left[\dfrac{a(1-2\nu)}{1-\nu}\dfrac{(r^2+r_w^2)}{r^2} - \phi\right](p_w - p_P) \\ \sigma_z^P = \delta\left[\dfrac{a(1-2\nu)}{1-\nu} - \phi\right](p_w - p_P) \end{cases} \qquad (6-1-10)$$

式中：$\sigma_r^P$、$\sigma_\theta^P$、$\sigma_z^P$ 分别为井周径向、周向、轴向渗流应力，MPa；$\delta$ 为井壁渗透系数；$a$ 为有效应力系数。

经过上述线性叠加后，且井壁处 $r_w = r$，考虑渗流附加应力，依据有效应力原理可得井壁上有效应力分布，表达式为：

$$\begin{cases} \sigma_r = p_w - \delta\phi(p_w - p_P) \\ \sigma_\theta = -p_w + (\sigma_{xx} + \sigma_{yy}) - 2(\sigma_{xx} - \sigma_{yy})\cos(2\theta) - 4\tau_{xy}\sin(2\theta) + \delta\left[\dfrac{a(1-2\nu)}{1-\nu} - \phi\right](p_w - p_P) \\ \sigma_z = \sigma_{zx} - 2\nu\left[(\sigma_{xx} - \sigma_{yy})\cos(2\theta) + 2\tau_{xy}\sin(2\theta)\right] + \delta\left[\dfrac{a(1-2\nu)}{1-\nu} - \phi\right](p_w - p_P) \\ \tau_{\theta z} = 2\tau_{xy}\cos\theta - 2\tau_{xz}\sin\theta \\ \tau_{r\theta} = \tau_{rz} = 0 \end{cases}$$

$$(6-1-11)$$

基于上述井壁应力，求取井壁三向主应力，表达式为：

$$\begin{cases} \sigma_i = p_w - \delta\phi(p_w - p_P) \\ \sigma_j = \dfrac{\sigma_z + \sigma_\theta}{2} + \sqrt{\left(\dfrac{\sigma_\theta - \sigma_z}{2}\right)^2 + \sigma_{\theta z}^2} \\ \sigma_k = \dfrac{\sigma_z + \sigma_\theta}{2} - \sqrt{\left(\dfrac{\sigma_\theta - \sigma_z}{2}\right)^2 + \sigma_{\theta z}^2} \end{cases} \qquad (6-1-12)$$

式中：$\sigma_i$、$\sigma_j$、$\sigma_k$ 分别为井壁处三向主应力，MPa；$p_w$ 为井筒液柱压力，MPa。

基于井壁三向主应力，根据式（6-1-12）进行数值大小对比，从而确定井壁最大、最小及中间主应力,见式(6-1-13)。在确定井壁三向主应力之后,选取合理的强度破坏准则,即可以判断井壁岩石的失稳状态,从而对井壁稳定性进行分析。

$$\begin{cases} \sigma_1 = \max(\sigma_i, \sigma_j, \sigma_k) \\ \sigma_3 = \min(\sigma_i, \sigma_j, \sigma_k) \end{cases} \quad (6-1-13)$$

式中:$\sigma_1$、$\sigma_3$ 分别为井壁位置的最大和最小主应力,MPa。

### 三、岩石破坏准则

井壁失稳的力学失稳模式主要为剪切失稳与张性破裂。常用于描述和评价岩石剪切破坏的主要有 Mohr-Coulomb 准则、Drucker-Prager 准则、Griffith 准则、Hoek-Brown 强度准则等。岩石的张性破坏一般选用最大张应力准则进行评判。

1. 剪切破坏准则

Mohr-Coulomb 准则、Drucker-Prager 准则是石油天然气领域应用较为广泛的岩石破坏准则。其中,Mohr-Coulomb 准则表达式为:

$$\sigma_1 = 2c \frac{\cos\varphi}{1-\sin\varphi} + \sigma_3 \frac{1+\sin\varphi}{1-\sin\varphi} \quad (6-1-14)$$

将式(6-1-13)代入式(6-1-14),即可从中推导出极限平衡状态下井筒液柱压力 $p_w$ 的表达式,即地层坍塌压力 $p_c$。

对于直井,地层坍塌压力当量密度为:

$$\rho_{mc} = \frac{\eta(3\sigma_{H1} - \sigma_{H2}) - 2cK + \alpha p_p(K^2 - 1)}{(K^2 + \eta)H} \times 100 \quad (6-1-15)$$

式中:$\rho_{mc}$ 为地层坍塌压力当量密度,g/cm³;$\sigma_{H1}$、$\sigma_{H2}$ 分别为最大水平主应力、最小水平主应力,MPa;$K = \cot\left(45° - \frac{\varphi}{2}\right)$;$\eta$ 为应力非线性修正系数。

Drucker-Prager 准则是在八面体应力强度理论上得到的,该准则在计算中考虑了中间主应力($\sigma_2$)作用,并加入了静水压力对岩石屈服过程的影响,从而能够体现岩石受剪切引起的扩容现象(Drucker et al., 1952),具体表达式为:

$$J_2 = H_{1c} + H_{2c}J_1 \quad (6-1-16)$$

其中:

$$\begin{cases} J_1 = \dfrac{\sigma_1 + \sigma_2 + \sigma_3}{3} \\ J_2 = \sqrt{\dfrac{(\sigma_1 - \sigma_2)^2 + (\sigma_2 - \sigma_3)^2 + (\sigma_3 - \sigma_1)^2}{6}} \end{cases} \quad (6-1-17)$$

式中:$J_1$ 为应力第一不变量,MPa;$J_2$ 为应力偏量第二不变量,MPa;$H_{1c}$、$H_{2c}$ 分别为材料参数,可由岩石黏聚力、内摩擦角计算得到。

同样，将式（6-1-12）中的三个主应力代入式（6-1-16）和式（6-1-17），可推导出极限平衡状态下井筒液柱压力 $p_w$ 的表达式，即地层坍塌压力 $p_{mc}$，表达形式通常为数学隐式方程。

Hoek-Brown 强度准则是基于岩石力学实验的经验准则，其优点在于综合考虑了岩石结构、强度和所处应力状态等多因素共同影响，能够更好地反映岩石非线性破坏特征（Hoek et al.，1980），其表达式为：

$$\sigma_1 = \sigma_3 + \sqrt{m\sigma_{ci}\sigma_3 + s\sigma_{ci}^2} \quad (6\text{-}1\text{-}18)$$

式中：$m$、$s$ 分别为岩石力学特性系数，由岩石破坏程度和结构面发育程度决定；$\sigma_{ci}$ 为完整岩体的单轴抗压强度，MPa。

2. 张性破坏准则

依据最大拉应力理论建立极限平衡条件，则岩石发生张性破裂，破裂面上的拉张应力必须克服地层岩石的抗拉强度。依据最大拉应力理论，井壁岩石拉伸破坏时应满足以下不等式：

$$\sigma_{\min} - p_P \leqslant -|\sigma_t| \quad (6\text{-}1\text{-}19)$$

式中：$\sigma_{\min}$ 为最小水平主应力，MPa。

由式（6-1-11）和式（6-1-14）可得直井地层破裂压力当量密度为：

$$\rho_{mf} = \frac{3\sigma_{H2} - \sigma_{H1} - \alpha p_P + \sigma_t}{H} \times 100 \quad (6\text{-}1\text{-}20)$$

值得注意的是，井壁稳定性评价的三大关键要素：井周应力（或井壁岩石受力状态）、岩石力学强度以及岩石破坏准则又受控于地层结构（层理、裂缝面等）、地质力学特征（地层孔隙压力、地应力等）、钻井工艺参数（井眼轨迹、钻井液作用等）等地质和工程因素。

（1）常规井壁稳定性分析认为，井壁岩石应力状态由地层孔隙压力、地应力及井眼轨迹共同决定，其中以地应力的井周分量作为主导，但当地层存在层理、钻井液与地层岩石相互作用时，井周应力会出现重新分布，诱发地层孔隙压力传递、水化附加应力、温差附加应力等。

（2）岩石强度虽然是地层固有属性，但在复杂结构地层（例如割理发育煤岩、缝洞碳酸盐岩等），其强度受到裂缝、层理、割理等结构影响，变化规律复杂、难以定量表征。此外，在钻进过程中，对于水敏性地层（膨胀性泥岩或硬脆性页岩），钻井液与地层岩石产生水化作用，诱发地层岩石的力学强度发生动态变化，导致井壁稳定性也会随力学强度动态演化。

随着油气资源勘探开发逐渐转向深层、复杂地层和非常规地层，上述常规均质地层的井壁稳定评价方法无法真实表征井周地层的真实状态，需要密切围绕复杂地层地质特征，构建针对性的井壁稳定评价理论与方法。

# 第二节　水敏性地层井壁稳定性测井评价

水敏性地层井壁稳定性一直以来都是钻井工程所关注的重点。该类地层以泥岩、页岩为代表，通常都不同程度发育有黏土矿物，对水基工作液敏感性较强，作为井壁围岩在与工作液井液接触时，一方面易发生软化或结构损伤、崩解等行为，导致岩石力学强度降低；另一方面易膨胀产生膨胀应力，加剧井周地层应力集中。结合第三章相关介绍可知，随着工作液对井壁浸泡时间的延长，工作液对井壁围岩力学强度与井周应力的影响也会持续增强。因此，在井筒工作液浸泡下，水敏感性地层的井壁稳定状态会随时间动态变化，呈现不同程度的时间效应。

水敏感性地层的井壁稳定性测井评价，需要明确其稳定性的动态演变规律，指导现场钻井工程优化设计。

## 一、水敏性地层井周应力分布

相比较常规地层，由于泥页岩等敏感性地层容易与钻井液发生水化反应，产生相应的附加应力，改变井周应力分布，从而影响敏感性地层井壁稳定性。

当泥页岩等敏感性地层岩石与钻井液接触后，泥页岩吸水，诱发内部黏土膨胀，产生水化膨胀压力；与未水化的情况相比，水化使井眼周围的应力状态发生了改变，影响程度与泥岩吸水量密切相关。

在圆柱坐标体系下，基于平面应变条件，泥页岩吸水后的应力应变关系为：

$$\begin{cases} \varepsilon_r = \dfrac{1}{E}\left[\sigma_r - \nu(\sigma_\theta + \sigma_z)\right] + \varepsilon_h \\ \varepsilon_\theta = \dfrac{1}{E}\left[\sigma_\theta - \nu(\sigma_r + \sigma_z)\right] + \varepsilon_h \\ \varepsilon_z = \dfrac{1}{E}\left[\sigma_z - \nu(\sigma_r + \sigma_\theta)\right] + \varepsilon_v \end{cases} \quad (6\text{-}2\text{-}1)$$

式中：$\varepsilon_r$、$\varepsilon_\theta$、$\varepsilon_z$ 分别为井壁围岩中的径向、周向和垂向应变分量，无量纲；$\varepsilon_h$、$\varepsilon_v$ 分别代表水平与垂直方向的水化应变；$\sigma_r$、$\sigma_\theta$、$\sigma_z$ 分别为井壁围岩中的径向、周向和垂向应力分量，MPa；$E$、$\nu$ 分别为弹性模量和泊松比，数值大小会受水化作用影响，与井周地层岩石的含水率密切相关。

定义垂向与水平方向的水化应变比值为 $m=\varepsilon_h/\varepsilon_v$，则式（6-2-1）可改写为主应力形式：

$$\begin{cases} \sigma_r = \dfrac{E}{(1-2\nu)(1+\nu)}\left[(1-\nu)\varepsilon_r + \nu\varepsilon_\theta - (m+\nu)\varepsilon_v\right] \\ \sigma_\theta = \dfrac{E}{(1-2\nu)(1+\nu)}\left[(1-\nu)\varepsilon_\theta + \nu\varepsilon_r - (m+\nu)\varepsilon_v\right] \\ \sigma_z = \dfrac{E}{(1-2\nu)(1+\nu)}\left[\nu\varepsilon_r + \nu\varepsilon_\theta - (1-\nu+2m\nu)\varepsilon_v\right] \end{cases} \quad (6\text{-}2\text{-}2)$$

在此条件下，井周岩石的应力平衡方程与几何方程为：

$$\begin{cases} \dfrac{\mathrm{d}\sigma_r}{\mathrm{d}r} + \dfrac{\sigma_r - \sigma_\theta}{r} & \text{应力平衡} \\ \varepsilon_r = \dfrac{\mathrm{d}v}{\mathrm{d}r} \quad \varepsilon_\theta = \dfrac{v}{r} & \text{几何方程} \end{cases} \quad (6\text{-}2\text{-}3)$$

根据弹性力学理论中平面应变状态下的井眼周围的应力－应变关系、井眼周围介质的应力平衡方程和几何方程，可得考虑水化后井眼围岩应力计算模型：

$$r\dfrac{\mathrm{d}^2\sigma_r}{\mathrm{d}r^2} + \left(3 - \dfrac{r}{E}\dfrac{\mathrm{d}E}{\mathrm{d}r} + \dfrac{2vr}{v^2-1}\dfrac{\mathrm{d}v}{\mathrm{d}r}\right)\dfrac{\mathrm{d}\sigma_r}{\mathrm{d}r} + \left(\dfrac{4v+1}{v^2-1}\dfrac{\mathrm{d}v}{\mathrm{d}r} - \dfrac{1}{E}\dfrac{2v-1}{v-1}\dfrac{\mathrm{d}E}{\mathrm{d}r}\right)\sigma_r$$
$$= \dfrac{E(m+v)}{v^2-1}\dfrac{\mathrm{d}\varepsilon_v}{\mathrm{d}r} + \dfrac{E\varepsilon_v}{v^2-1}\dfrac{\mathrm{d}v}{\mathrm{d}r} \quad (6\text{-}2\text{-}4)$$

式中：弹性模量 $E$、泊松比 $v$ 与井周含水率 $w$ 相关，表达式见式（6-2-5）。井周含水率的变化趋势 $\mathrm{d}w/\mathrm{d}r$ 通过室内水化实验，借助井周扩散方程求解。

$$\begin{cases} \dfrac{\mathrm{d}E}{\mathrm{d}r} = \dfrac{\mathrm{d}E}{\mathrm{d}w}\dfrac{\mathrm{d}w}{\mathrm{d}r} \\ \dfrac{\mathrm{d}v}{\mathrm{d}r} = \dfrac{\mathrm{d}v}{\mathrm{d}w}\dfrac{\mathrm{d}w}{\mathrm{d}r} \end{cases} \quad (6\text{-}2\text{-}5)$$

此外，式（6-2-4）的边界条件为：井壁位置处的径向应力 $\sigma_r$ 为井筒液柱压力 $p_w$，远场位置处的径向应力 $\sigma_r$ 为远场平均地应力 $S$。在此基础上，采用有限差分法对式（6-2-4）进行求解。在式（6-2-4）中，令：

$$\begin{cases} f_1 = r \\ f_2 = 3 - \dfrac{r}{E}\dfrac{\mathrm{d}E}{\mathrm{d}r} + \dfrac{2vr}{v^2-1}\dfrac{\mathrm{d}v}{\mathrm{d}r} \\ f_3 = \dfrac{4v+1}{v^2-1}\dfrac{\mathrm{d}v}{\mathrm{d}r} - \dfrac{1}{E}\dfrac{2v-1}{v-1}\dfrac{\mathrm{d}E}{\mathrm{d}r} \\ f_4 = \dfrac{E(m+v)}{v^2-1}\dfrac{\mathrm{d}\varepsilon_v}{\mathrm{d}r} + \dfrac{E\varepsilon_v}{v^2-1}\dfrac{\mathrm{d}v}{\mathrm{d}r} \end{cases} \quad (6\text{-}2\text{-}6)$$

则式（6-2-4）可变为：

$$f_1\sigma_r'' + f_2\sigma_r' + f_3\sigma_r = f_4 \quad (6\text{-}2\text{-}7)$$

取步长为 $h$，采用中心差分，有：

$$\left.\begin{aligned} \sigma_r' &= \dfrac{(\sigma_r)_{i+1} - (\sigma_r)_{i-1}}{2h} \\ \sigma_r'' &= \dfrac{(\sigma_r)_{i+1} - 2(\sigma_r)_i + (\sigma_r)_{i-1}}{h^2} \end{aligned}\right\} \quad (6\text{-}2\text{-}8)$$

将式（6-2-8）代入式（6-2-7），得：

$$\frac{(f_1)_i}{h^2}\left[(\sigma_r)_{i+1}-2(\sigma_r)_i+(\sigma_r)_{i-1}\right]+\frac{(f_2)_i}{2h}\left[(\sigma_r)_{i+1}-(\sigma)_{i-1}\right]+ \\ (f_3)_i(\sigma_r)_i=(f_4)_i \qquad (6\text{-}2\text{-}9)$$

其中： $i=1, 2, \cdots, n-2$

式（6-2-9）与式（6-2-7）结合，整理，得：

$$\left.\begin{array}{l}(\sigma_r)_0=p_w \\ (A_1)(\sigma_r)_{i-1}+(A_2)_i(\sigma_r)_{i+1}=(A_4)_i \\ (\sigma_r)_{n-1}=S\end{array}\right\} \qquad (6\text{-}2\text{-}10)$$

其中：

$$\begin{cases}(A_1)_i=(f_1)_i-\dfrac{h}{2}(f_2)_i \\ (A_2)_i=(f_3)_i-2(f_1)_i \\ (A_3)_i=(f_1)_i+\dfrac{h}{2}(f_2)_i \\ (A_4)_i=h^2(f_4)_i\end{cases} \qquad (6\text{-}2\text{-}11)$$

用矩阵表示为：

$$\begin{bmatrix} (A_1)_0 & (A_2)_0 & & & 0 \\ (A_1)_1 & (A_2)_1 & (A_3)_1 & & \\ & & \cdots\cdots & & \\ & 0 & (A_1)_{n-2} & (A_2)_{n-2} & (A_3)_{n-2} \\ & & & (A_1)_{n-1} & (A_2)_{n-1} \end{bmatrix} \qquad (6\text{-}2\text{-}12)$$

$$\begin{bmatrix}(\sigma_r)_0 \\ (\sigma_r)_1 \\ \vdots \\ (\sigma_r)_{n-2} \\ (\sigma_r)_{n-1}\end{bmatrix}=\begin{bmatrix}(A_4)_0 \\ (A_4)_1 \\ \vdots \\ (A_4)_{n-2} \\ (A_4)_{n-2}\end{bmatrix} \qquad (6\text{-}2\text{-}13)$$

式（6-2-13）为三对角方程组，可用追赶法求解，得出各点的径向应力 $\sigma_r$，再由井眼周围的应力平衡方程[式（6-1-11）]求出各点处的切向应力 $\sigma_\theta$：

$$(\sigma_\theta)_i=(\sigma_r)_i+r(\sigma_r)'_r \qquad (6\text{-}2\text{-}14)$$

图 6-2-1 为水化应力扰动条件下的典型泥页岩地层井壁井周应力分布图。由于水化应力具有时间效应，在钻井液作用不同时间下，井周应力呈现动态变化。可以看出：水化作用将导致切向应力发生较大变化，尤其是在井壁附近，呈现先增大后减小的变化特征；而水化作用对径向应力的影响不大，沿着井径方向逐渐增大，而后趋于未发生水化的原状地层应力分布。井周应力的动态变化必然影响井壁围岩的稳定状态。

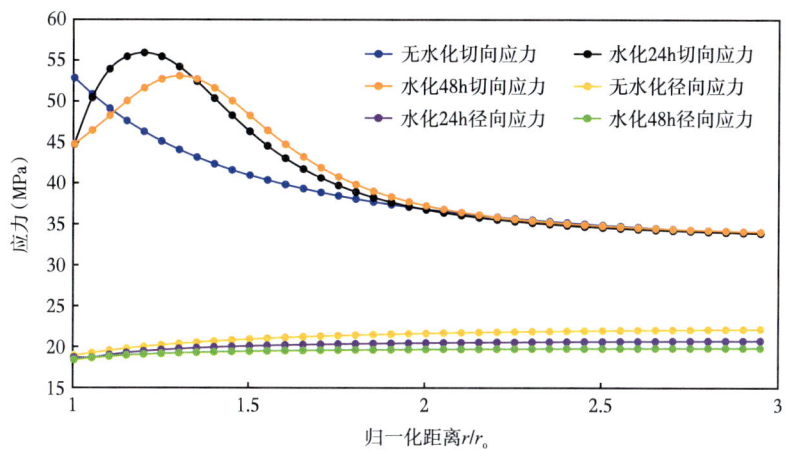

图 6-2-1 有水化与无水化作用下井壁应力分布

## 二、水敏性地层井壁稳定性判别准则

由于水敏性地层与工作液将发生水化等反应，导致井壁围岩力学强度随工作液作用时间持续降低，因此，水敏性地层的井壁稳定性判别准则需对稳定状态随时间的动态变化进行表征。泥岩、页岩是钻井工程关注最多的两类敏感性地层，相对于均质性较好的泥岩，页岩地层层理发育，工作液作用下的井壁稳定性评价还应考虑层理等软弱结构面的影响。

1. 均质敏感性地层

针对以泥岩为代表的均质地层，考虑水化作用下力学强度的时间效应，分别采用对内聚力、内摩擦角动态修正后的摩尔库伦准则与对抗张强度动态修正后的最大张应力准则见式（6-2-15），进行剪切垮塌与张性破裂判断。

$$\begin{cases} \sigma_1 = 2c_o(t)\dfrac{\cos\varphi_o(t)}{1-\sin\varphi_o(t)} + \sigma_3\dfrac{1+\sin\varphi_o(t)}{1-\sin\varphi_o(t)} & \text{剪切破坏} \\ \sigma_3 - \alpha p_P = S_t(t) & \text{张性破坏} \end{cases} \quad (6\text{-}2\text{-}15)$$

式中：$c_o(t)$ 为钻井液作用下的基体内聚力，MPa；$\varphi_o(t)$ 为钻井液作用下的基体内摩擦角，（°）。

2. 软弱结构面发育的敏感性地层

针对以页岩地层为代表的层理或裂缝等软弱结构面发育的敏感性地层，依据单一弱面准则，可分为沿层理面或沿基体的剪切破坏，其破坏模式与摩尔应力圆如图 6-2-2 所示。在与工作液接触时，除了岩石基体力学强度变化外，还需同时考虑工作液对结构面软化、润滑等作用的影响，表达式（刘向君等，2002）为：

$$\begin{cases} \sigma_1 = \sigma_3 + \dfrac{2[c_w(t)+\sigma_3\tan\varphi_w(t)]}{[1-\tan\varphi_w(t)\cot\beta_w]\sin 2\beta_w} & \text{沿层理剪切破坏} \\ \sigma_1 = \sigma_3 + \dfrac{2[c_o(t)+\sigma_3\tan\varphi_o(t)]}{[1-\tan\varphi_o(t)\cot\beta]\sin 2\beta} & \text{沿基体剪切破坏} \end{cases} \quad (6\text{-}2\text{-}16)$$

式中：$c_w(t)$ 为钻井液作用下的层理面内聚力，MPa；$\varphi_w(t)$ 为钻井液作用下的层理面内摩擦角，(°)；$\beta_w$ 为层理与主应力的夹角，(°)。

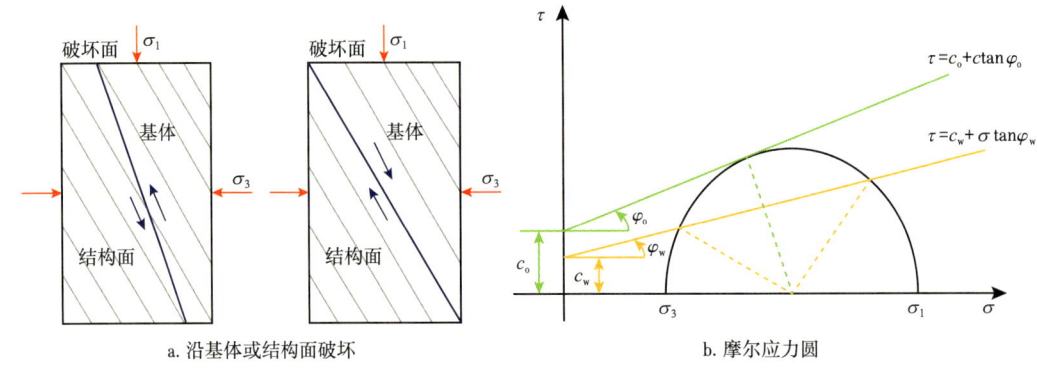

图 6-2-2　沿层理面或沿基体的剪切破坏模式

当沿结构面破坏时，需要满足：

$$\begin{cases} \beta_1 = \dfrac{\varphi_w}{2} + \dfrac{1}{2}\arcsin\dfrac{(\sigma_1+\sigma_3+2c_w\cot\varphi_w)\sin\varphi_w}{\sigma_1-\sigma_3} \\ \beta_2 = \dfrac{\pi}{2} + \dfrac{\varphi_w}{2} - \dfrac{1}{2}\arcsin\dfrac{(\sigma_1+\sigma_3+2c_w\cot\varphi_w)\sin\varphi_w}{\sigma_1-\sigma_3} \\ \beta_1 < \beta_w < \beta_2 \end{cases} \quad (6\text{-}2\text{-}17)$$

针对层理发育的页岩的张性破坏，工作液作用下也存在沿层理面或沿基体的两类张性破裂形式，考虑钻井液作用的张性破坏表达式为：

$$\begin{cases} \sigma_3 - \alpha p_p = S_{tw}(t) & \text{层理面张性破坏} \\ \sigma_3 - \alpha p_p = S_{to}(t) & \text{基体张性破坏} \end{cases} \quad (6\text{-}2\text{-}18)$$

式中：$S_{tw}$、$S_{to}$ 分别为层理面与基体的抗张强度，MPa。

### 三、水敏性地层井壁稳定性动态特征及测井评价

1. 水敏性地层井壁稳定性动态特征

研究工作液作用下井壁岩石的力学特性，并综合敏感性地层的井周应力分布特征、井壁稳定评价判别准则，可计算得到敏感性地层的坍塌压力与破裂压力。但坍塌压力、破裂压力并非恒定不变，而是与井周岩石力学特性的动态变化保持同步变化，工作液作用下敏感性地层的坍塌压力与破裂压力呈现出随时间动态变化的特征，表现为随工作液作用时间增大，坍塌压力持续增大、破裂压力不断降低，钻井液的安全密度窗口逐渐变小，井壁失稳风险增大。

图 6-2-3 所示为某泥岩层段在钻井液作用下的坍塌压力、破裂压力分析结果，随着钻井液作用时间的增大，岩石内聚力、内摩擦角减小，地层坍塌压力增大、破裂压力减小，钻井液安全密度窗口逐渐变窄。原状地层条件下安全密度窗口约为 0.3g/cm³；钻开地层后钻井液浸泡 6 天，安全密度窗口仅为 0.036g/cm³，对保持井壁稳定的安全钻井带来了极大的挑战。

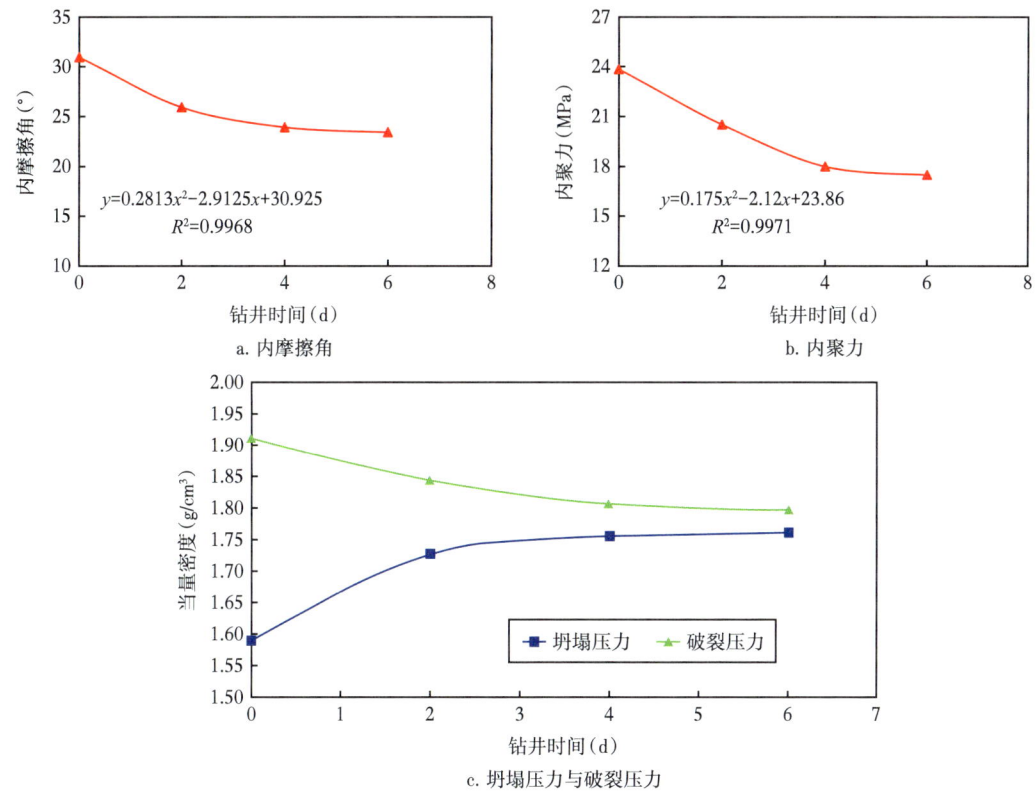

图 6-2-3 岩石力学强度、地层坍塌压力、地层破裂压力随工作液作用时间的变化

对于以页岩地层为代表、层理等软弱结构面发育的敏感性地层，工作液作用下地层井壁稳定状态主要受控于工作液与软弱结构面的作用、软弱结构面产状等因素的影响。

某页岩的内聚力、内摩擦角随钻井液浸泡时间的变化如图 6-2-4 所示。在钻井液作用下，层理面与基体的内聚力、内摩角均随浸泡时间呈下降趋势，且层理面的力学强度参数降低幅度相对更大。井壁更容易沿结构面发生失稳，地层的坍塌压力与破裂压力更为复杂化。

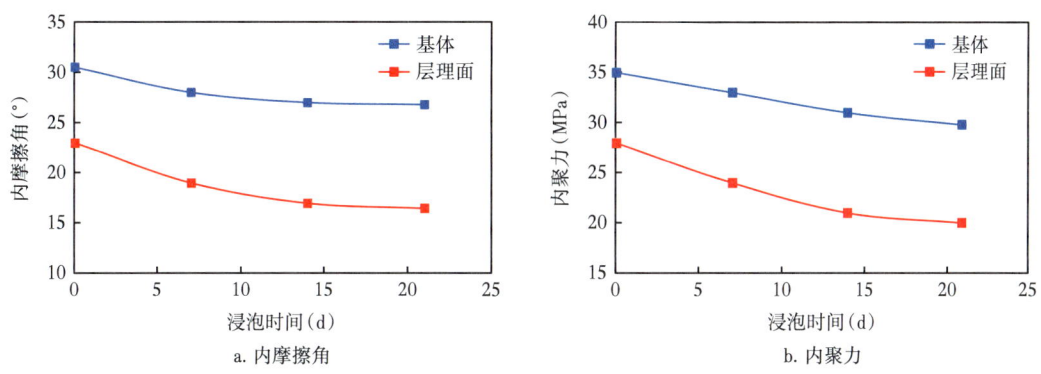

图 6-2-4 软弱结构面发育的敏感性地层力学强度随工作液作用时间的变化

某软弱结构面发育的水敏性地层的坍塌压力与破裂压力如图 6-2-5。可看出，首先，坍塌压力、破裂压力与井眼轨迹的关系异常复杂，其分布特征受软弱结构面产状的影响

显著；其次，与原状地层相比较，钻井液作用 24h 后，坍塌压力大幅增大、易发生垮塌失稳的井眼轨迹增多（图 6-2-5 中表现为红色区域增大），而破裂压力大幅降低、易发生张性破裂的井眼轨迹也增多（图 6-2-5 中表现为蓝色区域增大）。并且钻井液浸泡引起的坍塌压力与破裂压力变化幅度与软弱结构面产状、井眼轨迹密切相关。

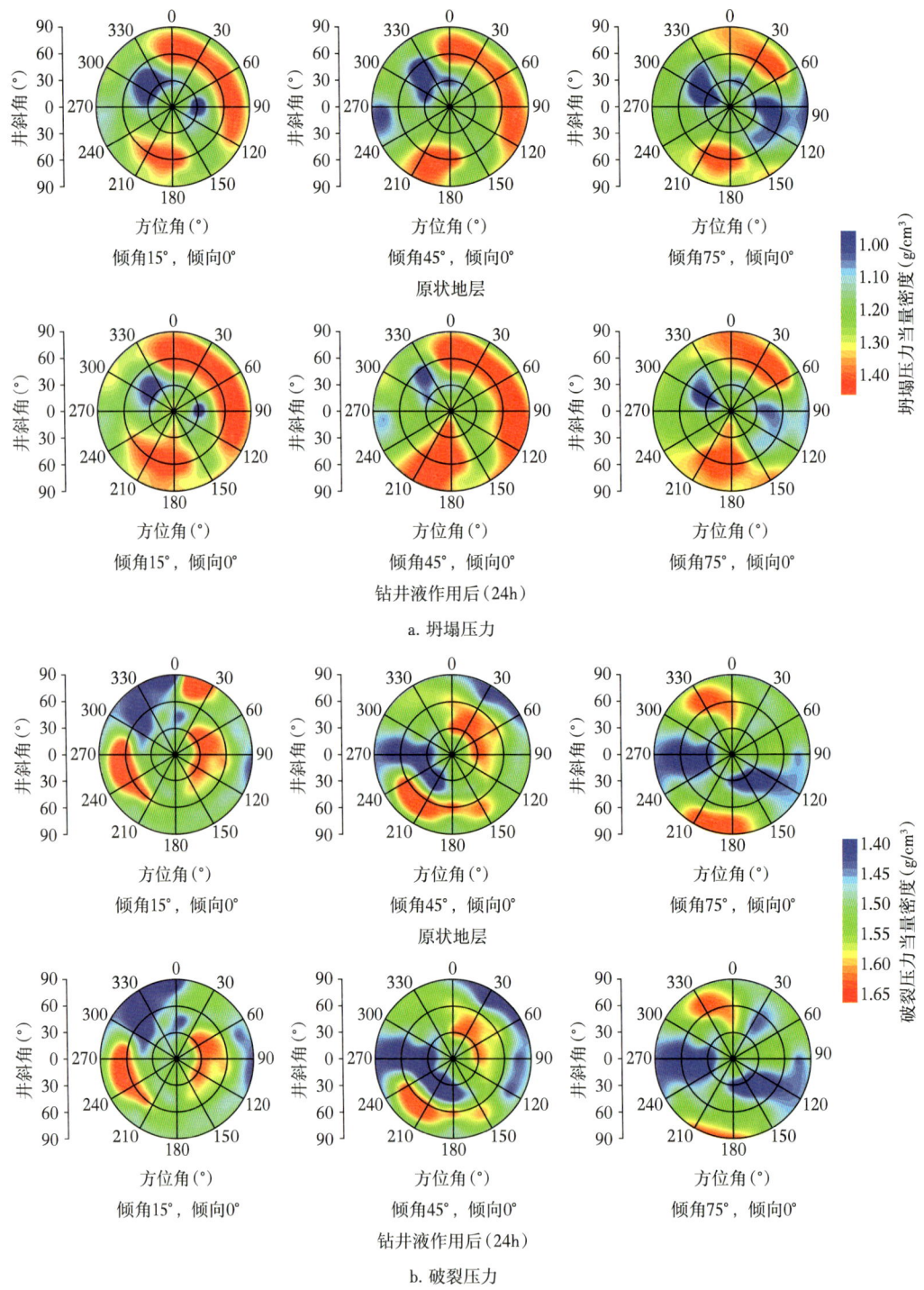

图 6-2-5 水化作用后的泥页岩地层坍塌压力与破裂压力变化

2. 井壁坍塌周期分析

当钻井液与泥岩、页岩等敏感性地层接触后，地层岩石发生水化作用，一方面产生水化应力，另一方面弱化井壁岩石的力学强度，导致近井壁地层的坍塌压力升高，且随水化时间动态增大。这一动态过程，使得初始稳定状态的井壁在钻井液浸泡一段时间后会发生延迟性失稳垮塌，其中，从钻开地层开始，至钻井液浸泡导致井壁发生失稳坍塌的时间，通常被称为敏感性地层的井壁坍塌周期。

依据井壁坍塌周期预测评价理论与计算模型，准确计算敏感性地层的井壁坍塌周期，有助于在井壁发生坍塌之前，及时下套管固井阻断钻井液对裸露井壁的浸泡、水化作用，防止井壁垮塌；同时也有助于根据钻井作业时间需求，优化钻井液体系的水化抑制能力、尽可能地延长井壁坍塌周期，降低井壁失稳垮塌风险。因此，井壁坍塌周期预测评价对于降低钻井井壁坍塌风险、减少井下复杂、缩短钻井周期都具有重要意义。

井壁坍塌周期计算评价除了考虑水化应力、水化对岩石力学强度的弱化作用外，通常还需考虑地层孔隙压力动态变化。

1）近井壁地层孔隙压力动态分布特征

钻开地层后，钻井液将会接触并浸入地层，由于地层中的流体与钻井液之间存在化学势差、压力差，地层孔隙压力将会重新分布。

综合考虑化学势变化和流体流动的孔隙压力计算模型，有：

$$\frac{K}{\mu C_f \phi}\left(\frac{\partial^2 p}{\partial x^2}+\frac{\partial^2 p}{\partial y^2}\right)+I_m \frac{RT}{V}\ln\frac{1}{a_{shale}}\frac{\partial a_w}{\partial t}=\frac{\partial p}{\partial t} \qquad (6-2-19)$$

$$D_w\left(\frac{\partial^2 a_w}{\partial x^2}+\frac{\partial^2 a_w}{\partial y^2}\right)=\frac{\partial a_w}{\partial t} \qquad (6-2-20)$$

式中：$p$ 为地层流体压力，MPa；$K$ 为渗透率，D；$\mu$ 为流体黏度，mPa·s；$C_f$ 为流体压缩系数，$Pa^{-1}$；$\phi$ 为孔隙度；$I_m$ 为膜效率，是岩石渗透能力与理想半透膜渗透能力的比值；$R$ 为气体常量，8.314J/（K·mol）；$T$ 为热力学温度，K；$V$ 为水的偏摩尔体积，$1.80\times10^{-5} m^3/mol$；$a_w$ 为钻井时地层流体活度；$a_{shale}$ 为泥页岩中地层的水活度；$D_w$ 为活度扩散系数，$m^2/s$，是表征地层水活度传递快慢的一个参数，可根据压力传递试验数据拟合得到。

溶液的活度是指盐溶液和纯水的逸度比，是表征溶液中化学势强弱的一个参数，可以通过活度仪直接测量或者通过等温吸附试验间接测量。

根据测井资料分析及实验分析，某地层的孔隙度为0.078，孔隙压力为21.85MPa，地层原始温度为351.10K，活度扩散系数为$4.95\times10^{-9} m^2/s$，地层水活度为0.905，钻井液活度为0.83，膜效率为0.215。依据钻井液浸入地层后孔隙压力计算理论，得到1h、24h和240h后，近井壁地层的孔隙压力分布如图6-2-6所示。

由于采用过平衡钻井，井壁地层的孔隙压力接近井筒压力，远离井眼逐渐降低，并趋于原始地层压力；随着钻井液对井壁地层的浸泡时间增长，近井带地层孔隙压力逐渐升高。此外，若钻井液活度降低、膜效率增大，近井壁地层中化学势差可以产生较大的渗透压，将减小地层孔隙压力增大幅度。

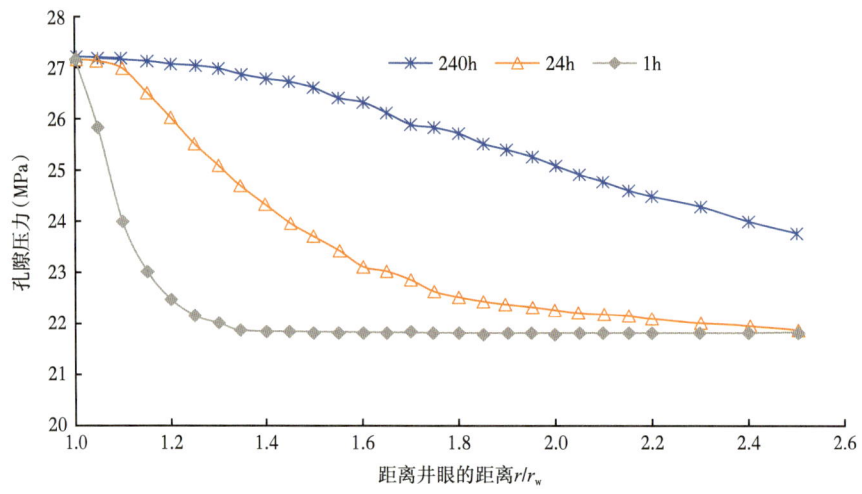

图 6-2-6　近井壁地层的孔隙压力分布特征

2）坍塌周期分析

某井段钻井实际采用的钻井液密度为 1.48g/cm³，在利用测井数据获取井段岩石力学强度、地应力等地质力学参数的基础上，根据前述理论方法计算得到地层坍塌压力当量密度动态变化特征如图 6-2-7 所示。

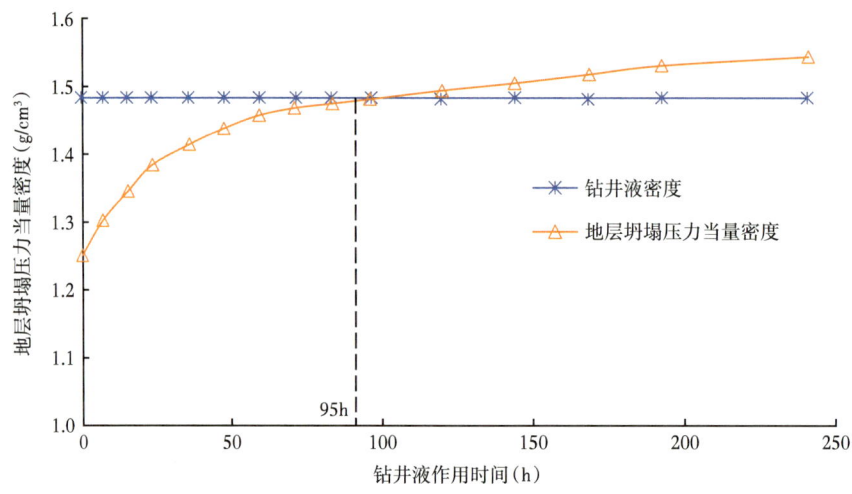

图 6-2-7　坍塌压力随时间的动态变化及坍塌周期确定

初始状态地层坍塌压力当量密度为 1.26g/cm³，小于钻井液密度，因此初始状态井壁处于稳定状态。随着钻井液浸泡时间增长，坍塌压力逐渐增大，井壁稳定状态变差。浸泡 95h 后，地层坍塌压力当量密度增大至 1.48g/cm³，且而后随浸泡时间的增长，坍塌压力继续增大；此时，钻井液已不能有效稳定井壁。

在当前钻井液体系作用下，该井段地层的坍塌周期为 95h。若在 95h 内，对井壁进行支撑或者有效阻断钻井液对地层的持续水化作用，则可以避免井壁失稳垮塌等井下复杂的发生；若 95h 的坍塌周期不能够满足钻井施工的需求，则需进一步对钻井液的水化抑制能力进行强化、延长地层的坍塌周期。

## 3. 井壁动态稳定性测井评价

依据第三章的相关内容可知，在工作液接触、浸泡过程中，在岩石力学特性动态变化的同时，敏感性地层的声波时差、密度等岩石物理特性也会同步发生不同程度的动态变化。因此，受测井前钻井液对地层的浸泡作用影响，直接利用测井数据获取岩石力学、地应力、地层孔隙压力等参数剖面，计算所得地层坍塌压力、破裂压力是钻井液作用下坍塌压力、破裂压力的动态变化过程中某个时间点的状态值，而非原状地层的初始值。因此，科学计算获取原状地层以及钻井液作用不同时间后的坍塌压力、破裂压力，是利用水敏性地层井壁稳定性测井评价结果有效指导新井钻井工程设计、优化的关键。

对于钻井取心的地层，通过模拟地层条件的实验研究，建立测井物理参数、岩石力学参数随钻井液作用时间的动态变化关系模型，以及岩石力学参数、地应力等计算模型，即可利用前述章节的理论方法，计算原状地层以及钻井液作用不同时间后的地层坍塌压力、破裂压力，评价不同时间井壁的稳定状态。如图6-2-8所示，根据测井计算结果，计算井段原状地层坍塌压力当量密度主要分布在1.0~1.2g/cm³之间；钻井液浸泡4天后，坍塌压力当量密度增幅约为0.2g/cm³，8天后坍塌压力当量密度增幅约为0.5g/cm³。与之同步，地层破裂压力也呈现了不同程度的小幅降低。

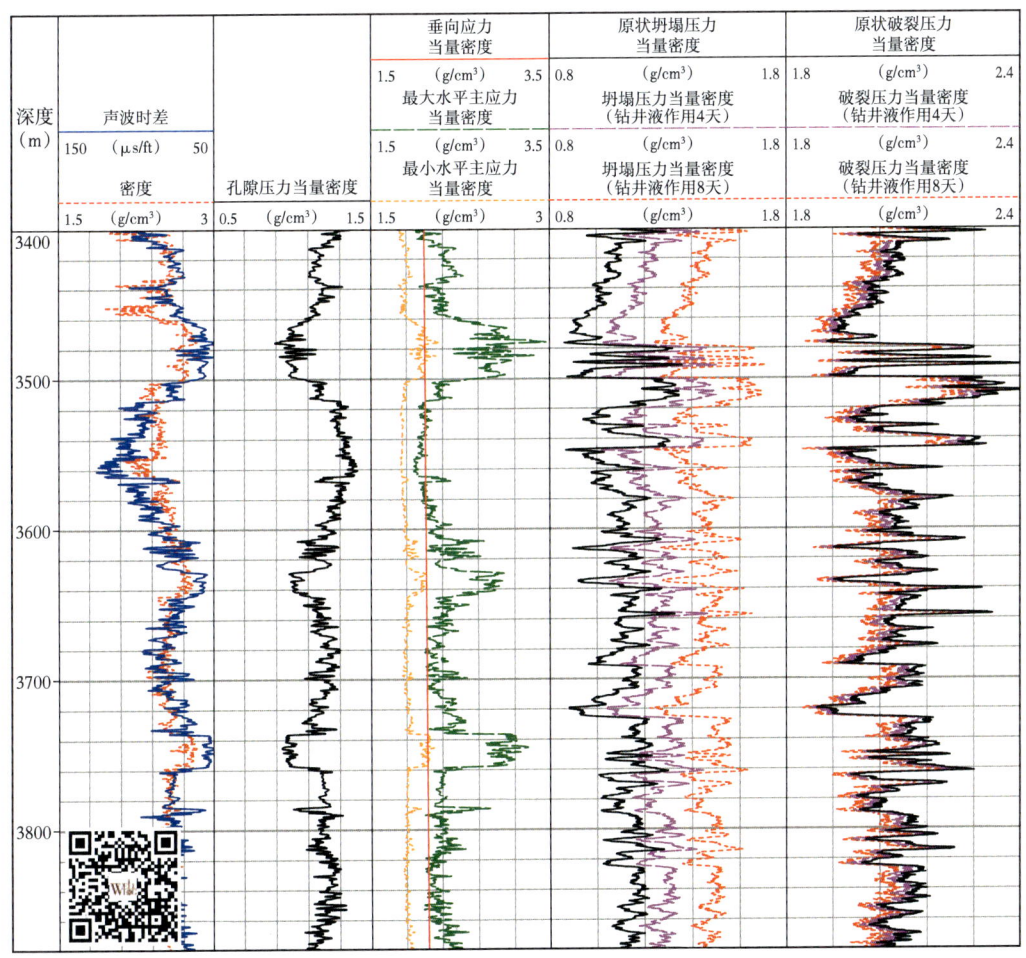

图6-2-8 不同钻井时间下泥岩地层坍塌压力与破裂压力剖面

依据"去水化"校正方法，反演计算新疆准噶尔盆地某区块 G001 井部分井段的原状地层地质力学参数，以及原状地层的坍塌压力与破裂压力，结果如图 6-2-9 所示。可看出该井段地层坍塌压力当量密度较高，且随深度表现出增大趋势，分布范围为 1.42~1.51g/cm³；而地层破裂压力当量密度分布范围为 1.87~1.98g/cm³；原状地层条件下，该井段安全钻井液密度窗口范围为 0.38~0.49g/cm³。

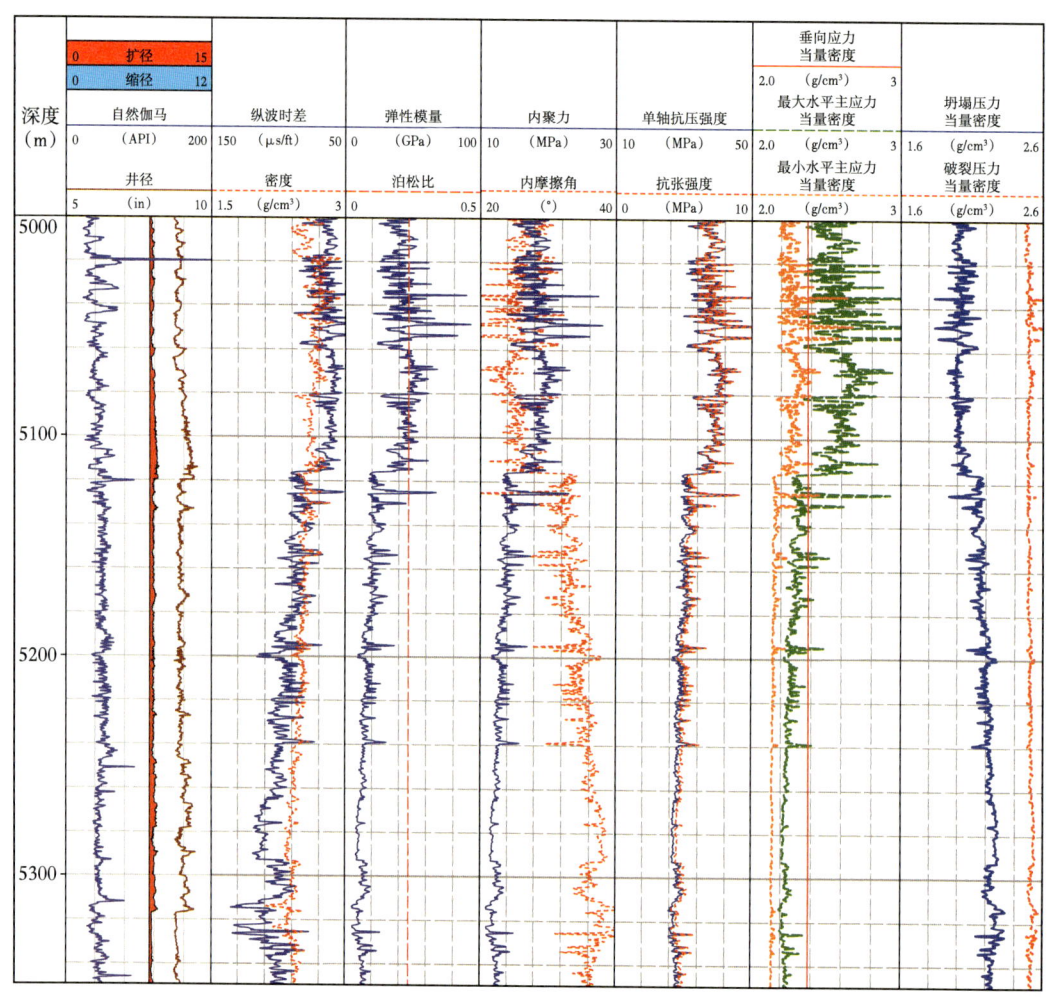

图 6-2-9  G001 井泥岩段原状条件下的坍塌压力与破裂压力剖面

选取 4600~4650m 井段进一步分析钻井液作用下地层坍塌压力与破裂压力的动态变化，如图 6-2-10 所示。随着钻井液作用时间增长，坍塌压力增高，破裂压力降低，安全密度窗口变窄，钻井过程中的井壁失稳风险增大。钻井液浸泡 72h 后，安全密度窗口由原状地层状态下的 0.48g/cm³ 减小为 0.08g/cm³；而后随着时间延长，将可能变为 0、甚至负值；而一旦达到安全钻井液密度窗口缩减为 0，无论钻井液密度如何取值，井壁都不可避免发生剪切失稳或张性破裂失稳。

针对地层坍塌压力、破裂压力的这一动态特征，实际钻井过程中，针对该井段地层矿物组成特征、岩石结构，该段地层所用钻井液抑制性进行了有效优化，大幅度降低钻井液对近井地层的水化程度、降低坍塌压力增大速率，延缓钻井液安全密度窗口变小的速率，保障该井段的安全正常钻进。

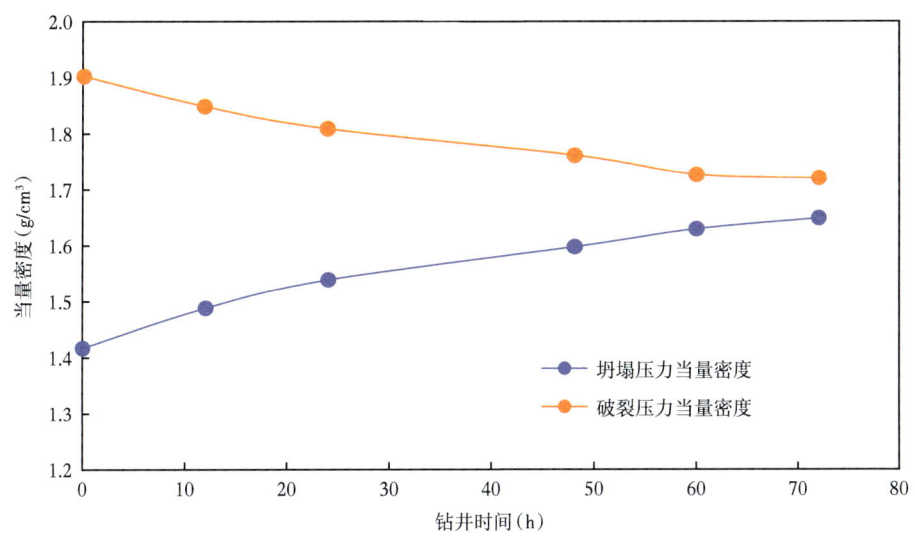

图 6-2-10　G001 井泥岩段动态安全密度窗口

对于未进行钻井取心或者没有条件开展钻井液作用下岩石物理参数与岩石力学参数动态变化特征实验研究的地层，可利用第三章介绍的相关方法，对测井资料进行"去水化"校正处理，进而利用校正后的测井信息获取原状地层的坍塌压力和破裂压力，为新井钻井工程设计、优化提供有效支撑与指导。

对于层理等软弱结构面发育的敏感性地层，在作上述计算前，需要首先综合成像、地层倾角等测井信息以及区域地质成果评价结构面的产状及其力学特性；然后，再依据上述思路方法计算坍塌压力测井剖面、破裂压力测井剖面，评价井壁的稳定状态。

# 第三节　复杂结构地层井壁稳定性测井评价

复杂结构地层由于裂缝、割理、孔洞等结构体发育，地层岩石力学特性多变且具有很强的不确定性，井壁稳定性准确评价困难，长期以来都是钻井易垮、易漏的高风险地层。复杂结构地层的岩石强度预测已经在第二章中进行了介绍。本节将进一步介绍复杂结构地层岩石的强度破坏准则，以及相应的地层坍塌压力与破裂压力测井评价方法。

## 一、基于 Hoek-Brown 强度准则的复杂结构地层稳定性评价

与均质地层不同，缝洞型碳酸盐岩地层、割理发育的煤岩地层以及破碎性地层、砾岩等复杂结构地层的弹性模量、泊松比等形变参数、力学强度以及破坏模式都受裂缝、孔洞等结构发育的影响与控制，呈现出极强的各向异性、非均质性以及不连续性特征。常用的基于均匀连续介质的岩石强度准则，如 Mohr-Coulomb 强度准则、Drucker-Prager 强度准则不能适应于该类地层力学稳定性的准确判别与评价。

依据岩体力学理论，对于单一裂缝、层理等结构面发育的地层，通常利用 Jaeger 弱

面理论、Mohr-Coulomb 弱面理论或二者相结合进行井周地层的力学稳定性分析，评价方法与力学模型可参见式（6-2-16）至式（6-2-18）。

对于更为复杂的多组结构面发育地层、缝洞发育地层、割理发育的煤岩地层以及砾岩地层等，可基于统计岩体力学与裂隙网络结构岩体力学的思想进行破坏特征研究与稳定性评价。其中，Hoek-Brown 强度准则综合考虑岩体结构、岩块强度以及应力状态等因素对岩体破坏失稳的影响，能够反映岩体的不连续、非线性破坏特征，在复杂结构地层的井壁稳定性评价中得到了较好应用。

通过对岩石三轴实验结果和大量岩体现场试验成果进行统计分析，Hoek 和 Brown 在 1980 年推导出了结构面（层理、裂缝和节理等）发育岩体的经验强度准则，即 Hoek-Brown 强度准则，见式（6-3-1）。之后众多学者持续对其进行了改进，Hoek-Brown 强度准则日益完善。

$$\begin{cases} \sigma_1 = \sigma_3 + \sigma_{ci}\left(\dfrac{m_b \sigma_3}{\sigma_{ci}} + s\right)^a & \text{二维应力状态，不考虑中间主应力} \\ \sigma_1 = \sigma_3 + \sigma_{ci}\left(\dfrac{m_b(\sigma_2 + \sigma_3)}{2\sigma_{ci}} + s\right)^a & \text{三维应力状态，考虑中间主应力} \end{cases} \quad (6\text{-}3\text{-}1)$$

式中：$\sigma_1$、$\sigma_2$、$\sigma_3$ 为岩块破坏时的最大、中间及最小有效主应力，MPa；$\sigma_{ci}$ 为岩块单轴抗压强度，MPa；$m_b$、$s$、$a$ 是反映岩体力学特性的系数，取值取决于岩石强度、岩体结构面的发育程度、几何形态、流体特性以及填充物性质等，对于油气井井壁而言，依据已有研究成果与认识，$a$ 可取值 0.5。

岩体结构特征的参数 $m_b$ 和 $s$ 的确定思路通常为：常规测井信息（声波、密度、自然伽马、电阻率等）与成像测井信息相结合，通过成像测井提取结构面密度、组数、发育指数等信息，该提取对应井段的常规测井信息，进而借助数理统计、分形理论或人工智能算法神经网络算法建立常规测井信息与结构密度、组数之间的映射关系，实现基于测井信息的结构面特征参数连续预测。

针对层理发育的页岩、裂缝地层，$m_b$ 和 $s$ 可通过结构面发育指数 $J$ 计算得到（刘向君等，2015），有：

$$\begin{cases} s = a_1 \ln J + b_1 \\ m_b = a_2 \ln J + b_2 \end{cases} \quad (6\text{-}3\text{-}2)$$

$$J = \sum 2 J_d J_s \quad (6\text{-}3\text{-}3)$$

式中：$J_d$ 为结构面线密度，条/m；$J_s$ 为结构面组数，条；$a_1$、$a_2$、$b_1$、$b_2$ 分别为拟合系数。

借助岩石破裂数值仿真手段，根据所研究地层的岩石力学特性与结构特征，构建裂缝发育程度不同的数值模型，模拟不同裂缝发育程度下的岩石破裂（图 6-3-1），得到不同数值模型的抗压强度。依据式（6-3-1）分析出各数值模型对应的强度准则参数 $m_b$ 和 $s$，建立结构面发育指数 $J$ 与 $m_b$、$s$ 的相关性方程，如图 6-3-2 所示，从而确定 $a_1$、$a_2$、$b_1$、$b_2$。

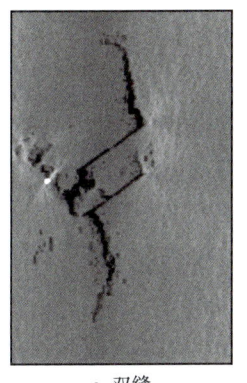 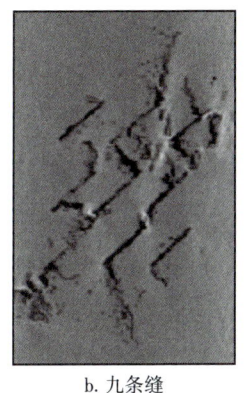 

a. 双缝　　　　　　　　b. 九条缝　　　　　　　c. 两组多条缝

图 6-3-1　不同裂缝发育程度的岩石力学破坏模拟

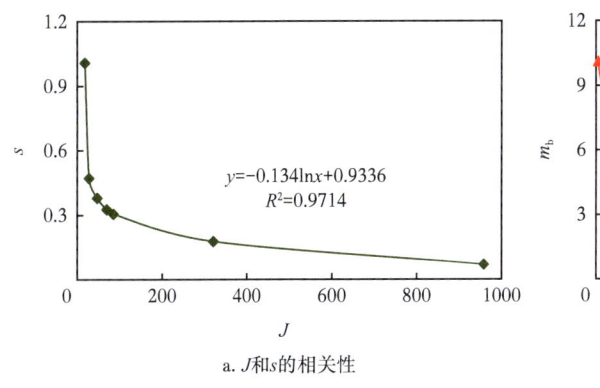 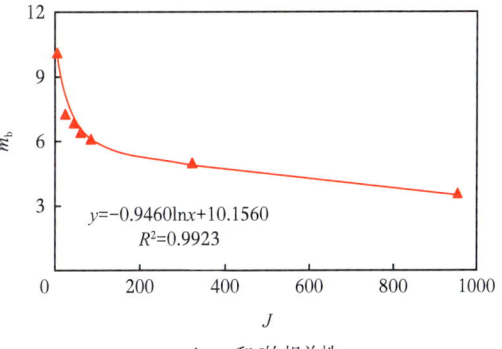

a. $J$ 和 $s$ 的相关性　　　　　　　　　　　b. $m_b$ 和 $J$ 的相关性

图 6-3-2　结构面发育指数与 $m$、$s$ 相关性

针对割理高度发育的煤岩，在第二章建立了基于声波时差、电阻率等测井曲线盒维数 $D_L$ 的煤岩结构复杂度定量表征方法，因此，通过建立与声波时差、电阻率等测井曲线盒维数的映射关系，实现 $m_b$、$s$ 连续预测与测井剖面构建。

## 二、复杂结构地层井壁稳定性评价实例分析

复杂结构地层井壁稳定性的评价流程通常如下：

（1）综合利用电阻率、孔隙度、密度等测井曲线构建综合裂缝指示曲线，通过裂缝指示曲线与裂缝发育密度的关系，获取 $J$ 或表征井壁岩石结构复杂度的 $D_L$；

（2）依据所构建的 Hoek-Brown 准则参数评价模型与方法，由 $J$ 或 $D_L$ 沿井筒连续计算获取 $m_b$、$s$ 大小；

（3）结合岩石力学剖面、地应力剖面，以 Hoek-Brown 作为井壁失稳强度准则，分析页岩层段的地层坍塌压力。

针对结构面发育地层，裂缝产状、裂缝发育密度、割理发育程度等结构面特征，主要以成像测井资料进行结构面识别与提取，进而以 Hoek-Brown 强度准则开展地层井壁稳定性评价。

以某区块割理发育的煤层地层为例，计算得到的坍塌压力剖面如图 6-3-3 所示。针对割理发育的煤层地层，复杂结构（割理）对坍塌压力剖面具有显著影响。在割理发育

程度高的位置，岩石强度偏低，坍塌压力较大，说明井壁岩石更易破坏失稳，进一步说明了结构特征对井壁稳定性的控制作用。由于该井段，盒维数分布在0.9~1.2之间，割理发育程度具有差异性，导致地层坍塌压力波动较大，在0.9~1.5g/cm³之间起伏。实际钻井过程中，所分井段采用1.20g/cm³的钻井液密度，在部分割理较为发育井段，无法达到稳定井壁的需求，从而导致对应井段扩径率曲线波动显著，部分位置扩径现象明显。该工程表现进一步表明：针对复杂结构地层的井壁稳定性分析，必须考虑割理、裂缝、层理等复杂结构对井壁稳定性的影响，同时也佐证了该方法在预测复杂结构地层坍塌压力方面的适用性与可靠性。

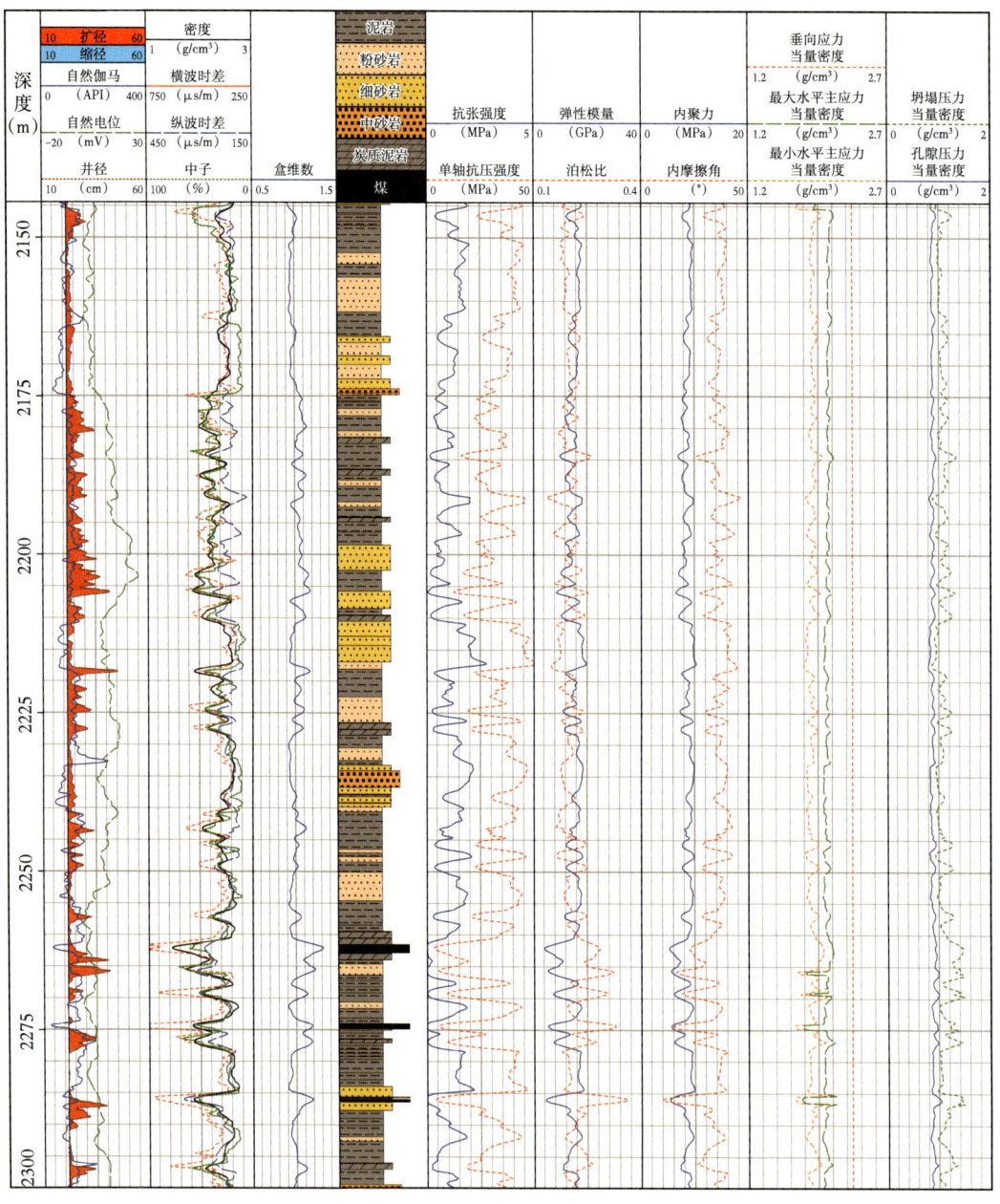

图6-3-3 复杂结构地层坍塌压力与破裂压力剖面

# 第七章 工程测井在钻完井钻前一体化优化设计中的应用

地质工程一体化是页岩、煤岩、缝洞型碳酸盐岩、致密砂岩、低渗透砾岩等复杂、非常规油气资源安全效益开发的必由之路，要实现地质和钻井完井工程一体化，地层岩石强度、地应力、孔隙压力等地质力学参数是关键，在前述章节中已对如何应用测井技术实现这些参数的预测进行了较为系统的介绍，本章将就工程测井所获得的这些参数在钻井完井钻前一体化优化中的应用进行介绍。

## 第一节 基于地质力学参数场的井眼轨迹钻前优化

井壁稳定性与地质力学参数密切相关。在三维地质力学分布场下，井眼沿不同轨迹钻进，井眼空间位置不同，井周地层的岩石强度、地应力、孔隙压力会有不同程度的差异，导致井壁的稳定性不同。

为了保证整个钻井过程中的井眼稳定性，需要以三维地质力学参数场为依据，在钻井前开展井壁稳定性分析，在兼顾黄金靶体或地质甜点钻遇率与后期储层压裂改造效果的前提下，设计具有最具稳定性、保障钻井安全的井眼轨迹，对提升油气开采效益具有重要意义。

### 一、井眼轨迹对井壁坍塌失稳的影响

井壁失稳是地应力作用下井壁岩石破坏的结果，地应力状态是影响井眼稳定性的关键因素。不同井眼轨迹条件下，井周应力状态及应力集中强度不同，井眼稳定状况也不同。对于地层岩性横向连续分布、构造平缓单一的储层，可以利用邻井的测井信息，分析设计井的井周地应力方向、地应力大小、岩石力学强度等地质力学参数，利用前面章节的钻井井壁稳定相关分析理论，通过改变井斜方位角、井斜角，计算分析不同轨迹井眼的稳定状态，进而以坍塌压力、破裂压力或井壁稳定性系数为指标，实现最有利于保持井壁稳定的井眼轨迹优选。

在均质地层条件下，不同轨迹井眼的坍塌压力当量密度如图7-1-1所示。可看出在此条件下，直井（图中坐标系原点处）的坍

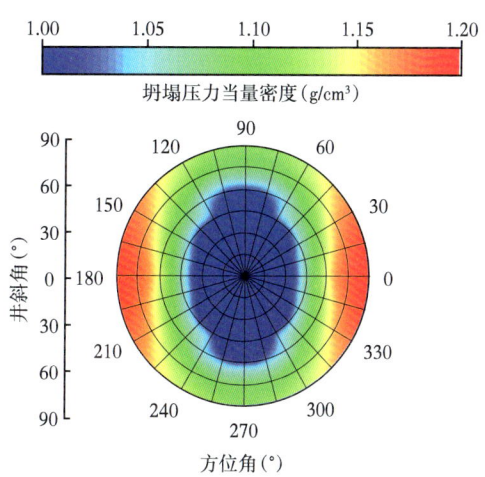

图 7-1-1 不同轨迹井眼的坍塌压力当量密度云图

塌压力最小,井壁稳定性最好;坍塌压力随井斜角增大而增大,其中沿90°、270°方位的水平井坍塌压力最大,井壁稳定性最差。

在层理、裂缝、割理等结构面发育的地层,由于这类结构面岩石力学强度相对较低,井壁岩石更容易沿结构面发生剪切滑移或张性开裂失稳。因此,对于这类地层,井壁的稳定状态与结构面的产状、力学强度、几何形态、表面粗糙度等特性密切相关。以结构面产状为例,不同井眼轨迹下某地层的坍塌压力分布如图7-1-2所示。可以发现,坍塌压力与井眼轨迹变化的关系也不再具备均质地层通常所呈现的对称分布特征;在不同结构面倾角和倾向条件下,结构面与井眼的空间交切关系不同,结构面对井周应力分布、力学破坏模式的影响不同,导致坍塌压力与随不同轨迹井眼变化的分布特征更为复杂,而不仅单纯受地应力方位、地应力各向异性程度影响与控制,从而对保障钻井过程中井壁稳定的井眼轨迹设计与优化提出了更高的要求。

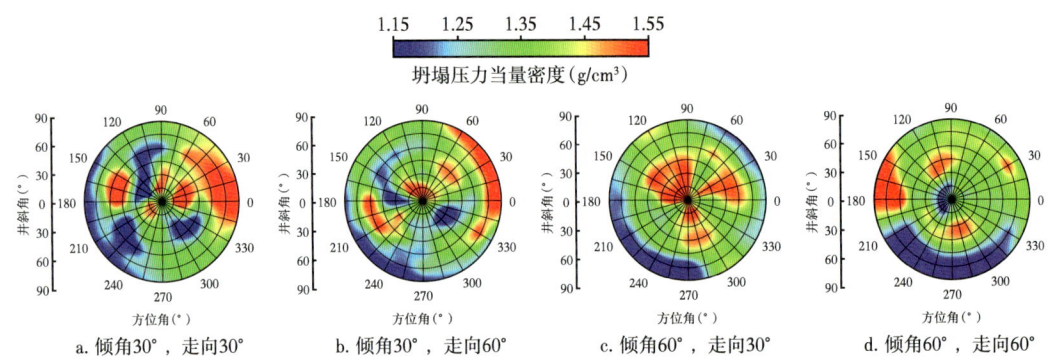

图 7-1-2　层理产状对坍塌压力分布影响云图

当储层岩性横向变化大、构造复杂,影响井壁稳定的地质力学参数横向变化显著时,需要依据地质力学参数的空间分布特征进行水平井井眼轨迹的优化。实现方法通常如下:

(1)以三维地质力学参数场为基础,通过设计不同轨迹的虚拟井眼;

(2)构建不同延伸方位水平井的数值模型,开展井壁稳定性数值模拟分析;

(3)综合考虑目标地层的层理、裂缝等结构面发育特征以及岩石力学特性、地应力、地层压力等地质力学特性的分布特征,研究不同延伸方向水平井全井段的井眼稳定性;

(4)综合对比分析,优选出利于保持井眼稳定的最佳水平井轨迹。

## 二、井眼轨迹对井周压裂缝形成及压裂缝产状的影响

地应力大小、方位直接影响、控制着水平井井周人工压裂缝的形态类型及起裂压力大小。现今地应力状态不同,水力压裂产生的水力压裂缝的起裂难易程度、扩展特征及裂缝形态等也不同。依据岩石力学、断裂力学相关理论可知,人工压裂缝是张应力作用下岩石拉伸破坏的结果,张应力越大越容易形成压裂缝。在不考虑层理面和天然裂缝等力学结构面的条件下,通常在潜在逆断型应力状态下,人工压裂缝通常为水平缝;而在潜在正断型应力状态、潜在走滑型应力状态下,人工压裂缝通常为垂直缝或高角度缝。对垂直缝和高角度缝而言,压裂缝的延伸方向受控于地应力方位,依据裂缝扩展总沿所

需能量最小路径的原则，压裂缝面通常正交于水平最小主应力方位，即垂直或高角度人工压裂缝通常沿水平最大主应力方位扩展延伸。

1. 水平井延伸方位对起裂压力的影响

水平井延伸方位不同，井周应力状态、井周应力集中程度通常不同，压裂时人工压裂缝形成的难易程度也不同。

依据最大张应力理论可知，压裂形成人工压裂缝是井壁应力集中、张应力大于岩石的抗张强度、岩石发生拉张破裂的结果。在原地应力环境、地层岩石力学特性一定的条件下，水平井延伸方位不同，井周应力集中程度不同，井壁形成张应力的趋势及大小都不同（图7-1-3），在储层改造过程中地层起裂、形成压裂缝的难易程度不同，压裂缝延伸方向、裂缝形态及其与井眼的交切关系也不同。井周越容易形成张应力，井壁张应力越大，储层改造过程中地层越易于起裂、形成压裂缝；相反井周张应力形成趋势越弱，压裂过程中，地层越不易起裂。

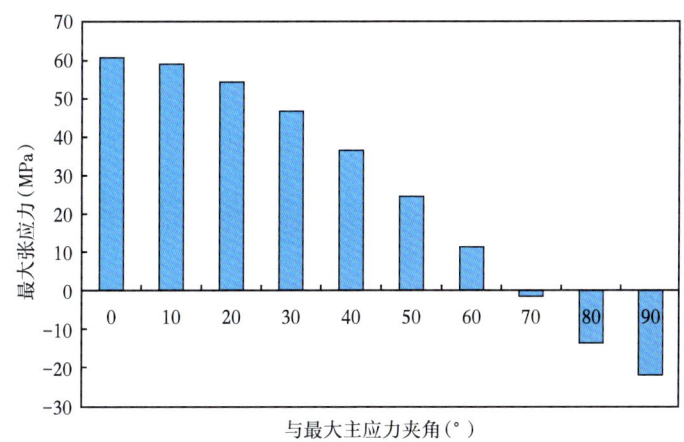

图7-1-3 不同延伸方位水平井的井周最大张应力

2. 水平井延伸方位对压裂缝形态的影响

水力压裂裂缝总是垂直于最小主应力，最小主应力的方位决定了水力压裂缝的延伸方位。在不同的地应力状态及井眼方位下，水平井常规压裂形成的裂缝形态通常有如下几种形态：

（1）横向裂缝。若水平井筒方向布置在最小主应力方向上，在压裂过程中则相对更易形成与井轴正交的横向裂缝。横向裂缝的生产效果好于纵向裂缝，水平井筒上压开多条横向裂缝，增大了油气的渗流通道，能较好改善低渗透油气层的渗流状况，有利于增大油气泄流面积，有助于提高采油（气）速度、提高单井产量和采收率，适合低渗透储层的开发。

（2）纵向裂缝。当水平井筒方向布置在最大主应力方向，与最小主应力呈90°夹角时，水力压裂过程中更容易形成平行于水平井筒轴线的纵向裂缝。纵向裂缝有助于油气井泄油气面向油气层的上下边界扩展，对沟通水平井上部或下部的储集体具有积极作用。

（3）复杂裂缝。如水平井筒方向与最小主应力呈一定的非90°夹角，裂缝扩展过程就比较复杂，如出现转向裂缝和扭曲裂缝。其中，转向裂缝又称S形裂缝，受井壁地带受井周应力控制，裂缝在井周附近沿某一方向起裂，扩展一定距离后转向垂直于水平最小主应力的方位继续延伸；扭曲裂缝与转向裂缝类似，但该类裂缝的上半缝与下半缝向着两个不同的平面发生转动、扭曲。这些复杂的裂缝形态会增加压裂的破裂压力，在压裂过程中由于裂缝的弯曲会引起施工压力过高，乃至加砂困难，影响压裂效果。

以某区块页岩地层为例，基于数值模拟手段，进一步明确不同水平井井眼轨迹下的压裂缝扩展形态，如图7-1-4所示。可以发现，水平井压裂缝扩展受控于地应力，当井筒沿水平最小地应力延伸时，裂缝易沿最小地应力起裂扩展，进而形成更大体积的裂缝网络，有利于提升储层增产改造效果。相反，当井眼轨迹沿最大水平主应力方向钻进时，若要形成垂直井眼的横张缝，需首先克服水平最大主应力；相对沿最小水平主应力的水平井，裂缝起裂与扩展更加困难、不利于裂缝网络体积的最大化。

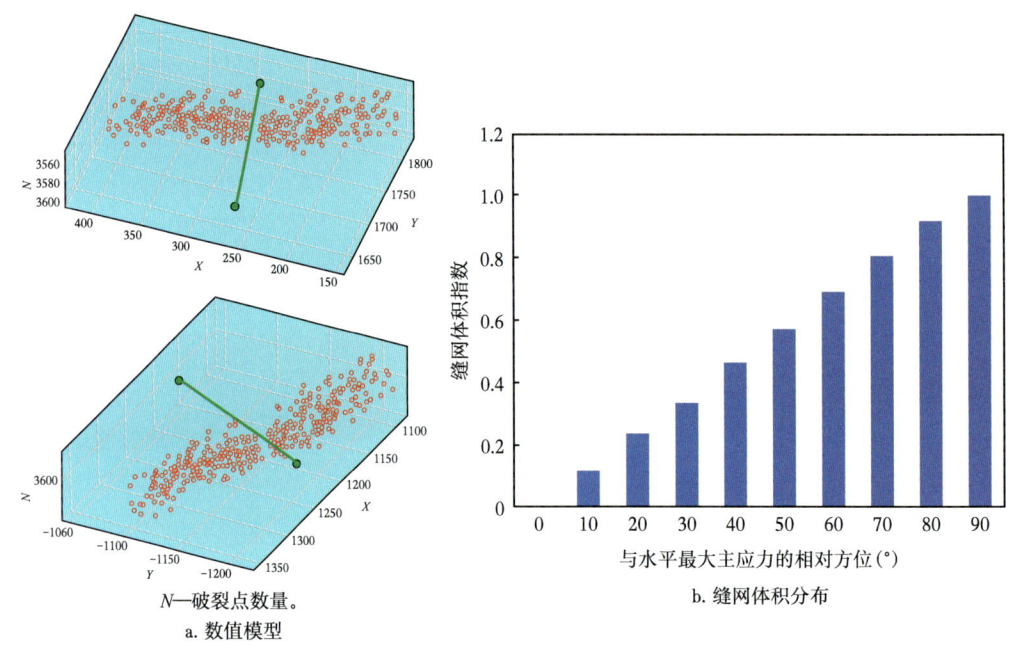

图 7-1-4　不同延伸方位水平井的压裂缝扩展形态

### 三、基于地质力学参数场的安全钻井液密度钻前预测

安全钻井液密度窗口的钻前可靠预测，对目标待钻井的工程设计与安全施工更为重要。

地层坍塌压力、破裂压力在三维空间中的分布是不均匀的，受到地层结构、地质构造、岩性以及地应力、地层孔隙压力等多种因素的影响，基于地质力学参数场建立地层坍塌压力、破裂压力的三维空间分布，为钻井液密度优化、井身结构合理设计提供依据，减少井下复杂事故发生、提高钻井作业的安全性和效率。

需要首先建立三维地质力学模型，明确地质力学参数的三维空间分布规律，结合地层岩性、结构等地层特征，选择相适应的井壁稳定性评价模型，实现任意井眼轨迹下的钻前井壁稳定性评价。其中，三维孔隙压力、三维地应力等地质力学建模理论与方法已经在前文进行阐述。

基于地质力学参数三维分布特征，依据线弹性井壁应力求解方法，可获取井壁应力分布特征，分析潜在的失稳模式与岩石破坏临界条件，选择相适应的岩石强度准则，计算三维区域中空间各点的地层坍塌压力与破裂压力，实现钻井液密度窗口的三维展布预测。以某工区为例，直井条件下地层的坍塌压力与破裂压力的空间分布如图7-1-5所示。

由于地层坍塌压力、破裂压力三维空间分布影响因素众多，在实际应用过程中应及时将坍塌压力、破裂压力三维模型结果与现场钻井数据进行对比验证，确保计算结果的准确性和可靠性，并根据验证结果，对计算模型和参数进行必要的调整和优化，提高计算结果的精度和适用性。

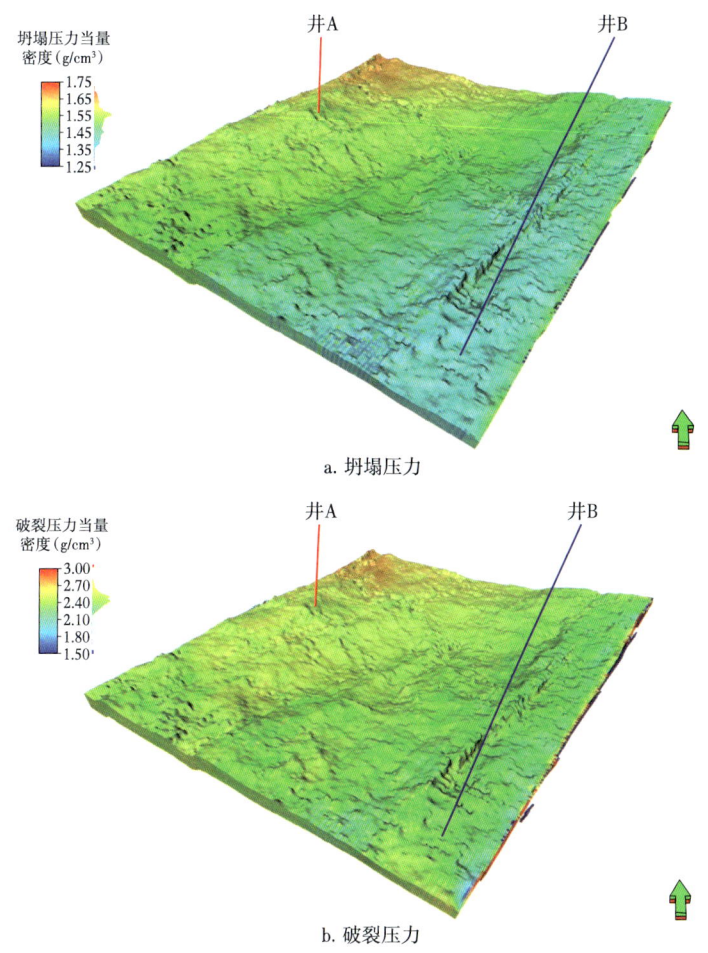

a. 坍塌压力

b. 破裂压力

图 7-1-5　直井安全钻井液密度窗口三维空间分布

基于图 7-1-5 的坍塌压力与破裂压力三维展布特征，以该区域某口直井为例，分析三维安全钻井液密度窗口的预测效果，如图 7-1-6 所示。依据该井的井眼轨迹，提取坍塌压力、破裂压力数值，形成安全钻井液密度窗口剖面，并与实际所用钻井液密度对比。可看出：该井坍塌压力当量密度与破裂压力当量密度分别为 $1.68g/cm^3$ 和 $2.79g/cm^3$；该井结合工程需求，实际采用钻井液密度为 $1.95g/cm^3$，处于安全钻井液密度窗口之内，满足稳定井壁的要求。实际钻井过程中，该井段未出现垮塌、遇阻、漏失等井下复杂事故，整体扩径率较小，说明了安全钻井液密度窗口的预测可靠性。

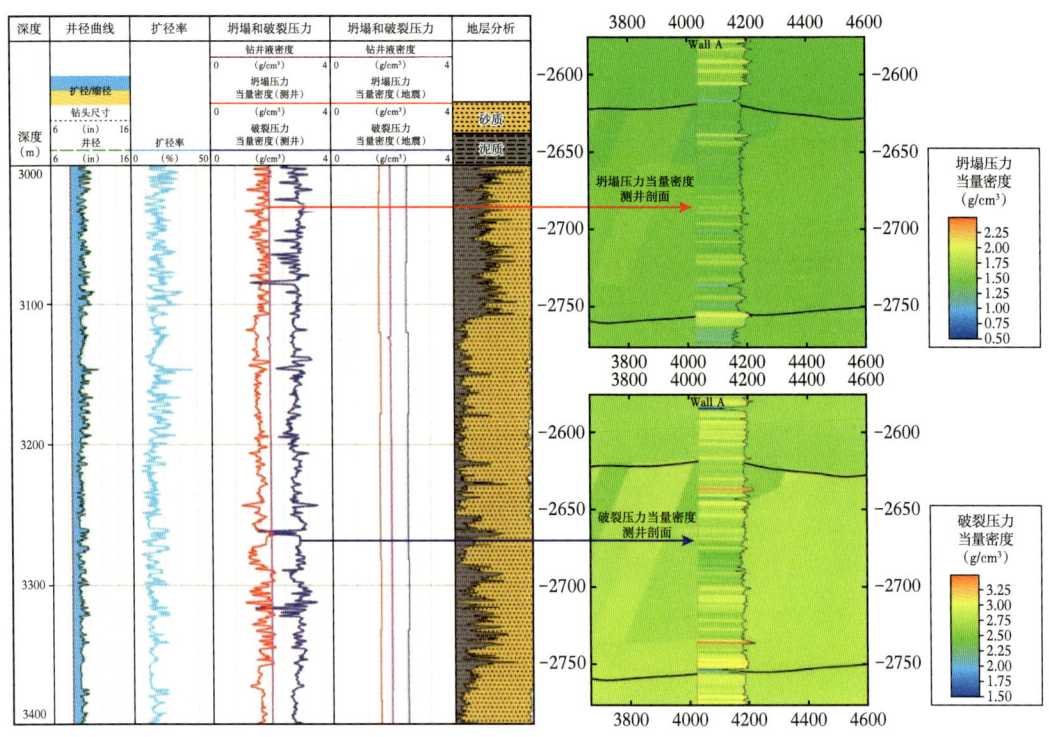

图 7-1-6 三维安全钻井液密度窗口预测结果验证分析

## 四、溶洞发育碳酸盐岩油气藏水平井轨迹优化

综合应用地质力学参数场与储层研究结果是实现溶洞发育碳酸盐岩油气藏水平井钻完井钻前地质工程一体化优化的基础和保障。以下内容以我国某溶洞发育碳酸盐岩气藏为例进行阐述。

1. 洞分布对水平井钻井稳定性及压裂缝的影响

为了分析洞发育特征对井眼稳定性的影响，分别开展不同孔洞尺寸、不同水平井方位的水平井井周应力数值模拟研究。

碳酸盐岩中溶洞的尺寸跨度很大，按照该碳酸盐岩气层储集空间的分类（表 7-1-1），可分为巨洞、大洞、中洞和小洞。

表 7-1-1 油气层储集空间分类

| 溶洞分类 | 尺寸（mm） |
| --- | --- |
| 巨洞 | >100 |
| 大洞 | 10~100 |
| 中洞 | 5~10 |
| 小洞 | 2~5 |

为研究溶洞尺寸对水平井稳定性和人工压裂缝形成的影响，以尺寸大于 100mm 的洞为主要的研究对象，并保证井筒与溶洞之间的距离相同，依次改变溶洞的尺寸，进行

数值模拟。

部分模型的 von Mises 应力与张应力模拟结果如图 7-1-7 至图 7-1-14 所示。

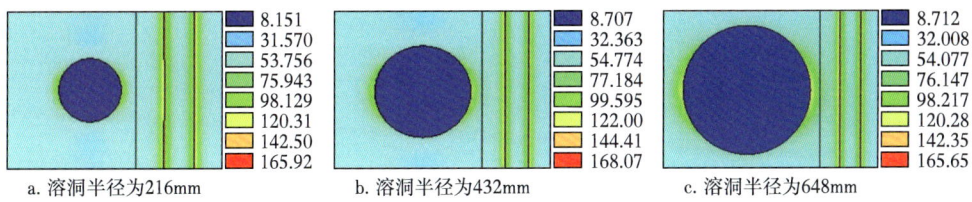

图 7-1-7　不同尺寸溶洞模型的 von Mises 应力云图（井筒与最大水平主应力夹角为 0°）（单位：MPa）

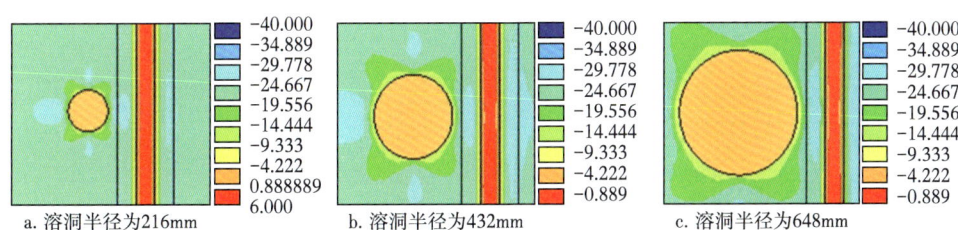

图 7-1-8　不同溶洞尺寸模型的张应力云图（井筒与最大水平主应力夹角为 0°）（单位：MPa）

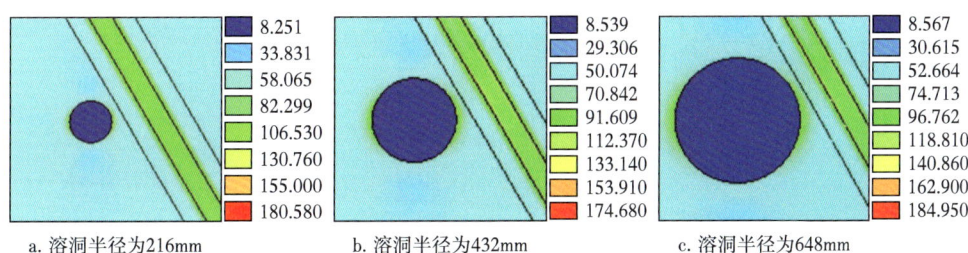

图 7-1-9　不同尺寸溶洞模型的 von Mises 应力云图（井筒与最大水平主应力夹角为 30°）（单位：MPa）

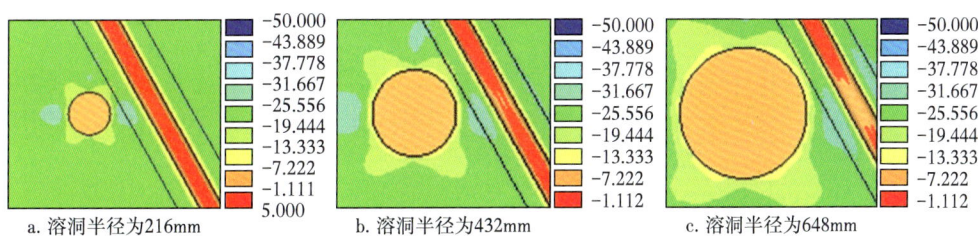

图 7-1-10　不同溶洞尺寸模型的张应力云图（井筒与最大水平主应力夹角为 30°）（单位：MPa）

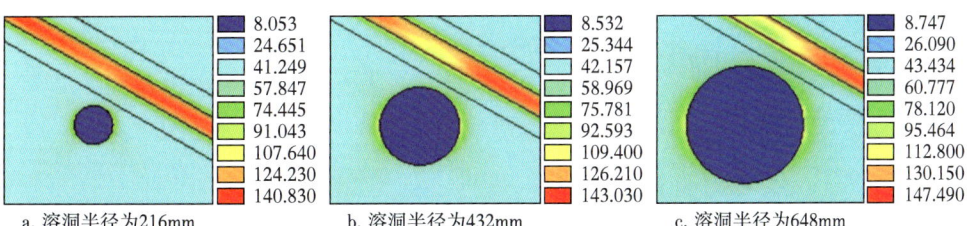

图 7-1-11　不同尺寸溶洞模型的 von Mises 应力云图（井筒与最大水平主应力夹角为 60°）（单位：MPa）

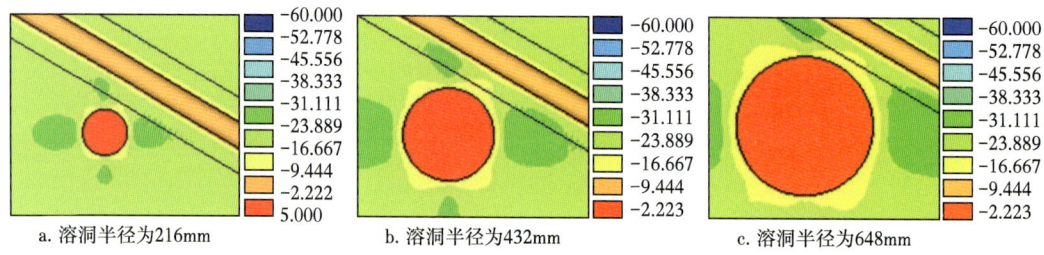

图 7-1-12　不同溶洞尺寸模型的张应力云图（井筒与最大水平主应力夹角为 60°）（单位：MPa）

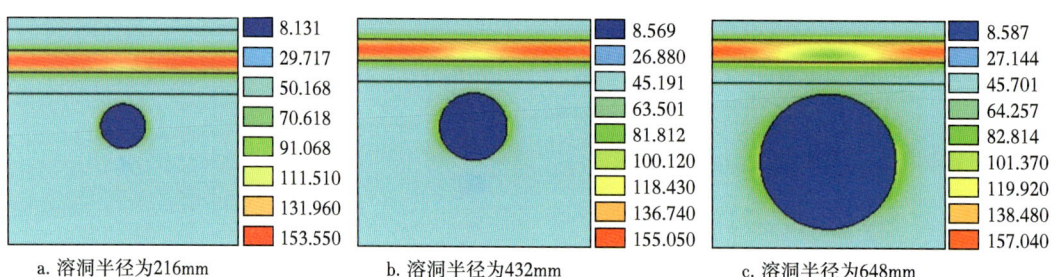

图 7-1-13　不同尺寸溶洞模型的 von Mises 应力云图（井筒与最大水平主应力夹角为 90°）（单位：MPa）

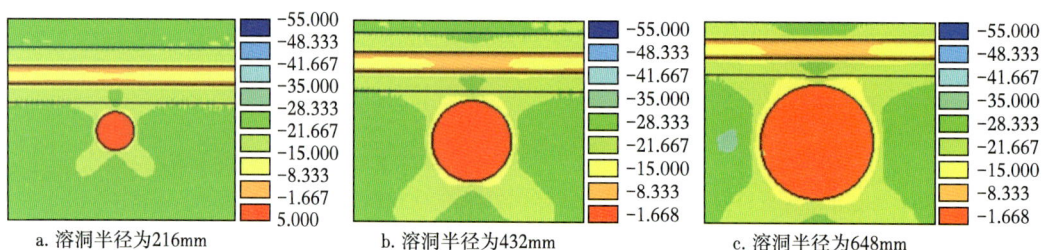

图 7-1-14　不同溶洞尺寸模型的张应力云图（井筒与最大水平主应力夹角为 90°）（单位：MPa）

为了分析溶洞分布特征对井壁稳定性的影响，依据 Drucker-Prager 强度准则定义井眼稳定系数见式（7-1-1）。稳定系数 $S$ 越大，表示井眼越稳定。

$$S = (aI_1 + k) - \sqrt{J_2} \quad (7\text{-}1\text{-}1)$$

式中：$I_1$ 为应力第一不变量，MPa；$J_2$ 为应力偏量第二不变量，MPa$^2$；$a$、$k$ 为仅与岩石的内摩擦角和内聚力有关的材料参数。

1）水平井与溶洞体空间相对位置对井壁稳定性和人工压裂缝形成的影响

水平井井筒延伸方向与最大水平主应力分别为 0°、30°、60° 和 90° 的夹角时，井眼稳定系数如图 7-1-15 所示，水平井井壁最大张应力如图 7-1-16 所示。保持溶洞尺寸和井筒与溶洞距离一定，水平井延伸方位对井眼稳定系数与井壁最大张应力影响显著。

水平井井筒放置在最小水平主应力方位时，稳定系数最小，井壁稳定性最差；当水平井井筒延伸方向与最大水平主应力夹角为 30° 时，稳定系数最大，水平井最稳定。

水平井筒方位不同，井壁的最大张应力也不同，井筒沿着最大水平主应力时，最大张应力最高，井周地层相对更容易起裂形成压裂缝；而在与最大水平主应力成 60° 和 90° 夹角的水平井井壁张应力小于 0，压裂裂缝起裂难度相对较大。

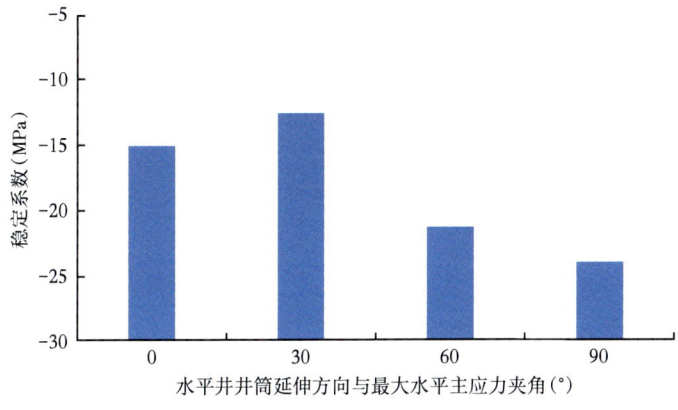

图 7-1-15 稳定系数随井筒方位变化

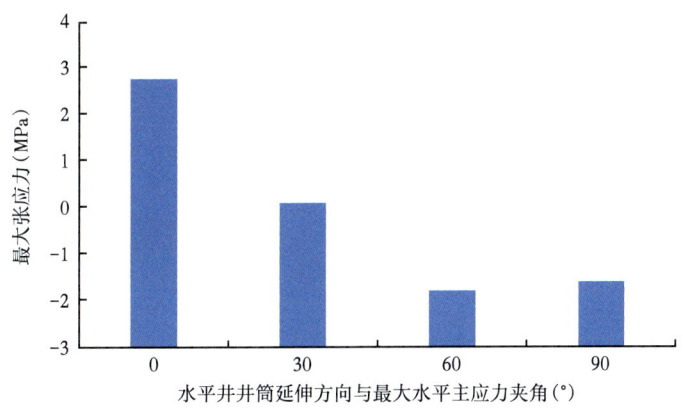

图 7-1-16 最大张应力随井筒方位变化图

2）溶洞尺寸对水平井稳定性和人工压裂缝形成的影响

不同尺寸溶洞模型水平井的井眼稳定系数和井壁最大张应力如图 7-1-17 和图 7-1-18 所示。井筒与溶洞距离保持一定时，溶洞尺寸对井眼稳定系数、最大张应力影响显著，特征如下。

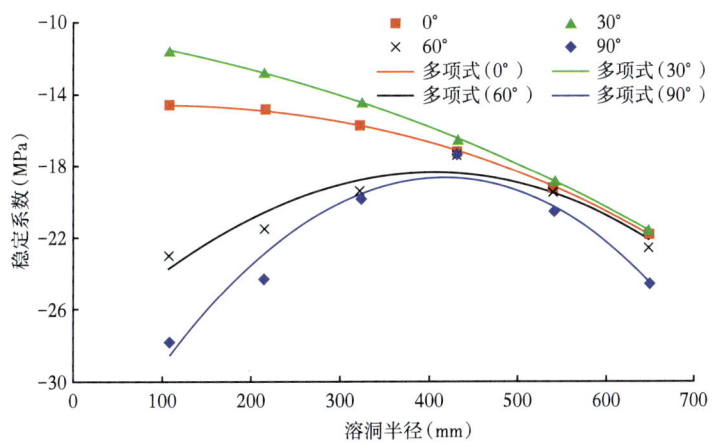

图 7-1-17 井壁稳定系数随溶洞半径变化曲线

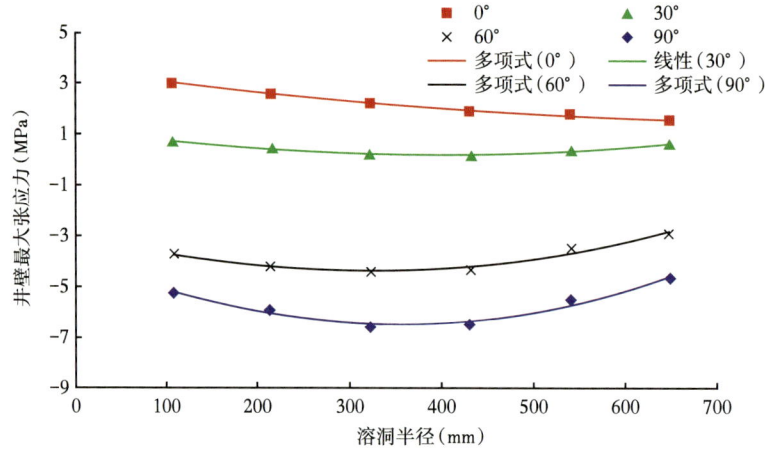

图 7-1-18 井壁最大张应力随溶洞半径变化曲线

当井筒延伸方向靠近最大水平主应力方位时（图中 0°、30°），随溶洞尺寸的增大，井眼稳定系数呈多项式关系减小的特征，而最大张应力呈线性关系减小的特征。

当井筒延伸方向与水平最大主应力夹角较大时（图中 60°、90°），井眼稳定系数呈先增大后减小的变化特征，而最大张应力的变化特征与之相反；并且，在溶洞尺寸为 400mm 附近呈现极值，此时，稳定系数最大、井眼最稳定，最大张应力最低、压裂缝起裂难度最大。

2. 井筒与溶洞距离对稳定性和人工压裂缝形成的影响

采用前述相同模型，改变井筒与溶洞的距离，研究井筒与溶洞间距的变化对水平井稳定性和人工压裂缝形成难易程度的影响。

井壁稳定系数和最大张应力随井筒与溶洞之间距离变化曲线如图 7-1-19 和图 7-1-20 所示。分析可知，当井筒与最大水平主应力夹角较小时，随着井筒与溶洞距离的增大，井眼稳定系数增大、利于保持井眼稳定；当井筒与最大水平主应力夹角较大时，井眼稳定系数随着井筒与溶洞距离的增加呈减小趋势。

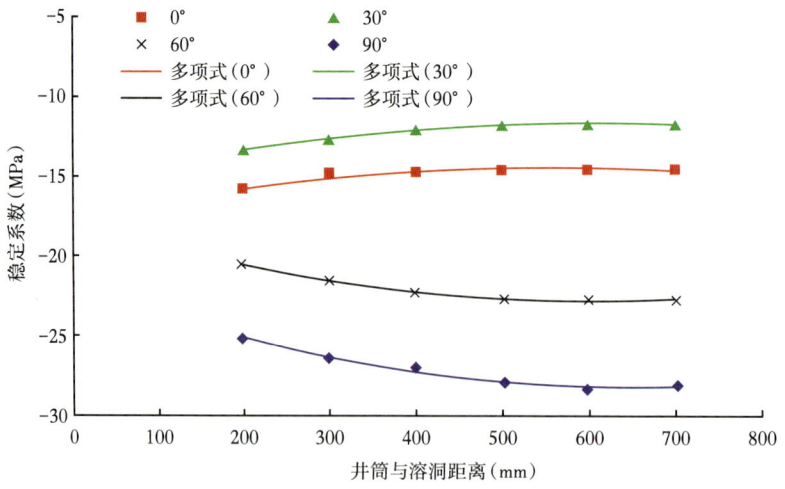

图 7-1-19 井壁稳定系数随井筒与溶洞距离变化曲线

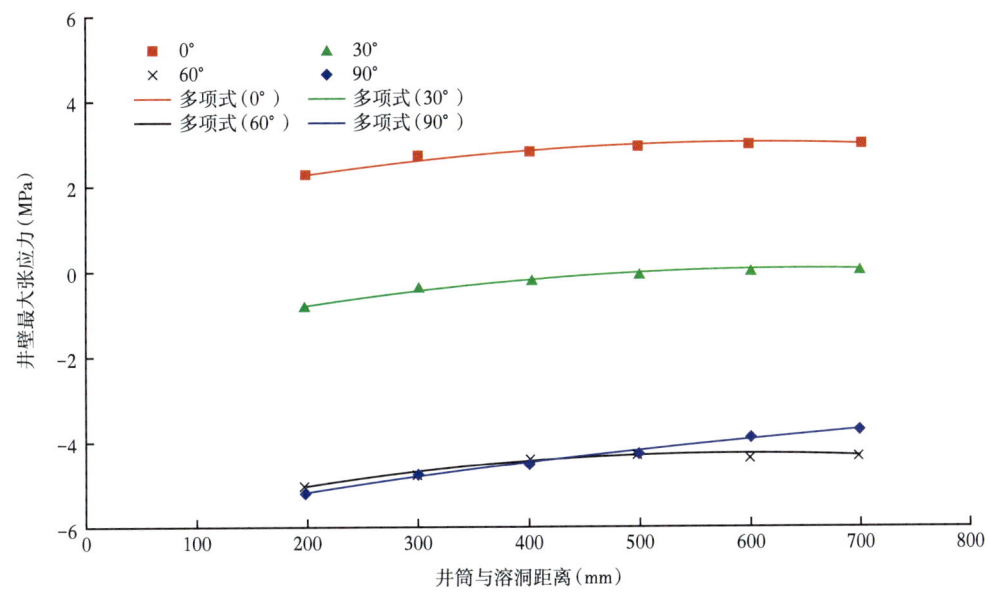

图 7-1-20 井壁最大张应力随井筒与溶洞距离变化曲线

不同方位水平井的井壁最大张应力随井筒和溶洞距离的变化趋势相同，随井筒和溶洞距离的增大，井壁最大张应力都呈小幅升高。

3. 水平井轨迹优化实例

针对孔洞型碳酸盐岩储层，依据如下原则进行水平井轨迹优化：首先，水平井应首先确保钻达孔洞储集体；其次，有利于保持水平井井眼的稳定性，保证能够钻成水平井；再次，利于压裂形成横向压裂缝或斜交缝，能够最大限度沟通井周储集体，实现压裂效果；最后，水平井轨迹应尽可能使井周地层起裂压力小，易于压裂施工。

依据孔洞分布对水平井钻井稳定性及压裂缝形成的影响的研究成果，对目标水平井进行轨迹优化分析：该井为气田主建产区攻关水平开发井，位于层间岩溶储层发育的有利区带内，地震剖面呈"片状"反射特征。地质设计备选水平井轨迹为 318.9°、305.7° 与 97.7° 三个方位；根据地质设计井位，获取目标井的三维地应力场，得到该水平井井周地应力的大小及最大水平主应力方位。其中，地应力状态为潜在正断型，最大水平主应力方位为 72°。

该区有效天然裂缝延伸方位与最大水平主应力方向具有较好的一致性。为最大限度钻遇天然有效裂缝，水平井应尽可能正交于最大水平主应力方向。

基于地质力学三维模型的井眼稳定性数值模拟表明：在该水平井所处地应力环境下，沿最小水平主应力方位延伸的水平井，井眼稳定性最好；当水平井井筒与最大水平主应力夹角从 0° 变化到 90° 时，井眼稳定性逐渐增强。利于保持井眼稳定的水平井方位依次为 318.9° > 305.7° > 97.7°。

基于地质力学三维模型的水平井井壁最大张应力数值模拟表明：井眼沿最大水平主应力方位时，井周张应力最大，最易于人工压裂缝的形成和延伸，所形成的纵向缝平行于井轴。地质设计井眼方位与最大水平主应力方位夹角呈 70° 的水平井张应力最小，对应的起裂压力最大，不利于人工裂缝的起裂和扩展。因此，易于压裂的水平井方位顺序为318.9°<305.7°<97.7°；而依据裂缝形态与地应力的关系，利于形成横向缝的水平井方位顺序为318.9°＞305.7°＞97.7°。

综合上述分析得到如下结论：

（1）从最大限度钻遇有效天然缝、保持水平井井壁稳定性以及易于形成横向压裂缝三个方面进行分析，318.9°方位延伸水平井最优，305.7°方位延伸水平井稳定性次之，97.7°方位延伸水平井相对较差。

（2）从井周地层起裂压力大小、易于压裂施工的角度看，在相同条件下，318.9°方位延伸水平井井周张应力最小、井周地层起裂压力最高；97.7°方位延伸水平井井周张应力最大、地层起裂压力最低；305.7°方位延伸水平井介于两者间。

（3）结合储集体地质评价，以钻遇高效油气储集体为前提，以有利于水平井保持井眼稳定、确保钻成水平井为首要目标，综合考虑最大程度钻遇有效缝、有利于压裂形成横向缝和易于压裂等因素，确定305.7°方位延伸的水平井为最优轨迹（图7-1-21）。

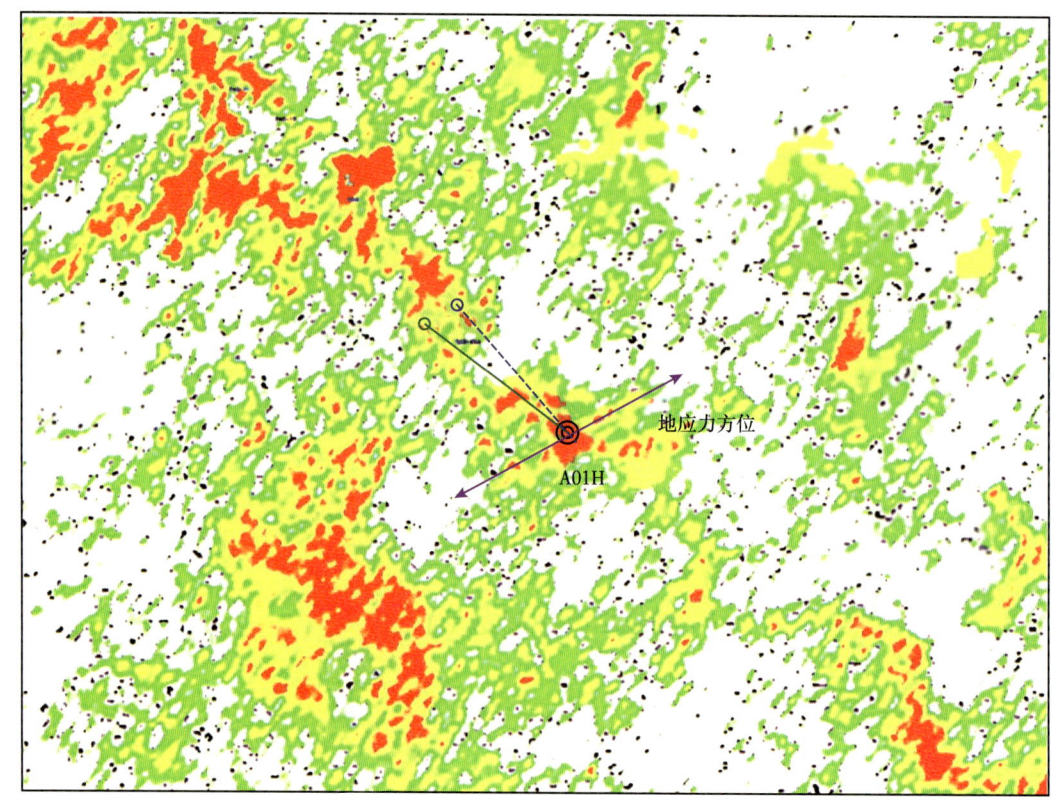

图7-1-21 水平井轨迹优化结果

该水平井在完钻后又进行了酸压施工。水平段钻井采用密度为1.16~1.19g/cm³的聚磺钻井液体系。测井显示：除高泥质含量层段外，应力导致的水平井扩径率小于10%，大多为2%~6%，水平井井眼较规则（图7-1-22）。

水平井采用分段酸压。压裂施工泵压最大为92.1MPa，一般为49.2~92.1MPa，排量为6.5m³/min、一般为2.0~6.5m³/min，挤入地层总液量为3268.0m³，地层有明显破裂显示。酸压后有高产油气产出，压裂效果明显。

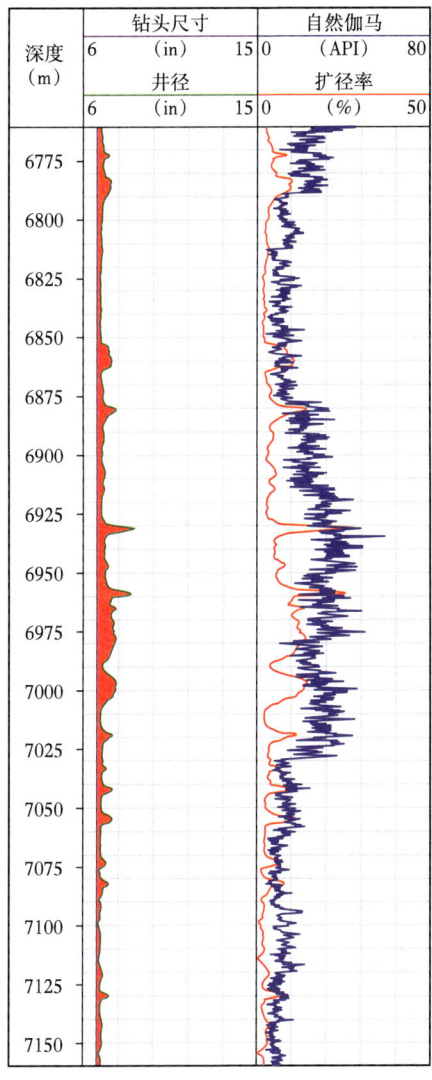

图 7-1-22 水平井段井径曲线

## 第二节 基于地质力学参数多分支井钻前优化

分支井技术可以极大提高平面及垂向驱油效率,通过增加油层的裸露面积和驱油面积,显著提高采收率,国内多个油田已经成功应用了分支井技术并取得了显著成效。分支井尤其为开发黏度高、密度大,开采难度较大、钻井平台受限的海上稠油藏,提供了更为经济有效的解决方案。

主分支井眼延伸方位、分支井眼间距等结构特征影响着井眼稳定性、完井方式及其生产效果。本节以某疏松砂岩油藏分支井为例,介绍基于地质力学参数的分支井结构、完井优化的方法等。根据地质力学的测井分析,示例工区为潜在正断型地应力状态,地层的岩石力学强度低,内聚力分布范围为 1.5~3.0MPa、内摩擦角为 23°~31°。

通过建立不同结构的分支井数值模型（图7-2-1），利用测井构建的地质力学参数场，设置模型的力学特性及应力边界，开展数值模拟计算，并依据井周塑性应变，分析分支井的井眼稳定状态，优化分支井结构及投产制度（图7-2-2）。

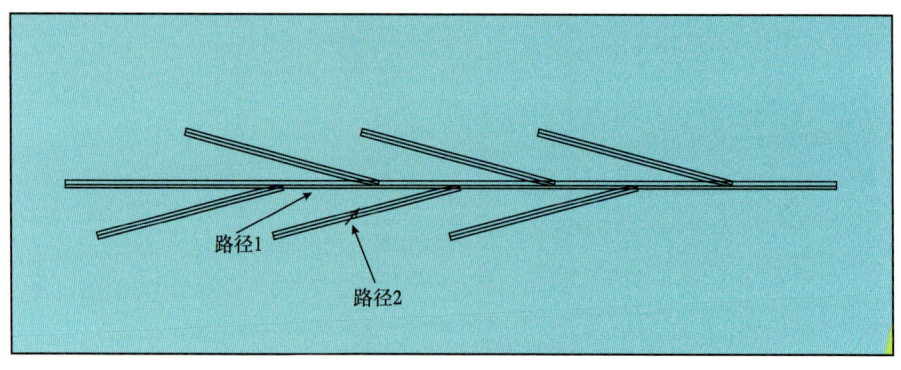

图7-2-1　分支井数值模型

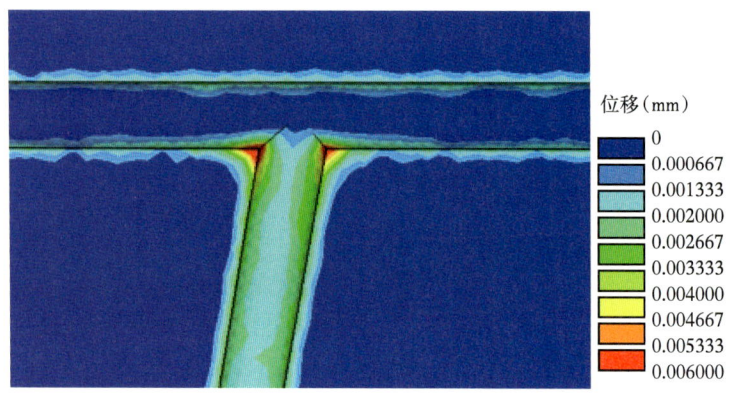

模型总位移最大值：0.507203mm；
当前云图内容中的最大值：0.009790mm

图7-2-2　分支井井周地层塑性应变数值模拟计算结果

## 一、主分井眼延伸方向对井眼稳定性及其临界生产压差的影响

与水平井一样，主井眼、分支井眼的延伸方向都对分支井的井眼稳定性、临界生产压差具有显著的影响。

不考虑主分井眼结合部位的影响，以远离结合部区域（50m外）的井筒为比较对象，此时，根据岩石力学的相关理论，可以认为分支井眼、主井眼相互不影响，其稳定性及可承受的生产压差取决于所有分支水平井中最弱的一支。

根据数值模拟结果，保持井眼稳定的临界生产压差与主井筒延伸方位、分支井眼延伸方向之间的关系如图7-2-3所示，横坐标0°指最大水平主应力方向、90°指最小水平主应力方向。可看出，示例工区的地质力学条件下，在主井筒延伸方向一定的情况下，分支井筒延伸方向越靠近最小水平主应力方向，裸眼分支井的临界生产压差越高；在分支延伸方向一定的情况下，主井筒延伸方向越靠近最小水平主应力方向，裸眼分支井的临界生产压差越高。

当主井眼沿最大水平主应力方向时,裸眼分支井的临界生产压差取决于主井眼的稳定性,均为1.3MPa;随着主井眼与最大水平主应力夹角的增大,逐渐靠近最小主应力方位时,裸眼分支井的临界生产压差逐渐取决于分支井眼的稳定性,分支井靠近最小水平主应力方位、临界生产压差越高,最高可达到2.3MPa。

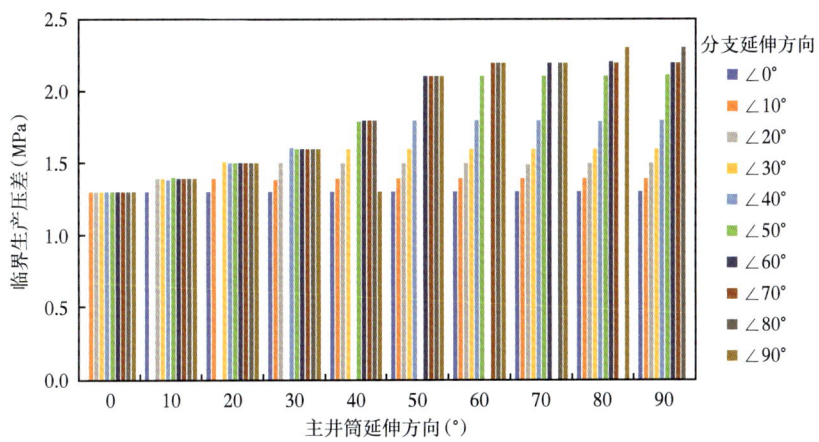

图 7-2-3　保持井眼稳定的临界生产压差与主分支井眼延伸方位关系图

## 二、分支井眼间距对井眼稳定性及其临界生产压差的影响

分支井眼之间的间距也是影响井眼稳定性的重要因素之一。

对于分支井眼位于主井眼同一侧的情况,示例工区的计算结果显示(图7-2-4),在主分井眼方位一定的情况下,当分支井筒间距过小时,相邻分支井眼之间的相互干扰显著,井眼稳定性变差,保持井眼稳定所能承受的生产压差较小;随着相邻分支井眼之间间距的增大,相互干扰逐渐减弱,稳定性逐渐增强,生产压差增大直至保持稳定。示例工区计算条件下,分支井眼间距大于40m后,分支间距对井眼稳定性及临界生产压差的影响可以忽略。

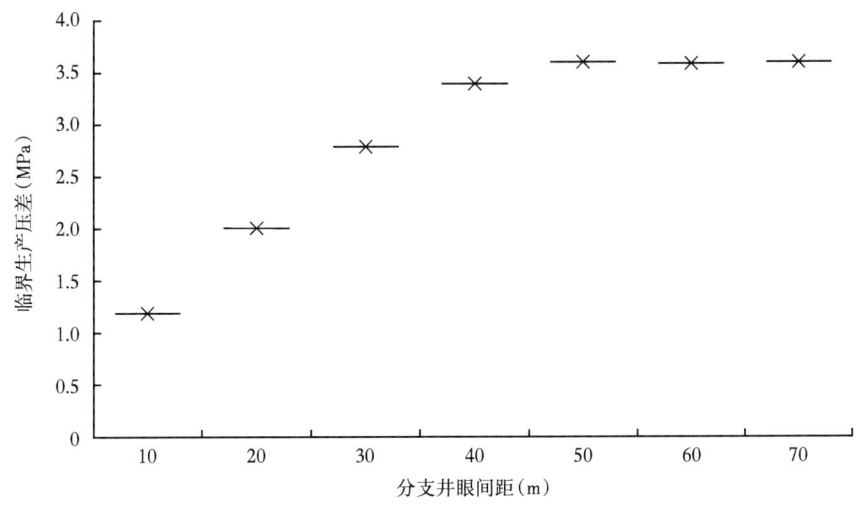

图 7-2-4　保持井眼稳定的临界生产压差与分支井眼间距关系图

对于分支井眼位于主井眼不同侧的情况，示例工区的计算结果显示（图7-2-5），不同侧分支井眼之间的相互干扰小于同侧分支井眼；当不同侧分支井眼间距大于30m后，井眼稳定性及临界生产压差受分支井距的影响不明显。

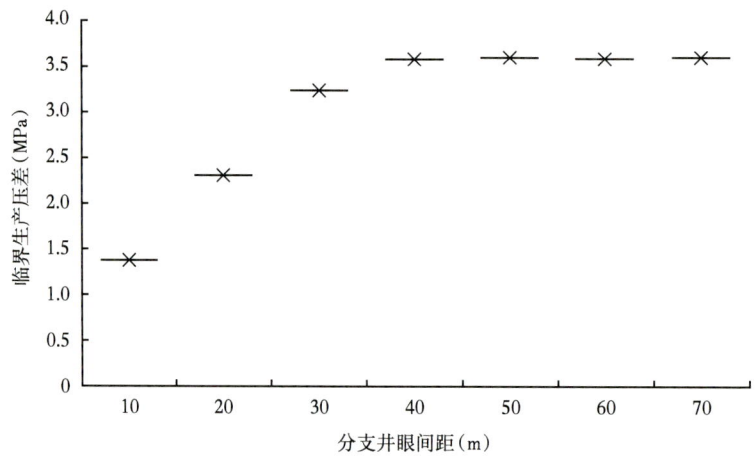

图7-2-5 保持井眼稳定的临界生产压差与分支井眼间距关系图

## 三、主分井眼夹角对井眼稳定性及其临界生产压差的影响

数值模拟结果显示，分支井眼与主井眼的结合部位是井眼稳定性最差的部分（图7-2-6）。

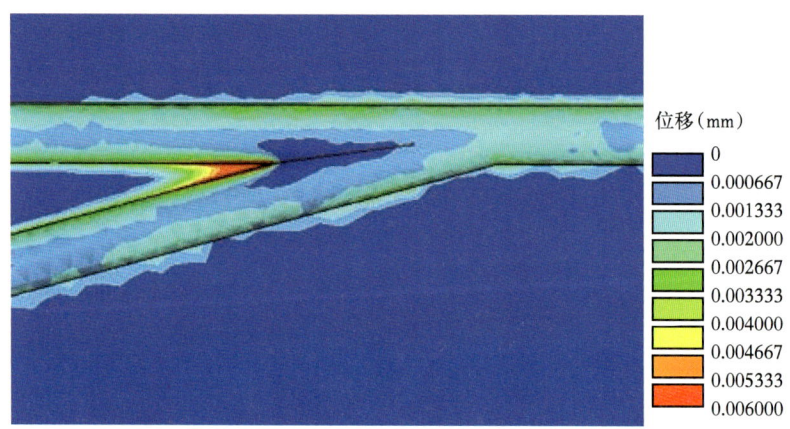

模型总位移最大值：0.507203mm；
当前云图内容中的最大值：0.009790mm

图7-2-6 主井眼与分支井眼结合部的塑性应变

在分支井眼造斜率的一定的条件下，主、分井眼之间夹角的增大，主、分井眼结合部位的稳定性增强，失稳破坏区域减小，能够承受的生产压差增大；值得注意的是，根据模拟结果，当主分支井眼之间的夹角较小时，即便生产压差为0，主、分井眼结合部位也会出现破坏失稳现象（图7-2-7）。

此外，分支井井眼造斜率也对井眼稳定性有显著影响，随造斜率增大，井眼趋于更稳定、临界生产压差也随之增大。

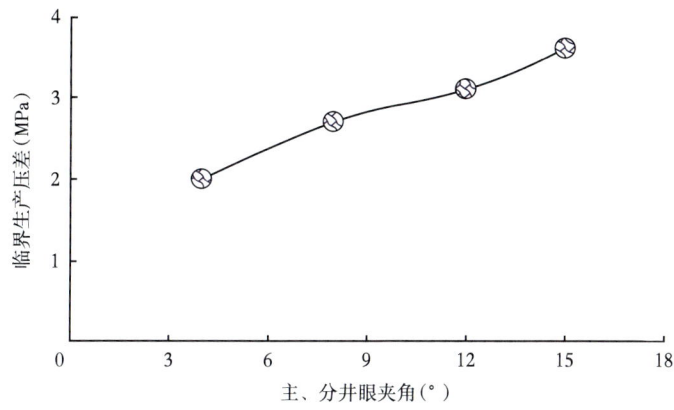

图 7-2-7　主、分井眼夹角对临界生产压差的影响

## 四、地层蠕变对分支井临界生产压差及井眼长期稳定性的影响

试验分析表明，在储层地质力学环境下，所研究疏松砂岩呈现出流变特性，尤其在油气开采过程中，长期的不均匀荷载作用下，其变形、破坏等力学行为特征，表现出显著的蠕变特征。为了保证分支井系统的长期稳定性，必须考虑地层蠕变的影响，确保长期安全生产。

基于蠕变实验结果，得到该地层的蠕变模型：

$$\varepsilon(t) = C_1 \sigma^{C_2} t^{C_3+1} \mathrm{e}^{-C_4/T} / (C_3+1) \tag{7-2-1}$$

式中：$\varepsilon(t)$ 为应力，MPa；$t$ 为蠕变时间，h；$T$ 为热力学温度，K；$C_1$、$C_2$、$C_3$、$C_4$ 为模型系数，对在不同压力下的蠕变曲线，进行应变与压力、时间的多元回归，得到 $C_1$ 为 $1.42 \times 10^{-6}$、$C_2$ 为 1.27、$C_3$ 为 -0.976、$C_4$ 为 0。

工区 2M 井主井筒长度 368m、分支井眼长度 263m，主井筒与最大水平主应力方位间夹角 27°，分支井眼造斜率为 1°/30m。

图 7-2-8 为在不同生产压差下分支井一侧井壁的变形情况。可以看出，当生产压差

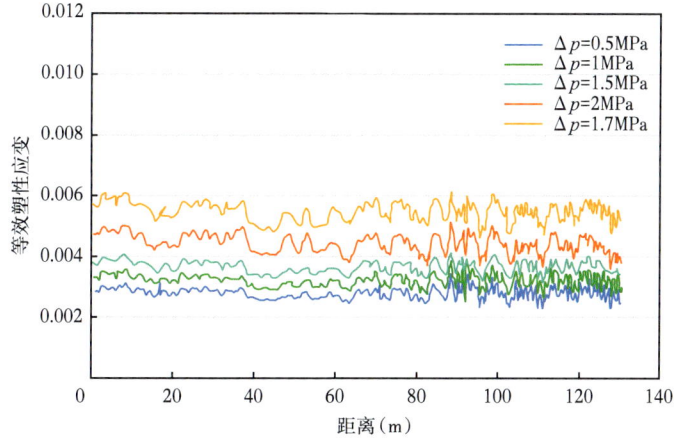

图 7-2-8　不同生产压差下分支井筒夹壁墙侧等效塑性应变分布

为2MPa时，分支井筒夹壁墙侧的塑性变形已经接近临界等效塑性应变值（6‰），可以认为维持井壁稳定的生产压差最高可以达到略高于2MPa的水平。根据该井的单井分配数据，其井底流压变化为7.32~9.82MPa，地层压力约11.5MPa，目前主要维持在8MPa左右，高于临界生产压差。

图7-2-9为分支井筒夹壁墙一侧在不同压差下的蠕变应变。对2M井不考虑蠕变影响时生产压差约为2MPa。当考虑蠕变时，则不能采用2MPa生产，生产压差1.8MPa约可稳定生产400天，1.7MPa约可稳定生产1250天。

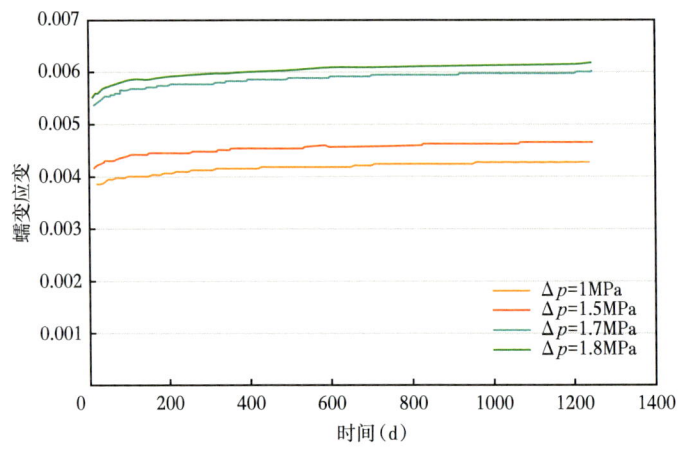

图7-2-9 不同生产压差下分支井筒夹壁墙蠕变应变图

综上可见，生产压差越低，安全生产天数越长，分支井系统的长期稳定性越好，但是生产压差的选择还要与油井配产的要求相适应，选择合理的生产压差要同时考虑到油井产能与油井长期稳定性。对2M井压差降低0.2~0.3MPa就可以使井眼周围地层稳定生产时间大幅度提高，提高2~3年。

因此，在这类地层生产，不仅要考虑短期地层的稳定性，还应考虑到地层在长期生产过程中的动态变化，适时调整生产制度，确保井眼长期稳定性。

综上，利用测井资料分析目标地层地质力学特征、优化分支井眼的构型，能够更好地发挥分支井在提高采收率、降低开发成本以及保护生态环境等方面的显著优势，更好支撑复杂油气田的高效开发。

## 第三节 复杂油气藏水平井钻完井钻前地质工程一体化优化

钻完井钻前地质工程一体化优化旨在基于储层地质特征精细刻画，地质、工程多学科协同开展钻井、完井工程技术可行性评价与安全风险评估，设计、优化与储层地质特征相适应的钻井完井方案与实施过程，最大幅度降低钻井完井安全风险、提高储层钻遇率和油气产量，实现工程技术效益最大化。钻前地质工程一体化优化是实现深层复杂油气藏安全高效勘探开发不可或缺的关键技术支撑。

对于缝洞型碳酸盐岩、砾岩、致密砂岩等复杂油气藏大多呈现地质构造复杂、孔隙结构复杂，储层孔渗物性差、非均质性强等特点，目前普遍采用长段水平井与压裂改造等技术手段进行油气开采。在水平井钻井与完井钻前设计中，下面两个方面目标直接关系着钻井完井的实施效果甚至成败，被普遍关注：（1）钻井过程中，尽可能避免井壁失稳、减少井壁坍塌、漏失等井下复杂，确保水平井钻井成功；（2）完井压裂过程中，水平井段破裂压力低，确保水平井能够压得开、容易压，并最大程度提升压裂改造效果。上述两个方面都与目标地层的地质特征、地质力学特性密切相关。因此，安全钻井与高效改造统筹兼顾，设计优化与储层地质、地质力学相适应的钻井完井方案是复杂油气藏水平井钻完井钻前地质工程一体化优化关键。

对于构造简单、地层岩性单一连续的油气藏，钻井前的钻井完井设计可以邻井测井等资料解释的储层地质认识、建立的地质力学测井剖面为基础与参考。但对于强非均质的复杂油气藏，由于储层地质与地质力学特性在空间纵向横向上变化都比较快，仅靠邻井资料不能有效地提供设计井的地质信息。因此，通常需依托测井—地震联合建立的精细地质模型、精细地质力学模型开展工程措施优化与方案设计。

以裂缝储层为例，通过针对上述两个方面进行优化，简要介绍复杂油气藏水平井钻完井钻前地质工程一体化优化的一般方法。

## 一、利于保持井壁稳定的钻完井优化

井壁稳定是影响钻井完井设计的重要因素，一方面，钻井过程中井壁失稳将可能诱发井眼坍塌、漏失等井下复杂，威胁钻井安全、甚至导致钻井失败；另一方面，井壁稳定性也关系着合理完井方式的科学选择，对于生产过程中易失稳的井眼，将不得不放弃裸眼系列的完井方式，从而增大完井工程难度与完井作业成本。因此，钻完井优化目标之一就是尽可能地保持井眼的稳定性。

在地质学家依据储层分布特征确定井位后，即可明确钻井目标储集体的地质力学特征；在地质力学参数一定的情况下，控制水平井的稳定性的工程因素主要有井底压力、水平井轨迹。其中井底压力即井筒液柱压力，在完井生产阶段，井筒液柱压力即为井底流压，关系着油气井的产能。对于保持井壁稳定的井筒液柱压力，即地层坍塌压力，相关分析在第六章已经介绍。

对于裂缝性地层，由于裂缝发育割裂了地层完整性、连续性，导致地层的非均质性、各向异性，同时裂缝与井眼相交导致井周地层应力分布复杂、更易沿裂缝面发生剪切失稳，因此，裂缝性地层中不同方位水平井的稳定性分析，通常采用数值模拟的手段。通过从区域地质力学三维模型中切出满足水平井研究需要的子模型，在子模型中依次建立不同延伸方位的虚拟水平井，开展虚拟水平井的井壁稳定性数值模拟。

图 7-3-1 所示为某地层在不同应力状态下，井壁稳定性与水平井方位的关系。在裂缝性地层中，水平井井眼稳定性与地应力状态、井眼延伸方位密切相关，但变化规律较为复杂；在潜在走滑型地应力状态下，随着水平井与最大水平主应力夹角增大，稳定系数呈现先增大后减小、再增大的变化特征，其中，在水平井与最大水平主应力夹角为 60° 时井壁稳定系数达到最小、井壁稳定性最差；在正断型地应力条件下，随着水平井与最大水平主应力夹角增大，井壁稳定系数整体呈逐渐增大趋势；在潜在逆断型地应力条件下，随着水平井与最大水平主应力夹角增大，井壁稳定系数先降低、后增大的变化特征，在水平井与最大水平主应力夹角为 50° 达到最小值、井壁稳定性最差。因此，从

保持井壁稳定的角度，水平井延伸应尽可能避开井壁稳定性差的方位设计。

若受油气储集体分布的制约，水平井必须沿井壁稳定性差的方位部署，就需要科学设计合理钻井液密度、避免钻井过程中井壁失稳；同时，还应科学设计合理完井方式、避免油气生产过程中井眼垮塌。

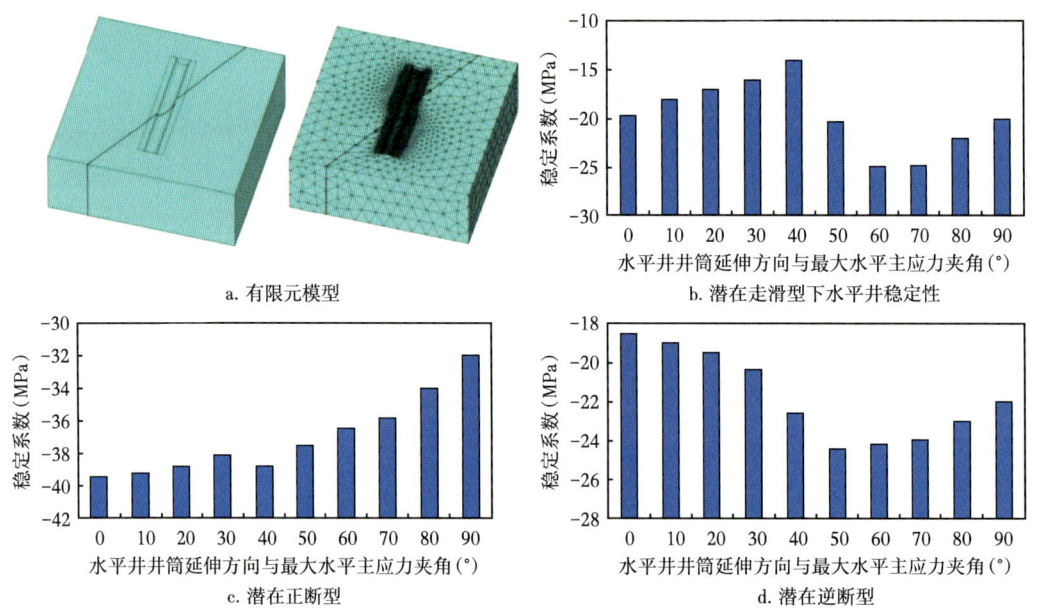

图 7-3-1　裂缝条件下水平井井壁稳定性

## 二、利于降低水平井破裂压力的钻完井优化

复杂油气藏通常需要实施射孔压裂完井，在当前工程技术条件下井周地层能够被压开，是对井周储层能够实施有效改造的前提；要保证井周地层能够压开，井周地层起裂压力不宜过高。起裂压力大小强烈受控于井周应力分布，尤其是射孔孔眼的围岩应力场特征。因此，与井壁稳定所开展的井周应力分析不同，射孔条件下起裂压力评价时需要将井周应力场转化为孔眼应力场，如图 7-3-2 所示。其中，井周应力场在本书第六章中已经做了详细介绍。在此基础上，获取孔眼围岩应力场，有：

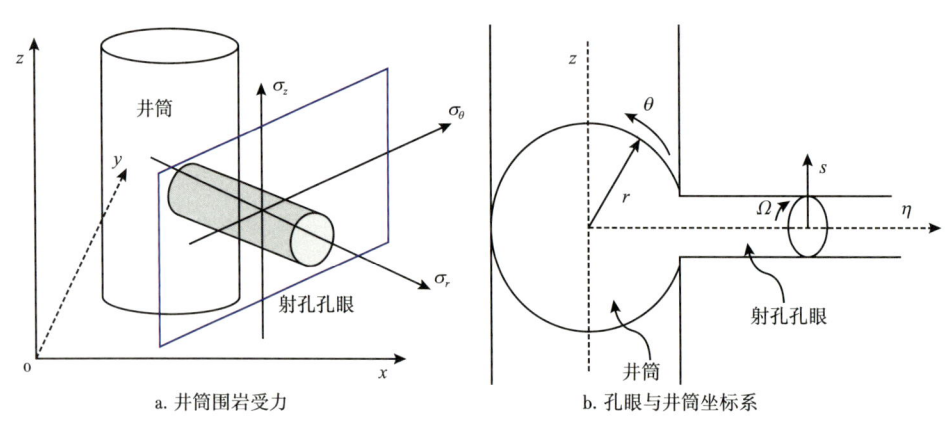

图 7-3-2　井筒应力和射孔孔眼坐标系示意图

$$\begin{cases} \sigma_s = \dfrac{r_{\text{hs}}^2}{s^2} p_{\text{perf}} + \tau_{\theta z}\left(1 + 3\dfrac{r_{\text{hs}}^4}{s^4} - 4\dfrac{r_{\text{hs}}^2}{s^2}\right)\sin(2\Omega) + \dfrac{\sigma_\theta - \sigma_z}{2}\left(1 + 3\dfrac{r_{\text{hs}}^4}{s^4} - 4\dfrac{r_{\text{hs}}^2}{s^2}\right)\cos(2\Omega) \\ \quad + \dfrac{\sigma_\theta + \sigma_z}{2}\left(1 - \dfrac{r_{\text{hs}}^2}{s^2}\right) + \left[\dfrac{a(1-2\nu)}{2(1-\nu)}\dfrac{(s^2 - r_{\text{hs}}^2)}{s^2} - \phi\right](p_{\text{perf}} - p_{\text{P}}) \\ \sigma_\Omega = -\dfrac{r_{\text{hs}}^2}{s^2} p_{\text{perf}} + \dfrac{\sigma_\theta + \sigma_z}{2}\left(1 + \dfrac{r_{\text{hs}}^2}{s^2}\right) - \dfrac{(\sigma_\theta - \sigma_z)}{2}\left(1 + 3\dfrac{r_{\text{hs}}^4}{s^4}\right)\cos(2\Omega) - \\ \quad \tau_{\theta z}\left(1 + 3\dfrac{r_{\text{hs}}^4}{s^4}\right)\sin(2\Omega) + \left[\dfrac{a(1-2\nu)}{2(1-\nu)}\dfrac{(s^2 + r_{\text{hs}}^2)}{s^2} - \phi\right](p_{\text{perf}} - p_{\text{P}}) \\ \sigma_\eta = \sigma_r - 2\nu\left[(\sigma_\theta - \sigma_z)\dfrac{r_{\text{hs}}^2}{s^2}\cos(2\Omega) + 2\tau_{\theta z}\dfrac{r_{\text{hs}}^2}{s^2}\sin(2\Omega)\right] + \left[\dfrac{a(1-2\nu)}{1-\nu} - \phi\right](p_{\text{perf}} - p_{\text{P}}) \\ \tau_{s\Omega} = \tau_{\theta z}\left(1 + 2\dfrac{r_{\text{hs}}^2}{s^2} - 3\dfrac{r_{\text{hs}}^4}{s^4}\right)\cos(2\Omega) + \left(\dfrac{\sigma_\theta - \sigma_z}{2}\right)\left(1 + 2\dfrac{r_{\text{hs}}^2}{s^2} - 3\dfrac{r_{\text{hs}}^4}{s^4}\right)\sin(2\Omega) \\ \tau_{\eta\Omega} = \tau_{zr}\left(1 + \dfrac{r_{\text{hs}}^2}{s^2}\right)\cos\Omega - \tau_{\theta r}\left(1 + \dfrac{r_{\text{hs}}^2}{s^2}\right)\sin\Omega \\ \tau_{s\eta} = \tau_{\theta r}\left(1 - \dfrac{r_{\text{hs}}^2}{s^2}\right)\cos\Omega + \tau_{zr}\left(1 - \dfrac{r_{\text{hs}}^2}{s^2}\right)\sin\Omega \end{cases}$$

（7-3-1）

式中：$\sigma_s$、$\sigma_\Omega$、$\sigma_\eta$ 为孔眼坐标系下径向、周向和轴向应力，MPa；$\tau_{s\Omega}$、$\tau_{\Omega\eta}$、$\tau_{s\eta}$ 为孔眼坐标系下三向剪应力，MPa；$\Omega$ 为孔眼上极坐标角，(°)；$r_{\text{hs}}$ 为孔眼半径，m；$s$ 为孔眼深度，m；$p_{\text{perf}}$ 孔眼流体压力，MPa。

基于孔眼应力场，考虑不同裂缝产状特征，认为地层存在沿岩石基质起裂与沿裂缝面起裂的两种类型，具体判断准则为：

$$\begin{cases} \sigma_\theta - ap_{\text{P}} = \sigma_{\text{mt}} & \text{沿基质起裂} \\ \sigma_n - ap_{\text{P}} = \sigma_{\text{ft}} & \text{沿裂缝面起裂} \end{cases}$$

（7-3-2）

式中：$\sigma_n$ 为垂直于裂缝面的正应力，MPa；$\sigma_{\text{mt}}$、$\sigma_{\text{ft}}$ 分别为基质与垂直裂缝面的岩石抗张强度，MPa。

综合孔眼围岩应力场、孔眼起裂判别准则，分析得到水平井射孔起裂压力分布，如图 7-3-3 所示。起裂压力与裂缝产状密切相关，随裂缝倾角与倾向的不同，起裂压力变化复杂、基本无相应规律可循（图 7-3-3a）。当天然裂缝的倾角、倾向分别取值为 30°与 72°时，计算获得不同水平井井眼轨迹下的起裂压力，如图 7-3-3b，随着水平井与水平最大主应力的夹角增大，起裂压力整体具有下降趋势，但在两者夹角靠近 90°时又有小幅度增大趋势，起裂压力最低的水平井方位靠近夹角为 75°附近。

综上，可以发现，井壁最稳定的方位或压裂最易起裂的方位往往不一致。同时，由于裂缝存在，无论是井壁稳定性还是压裂缝起裂的难易程度，不仅仅只是受控于地应力特征，还受射孔孔眼与地应力的关系、孔眼与裂缝的关系的影响显著。因此，需要结合地质力学特征，根据工程实际情况与工程目标，对水平井方位与射孔孔眼的统筹均衡优化。

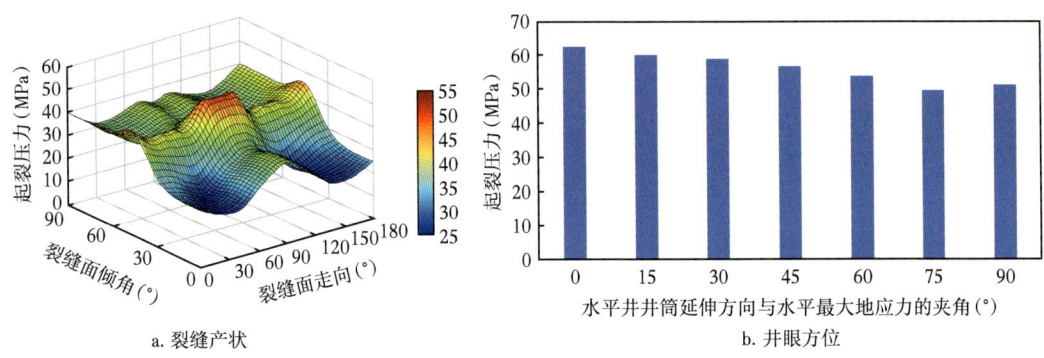

a. 裂缝产状　　　　　　　　　　　　　　b. 井眼方位

图 7-3-3　裂缝条件下水平井射孔起裂压力分布

## 三、利于提升压裂效果的钻完井优化

为保证压裂缝有效沟通井周储集体，需要分析水平井方位对压裂缝长度的影响，通常需开展水平井多级压裂缝模拟。根据水平井地质设计的井口坐标及水平井所需控制的储集体分布特征，从地质力学三维模型中切割提取满足水平井分析的地质力学三维子模型，基于 UFM 模型开展水平井压裂模拟计算，获取不同方位水平井的压裂缝形态及压裂缝的长度，通过研究人工裂缝形态、长度进行优化与地应力、天然裂缝、水平井方位等因素之间的关系，对水平井方位进行优化，实现储集体与井眼的高效连通。

某工区不同方位水平井的多级压裂模拟结果如图 7-3-4 和图 7-3-5 所示。可看出，该模拟结果呈现了沟通井周储集体的压裂有效缝长与井眼轨迹的关系，存在如下特征：

（1）沿最小水平主应力方位，压裂缝正交于水平井井眼，沟通井周储集体的压裂缝有效缝长最大；

（2）随水平井偏离最小水平主应力，压裂缝斜交于水平井眼，且水平井沿最大水平主应力方位，压裂缝平行于水平井井眼，压裂缝沟通井周储集体的有效缝长最小；

（3）从压裂缝有效沟通储集体角度，此工区水平井宜靠近水平井最小水平主应力方位。

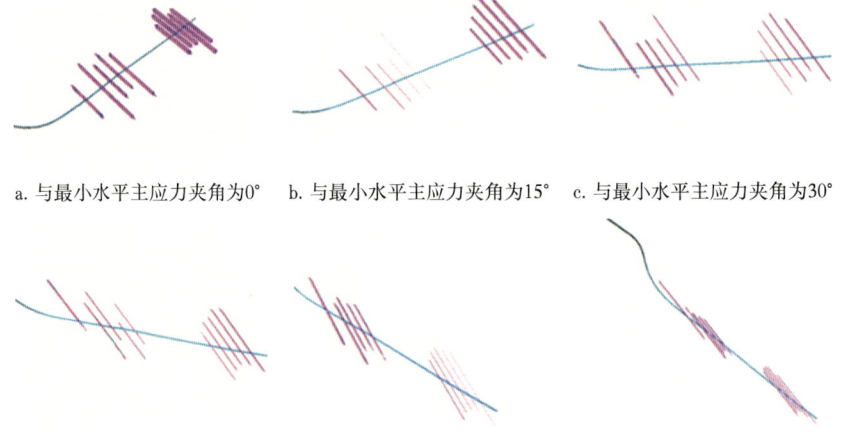

a. 与最小水平主应力夹角为0°　　b. 与最小水平主应力夹角为15°　　c. 与最小水平主应力夹角为30°

d. 与最小水平主应力夹角为45°　　e. 与最小水平主应力夹角为60°　　f. 与最小水平主应力夹角为75°

图 7-3-4　不同轨迹井眼下压裂缝模拟结果

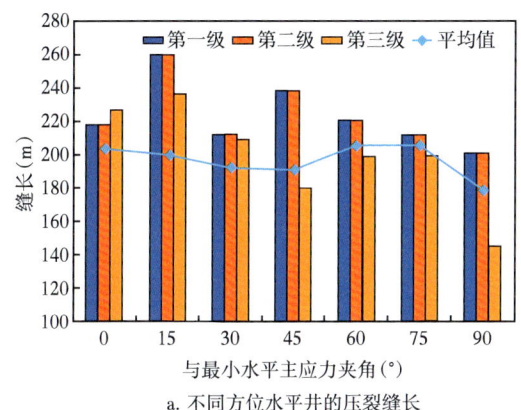
a. 不同方位水平井的压裂缝长

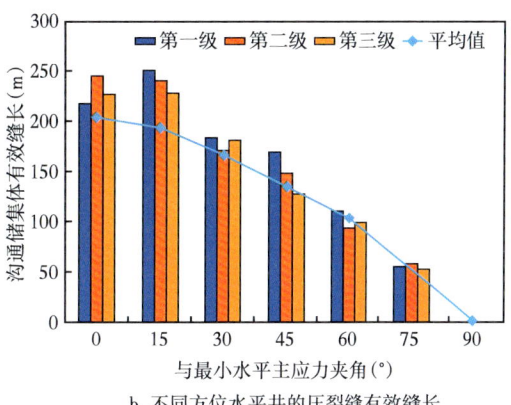
b. 不同方位水平井的压裂缝有效缝长

图 7-3-5　井眼轨迹对沟通储集体有效缝长的影响

通过优化水平井轨迹，成功钻达地质目标，提高井壁稳定性保证钻成水平井，为压裂施工创造条件、改善压裂效果对提升研究工区勘探开发综合效益具有重要意义。基于上述分析，综合考虑水平井井壁稳定、压裂起裂、压裂缝扩展特征，形成水平井井眼轨迹优化原则如下：

（1）依据储集体地质评价结果，以水平井有效控制油气储集体（串、片及其组合体）为前提；

（2）水平井轨迹应利于保持水平井井眼的稳定性，尽可能降低井下复杂状况，确保钻成水平井为首要目标；

（3）为了保证人工压裂缝能够有效沟通井周的储集体，水平井偏离储集体的方位应不大于所允许的最大角度，即最大有效缝长所对应的角度；

（4）在满足原则（3）的前提下，水平井轨迹应使井周地层起裂压力尽可能低，易于压裂施工。

（5）在满足原则（3）的前提下，水平井轨迹应利于压裂形成横向压裂缝或斜交缝，实现最大限度地沟通井周储集体，提升压裂增产效果。

# 第四节　工程测井与传统储层评价测井相结合实现钻井方式优化

气体钻井在钻井提速、储层保护中的作用日益凸显，但钻井地质剖面出现的水层常常使气体钻井的应用效果受到极大影响，甚至造成严重的井下复杂状况。在气体钻井过程中应对地层出水进行预测与监测，而钻井地质剖面是否存在水层、水层的产液量等也是评价气体钻井是否适应的重要依据。同时，井眼剖面地层的坍塌压力是能否选择气体钻井的另一个必须考虑的重要条件，而这些都是必须依赖传统储层评价测井和工程测井的结合才能解决的问题。

地层的地质特征及地质力学条件是制约钻井方式选择与优化的客观内在因素。本节以我国西部某油田气体钻井可行性评价为基础，阐述工程测井与传统储层评价测井相结合对实现钻井方式科学优化的意义和重要性。

## 一、根据地层产水状况的气体钻井可行性评价

对传统储层评价测井，水层识别及水层的横向分布预测方法已相对成熟，本书仅围绕地层产水状况评价进行简介。

对拟稳态流，产水量可以表示为：

$$Q = J\Delta p = J(\bar{p} - p_{\text{wf}}) \quad (7\text{-}4\text{-}1)$$

其中：

$$J = \frac{2\pi K_{\text{w}} H_{\text{t}}}{\mu_{\text{w}} B_{\text{w}} \left( \ln r_{\text{e}} / r_{\text{w}} - \frac{3}{4} + S \right)} \times 86.4 \quad (7\text{-}4\text{-}2)$$

式中：$\Delta p$ 为压差，MPa；$\bar{p}$ 为储层平均压力，MPa；$p_{\text{wf}}$ 为储层段井筒流压，MPa；$J$ 为拟稳态流产液指数，m³/（MPa·d）；$H_{\text{t}}$ 为储层有效厚度，m；$K_{\text{w}}$ 为地层有效渗透率，D；$\mu_{\text{w}}$ 为水相黏度，mPa·s；$B_{\text{w}}$ 为水相体积系数；$r_{\text{e}}$ 为供给半径，m；$r_{\text{w}}$ 为井半径，m；$S$ 为地层伤害表皮系数。

综合考虑地层流体压力及温度的影响，地层水的体积系数由相关经验公式（McCain，1994）确定：

$$\begin{cases} B_{\text{w}} = 0.952 - 21.154 \times 10^{-4} p_{\text{P}} + 10^{A} \\ A = 0.136 \left( 2.647 \times 10^{-2} T - 1 \right) - 1.2676 \end{cases} \quad (7\text{-}4\text{-}3)$$

式中：$p_{\text{P}}$ 为地层孔隙压力，MPa；$T$ 为储层温度，℃。

地层条件下，地层水的黏度可根据已有的相关研究成果进行估算。因此，出水地层渗透率、地层孔隙压力预测是出水量分析的基础（图 7-4-1）。

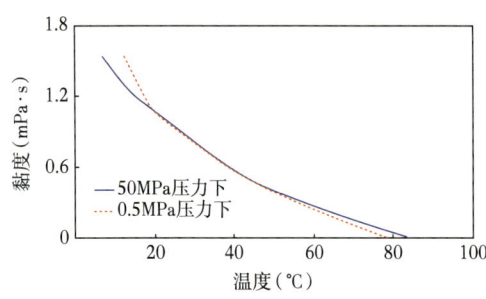

图 7-4-1　水的黏度与温度关系（据何更生，2011）

根据第四章论述，预测地层孔隙压力的方法有很多，各有其适应条件。根据测井资料的特点，采用有效应力方法可获取地层孔隙压力分布。此外，由于涉及地层油气目标层，不是油气储层评价关注的重点层位，测井曲线的配套性、测井项目都十分有限。因此，根据地层特点、资料特点，需针对性选取敏感的测井资料进行地层孔隙度、渗透率计算与评价。

在出水地层渗透率评价、地层孔隙压力评价的基础上，基于前述理论对目标区块开展了重点层位出水量预测，进而判断对方备选储层出水情况。

## 二、依据井壁稳定性的气体钻井可行性评价

与常规钻井液钻井不同的是，气体钻井以气体为循环介质，井筒内无液柱压力来平衡井壁应力，井壁更易发生失稳，甚至导致气体钻井失败。因此，井壁稳定性是气体钻井适应性评价必须考虑的重要因素。如图 7-4-2 所示，井段 1 的地层坍塌压力当量密

度为 0.7~1.00g/cm³，即坍塌压力当量密度主要分布值小于 1.00g/cm³，地层自身具有较好的稳定性，可实施气体钻井；如图 7-4-3 所示，井段 2 的地层坍塌压力当量密度为 1.10~1.32g/cm³，若采用气体钻井将面临井壁失稳的问题，该井段不适宜采用气体钻井。

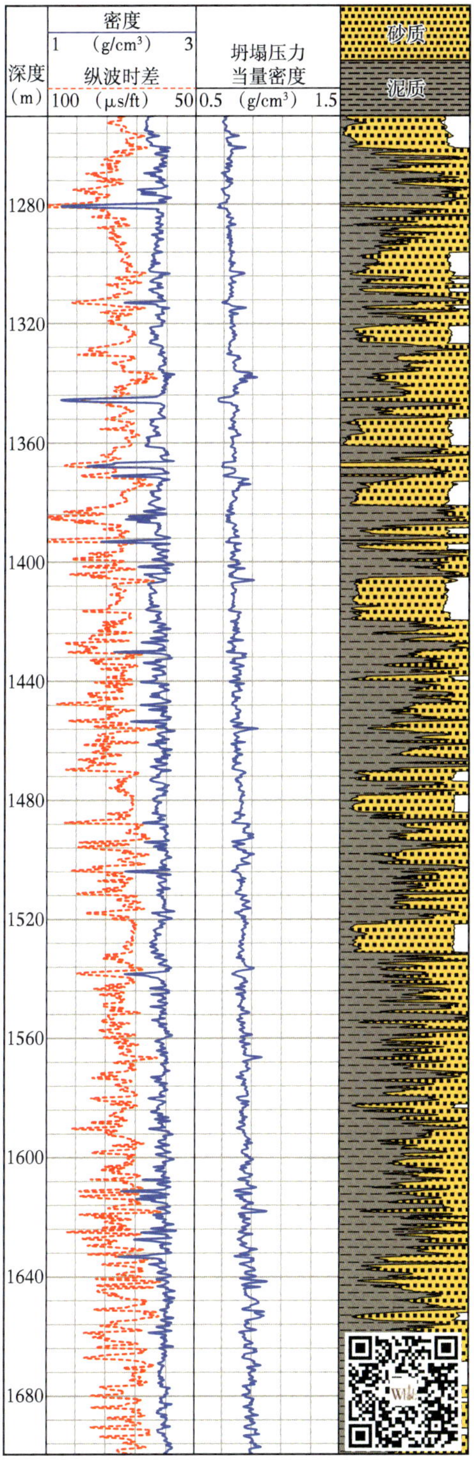

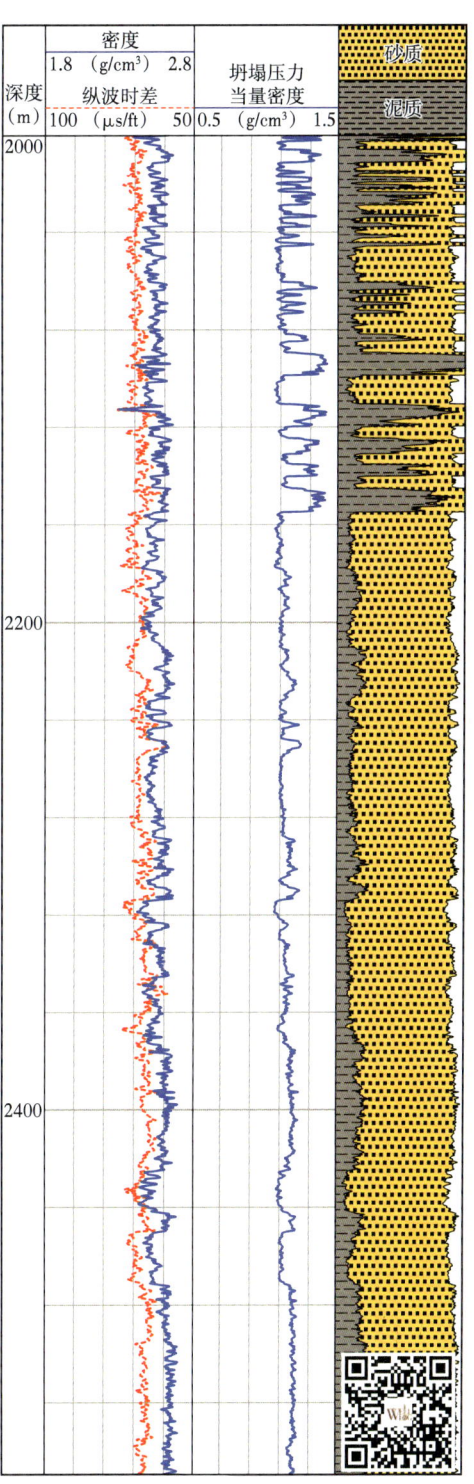

图 7-4-2　井段 1 原状地层坍塌压力　　　　图 7-4-3　井段 2 原状地层坍塌压力

# 第八章 工程测井在推进科学完井及压裂改造中的应用

完井工程是目的层钻开后到投产过程中所实施的系统工程活动，科学合理的完井技术不仅关系着储层增产、注入等开采作业能否顺利实施，同时还是防治地层出砂、调控边底水侵入、实现油气井产能最大化、EUR 最大化以及综合开发效益最大化的关键。本章将对工程测井所获得的沿井剖面地层的精细化地质力学信息及参数在防砂完井、完井分段优化、完井方式优选，以及射孔压裂方案优化等方面的应用进行简要介绍。

## 第一节 基于工程测井的疏松砂岩油气藏出砂判别及防砂完井优化

油气井是否出砂是决定完井方式的关键因素之一，也是确定采油气工程方案，甚至地面工程方案的重要依据。

出砂是地层岩石结构被破坏、砂粒脱落、流入井筒的结果。油气井是否出砂与地应力、岩石物理力学性质、油气藏流体性质及开采状态具有密切关系。

利用测井资料对影响出砂的地质及地质力学因素进行评价，对地层的出砂趋势进行准确预测，为完井方式的优选与防砂措施的优化提供依据与指导，为油气井的长期稳定生产提供基础支撑。

相关研究与大量工程实践表明，影响出砂的因素，主要有以下几方面：

（1）岩石的力学强度。岩石的力学强度是油气井出砂的关键影响因素，地层胶结越疏松、力学强度越低，越容易出砂。此外，油气层出砂与岩石胶结物种类、数量和胶结方式有关。相对而言，以黏土为胶结物，接触式胶结的砂岩，力学强度较低、更容易出砂。

（2）流体黏度。地层流体黏度越大，越容易出砂。流体的黏滞性在出砂过程中表现出两种特性：一是悬砂、携砂；二是携砂流体对砂体的冲刷和剥蚀。流体黏度升高，携砂、悬砂能力增强，流动过程中的拖曳力增大，对砂体的冲刷和剥蚀就更加严重，导致出砂加剧。

（3）地层孔隙压力。根据有效应力理论，随着地层孔隙压力的下降，井壁岩石所受的有效应力会增大，地层出砂的可能性增大。

（4）含水率。油气井含水率的变化，可能会影响储层胶结强度，从而导致出砂的可能性增大。

（5）钻完井作业。井眼轨迹、固井质量和完井方式、射孔参数等都对出砂有影响。固井质量不好，在生产中形成高低压层的串通，使井壁岩石不断受到冲刷，加之水（包括注入水）的侵入使黏土夹层膨胀，岩石胶结遭到破坏，导致油气井出砂。井眼方位与地应力方位之间的夹角不当，使近井壁地层的局部应力增大，特别剪应力集中程度高，沿井眼倾斜方向有剪切和滑移的趋势，从而加剧出砂风险、增大出砂量。

（6）油气井增产措施。不适当的增产措施（酸化、压裂等）会造成地层胶结强度大幅降低，增大出砂风险以及引起出砂量的变化。

（7）生产制度。生产压差或生产速度过大、井下压力激动等，导致油气流速过大、冲刷作用增强、近井壁带的地层应力集中，导致地层出砂。

## 一、疏松砂岩油气藏出砂趋势的测井经验判别

出砂的经验预测法主要根据储层的物性、弹性参数及现场经验对易出砂地层进行定性的预测。目前相对成熟的经验出砂预测方法主要有声波时差法、出砂指数法、斯伦贝谢比法、"$C$" 公式法、组合模量法、孔隙度法等，这些方法主要基于室内岩心实验、现场生产出砂资料统计分析，通过测井资料分析计算地层的岩石物理参数、动态弹性模量参数，进行出砂趋势的定性预测。

1. 声波时差法

直接基于声波时差（$\Delta t_c$）进行出砂预测。国内外一些油田的应用表明，当 $\Delta t_c \geqslant 295\mu s/m$ 时，油气井生产过程中将出砂。

2. 出砂指数法

出砂指数（$B$）依据岩石的体积模量、剪切模量进行出砂预测，定义为：

$$B = K_b + \frac{4}{3}G = a\rho_b / \Delta t_p^2 \qquad (8-1-1)$$

式中：$B$ 为出砂指数，$10^4$MPa；$K_b$、$G$ 分别为岩石的体积模量、剪切模量，$10^4$MPa；$\rho_b$ 为岩石的密度，g/cm³；$\Delta t_p$ 为纵波时差，μs/m；$a$ 为转换系数。

美国墨西哥湾地区的作业经验表明，当 $B > 2.068\times10^4$MPa 时，正常生产时油气井不出砂，英国北海地区也采用了该值作为判断气井是否出砂的依据。国内不少油田都采用该方法在一些油气井中作过出砂预测，准确率在80%以上，胜利油田在对现场大量油气井的出砂情况进行统计分析后得出如下结论：当 $B \geqslant 2.0\times10^4$MPa 时，正常生产时油井不出砂；当 $1.5\times10^4$MPa $< B <$ $2.0\times10^4$MPa 时，正常生产时油井轻微出砂；当 $B \leqslant 1.5\times10^4$MPa，正常生产时油井严重出砂。

3. 斯伦贝谢比法

斯伦贝谢比（SR）的定义式为：

$$\mathrm{SR} = K_b G = a\rho_b^2 \left(v_p^2 v_s^2 - 4v_s^2/3\right) \qquad (8-1-2)$$

式中：$v_p$、$v_s$ 分别为纵波波速、横波波速，m/s。

SR 值越大，地层的稳定性越好，越不容易出砂。SR 同 $B$ 一样，均由岩石力学参数定义，可根据测井资料计算获得，SR 比 $B$ 能更好地估计岩石的强度和稳定性。当 SR 较

大时，意味着 $K_b$ 和 $G$ 均较大；而 SB 大时，$K_b$ 和 $G$ 中有可能只有一个值较大。

4. "$C$" 公式法

依据"$C$"公式法，对于任意井斜角的定向斜井，导致岩石骨架破坏出砂的应力用式（8-1-3）表示，当该应力大于岩石的抗压强度时，地层出砂。出砂判据见式（8-1-4）。

$$C = 2(p_P - p_w) + \frac{3-4\nu}{1-\nu}(10^{-6}\rho_b gH - p_P)\sin a + \frac{2\nu}{1-\nu}(10^{-6}\rho_b gH - p_P)\cos a \quad （8-1-3）$$

$$C \geq \sigma_c \quad （8-1-4）$$

式中：$C$ 为井壁岩石的最大切向应力，MPa；$\sigma_c$ 为地层单轴抗压强度，MPa；$p_P$ 为地层孔隙压力，MPa；$p_w$ 为井底流压，MPa；$\nu$ 为岩石泊松比；$\rho_b$ 为上覆岩石平均密度，g/cm³；$g$ 为重力加速度，m/s²；$H$ 为产层中部深度，m；$a$ 为井斜角，(°)，当 $a=0°$ 时该井为直井，当 $a=90°$ 时则该井为水平井。

图 8-1-1 为 MN1 井储层段出砂趋势测井预测结果，声波时差、出砂指数以及"$C$"公式法对 1500~1800m 井段的出砂趋势预测结果如下：

全井段声波时差主要分布在 90.5~113μs/ft，大于经验临界值 89.94μs/ft（约 295μs/m），即生产中全井段都有出砂的可能性。

出砂指数全井段主要分布在 $1.38×10^4$~$2.0×10^4$MPa，根据出砂指数法的判断依据，全井段生产过程中轻微出砂。

$C$ 值在 1540~1548m、1670~1674m、1702~1751m 井段以及其他零星井段都大于地层岩石的单轴抗压强度，即，"$C$"公式法指示这些井段地层出砂。

综合声波时差、出砂指数以及"$C$"公式三种出砂趋势经验方法的预测结果，1500~1800m 井段生产过程中存在出砂的风险。因此，为了保证该井段的长期安全生产，需采用有效的防砂完井措施或优化生产作业制度。

图 8-1-2 为利用声波时差、出砂指数以及"$C$"公式法对 D2 井 7000~7075m 井段的出砂趋势测井预测结果。

根据声波时差法，仅在 7027~7028m 井段，声波时差大于经验临界值 89.94μs/ft（约 295μs/m）存在出砂风险。

依据出砂指数法，出砂指数普遍较大，尽管在 7027~7028m 井段，出砂指数较低，但仍高于经验临界值 $2.0×10^4$MPa，即，出砂指数指示该井无出砂风险。

根据"$C$"公式法，7024.8~7025.5m 井段、7026~7028m 井段、7030.5~7031.5m 井段以及 7051.0~7051.8m 井段的 $C$ 指数都大于地层岩石的单轴抗压强度，即生产中存在出砂风险。

综上，三种出砂趋势的经验预测方法对 D2 井 7000~7075m 井段中出砂井段、出砂趋势的预测各不相同，存在明显差异。因此，对于该井需要利用更科学的预测方法或结合生产实际等信息进一步分析确定是否选择防砂完井。

值得注意的是，上述三种经验方法及其临界值都是从中浅层砂岩油气储层中总结得到的，对于所分析的 D2 井储层埋深超过 7000m，各方法及其临界值的适用性需要进一步深入研究总结。

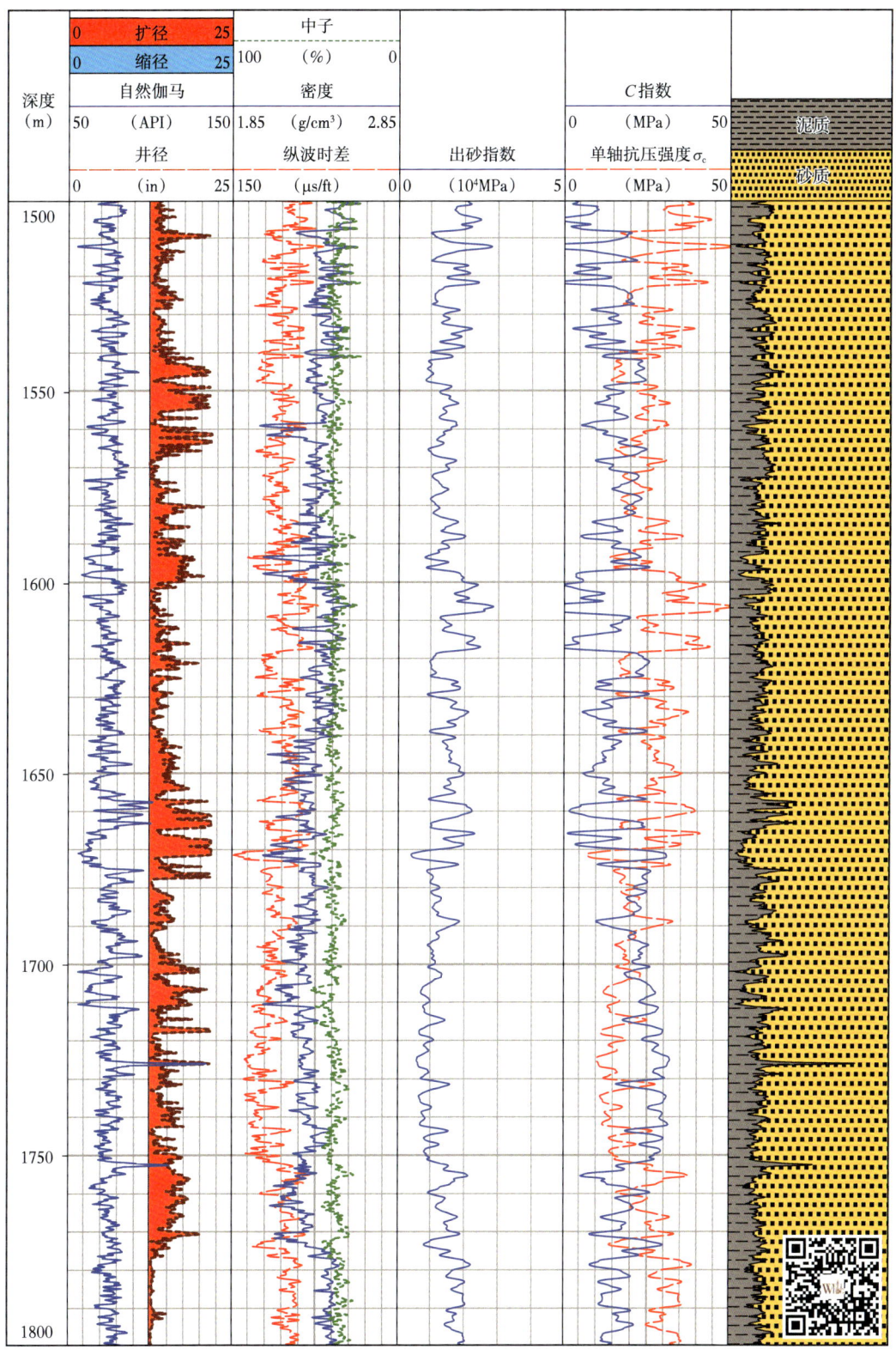

图 8-1-1 MN1 井地层出砂趋势测井预测结果

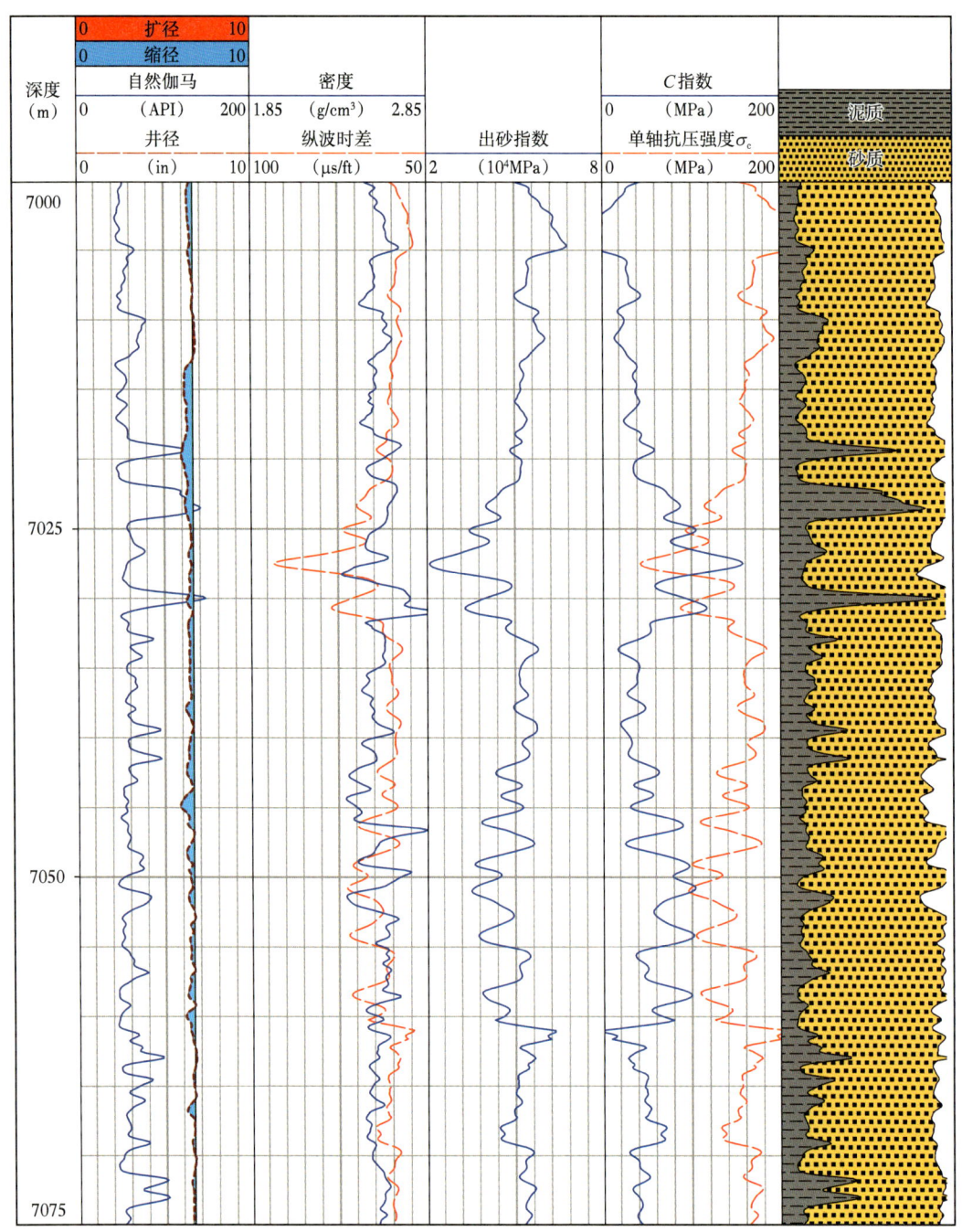

图 8-1-2　D2 井地层出砂趋势测井预测结果

除了上述经验方法外，还有基于声波时差与储层深度的双参数法，以及综合储层深度、生产压差、采油指数、泥质含量、含水率等指标的多参数法等。

出砂趋势的经验预测方法简单实用，在众多油田被广泛应用，对生产实践起到了积极指导作用，但这些方法都是在一定地区的生产实践中总结和归纳出来的，当其应用到新的地区、新的地层时不可避免地存在一定的局限性，预测结果与实际偏离。因此，对不同环境下的地层，通过实验或现场资料确定不同经验方法合理的界限值十分重要。

## 二、油气井出砂的临界生产压差预测

油气井生产过程中，生产压差过大是引起井周地层应力水平高、诱发地层出砂的重要原因之一。

出砂的临界生产压差是指油气井生产过程中开始出砂时对应的生产压差，即：保持油气井不出砂生产，井周地层所能承受的最大生产压差。出砂临界生产压差的预测对于科学制订生产作业制度、防砂策略及防砂完井工艺决策具有重要意义。

1. 临界生产压差预测方法

通过认识生产过程中井周地层岩石力学强度的动态变化特征，建立井筒围岩或射孔孔眼围岩的应力分布模型，选择与地层出砂力学破坏模式相适应的岩石破坏准则，可实现油气井出砂临界生产压差的预测。

依据第三章可知，生产过程中，井筒工作液、地层注入流体以及边底水侵入等流体的出现也可能会对井周储层的岩石力学特性产生显著影响，进而影响井周地层的出砂趋势。工程中需根据实际情况开展具体分析。

井周应力的计算方程详见第六章。值得注意的是，针对出砂而言，井周应力通常还需要考虑高速流体拖曳的影响。因此，需要引入式（8-1-5）所示的拖曳力，对射孔条件下井周应力进行修正。可以发现，拖曳力与流体黏度密切相关，油的黏度最大，形成更强的拖曳力，气、水的黏度相对较低，形成的拖曳力相对较小。由此说明，对于油藏而言，由于高速流体拖曳力形成的出砂现象更为显著。

$$\sigma_{\mathrm{rw}} = \frac{K_{\mathrm{f}} h (p_{\mathrm{P}} - p_{\mathrm{wf}}) \phi}{n_{\mathrm{p}} h_{\mathrm{p}} K_{\mathrm{dp}} L_{\mathrm{pl}} \left( \ln \frac{r_{\mathrm{e}}}{a} + S_{\mathrm{d}} \right)} \ln \frac{1}{2 n_{\mathrm{p}} r_{\mathrm{p}}} \quad (8-1-5)$$

式中：$\sigma_{\mathrm{rw}}$ 为拖曳力，MPa；$\phi$ 为孔隙度，%；$p_{\mathrm{wf}}$ 为井底流压，MPa；$p_{\mathrm{P}}$ 为地层孔隙压力，MPa；$n_{\mathrm{p}}$ 为油层射孔密度，孔/m；$h_{\mathrm{p}}$ 为射开油层厚度，m；$K_{\mathrm{dp}}$ 为孔眼周围地层的渗透率，D；$h$ 为油层厚度，m；$L_{\mathrm{pl}}$ 为水泥环外射孔孔眼长度，m；$r_{\mathrm{p}}$ 为射孔半径，m；$K_{\mathrm{f}}$ 为原始地层渗透率，D；$S_{\mathrm{d}}$ 为表皮系数。

综合井周地层或孔眼围岩的岩石力学特性、应力分布，依据合理的破坏准则，即可实现储层出砂趋势判别。可以采用的强度准则包括 Mohr-Coulomb 强度准则、Drucker-Prager 准则、Hoek-Brown 准则、最大正应力准则等。

将式（8-1-5）所得拖曳力叠加至井周应力分布模型中［式（7-3-1）］中，进而代入所选择的强度准则，可从中导出保持井周地层不出砂的临界井底流压 $p_{\mathrm{w}}$。进一步结合地层压力计算出砂的临界生产压差 $\Delta p$：

$$\Delta p = p_{\mathrm{P}} - p_{\mathrm{w}} \quad (8-1-6)$$

2. 出砂临界生产压差分析

生产过程中，随着油气的不断产出，井周地层的孔隙压力将逐渐衰减，将会引起出砂临界生产压差发生变化。

某工区部分单井的地层压力随气藏开发时间的变化规律如图 8-1-3 所示，随着气藏开采时间增加，各区块单井的地层压力系数呈下降趋势。

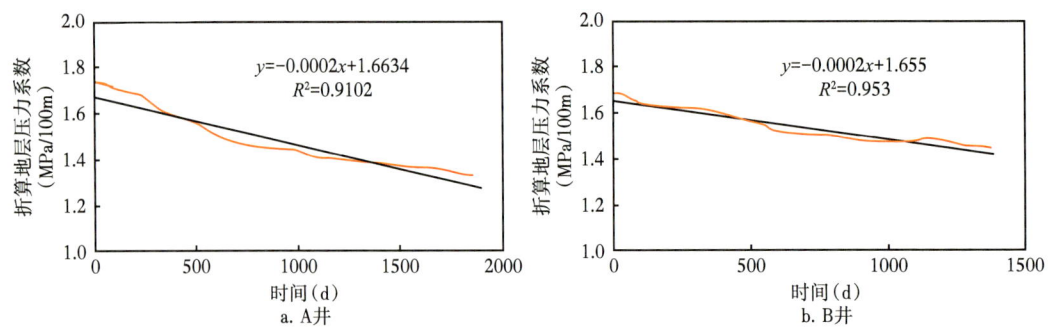

图 8-1-3　区块单井折算地层压力系数随时间的变化

计算得到临界生产压差降幅与地层孔隙压力的关系如图 8-1-4 所示，随地层孔隙压力的下降，地层所能承受的临界生产压差也同步减低，即出砂的风险增大。随着油气开采的进行，应密切关注生产压差及其对储层稳定性的影响，避免降低至临界生产压差引发储层大量出砂堵塞孔道、完井管柱以及采输设备，影响油井产能；当地层孔隙压力衰竭到一定程度后，应根据生产状况优化生产制度、调整生产压差，最大程度增大油气井的无砂生产周期。

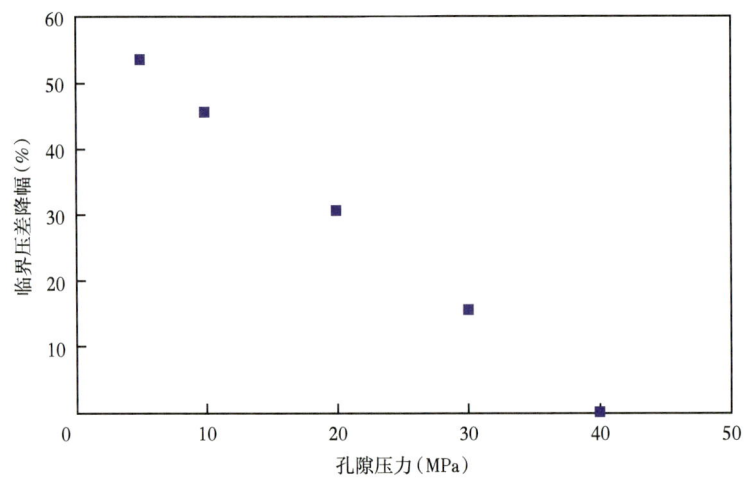

图 8-1-4　临界压差降幅与孔隙压力的关系图

基于地层压力衰减规律，对工区内部分生产井进行临界生产压差分析，如图 8-1-5 所示。

A 井的大多井段临界生产压差都小于 0，即在无相适应的完井措施条件下，生产的过程中地层极其不稳定、地层出砂风险较大；随着地层压力降低，临界生产压差进一步降低，面临出砂风险的井段进一步增多。鉴于此，应采取具有防砂功效的完井方式。

B 井临界生产压差普遍高于 A 井，在地层压力未衰减条件下，大多井段的出砂临界生产压差大于 0，但随着地层压力逐渐衰减，临界深层压差小于 0 的井段增多，井壁稳定性降低，依然需要采用防砂的完井方式。

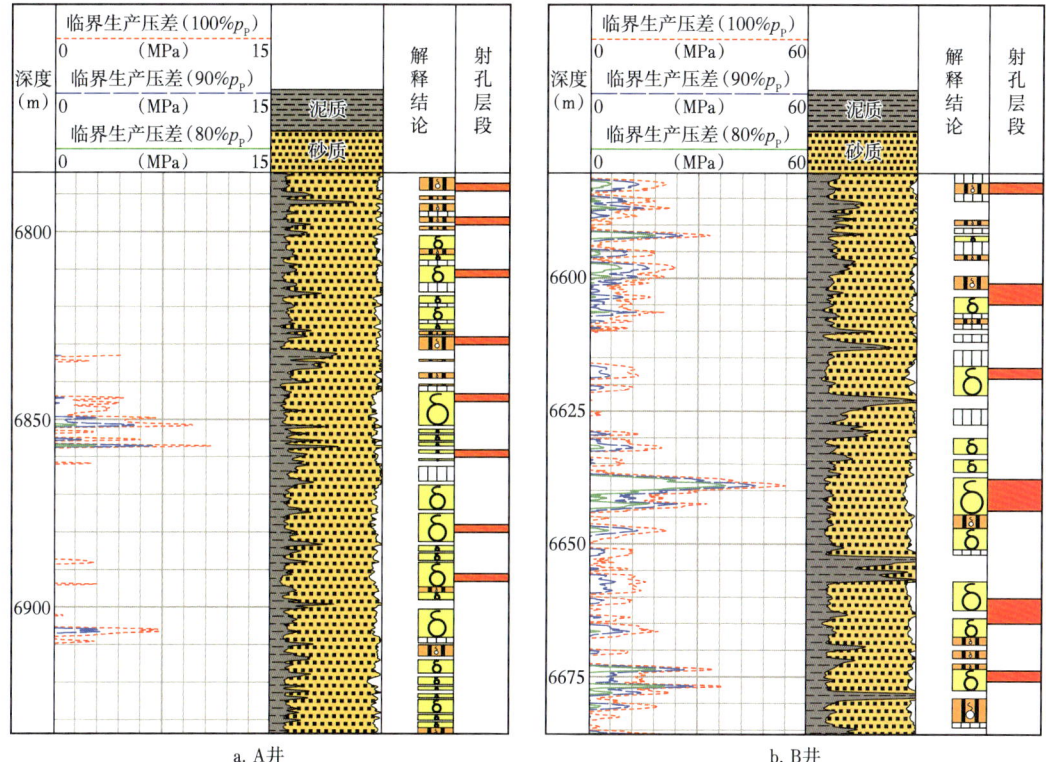

图 8-1-5 临界生产压差分析结果

## 三、复杂结构井的出砂预测

为了满足油气井提高产能的需求，复杂结构井的应用越来越广泛。其中，多分支井在海上疏松砂岩稠油油藏开发中被采用。由于主、分井筒之间的相互扰动，主井筒与分支井筒之间区域的应力变得复杂，采用数学解析解表征多分支井的井周地层应力分布较为困难。在利用测井资料获取地质力学参数的基础上，基于前述出砂预测理论与方法，通过数值模拟的手段进行地层变形破坏分析，并利用数值模拟分析得到的等效塑性大小进行地层出砂预测与分析。

某多分支井为主、分井筒夹角17°的二分支井，分支井造斜率为2.2°/30m，主井眼长400m，分支井筒长170m，分支间距80m。数值模型如图8-1-6所示。

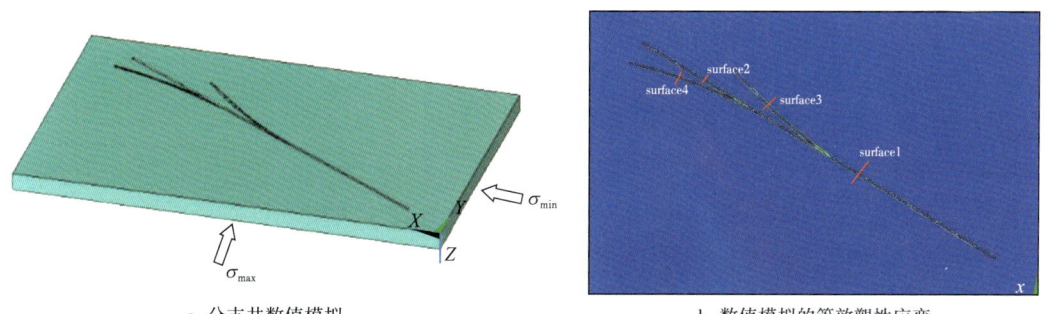

图 8-1-6 分支井有限元模型与塑性应变分布示意图

计算不同生产压差下的塑性应变区域，如图8-1-7所示。分别提取不同压差下，主井筒、分支井筒4个截面的塑性应变区域半径，并依据等效塑性应变强度理论，由等效塑性应变计算各生产压差下的平均出砂区域半径（图8-1-8）。

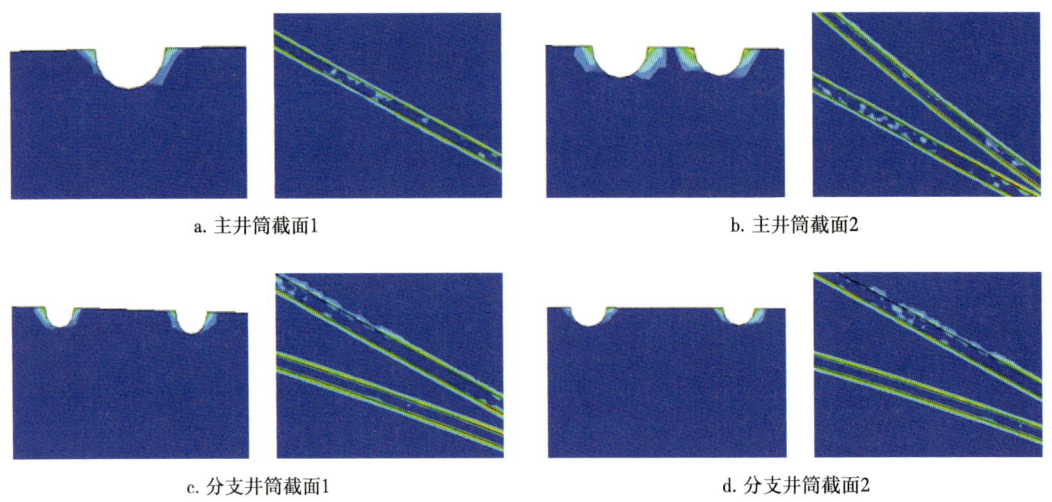

a. 主井筒截面1　　　　　　　　　　b. 主井筒截面2

c. 分支井筒截面1　　　　　　　　　d. 分支井筒截面2

图8-1-7　分支井的塑性应变分布云图

主井筒和分井筒周围出砂半径随生产压差增大呈线性增大，但变化斜率较小，即压差从0增至3MPa时，出砂半径仅增加不足0.5m，如图8-1-8所示。

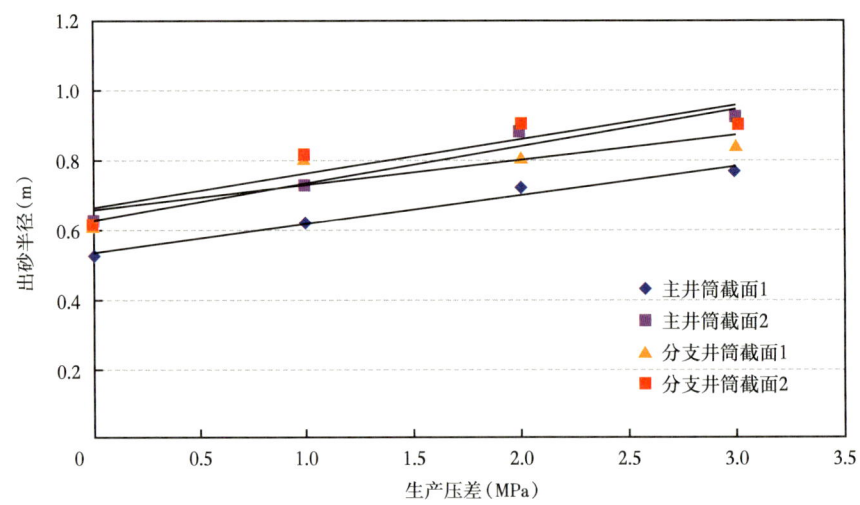

图8-1-8　主、分支井筒出砂半径与生产压差关系图

裸眼井和主井筒下筛管两种完井方式下的分支井结合部的塑性应变如图8-1-9所示。裸眼状态下，垮塌区域地层长度约为3.8m，该部分地层完全垮塌后出砂体积约为0.85m$^3$，分支井结合部的出砂波及区域体积为14.7m$^3$；主井眼下入筛管后，分支井结合部出砂波及区域体积仅为3.6m$^3$。因此，裸眼完井时，分支井结合部地层极不稳定，部分投产前实际已垮塌，总出砂波及体积较大。主井筒下筛管后，主、分支井筒结合部塑性应变、出砂趋势以及出砂半径、出砂波及体积都大幅下降。

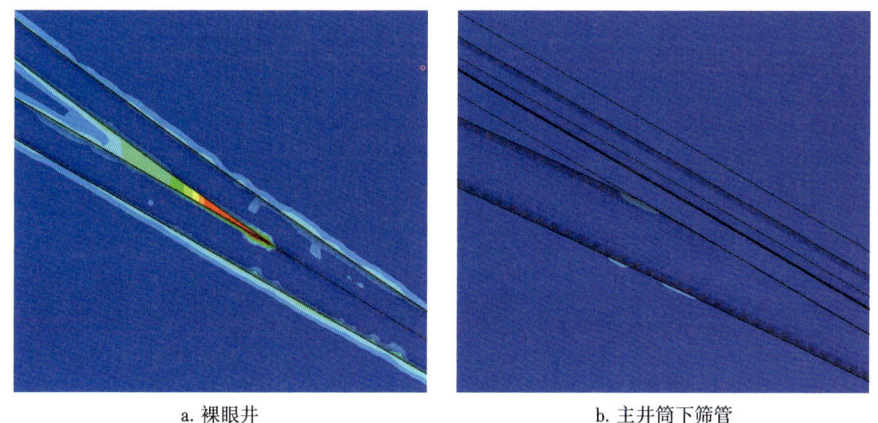

a. 裸眼井　　　　　　　　　　　　b. 主井筒下筛管

图 8-1-9　主、分支井结合部的塑性应变图

## 四、防砂完井的射孔参数优化

射孔完井是最常用的完井方式。从岩石力学理论，射孔孔眼必然改变井周应力的分布，对地层出砂的趋势产生影响。在利用测井资料获得地层的地应力与岩石力学强度参数后，基于岩石力学理论，评价射孔对地层出砂影响，为射孔参数优化提供指导。

1. 射孔孔周地层的出砂特征

建立直井射孔模型，射孔相位角为 90°，如图 8-1-10 所示。计算分析不同生产压差条件下，井眼、孔眼周围地层的破坏特征。

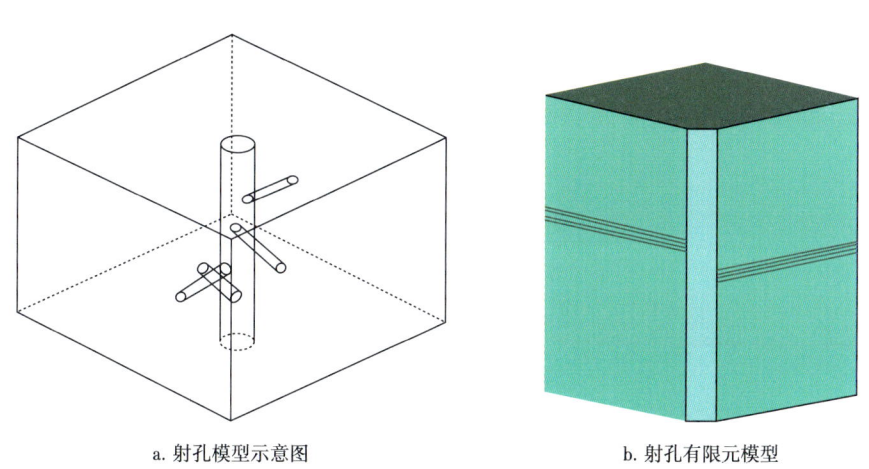

a. 射孔模型示意图　　　　　　　　b. 射孔有限元模型

图 8-1-10　射孔完井的数值模型构建及等效塑性应变图

通过沿射孔孔眼内侧与沿井筒侧壁方向，提取等效塑性应变，如图 8-1-11 所示。地层破坏主要集中在射孔孔眼处，其中孔眼与井筒结合部位最易破坏出砂。

基于岩石力学实验确定地层的临界等效塑性应变为 4.5‰，进而得到生产压差与岩石破坏深度的相关性。在相同的生产压差下，靠近井筒处，孔眼周边地层破坏程度最高；远离井筒，破坏程度逐渐减弱并趋于稳定。生产压差增大，塑性应变增大、破坏程度加剧，射孔井筒和射孔孔眼的破坏深度与生产压差呈指数关系（图 8-1-12）。即，随生产压差增大，将可能导致出砂范围呈指数关系增大。

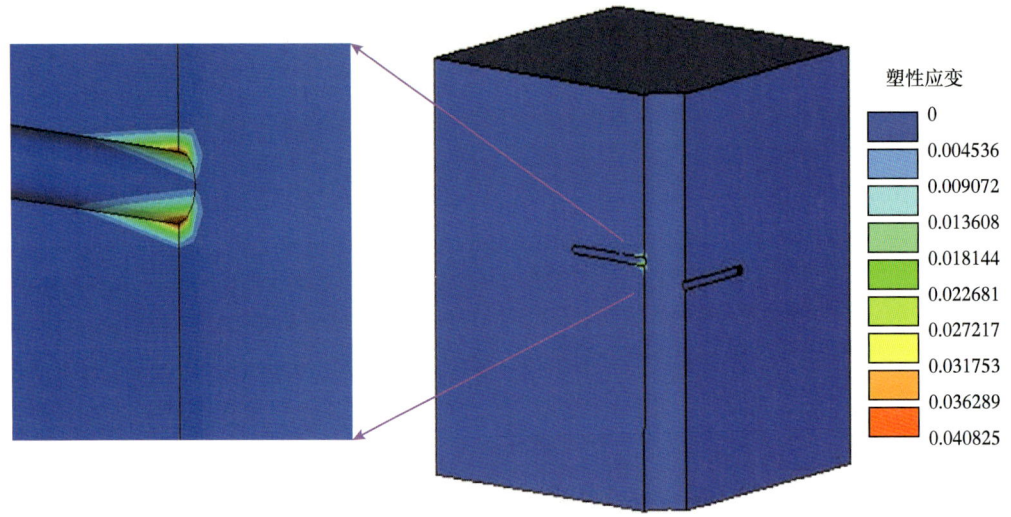

a. 塑性应变模拟结果

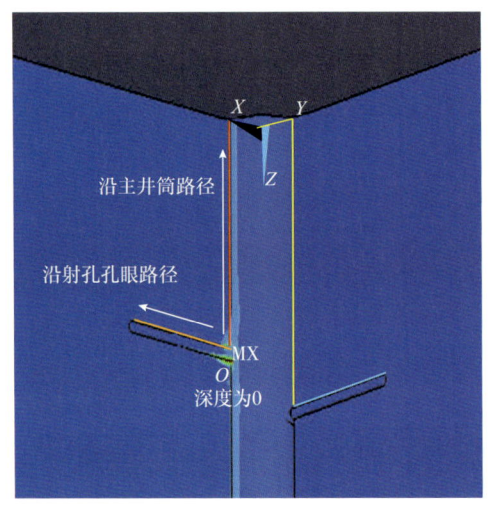

b. 沿主井筒和沿射孔孔眼的路径示意图

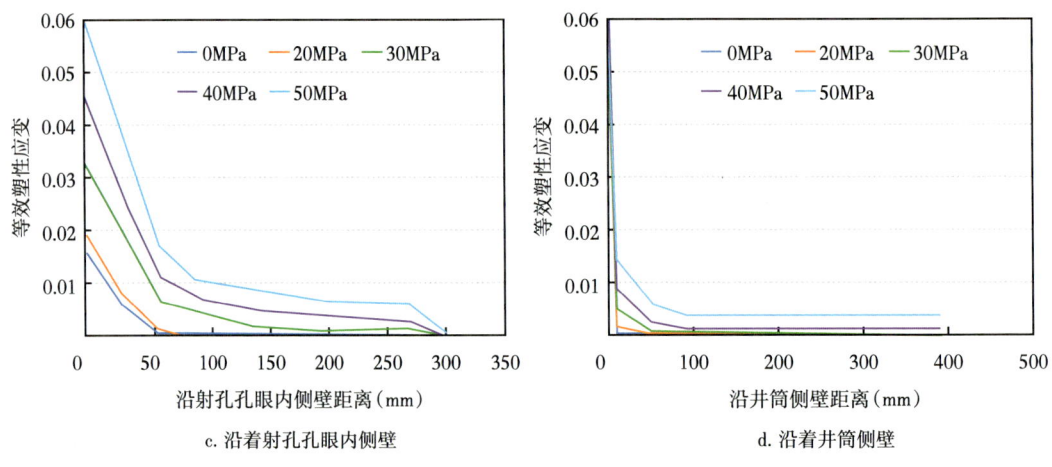

c. 沿着射孔孔眼内侧壁　　　　　　　　　　　　d. 沿着井筒侧壁

图 8-1-11　不同压差条件下的等效塑性应变曲线

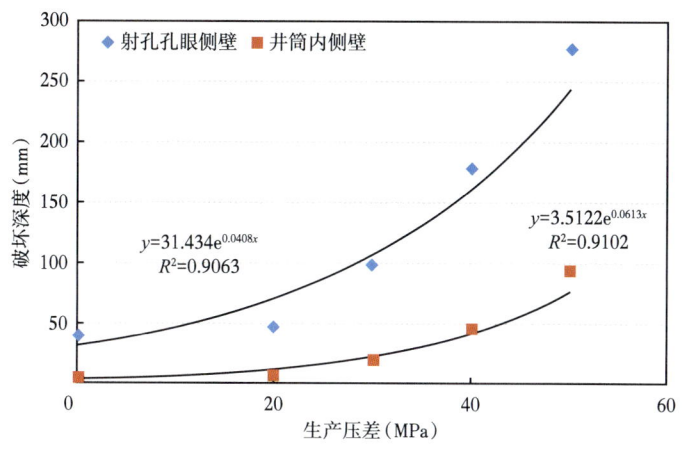

图 8-1-12 井壁破坏深度与生产压差关系图

**2. 孔眼方位与尺寸对出砂影响及射孔参数优化**

构建相位角60°、螺旋式布孔的数值模型（图8-1-13），孔眼尺寸见表8-1-1。基于岩石力学数值模拟，分析射孔参数对地层出砂的影响。

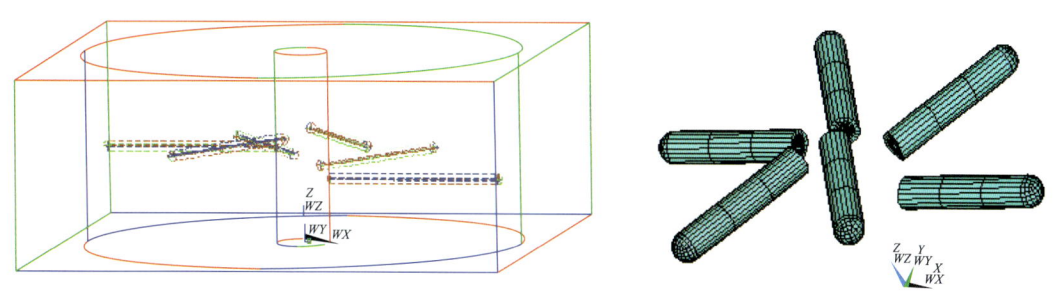

图 8-1-13 螺旋式布孔的数值模型

表 8-1-1 射孔参数

| 相位角（°） | 孔眼半径（mm） | 孔眼深度（mm） | 布孔方式 |
| --- | --- | --- | --- |
| 60 | 11 | 300 | 螺旋式 |
|  | 5 | 700 |  |

随着生产压差的逐渐增大，沿不同方位孔眼的塑性应变均呈现增长趋势。生产压差相同时，沿着最小水平主应力方位的孔眼，塑性应变最大；而沿最大水平主应力方位的孔眼，塑性应变最小，如图8-1-14所示。

在孔径为11mm、孔深为300mm的条件下，沿最小水平主应力方位的孔眼、与最小水平主应力方向夹角60°的孔眼、沿最大水平主应力方位的孔眼对应的出砂临界生产压差分别为3.3MPa、5.4MPa和6.2MPa。即孔眼沿最大水平主应力方向时，孔眼周边的地层最稳定，出砂的临界生产压差相对更大、最不易出砂。孔径为5mm、孔深为700mm的孔眼表现出相同的特征。

对于疏松砂岩油气藏，利用测井资料获取井周地应力方位，尽可能沿靠近最大水平主应力方位布置射孔孔眼，有利于降低出油气井出砂的风险。

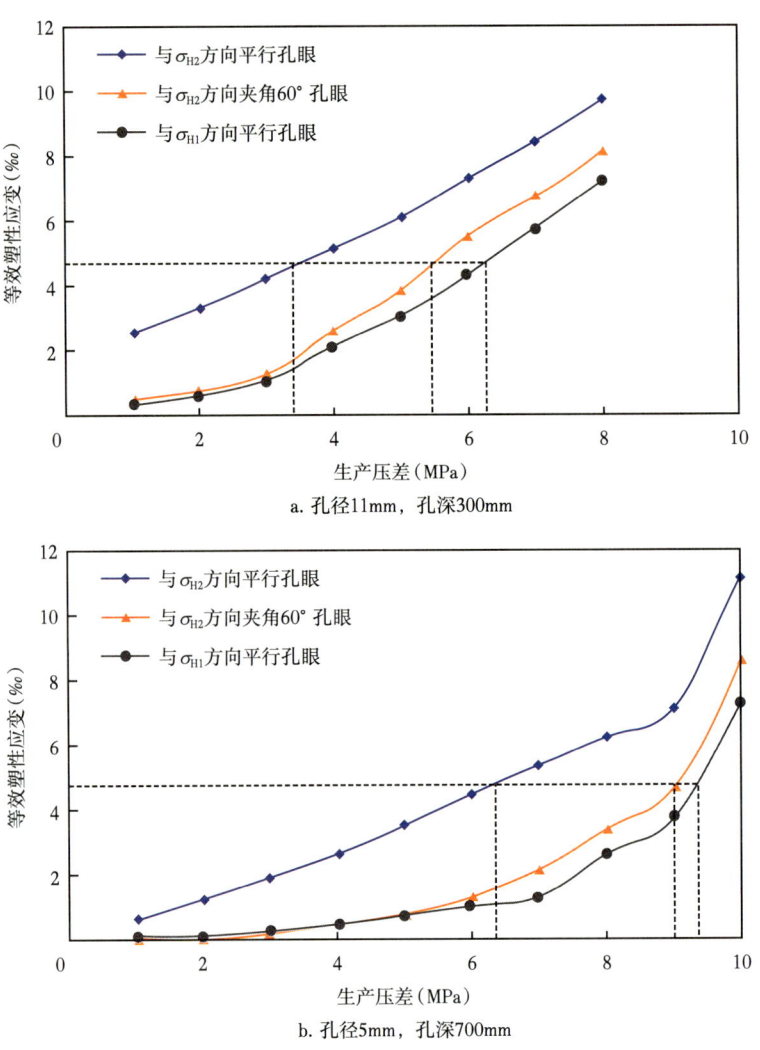

图 8-1-14 不同方位孔眼的塑性应变与生产压差的关系图

## 第二节 基于工程测井的油气藏完井方式优选

科学的完井方式对油气井产能、寿命以及油气开采综合经济效益都具有重要的影响。储层的岩性、孔渗物性、裂缝等发育特征、流体特性等储层地质特征以及地层孔隙压力、地应力等地质力学特征是完井方式选择的重要依据，也是影响完井效果的重要因素。利用测井资料精细刻画井周储层的"四性"特征与地质力学特征，结合开采工艺需求、完井产能以及完井经济成本，实现最佳完井方式的地质工程一体化优选，对于提高油气井的综合经济效益具有重要意义。

### 一、完井方式优选的影响因素

完井方法选择是完井工程的重要环节之一，目前完井方法有多种类型，但都有其各自的适用条件和局限性。只有根据油气藏类型和油气层的特性去选择最合适的完井方法，才能有效地开发油气田，延长油气井寿命和提高其经济效益。合理的完井方法应该满足以下要求：

（1）油、气层和井筒之间保持最佳的连通条件，油、气层所受的伤害最小；

（2）油、气层和井筒之间应具有尽可能大的渗流面积，油、气入井的阻力最小；

（3）应能有效地封隔油、气、水层，防止气窜或水窜，防止层间的相互干扰；

（4）应能有效地控制油层出砂，防止井壁坍塌，确保油井长期生产；

（5）应具备进行分层注水、注气、分层压裂、酸化等分层措施以及便于人工举升和井下作业等条件；

（6）油田开发后期具备侧钻的条件；

（7）施工工艺简便，成本较低；

（8）施工作业安全、全生命周期生产安全，对地表与储层环境影响小。

完井方式优选是一项复杂的系统工程，需要综合多类因素，归纳概括为如下4个方面：

（1）储层地质特征，主要包括地层的岩性、胶结状况、孔渗物性、油气储层类型、裂缝发育状况以及边底水发育情况等因素；

（2）储层地质力学特征，主要包括地层的岩石力学性质、地应力状态以及地层孔隙压力等，这些因素直接影响着钻完井及开发生产过程中的地层稳定性，是决定油气井井眼稳定状况及地层出砂与否的重要内因；

（3）开采工艺适应性，主要包括完井方式对后期酸化、压裂等增产措施的适应性以及完井方式对完井产能、油气井动态特性和钻完井综合经济效益等的影响；

（4）井眼轨迹及尺寸适应性。

## 二、地层压力衰减对完井方式的影响分析

随着油气藏开采的进行，地层压力会逐渐衰减，尤其对于高压气藏，地层压力衰减趋势更为显著。根据有效应力理论，作用在储层岩石上的有效应力会随着地层压力的降低而逐渐增加，这将导致在油气藏开采初期处于稳定的地层可能会随着油气的采出而失稳。受此影响，在开采初期可以采用裸眼完井的地层未必在开采中后期仍然处于井壁稳定的状态。因此，完井设计不仅需要依据测井资料对油气开采层段进行全井段的井壁稳定状态分析，还需要考虑在生产过程中井壁稳定性的动态变化，以及全井段临界生产压差的动态变化，选择合理的完井方式。其中，无论是那个阶段的临界生产压差不能满足产能建设需求，都需考虑采用支撑井壁的完井方式，保证油气井长期稳定生产。

A气藏原始地层压力为72.5MPa，假定储层压力依次衰减至50MPa、30MPa、15MPa。依据上述井壁稳定性的评价方法，计算衰减至不同压力时保持井壁稳定的临界生产压差，分析储层压力衰减对不同方位水平井完井方式的影响，如图8-2-1所示。随气藏压力的衰减，各方位水平井临界生产压差均有不同程度的降低。

当水平井延伸方位与最大水平主应力方向夹角为0°、20°、40°时，当气藏压力衰减至15MPa时，各方位水平井保持井壁稳定能够承受的临界生产压差远大于常规气井开采的配产压差。对于延伸方位与最大水平主应力方向夹角小于40°的水平井，即便地层

压力衰减80%，水平井依然可实现裸眼开采。所以，对于这些方位的水平井若不考虑后期增产改造措施的影响，建议采用对储层伤害小、工艺简单的裸眼完井。

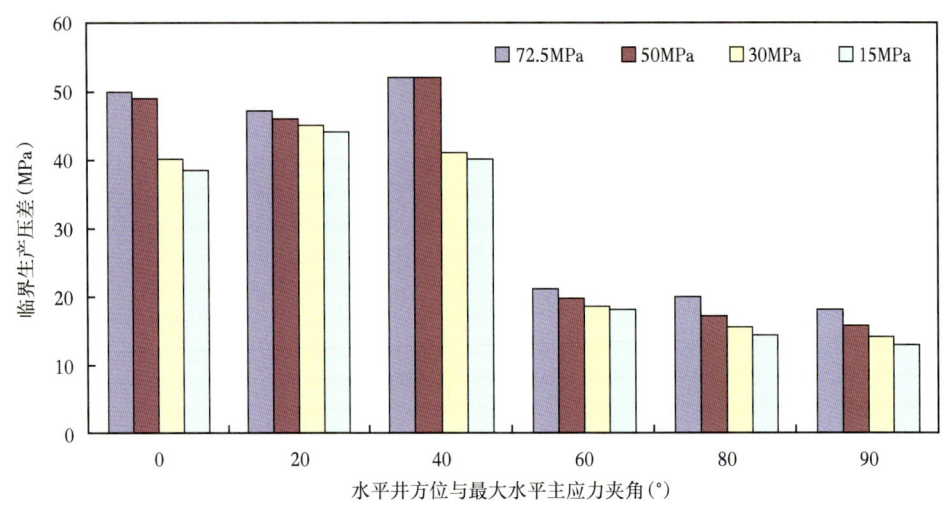

图 8-2-1　A 气藏不同方位水平井压力衰减对临界生产压差的影响

当水平井延伸方位与最大水平主应力方向夹角为 60°、80°、90° 时，当气藏压力由初始地层压力 72.5MPa 衰竭至 15.0MPa 时，各方位水平井对应的临界生产压差分别由开采初期的 21.0MPa、20.0MPa、18.0MPa 降至 18.0MPa、14.4MPa、13.0MPa。即使在气藏压力衰减至原始地层压力的 20% 左右时，即延伸方位与最大水平主应力方向夹角大于 40° 的水平井，依然具有较高的临界生产压差。

对于上述这类水平井的完井方式取决于实际配产压差需求，当配产压差高于相应气藏压力条件下水平井的临界生产压差时，则需采用具有支撑井壁作用的完井方式，如割缝衬管完井等；反之，则可采用裸眼完井。

基于上述分析，利用测井资料可以对水平井全井段的临界生产压差进行连续计算，为水平井完井方式优选提供科学指导。

图 8-2-2 为 2H 水平井在气藏压力衰减至原始地层压力的 75%、50%、25% 条件下的临界生产压差。测井分析显示，临界生产压差在水平井段的分布差异较大：6820~6838m 井段具有较高的生产压差，但其他井段整体稳定性较差，在地层初始压力状态下，部分水平段（尤其是 6835m 以后）保持井壁稳定能够承受的生产压差已经小于零，对于这些井段需采用支撑井壁的完井方式。尽管 6795~6815m 井段开采初始临界生产压差为 5~10MPa，但随着油气开采、气藏压力的不断衰减，水平井段的临界生产压差逐渐减小，当地层压力衰减为初始状态的 25% 后，地层所能承受的压差都已降至 0，无法保持生产过程中的井壁稳定。因此，为保证水平井长期安全生产，本水平井建议采用支撑井壁的完井方式。

图 8-2-3 为相同区块 5H 水平井段的临界生产压差测井分析结果，初始地层压力状态下，水平井临界生产压差为 5~18MPa，能够实施裸眼生产。然而，随着油气生产持续进行，地层压力逐渐降低，在衰减至初始地层压力的 75% 时，在部分井段已经出现临界生产压差为负的情况，无法保持井壁稳定。该水平井也需要采用支撑井壁的完井方式。

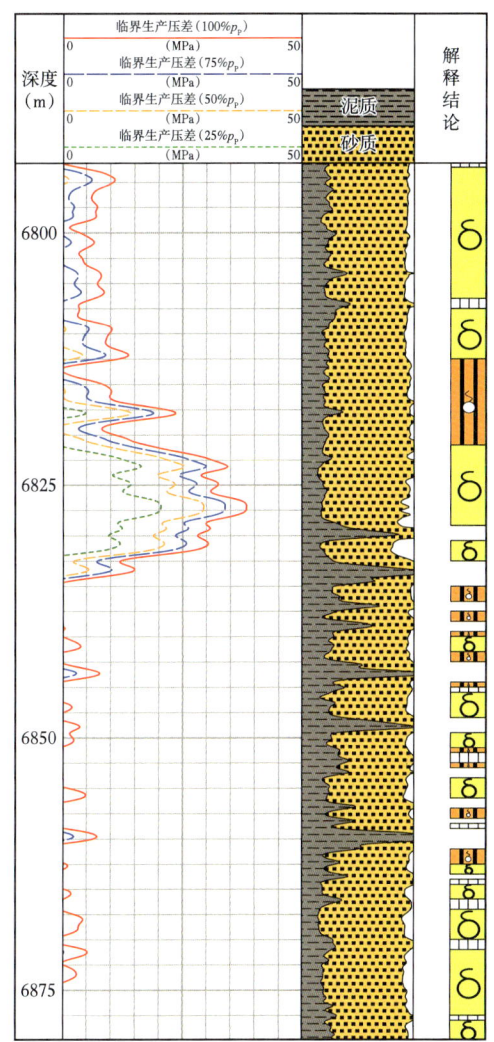
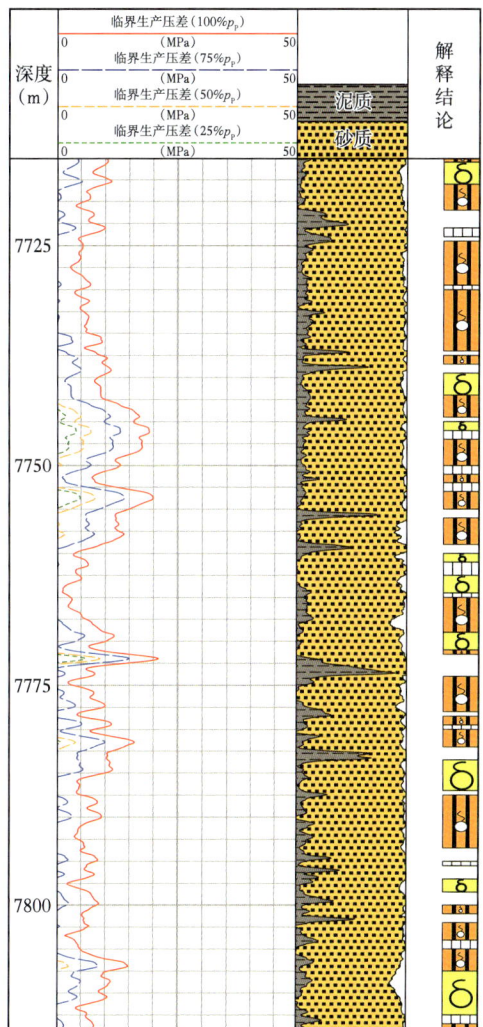

图 8-2-2 2H 水平井段地层孔隙压力衰竭所对应的临界生产压差分析结果

图 8-2-3 5H 水平井段地层孔隙压力衰竭所对应的临界生产压差分析结果

## 三、酸液作用对完井方式的影响分析

对于渗透性差的储层，如果发育与酸液反应活性高矿物，那么酸化或酸压是最常用的储层增产改造手段。酸液作用将改变井周地层岩石的孔隙结构及岩石力学性能，弱化水平井井周地层的稳定性，导致临界生产压差的变化。以酸化作用前后的岩石力学实验测试结果为基础，分析酸化作用对水平井临界生产压差及完井方式的影响。

某储层 3H 井取心在酸液作用前后的岩石力学实验结果如图 8-2-4 所示。酸化作用对储层岩石强度及力学稳定性具有显著影响，酸液作用导致储层岩石的内聚力（$c$）、内摩擦角（$\varphi$）、抗压强度均出现不同程度的降低。

基于测井资料对 3H 井的临界生产压差进行分析，如图 8-2-5 所示。整个水平井段的临界生产压差在酸化后均有一定程度的降低。在原始地层压力状态，酸化作用导致其临界生产压差的降低幅度为 1.6~7.2MPa。尽管 3H 井部分井段原状地层稳定性较好，临界生产压差较大,可以实现裸眼完井;但考虑酸液作用后,酸化后随着岩石强度降低,临界生产压差下降,在多个井段小于5.0MPa,部分井段出现负生产压差。即,部分井段酸化后存在失稳坍塌的风险。因此,考虑酸化的影响,建议该水平井段采用支撑井壁的完井方式。

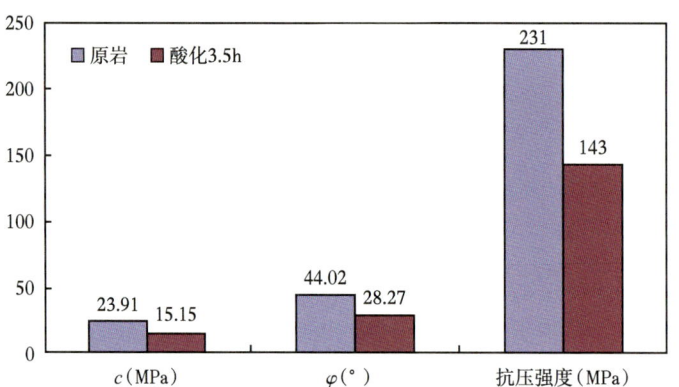

图 8-2-4 岩心在酸处理前后的力学特性参数对比

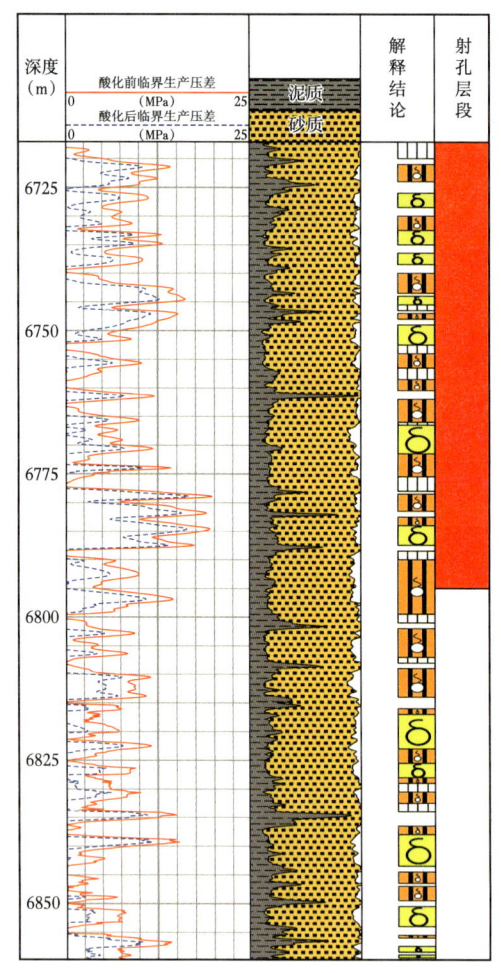

图 8-2-5 3H 井水平井段酸化对临界生产压差的影响

# 第三节　基于工程测井的复杂地层复杂井压裂优化

勘探开发实践表明，对于目前非常规油气藏，大规模体积压裂是获取工业化产能的必备技术。以储层物性、含油气性分析为基础，开展地质力学特性测井精细评价，基于压裂缝形态、规模等与地质力学参数的关系，科学评价井周地层的可压裂性；进一步结合"地质"甜点测井评价结果，优选适宜的压裂改造层段、优化水平井多级压裂的段间距、射孔簇间距是实现水平井经济高效压裂改造的关键。

## 一、压裂缝特征评价及压裂工程优化

### 1. 压裂缝高预测理论

裂缝高度是压裂设计中的一个重要参数，如果压裂缝缝高设计不当，就会造成缝高不足或压穿隔层等情况，达不到预期储层改造效果。因此，在利用测井资料进行地应力及岩石力学参数分析的基础上，进一步结合断裂力学理论，开展水力压裂的裂缝高度预测分析，对储层酸化压裂的泵入压力设计、防止压穿水层、改善压裂效果以及确保油气藏的高产和稳产具有重要的指导作用。

在压裂施工过程中，当井筒压力达到地层某一点的破裂压力大小时，与最小主应力方向相垂直的平面上会发生破裂而形成裂缝。随着井筒内压力继续增大，裂缝将进一步延伸，缝高也进一步增大。根据 Irwin 的断裂力学理论，当应力强度因子达到临界值（即断裂韧性）时，裂缝发生扩展延伸，即裂缝的扩展延伸可由下式进行判别：

$$K_{\mathrm{I}} \geqslant K_{\mathrm{IC}} \tag{8-3-1}$$

式中：$K_{\mathrm{I}}$ 为裂缝尖端的应力强度因子，$\mathrm{MPa} \cdot \mathrm{m}^{0.5}$；$K_{\mathrm{IC}}$ 为材料的断裂韧性，$\mathrm{MPa} \cdot \mathrm{m}^{0.5}$。岩石应力强度因子是表征裂纹尖端应力状态以及裂缝失稳扩展的参量。

不考虑缝高剖面上的压降，具体裂纹面应力分布如图 8-3-1 所示。

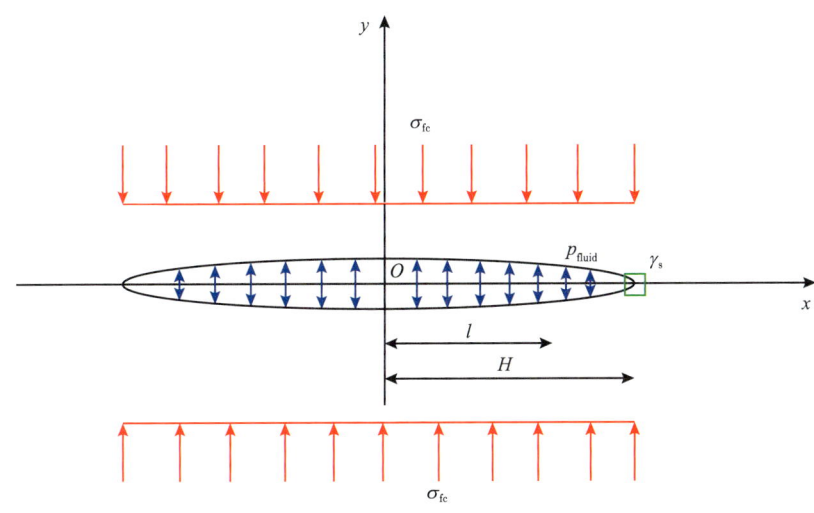

图 8-3-1　裂纹面受力示意图

依据断裂力学理论，考虑井周裂缝应力、流体的实际状态，井周裂缝尖端的应力强度因子通常由三部分构成，即裂缝壁面正应力所产生的应力强度因子、裂缝面流体压力所产生的应力强度因子以及流体界面张力产生的应力强因子。由叠加原理可得裂缝尖端应力强度因子如下式所示：

$$K_{\mathrm{I}} = -\sigma_{fc}\sqrt{\pi H} + \frac{p_{\text{fluid}}}{\sqrt{\pi H}}\left[\frac{\pi H}{2} + H\arcsin\frac{l-H}{H} - \sqrt{l(2H-l)}\right] + \frac{\gamma_s \sin\theta}{\sqrt{\pi H}}\sqrt{\frac{l}{2H-l}} \quad (8\text{-}3\text{-}2)$$

式中：$\theta_w$ 为润湿角，(°)；$\gamma_s$ 为界面张力，mN/m；$H$ 为裂缝半缝长，m；$l$ 为裂缝中心与裂缝尖端初始位置的距离，m；$p_{\text{fluid}}$ 为裂缝内流体压力，MPa；$\sigma_{fc}$ 为裂缝面正应力，MPa。

依据上述压裂缝高预测方法，以我国东部某致密油藏直井压裂优化设计为例。在某一施工压力条件下，基于已计算得到的地应力剖面、岩石强度剖面以及地层破裂压力剖面，可分别对地层起裂深度点上、下两侧地层裂缝扩展延伸的高度进行预测，如图 8-3-2 所示。

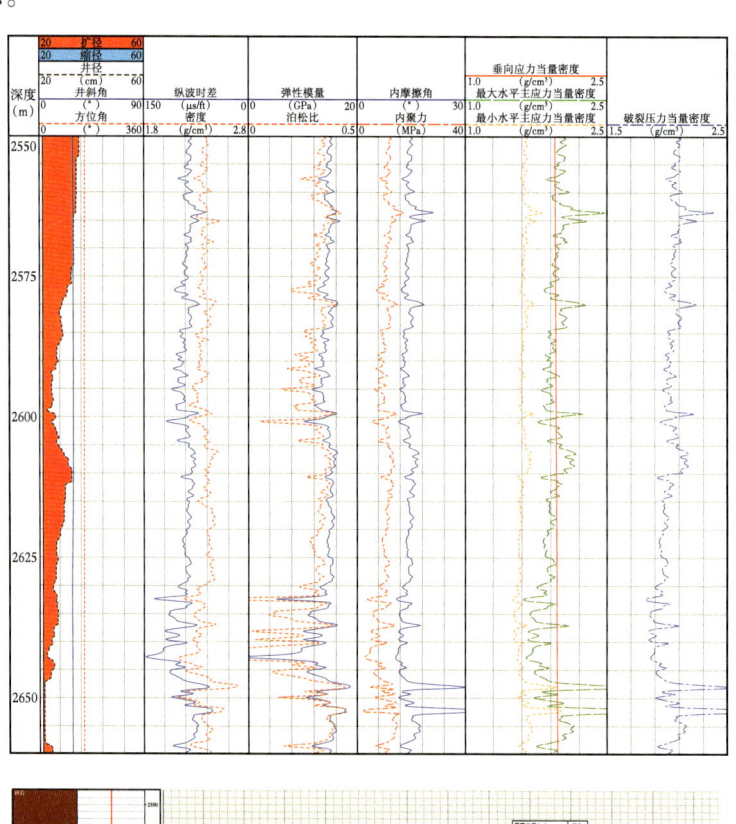

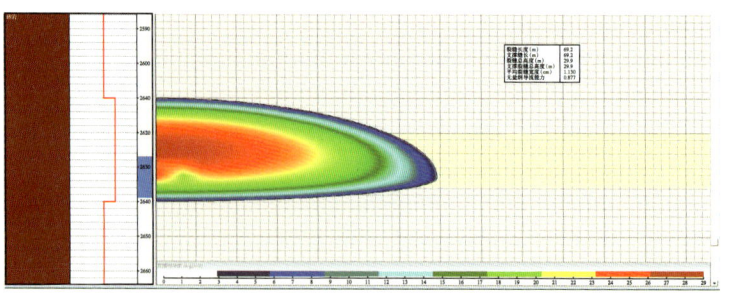

图 8-3-2　某层位压裂缝缝高预测结果

其中在深度2630~2635m井段，地应力与破裂压力相对较小，对该段进行射孔压裂。可以发现，受上下部井段高应力、高力学强度的影响，裂缝纵向上分布范围2610~2637m；同时，由于上下应力差异性，起裂后的裂缝上下高度具有差异性，并非完全上下对称延伸。压裂缝在储层内部非对称延伸的现象，是目前基于有限数量岩心获取的储层岩石力学参数来开展压裂设计所无法解决的难题。工程测井的介入和利用，将为复杂地层剖面的压裂优化设计提供其他技术所无法比拟的技术支撑。

2. 压裂缝延伸特征评价

水力裂缝形态的评估可以检验压裂设计、评价压裂施工有效性和压后效果。以储层测井地质力学特征为基础，借助净压力拟合方法可以实现压裂缝特征分析。净压力拟合是指将水力压裂施工时监测到的井底缝口净压力（此净压力是缝内净压力，指水力裂缝内流体流动压力与地层岩石闭合压力的差值）与三维压裂软件模拟计算的缝口净压力进行拟合，通过拟合这两个压力，可以解释压裂施工中地下裂缝延伸特征。

基于上述方法，对某井储层射孔层段进行净压力拟合分析，反演得到对应井段的裂缝剖面形态如图8-3-3所示。可以发现，通过工程测井手段，能够模拟获取射孔位置的压裂缝缝长、缝高、无量纲导流能力等关键指标，并确定这些关键指标与对应位置的岩石强度、弹性模量、地应力等地质力学参数的相关性，为压裂选层选段提供了重要依据。

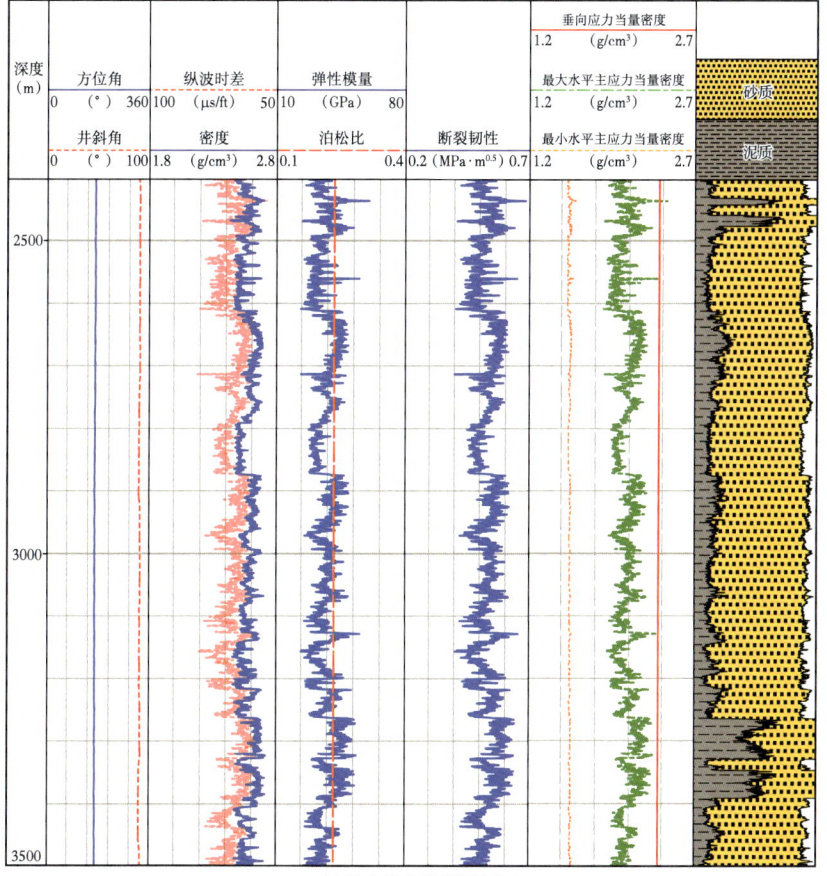

a. 地质力学参数测井剖面

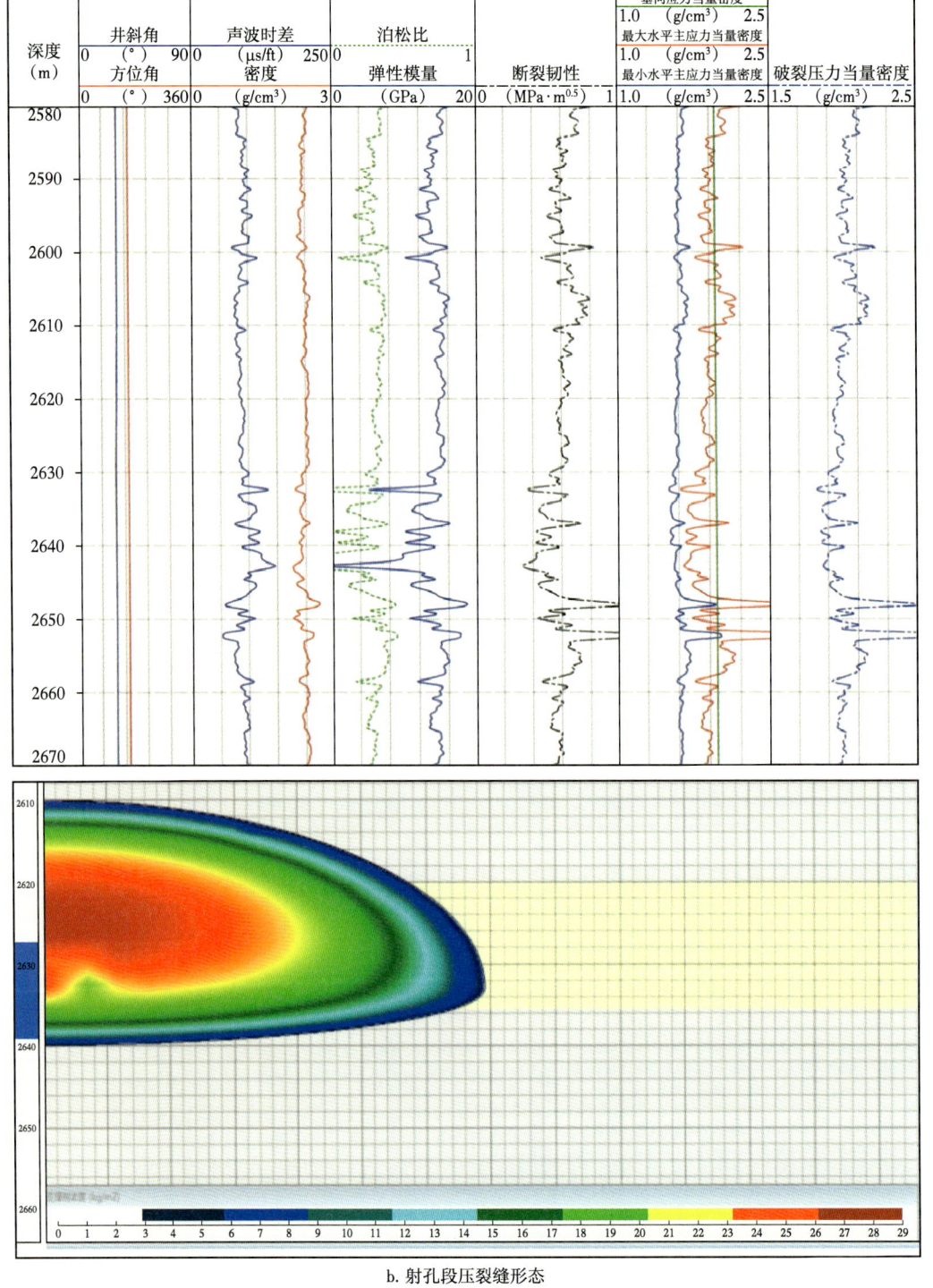

b. 射孔段压裂缝形态

图 8-3-3 某层位压裂缝剖面预测结果

## 二、基于工程测井的非常规储层可压性与压裂工程"甜点"评价

非常规油气藏开发初期，直接用脆性指数表征储层体积改造的难易。其中，典型代

表为基于弹性参数的 Rickman 法与矿物组成法。然而，在工程实践中逐渐发现，单一的脆性指标不能完整体现储层被有效改造的能力。例如部分高脆性的岩石，同时还具有高强度的特征，导致压裂施工压力高、难度大，不利于储层改造。

鉴于此，2010 年哈里伯顿公司首次提出了可压性概念（Chong，2010），并将脆性与天然裂缝作为评价可压性的核心参数。2011 年以来国内外围绕储层可压性评价开展了大量的研究，在地层岩石脆性的基础上，融入了天然裂缝、断裂韧性、抗张强度、层间应力等不同因素，形成了不同类型的可压性模型，见表 8-3-1。可压性受储层岩石本身特征和储层地质特征的综合影响，其中储层地质力学性质是储层可压裂性评价指标的重要影响因素。储层可压裂性评价核心是其评价因素的选取、量化及各因素权重的确定。

表 8-3-1 部分典型的可压性模型

| 序号 | 方程 | 符号 | 来源 |
|---|---|---|---|
| 1 | $F = \dfrac{\text{BI} + \rho + K_{ic}}{3}$ | $F$ 为可压裂性评价指数；BI 为脆性指数；$\rho$ 为岩石密度；$K_{ic}$ 为断裂韧性 | 万有余，2024 |
| 2 | $F = \dfrac{2\text{BI}}{K_{ic}(0.167\sigma_t - 0.2013)}$ | $\sigma_t$ 为抗张强度 | 李玉伟，2023 |
| 3 | $F = \dfrac{\text{BI}}{\alpha \Delta \sigma + \beta F_n}$ | $\Delta \sigma$ 为水平应力差；$F_n$ 为裂缝起裂难易程度系数 | 周立宏，2019 |
| 4 | $F = (1-\alpha)\text{BI} + \beta K_{ic}$ | $\alpha$、$\beta$ 为权重系数 | 高辉，2018 |
| 5 | $F = \dfrac{2\text{BI}}{K_{Ic} K_{IIC}}$ | $K_{Ic}$、$K_{IIC}$ 为 Ⅰ 型和 Ⅱ 型断裂韧性 | 袁俊亮，2015 |
| 6 | $\begin{cases} F = F_{srv} F_{fr} \\ F_{fr} = \dfrac{\text{BI}}{\Delta \sigma} \quad F_{srv} = \dfrac{\sigma_t}{\Delta \sigma_l K_{ic}} \end{cases}$ | $F_{srv}$ 代表裂缝能够穿越隔层实现压裂改造体积最大化的可压裂性指数；$F_{fr}$ 为形成复杂可连通压裂缝网的可压裂性指数；$\Delta \sigma_l$ 为层间应力差 | 王小军，2019 |
| 7 | $F = \alpha \text{BI} + \beta \Delta \sigma + \eta \rho_f$ | $\eta$ 为权重系数 | 姜洪丰，2024 |
| 8 | $F = 0.379\text{BI}G_g + 0.3357 d_g + 0.1804 \Delta \sigma + 0.1046 S_g$ | $G_g$ 为砾石含量；$d_g$ 为砾石粒径；$S_g$ 为砾石与基质强度比 | 笔者研究团队，2023 |
| 9 | $F = \dfrac{\alpha \text{BI} + \beta \sigma_h}{K_{ic}}$ | $\sigma_h$ 为最小水平主应力 | Zhang，2022 |
| 10 | $F = \dfrac{\text{BI} + E}{2}$ | $E$ 为弹性模量 | Li，2020 |
| 11 | $F = \text{BI}(\alpha F_n + \beta \Delta \sigma)$ |  | Zhang，2024 |
| 12 | $F = \alpha \text{BI} + \beta F_n$ |  | Enderlin，2011 |
| 13 | $\begin{cases} F = \dfrac{\text{BI} + G_c}{2} \\ G_c = \dfrac{K_{ic}}{E/(1-\nu^2)} \end{cases}$ | $G_c$ 为应变能量释放率；$\nu$ 为泊松比 | Jin，2014 |

1. 储层可压裂性评价模型

储层可压裂性评价模型的构建主要分为两大部分：确定主控因素与量化各因素的权重系数。

1）主控因素的确定

储层地质力学参数主要包括最大水平主应力、最小水平主应力、水平应力差、单轴抗压强度、抗张强度、弹性模量、泊松比、脆性指数和地层压力等参数。压裂效果评价可采用采液强度或微地震监测压裂缝体积。二者的值越高，压裂效果越好，而其值越低，压裂效果越差。根据射孔压裂段提取每段的地质力学参数，分析储层地质力学参数与采液强度、压裂缝体积的关系，可定性分析这些参数对压裂效果的影响，但不能定量分析这些参数对压裂效果的影响程度，这不能为储层可压裂性评价指标中各因素的选取提供较好的依据。

目前主要是根据经验确定储层可压裂性评价指标计算模型中的影响因素，而不是在客观分析影响储层压裂效果的多种因素后，根据各因素对储层压裂效果影响程度的大小，确定储层可压裂性评价指标中的构成要素，在影响因素的选择上具有一定的主观性。然而，基于灰色关联分析、随机森林等方法可定量研究影响储层压裂效果的主控因素，作为储层可压裂性评价指标的计算模型中的自变量，减少模型中的变量个数，降低储层可压裂性评价指标建立的难度。

灰色关联法是一种多因素统计分析方法，反映各影响因素对目标函数的重要性，从而确定各影响因素的主次关系。由于各影响因素之间有不同量纲以及数量级，为了消除不同数量级带来的影响，采用极值变换法对各因素数据进行归一化处理，其中正向指标采用正向归一化处理［式（8-3-3）］，负向指标采用负向归一化处理［式（8-3-4）］，使经归一化后因素越大，采液强度越大，储层压裂效果越好。

$$Y_i(k) = \frac{X_i(k) - \min X_i(k)}{\max X_i(k) - \min X_i(k)} \quad (i=1,2,\cdots,m; k=1,2,\cdots,n) \quad (8\text{-}3\text{-}3)$$

$$Y_i(k) = \frac{\max X_i(k) - X_i(k)}{\max X_i(k) - \min X_i(k)} \quad (i=1,2,\cdots,m; k=1,2,\cdots,n) \quad (8\text{-}3\text{-}4)$$

式中：$Y_i(k)$ 为第 $i$ 个影响因素中的第 $k$ 个值的归一化值；$X_i(k)$ 为第 $i$ 个影响因素中的第 $k$ 个值。

在归一化处理的基础上，对各因素数据与采液强度数据进行关联度计算与分析。关联度计算是通过位移差来评价比较数列（各因素）与参考数列（采液强度）之间的相似程度，位移差越小，关联度越接近1，则比较数列和参考数列形态越接近；反之，二者的相似程度越低。关联系数计算公式为：

$$\xi_i(k) = \frac{\underset{i}{\text{Min}}\,\underset{k}{\text{Min}}\,\Delta_i(k) + \rho \underset{i}{\text{Max}}\,\underset{k}{\text{Max}}\,\Delta_i(k)}{\Delta_i(k) + \rho \underset{i}{\text{Max}}\,\underset{k}{\text{Max}}\,\Delta_i(k)} \quad (8\text{-}3\text{-}5)$$

式中：$\xi_i(k)$ 为第 $i$ 个比较数列的第 $k$ 个参考点的关联系数；$\Delta_i(k)$ 为归一化后第 $i$ 个比较数列值（$X_i(k)$）与参考数列值（$X_0(k)$）差值的绝对值，$\Delta_i(k) = |X_0(k) - X_i(k)|$；$\rho$ 为

分辨系数，一般取 0.5。

在此基础上，对各因素的关联系数进行均值化处理，关联系数的平均值能定量反映各影响因素的关联程度，关联程度的计算公式见式（8-3-6）。根据关联度大小，可确定各因素的主次关系。同时，根据关联度数值的绝对值大小，将相关强度分为 5 个等级，其中可选取关联度大于 0.65 的因素为影响压裂效果的主控因素。

$$\gamma_i = \frac{1}{n}\sum_{k=1}^{n}\xi_i(k) \quad (i=1,2,\cdots,n) \tag{8-3-6}$$

式中：$\gamma_i$ 为第 $i$ 个比较数列的关联度；$n$ 为该数列中参考点总数。

在确定影响储层压裂效果的地质力学主控因素基础上，需进一步建立储层可压裂性评价指标的计算模型。储层可压裂性评价指标的计算模型构建步骤是：首先将不同量纲的参数值采用极值变换法进行归一化处理，其中正向指标采用正向归一化处理，负向指标采用负向归一化处理；然后确定不同因素对可压裂性影响的权重系数，最后将标准化值与权重系数加权，即为储层可压裂性评价指标。基于集成学习思想，建立的非常规储层可压裂性评价模型，其数学模型为：

$$\mathrm{FI} = \sum_{i=1}^{n} w_i S_i \tag{8-3-7}$$

式中：FI 为可压裂评价指标；$S_i$ 为储层参数的归一化值；$w_i$ 为储层参数的权重系数，之和等于 1；$n$ 为参数的个数。

2）权重系数的确定

储层可压裂性评价指标涉及的影响因素较多，该指标计算的难点是构成要素的权重系数如何确定。权重是指标类评价方法中的重要参数，决定了某个指标在整个指标体系的重要性。按赋值形式不同，可将权重分为主观权重和客观权重，其中主观权重体现了决策者的意愿偏好，而客观权重反映了方案集中具体数据对决策的贡献度，二者综合则有利于提高评价结论的可靠性。因此，采用层次分析法确定反映决策者偏好的主观权重，采用信息熵法确定具体数据的客观权重，通过博弈论组合赋权思想将客观权重和主观权重有机结合形成综合权重，构建非常规储层可压裂性评价指标计算模型。

（1）层次分析法（APH）。

层次分析法的基本思想是将所要分析的问题层次化，根据问题的性质和所要达成的总目标，将问题分解为不同的组成因素，再通过两两比较得出各因素的重要性，建立判断矩阵，计算出各因素对于目标的权重系数。层次分析法确定各因素的权重系数时，需要根据因素间影响程度关系构造判断矩阵，根据灰色关联法确定各因素的影响程度排序结果，对各影响因素的影响程度进行排序。基于层次分析法构建储层可压裂评价模型中各影响因素的权重系数的计算步骤包括：

①构建判断矩阵。对储层可压裂性评价模型中各影响因素间的关系进行分析，对二级指标，以所属一级指标为准则进行两两比较，构造判断矩阵 $A$，且引用数字 1~9 和对应的倒数来标度，从而构建出了判断矩阵，其具体形式为：

$$A = \begin{bmatrix} a_{ij} \end{bmatrix}_{n \times n} = \begin{bmatrix} a_{11} & a_{12} & \cdots & a_{1j} \\ a_{21} & a_{22} & \cdots & a_{2j} \\ \vdots & \vdots & \ddots & \vdots \\ a_{i1} & a_{i2} & \cdots & a_{ij} \end{bmatrix} \quad (i=1,2,\cdots,n; j=1,2,\cdots,n) \quad (8\text{-}3\text{-}8)$$

式中：$a_{ij}$ 为标度，表示 $x_i$ 对 $x_j$ 的重要程度，见表 8-3-2。

表 8-3-2 相对重要程度数值

| 标度值 | 含义 |
| --- | --- |
| 1 | 相同重要 |
| 3 | 一般重要 |
| 5 | 明显重要 |
| 7 | 非常重要 |
| 9 | 强烈重要 |
| 2, 4, 6, 8 | 介于上述值的中间值 |
| 倒数 | 若参数 $x_i$ 对 $x_j$ 的判断值为 $a_{ij}$，则 $x_j$ 对 $x_i$ 的判断值为 $1/a_{ij}$ |

②依据构建的判断矩阵计算对应的特征向量。根据判断矩阵 $A$，计算每行标度的连乘积，并对其进行求 $n$ 次方根，计算公式为：

$$\overline{W_i} = \sqrt[n]{\prod_{j=1}^{n} a_{ij}} \quad (i=1,2,\cdots,n) \quad (8\text{-}3\text{-}9)$$

式中：$\overline{W_i}$ 为判断矩阵中第 $i$ 行标度的连乘积的 $n$ 次方根。

在此基础上，对 $\overline{W_i}$ 按照式（8-3-10）进行归一化处理，则得到矩阵 $A$ 对应的特征向量，即各影响因素的权重向量可见式（8-3-11）。

$$w_i = \overline{W_i} \Big/ \sum_{i=1}^{n} \overline{W_i} \quad (8\text{-}3\text{-}10)$$

$$\boldsymbol{u}_1 = (w_1', w_2', \cdots, w_n') \quad (8\text{-}3\text{-}11)$$

式中：$w_i$ 为第 $i$ 个矩阵 $A$ 对应的特征向量，即权重向量。

③对判断矩阵进行一致性检验，检查矩阵构建是否有误。在获取矩阵 $A$ 对应的特征向量基础上，进一步计算判断矩阵最大特征值，其计算公式为：

$$\lambda_{\max} = \frac{1}{n} \sum_{i=1}^{n} \frac{(\boldsymbol{A}\boldsymbol{u}^{\mathrm{T}})_i}{w_i} \quad (8\text{-}3\text{-}12)$$

式中：$\lambda_{\max}$ 为矩阵的最大特征值；$(\boldsymbol{A}\boldsymbol{u}^{\mathrm{T}})_i$ 为 $\boldsymbol{A}\boldsymbol{u}^{\mathrm{T}}$ 的第 $i$ 个分量。

构造判断矩阵时,若发现因素 1 比因素 2 重要,因素 2 比因素 3 重要,而因素 3 若比因素 1 重要,则标度参数设置不合理,需要进行一致性检验。由式(8-3-13)进行检验,其中检验指标 RI 取值见表 8-3-3。当 CR 小于 0.1 时或 $\lambda_{\max}$ 等于矩阵维度 $n$,指标 CI 为 0 时,认为构建的判断矩阵通过一致性检验,否则需要重新调整判断矩阵的取值,重复上述步骤,直到满足一致性检验为止。

$$\begin{cases} \mathrm{CI} = \dfrac{\lambda_{\max} - n}{n-1} \\ \mathrm{CR} = \dfrac{\mathrm{CI}}{\mathrm{RI}} \end{cases} \qquad (8\text{-}3\text{-}13)$$

表 8-3-3　一致性指标 RI 值

| $n$ | 1 | 2 | 3 | 4 | 5 | 6 | 7 | 8 | 9 |
|---|---|---|---|---|---|---|---|---|---|
| RI | 0.00 | 0.00 | 0.58 | 0.90 | 1.12 | 1.24 | 1.32 | 1.41 | 1.45 |

(2)信息熵法(EM)。

信息熵反映了信息的无序化程度,可用信息熵评价所获得系统信息的有序度及其效用,由评价指标值构成的判断矩阵来确定指标权重。信息熵能消除各因素权重的主观性,进而有效避免权重分配不均问题,使评价结果更符合实际。在多指标决策分析中,为减少权重确定的主观性,采用信息熵来确定各指标客观权重。基于信息熵法构建储层可压裂评价模型中各影响因素的权重系数的计算步骤包括以下内容。

①构建判断矩阵。根据储层可压裂性评价模型中 $n$ 个影响因素 $m$ 个评价对象,构建判断矩阵 $\boldsymbol{B}$,其具体的形式为:

$$\boldsymbol{B} = \left[ b_{ij} \right]_{m \times n} = \begin{bmatrix} b_{11} & b_{12} & \cdots & b_{1j} \\ b_{21} & b_{22} & \cdots & b_{2j} \\ \vdots & \vdots & \ddots & \vdots \\ b_{i1} & b_{i2} & \cdots & b_{ij} \end{bmatrix} \quad (i=1,2,\cdots,m;\ j=1,2,\cdots,n) \qquad (8\text{-}3\text{-}14)$$

式中:$b_{ij}$ 为第 $j$ 个影响因素的第 $i$ 个评价对象。

根据下式对判断矩阵 $\boldsymbol{B}$ 进行归一化处理:

$$p_{ij} = \dfrac{b_{ij}}{\sum\limits_{i=1}^{n} b_{ij}} \qquad (8\text{-}3\text{-}15)$$

式中:$p_{ij}$ 为第 $j$ 个影响因素的第 $i$ 个评价对象的归一化值。

②确定各影响因素熵值。利用熵值函数[式(8-3-16)]计算第 $j$ 个影响因素样本空间熵值 $e_j$,熵值越大则说明样本越混乱。

$$e_j = -\dfrac{1}{\ln n} \sum_{i=1}^{n} p_{ij} \ln p_{ij} \qquad (8\text{-}3\text{-}16)$$

式中：$e_j$ 为第 $j$ 个影响因素的熵值，其值越大表示该影响因素在储层可压裂性评价指标中的贡献越小；$\ln p_{ij}$ 值越大，表示评价对象越少，且规定：当 $p_{ij}=0$ 时，$e_j=0$。

③确定各影响因素的权重系数。利用熵值计算各影响因素的变异程度，根据变异程度赋予各影响因素的权重，经过加权处理得出较为客观的综合评价结果。第 $j$ 个指标的熵权可表示为：

$$w_j'' = \frac{1-e_j}{\sum_{j=1}^{m}(1-e_j)} \tag{8-3-17}$$

式中：$w_j''$ 为第 $j$ 个影响因素的熵权。

确定各影响因素的权重向量，其表达式为：

$$\boldsymbol{u}_2 = (w_1'', w_2'', \cdots, w_n'') \tag{8-3-18}$$

（3）博弈论方法确定综合权重。

所构建的储层可压裂性指标评价模型采用信息熵法确定客观权重，层次分析法确定主观权重。在此基础上，进一步利用博弈论思想得出综合权重，即在不同的权重之间寻找一致或妥协，极小化可能的权重与各个基本权重之间的偏差，进一步提高评价结果的可靠性。

①构建可能权重向量集。假设使用 $L$ 种方法对储层可压裂性评价模型中各影响因素分别赋权并得到 $L$ 个指标权重向量。

$$\boldsymbol{u} = (w_{k1}, w_{k2}, \cdots, w_{kn}) \quad (k=1,2,\cdots,L) \tag{8-3-19}$$

记 $L$ 个权重向量的任意线性组合为：

$$\boldsymbol{u} = \sum_{k=1}^{L} a_k \boldsymbol{u}_k^{\mathrm{T}} \quad (a_k>0) \tag{8-3-20}$$

式中：$a_k$ 为第 $k$ 个线性组合系数；$\boldsymbol{u}$ 为可能的权重向量集。

②优化组合系数 $a_k$ 寻找最满意的权向量，使可能权重向量集 $\boldsymbol{u}$ 与各个 $\boldsymbol{u}_k$ 的离差值达到最小值，由

$$\min \left\| \sum_{j=1}^{L} a_j \boldsymbol{u}_j^{\mathrm{T}} - \boldsymbol{u}_i \right\|_2 \quad (i=1,2,\cdots,L) \tag{8-3-21}$$

根据矩阵的微分性质可知式（8-3-21）的最优化一阶导数条件为：

$$\sum_{j=i}^{L} a_j \boldsymbol{u}_i \times \boldsymbol{u}_j^{\mathrm{T}} = \boldsymbol{u}_i \times \boldsymbol{u}_i^{\mathrm{T}} \quad (i=1,2,\cdots,L) \tag{8-3-22}$$

由式（8-3-22）计算求得线性组合系数集 $\{a_1, a_2, \cdots, a_L\}$，对该组合系数进行归一化处理：

$$a_k^* = a_k \Big/ \sum_{k=1}^{L} a_k \tag{8-3-23}$$

式中：$a_k^*$ 为第 $k$ 个线性组合系数的归一化值。

③在此基础上，通过式（8-3-24）计算可得到储层可压裂性评价模型的综合权重。

$$\boldsymbol{u}^* = (w_1, w_2, \cdots, w_n) = \sum_{k=1}^{L} a_k^* \boldsymbol{u}_k^{\mathrm{T}} \tag{8-3-24}$$

式中：$\boldsymbol{u}^*$ 为综合权重的向量。

3）实例分析

以某地层为例，开展陆相页岩油储层的可压性预测方法论述。M 井是钻遇多套油层的直井，完钻后，进行分层压裂。试产阶段进行产液剖面测试，获取每层对总产液量的贡献。根据射孔段从测井曲线中提取出每段的地质力学参数，统计分析储层弹性模量、脆性指数、泊松比、单轴抗压强度、抗张强度、地层压力、最大水平主应力、最小水平主应力、水平应力差等地质力学参数与采液强度间关系。进而基于灰色关联法理论，计算各因素与采液强度的关联度大小，如图 8-3-4 所示。

从图 8-3-4 中可看出，各因素对压裂效果的影响程度排序由大到小依次为弹性模量＞脆性指数＞水平应力差＞最小水平主应力＞抗张强度＞单轴抗压强度＞最大水平主应力＞泊松比＞地层压力。根据前面所述原理，考虑到弹性模量与脆性指数的灰色关联度差异较小，故将脆性指数和弹性模量作为一个影响因素处理。

因此，所分析页岩油储层影响压裂效果的地质力学主控因素主要为脆性指数（弹性模量）、水平应力差、最小水平主应力、抗张强度以及单轴抗压强度。

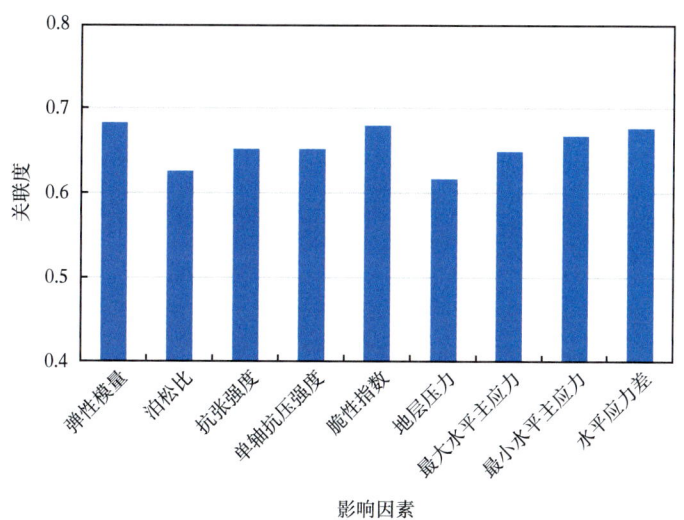

图 8-3-4　各影响因素与采液强度间的关联度

在确定主控因素后，进一步确定储层可压裂性评价模型中各影响因素的权重系数，步骤如下：

（1）基于层次分析法理论，构建了储层可压裂性评价指标判断矩阵见表 8-3-4。在此基础上，利用层次分析法中的特征向量法计算各主控因素的权重向量，即各主控因素的权重系数，见表 8-3-5。从表 8-3-5 中可看出基于层次分析法确定脆性指数、水平应力差、最小水平主应力、抗张强度等因素的权重系数依次为 0.4155、0.2610、0.1589、0.1072、0.0574。

（2）利用信息熵法确定的各主控因素的权重向量，即各主控因素权重系数，见表 8-3-5。可以看出，基于信息熵法确定脆性指数、水平应力差、最小水平主应力、抗张强度等因素的权重系数依次为 0.1068、0.2315、0.2064、0.3098、0.1455。

（3）根据博弈论思想确定各主控因素的权重系数，见表 8-3-5。可以看出，基于博弈论思想确定脆性指数、水平应力差、最小水平主应力、抗张强度等因素的组合权重系数依次为 0.3315、0.2530、0.1718、0.1623、0.0814。

表 8-3-4 主控因素的判断矩阵

| 重要性权重 | $B$ | $\Delta\sigma$ | $\sigma_h$ | $\sigma_t$ | $\sigma_c$ |
| --- | --- | --- | --- | --- | --- |
| $B$ | 1 | 2 | 2 | 3 | 4 |
| $\Delta\sigma$ | 1/2 | 1 | 1 | 3 | 4 |
| $\sigma_h$ | 1/2 | 1 | 1 | 2 | 3 |
| $\sigma_t$ | 1/3 | 1/3 | 1/2 | 1 | 2 |
| $\sigma_c$ | 1/4 | 1/4 | 1/3 | 1/2 | 1 |

表 8-3-5 主控因素的权重系数

| 权重 | $B$ | $\Delta\sigma$ | $\sigma_h$ | $\sigma_t$ | $\sigma_c$ |
| --- | --- | --- | --- | --- | --- |
| APH 方法 | 0.4155 | 0.2610 | 0.1589 | 0.1072 | 0.0574 |
| EW 方法 | 0.1068 | 0.2315 | 0.2064 | 0.3098 | 0.1455 |
| 综合权重 | 0.3315 | 0.2530 | 0.1718 | 0.1623 | 0.0814 |

基于以上研究，可获得储层可压裂性评价指数 FI，其表达式为

$$\text{FI} = 0.3315 B_g + 0.2530 \Delta\sigma_g + 0.1718 \sigma_{hg} + 0.1623 \sigma_{tg} + 0.0814 \sigma_{cg} \quad (8\text{-}3\text{-}25)$$

式中：$B_g$ 为归一化后的脆性指数；$\Delta\sigma_g$ 为归一化后的水平主应力差；$\sigma_{hg}$ 为归一化后的最小水平主应力；$\sigma_{tg}$ 为归一化后的抗张强度；$\sigma_{cg}$ 为归一化后的抗压强度。

根据所构建的储层可压裂性评价指标计算模型，基于 M 井的试油资料，计算可压裂性评价指标与采液强度间的关系，如图 8-3-5 所示。储层可压裂性评价指标与采液强度存在较好的正相关性，即可压裂性评价指标越大，采液强度越大，压裂效果越好。这说明了所构建的权重系数具有一定的可靠性。利用 K-mean 聚类分析方法对储层可压裂性评价指标进行分级划分，从 Ⅰ 类到 Ⅲ 类储层可压裂评价指标值逐渐降低：

（1）Ⅰ 类储层（压裂效果最优），FI ≥ 0.5；

（2）Ⅱ 类储层（压裂效果次优），0.4 ≤ FI ＜ 0.5；

（3）Ⅲ 类储层（压裂效果差），FI ＜ 0.4。

需要注意的是，可压裂评价指标分级标准需要根据新的生产数据不断更新和完善。

综合所构建岩石力学参数、地层压力、地应力等地质力学参数测井评价方法，以及构建的储层可压裂性评价模型，形成了非常规储层可压裂性测井评价方法，获得储层可压裂性评价指标单井剖面图（图 8-3-6）。压裂设计时可根据可压裂性评价指标来选择压

裂层段，当相邻储层的可压裂性评价指标相差较小时，可作为同一级进行压裂设计，为压裂层段优选、分段提供了支撑。

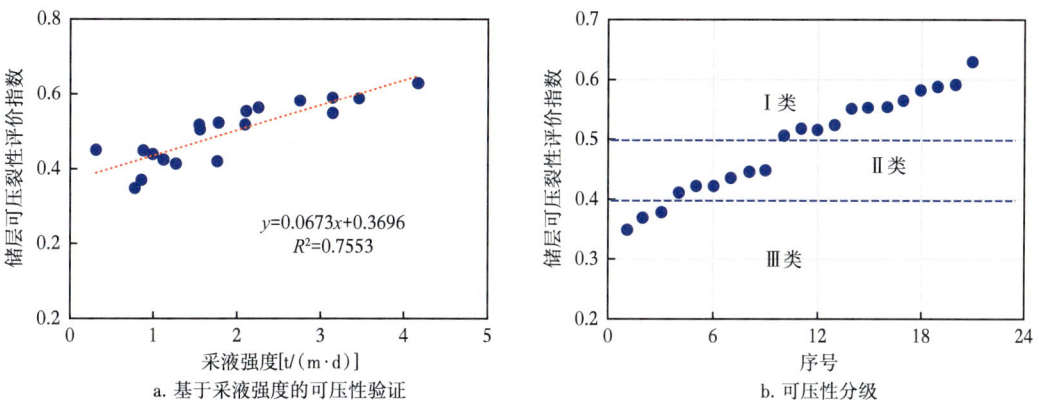

图 8-3-5　可压裂性评价指数验证及分级

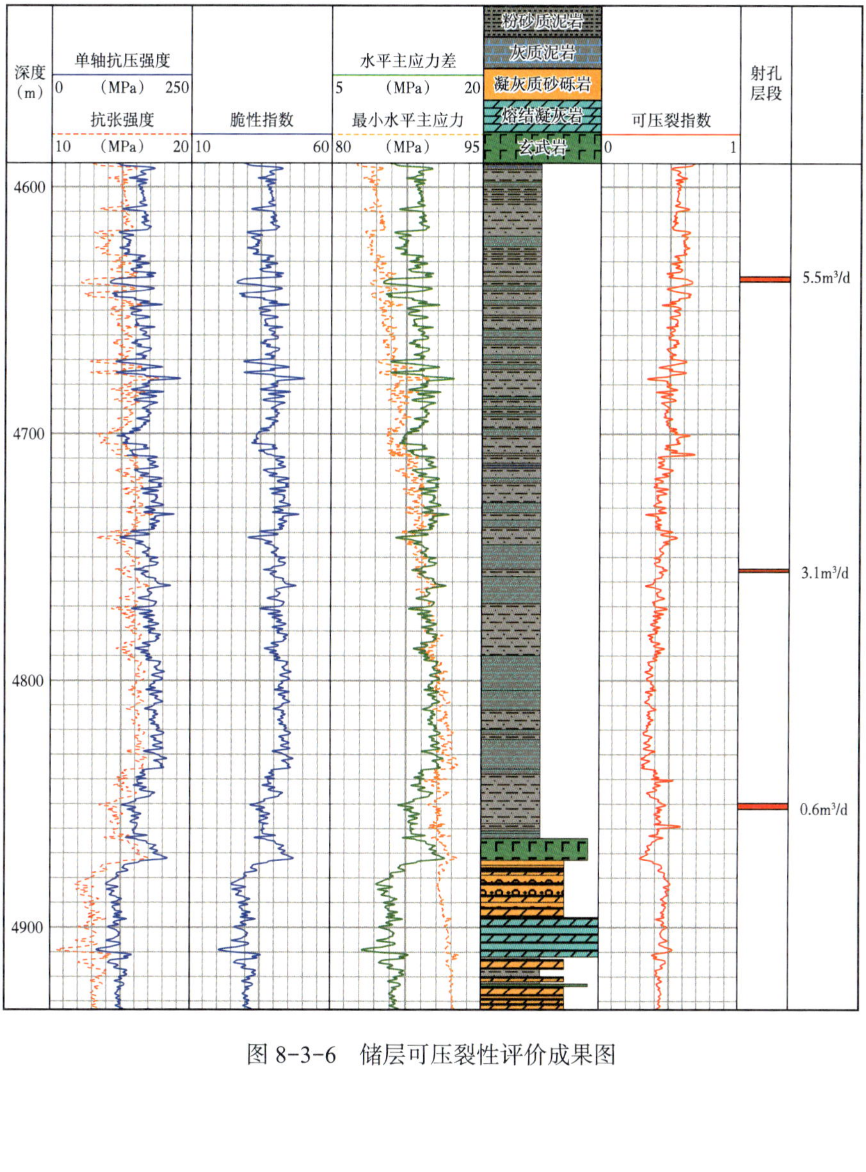

图 8-3-6　储层可压裂性评价成果图

2.基于工程测井的综合甜点评价

1）综合甜点评价方法

综合甜点主要由工程甜点与地质甜点两部分构成。其中，工程甜点主要由可压裂性确定。

在工程甜点基础上，进一步分析储层地质特征与产油强度相关性。其中，采油强度定义为每米日产油量。统计含油气性测井解释结果与试油资料，明确了储层产油强度分布。确定了采油强度与储层孔隙度、渗透率及含油饱和度相关性，如图8-3-7所示。可以看出，渗透率、含油饱和度与采油强度相关性较为明显，且随着渗透率、含油饱和度增大，采油强度呈现增强趋势。渗透率越大，流体更易流动，储层内部油更易产出；高含油饱和度代表整体含油量较高，从而增大产油强度。同时，孔隙度与产油强度相关性较弱，主要原因在于产油能力除了与孔隙度大小相关，还受孔隙类型控制，内部死孔显然无法增强产油能力。

基于储层地质特征与产油强度相关性，通过层次分析确定权重系数，进而构建地质甜点 $F_{\text{gel}}$ 方程：

$$F_{\text{gel}} = 0.5714 S_{\text{o}} + 0.2857 K_{\text{em}} + 0.1428 \phi \tag{8-3-26}$$

式中：$F_{\text{gel}}$ 为地质甜点；$S_{\text{o}}$ 为含油饱和度，%；$K_{\text{em}}$ 为地层渗透率，mD；$\phi$ 为地层孔隙度，%。

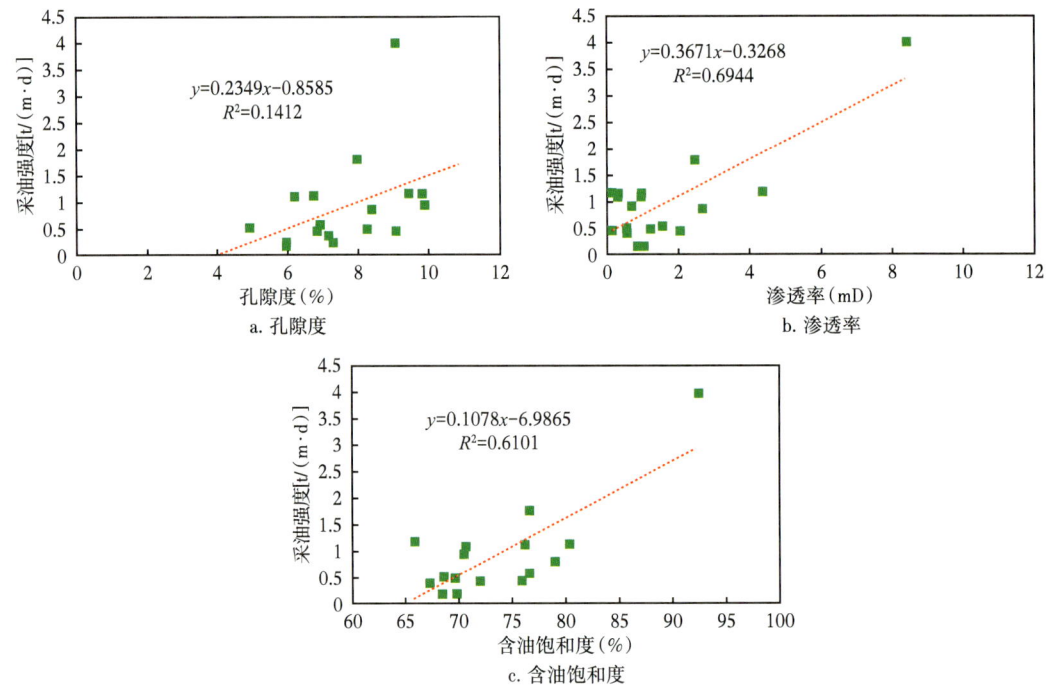

图 8-3-7 储层地质特征与产油强度相关性

根据地质甜点与产油强度的相关性，产油强度越大，地质甜点质量越好，进而对地质甜点系数进行分类，如图8-3-8所示。储层物性分类标准：Ⅰ类油层孔隙度＞12%，渗透率＞0.01mD；Ⅱ类油层孔隙度8%~12%，渗透率0.001~0.01mD；Ⅲ类油层孔隙度5%~8%，渗透率0.0001~0.001mD。

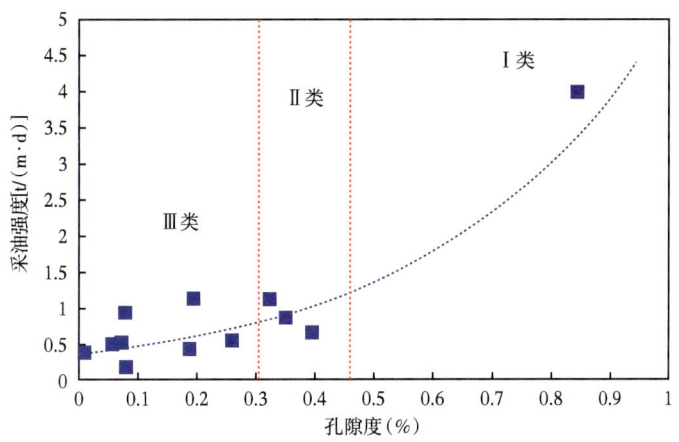

图 8-3-8 地质甜点权重系数分布图

基于上述工程甜点与地质甜点划分标准，对多口井进行了甜点划分，如图 8-3-9 所示。可以发现：Ⅰ类、Ⅱ类、Ⅲ类甜点相互交错，互相穿插，且Ⅰ类甜点占比较少，大多以Ⅱ类甜点居多。在选井时，应该先进行Ⅰ类甜点预测评价，最大限度地开发Ⅰ类优质储层，降低后期压裂施工难度，从而实现高产稳产。

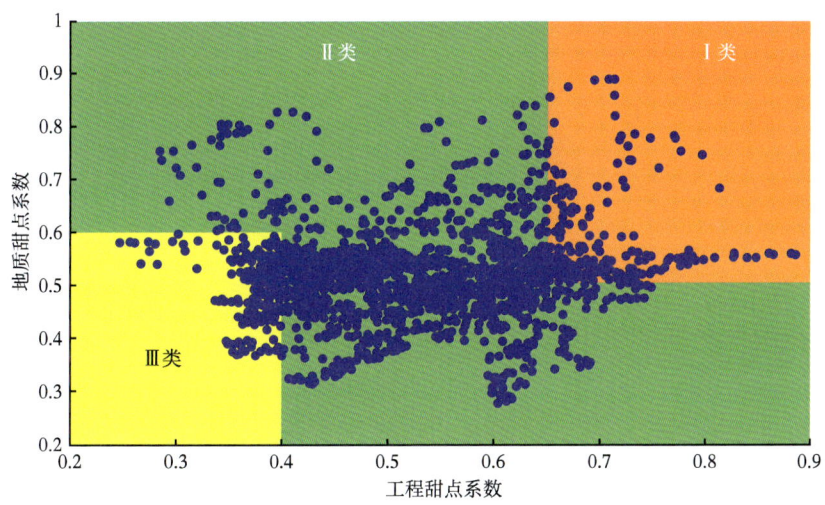

图 8-3-9 综合甜点权重系数分布图

2）应用实例

以地质甜点与工程甜点评价理论为依据，对某工区页岩油储层开展了压裂段进行评价。其中，综合工程甜点 $F_{index}$ 和地质甜点 $F_{gel}$，形成综合甜点系数 $F$，有：

$$F = \frac{F_{gel} + F_{index}}{2} \quad (8\text{-}3\text{-}27)$$

以此为依据，对 J 井压裂段进行评价，如图 8-3-10 所示。可以发现：第二段综合甜点系数最高，第一段综合甜点系数最低。在此基础上，对比综合甜点系数与采油强度，如图 8-3-10 所示。实际试油结果：1 段采油强度最低，2 段和 3 段相近，2 段略高。

结合地质甜点与工程甜点系数，采油强度与综合甜点系数吻合度较好，说明了综合甜点的适用性，可用于指导页岩油储层压裂优化设计。

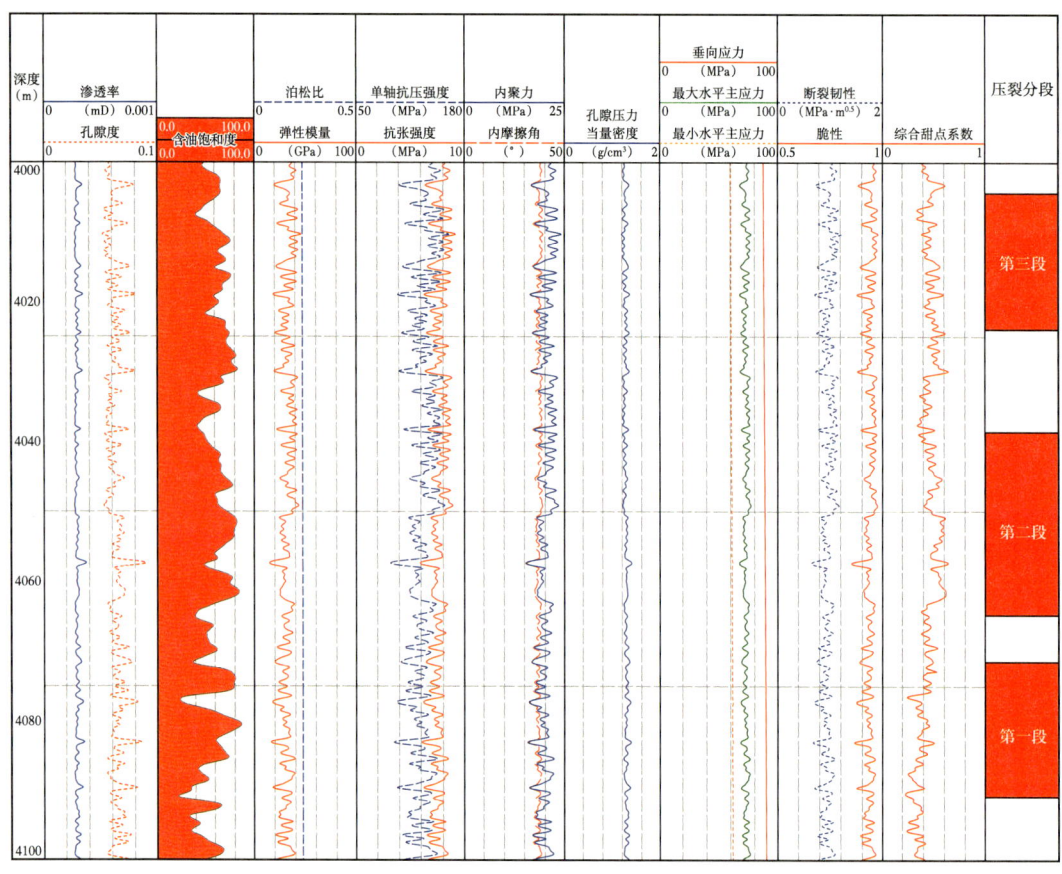

图 8-3-10　J 井综合甜点分布图

## 三、基于工程测井的完井分段优化

水平井分段完井技术，能够提高水平井段储量动用程度，可在一定程度上避免层段之间窜通和干扰，为后续的分段酸化、分段压裂、分段堵水、分段注采等工艺措施的实施创造井筒条件、提供技术保障。

对于薄层多、物性差、非均质性强、流体分布复杂的储层，无论是直井还是水平井都需通过精细分段完井，达到提高油气产能、提高最终可采储量（EUR）及油气井长期安全稳定运行等高效开发的目标。

对某一具体井段进行完井分段设计，除了需要从工程角度对完井分段工艺、工具适应性、完井成本等因素进行评估外，更重要的是，需要利用测井资料对以下方面进行精细解释、刻画，包括储层分布、裂缝发育、储层非均质性、流体特性及分布等储层特征，地层压力、岩石力学、地应力等地质力学特征。依据这些测井解释结果，运用合理的数学算法，如聚类分析等，确定合理段长、分段数以及分段位置，实现完井分段。

考虑到储层压裂改造的需求，早期的水平井分段改造是主要秉承"避免压裂缝之间相互干扰"的理念，采用大跨度、均匀分段，均匀布缝的模式。近年来，针对以页岩油气等为代表的非常规油气储层所必需的体积压裂改造技术，通常采用"分段多簇射孔"，提出了非均匀布段（簇）的设计理念，从油气井产能、段内裂缝均匀性、经济效益三个角度，优化水平井压裂段长与簇间距，提出合理的压裂段簇设计参数，为非常规油气储层的体积压裂设计提供指导。

对于水平井的压裂段簇设计与优化，通常遵循的原则与技术思路如下：

（1）压裂段长与分段数。

在射孔簇间距一定的条件下，单段的段长越小，压裂改造的效果可能会越好，但压裂成本也越高，同时施工作业难度也会增大，因此，压裂段长优化还应综合考虑经济性与施工复杂程度。通常采用油气藏数值模拟技术，获得在不同的压裂分段条件下压裂缝形态与规模，水平井累计产量随时间的变化曲线，以技术、经济与产能综合最优化为目标，确定水平井的最优压裂分段数与段长。

（2）压裂分段。

结合测井资料及录井的解释成果，进行压裂水平井段与射孔簇的划分，压裂分段通常需以岩性、矿物组分、物性、含油气性、岩石力学特性、脆性、地应力差等指标为依据。秉承"相似归类"原则，保障同一段内压裂品质相近、完井品质相近，实现同一段内人工裂缝的均匀起裂、延伸。

（3）射孔分簇优化。

首先确定射孔簇位置，射孔簇布置井段应尽可能满足层段应力最低、天然裂缝发育、脆性高、总有机碳含量（TOC）高、含气量高、岩石强度低等条件，同时还需考虑套管接箍位置、施工条件等因素；簇间距应尽可能满足各射孔簇井段能够同时起裂，各簇所形成裂缝之间的诱导应力差最大、利于分支裂缝转向形成复杂缝网，其中裂缝转向区范围判别通常采用的依据为：$x$方向上的原地应力与诱导应力之和大于等于$y$方向上的原地应力与诱导应力之和，即：

$$\sigma_\text{h} + \sum_{k=1}^{n} \sigma_{i,x}(k) \geqslant \sigma_\text{H} + \sum_{k=1}^{n} \sigma_{i,y}(k) \qquad (8\text{-}3\text{-}28)$$

式中：$\sigma_\text{h}$为$x$方向上原地应力，MPa；$\sigma_{i,x}(k)$为第$k$条先压裂缝产生的$x$方向上的诱导应力，MPa；$\sigma_\text{H}$为$y$方向上原地应力，MPa；$\sigma_{i,y}(k)$为第$k$条先压裂缝产生的$y$方向上的诱导应力，MPa；$n$为已压裂缝条数，$n \geqslant 1$。

此外，对于天然裂缝发育井段，各簇裂缝延伸过程中产生的水平双向诱导应力差尽可能超过天然裂缝的开启临界净压力，有利于形成复杂缝网。

而对于布孔数目的优化需要充分考虑沿压裂井段破裂压力分布的非均匀性，保证后期压裂各簇裂缝同时起裂，通常采用根据破裂压力剖面分簇限流设计每一簇的布孔数。

根据上述水平井段簇优化思路可以看出，在根据产能、经济效益确定了水平井分段数或段长的允许范围后，基于测井资料的水平井地质甜点评价、地质力学评价、可压性评价等是科学压裂分段的关键与基础。

在利用测井信息沿井筒对储层进行岩性、物性、含油气性、地质力学特性以及地层破裂压力进行精细刻画的基础上，通常采用下面一个或多个组合，进行完井分段：

（1）依据储层井段分布进行分段；

（2）依据储层品质，或者甜点类别进行分段；

（3）根据天然裂缝发育程度及分布特征进行分段；

（4）根据储层压力系统分段；

（5）对于需要压裂改造的储层，需考虑破裂压力、水平最小主应力、水平应力差、脆性等地质力学参数以及可压裂性的差异性因素；

（6）结合单段的工程施工极限范围进行分段。

# 第九章 工程测井在复杂地层钻头选型中的应用

钻头是提升钻速的最重要手段，选取合理的钻头类型是保证高钻速的基础。因此，在认识清楚地层信息以后，必须开展钻头选型研究工作。在钻头选型过程中，必须明确地层抗钻参数（可钻性、研磨性、岩石强度等）与不同钻头类型钻速的相关性。以此为基础，借助不同数理分析方法，建立基于地层抗钻参数的钻头类型选择方法，从而实现基于工程测井的复杂地层钻头选型。

## 第一节 岩石的可钻性与研磨性

### 一、岩石的石钻性

钻速是影响钻井效率的重要因素，而钻井提速与岩石可钻性密切相关。可钻性的影响因素主要有两点：

（1）岩石自身的材料性质，与岩石的矿物组分、颗粒粒度及硬度、石英及云母含量、胶结物及胶结状态、孔隙度、风化程度（或松散程度）、层理的倾斜角、节理、裂隙发育程度、构造及结构特征等性质紧密关联，是一个固有因素。

（2）破岩的工具，主要是钻头，同时也受钻进设备、钻具组合、钻孔深度、操作规范和操作技术水平等的影响。

1. 岩石可钻性的研究现状

可钻性的概念首次由 Xu 和 White（1969）提出，用于表征岩石被钻进的难易程度，目前已经成为钻头选型、钻井提升工艺优化等钻井设计的重要基础参数。可钻性的分析与测试方法众多，从室内微钻实验、基于岩石物理力学参数的可钻性评价、可钻性数值仿真、基于测井信息的可钻性预测等，典型方法如下：

（1）早期的可钻性评价主要基于室内微钻实验，Rollow（1962）等利用多种不同类型的微型钻头，研究了转速、钻压、冲洗方式、地应力等工程地质因素对岩石可钻性的影响规律。室内微钻实验引入国内后，也是我国石油工程界普遍认可的可钻性测试和分级方法，并制定了《岩石可钻性测定及分级方法》。在此基础上，尹宏锦（1980）、邹德永等（1993）围绕不同类型岩石、不同类型钻头特征对室内微钻实验测试标准进行了优化。以室内微钻头实验为基础，进一步结合钻头破岩数值仿真，Ataei 等（2015）、祝效华等（2019）、林铁军（2006）明确了围压、压差、钻头类型等不同因素下的岩石可钻性特征。

（2）基于岩石物理力学参数的可钻性预测：Morris（1969）将侵入深度与载荷之比

作为岩石可钻性的评价指标，建立牙轮钻头钻速预测的经验公式。考虑岩石可钻性难易程度与岩石强度密切相关，杨谋等（2010）提出了基于岩石抗压强度的岩石可钻性评价方法。Khandelwal等（2016）重点针对深部地层围压影响，以岩石物理测试手段建立了常压和围压条件下的可钻性级值预测模型，提出了岩石可钻性与围压之间的定量相关性。依据利用岩石物理力学参数研究岩石可钻性的调研发现，总体而言，大量学者的工作集中在利用硬度、强度、研磨性等参数，构建可钻性级值的评价与预测模型。

（3）基于测井信息的可钻性预测：测井信息能够反应岩石自身结构、物性、力学特征以及外部应力环境，因此被广泛用于预测地层可钻性。楼一珊（1998）通过分析岩石可钻性与声波时差之间的关系，建立了两者间的计算模型。在此基础上，路保平等（1998）、刘向君等（1999）均推导出基于声波测井资料预测岩石可钻性的数学模型，并开展了大量现场应用。潘起峰等（2006）基于纵波波速各向异性系数建立了一种评价岩石可钻性各向异性的模型，结合测井数据（或地震资料）运用该模型可快速方便地评价地层可钻性的各向异性。

2. 岩石可钻性预测模型研究

岩石的可钻性是钻进时岩石抵抗机械破碎能力的量化指标，是指钻进时岩石抵抗压力和破碎的能力，也表示进尺效率的高低（刘向君等，2005）。可钻性实验主要采用微钻头方法。在钻压890N、转速55r/min实验条件下，记录钻深2.4mm所用的时间 $t$，并将其定义为岩石的可钻性。可钻性又可以分为PDC钻头可钻性和牙轮钻头可钻性，两种可钻性测试所用的微钻头和测试后岩样图片如图9-1-1所示。针对地层条件下的岩石可钻性测试，尚未形成一套可靠的行业标准，测试参照单轴可钻性测试行业标准《石油天然气钻井工程岩石可钻性测定与分级》（SY/T 5426—2016）。实验过程中固定岩样后

 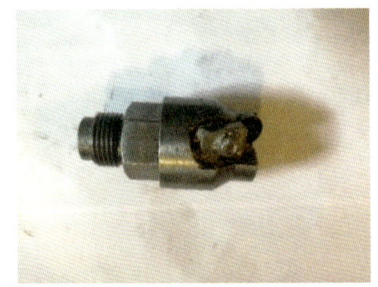 

a. PDC钻头

b. 牙轮钻头

图9-1-1　钻头类型

加载压力，吸入液压油并施加围压（如果需要施加液柱压力，必须先施加围压，再加载液柱压力，且液柱压力必须要稍小于围压）。

牙轮钻头可钻性级值计算公式为：

$$K_\mathrm{d} = \log_2 t \quad (9\text{-}1\text{-}1)$$

式中：$K_\mathrm{d}$ 为可钻性级值；$t$ 为钻进时间平均值，s。

PDC 钻头可钻性级值计算公式如下：

$$K_\mathrm{d} = \log_2 t + G_i \quad (9\text{-}1\text{-}2)$$

$$G_i = 2^{i-1} - 1 \quad (9\text{-}1\text{-}3)$$

式中：$G_i$ 为当量转化级值，其中 $i$ 为钻压级数（第 1 级 $G_i=0$，第 2 级 $G_i=1$，第 3 级 $G_i=2$）。

通常，岩石可钻性的级别可划分为 10 个等级，7 个岩石类别，见表 9-1-1。其中等级越高代表地层岩石越硬，越不易被钻头破碎，机械钻速越低，钻井效率也越低，即地层的可钻性差；等级越低，越接近于 1，代表地层岩石越软，容易被钻头破碎，即地层可钻性好。

表 9-1-1 岩石可钻性分级标准（SY/T 5426—2016）

| 级别 | Ⅰ | Ⅱ | Ⅲ | Ⅳ | Ⅴ | Ⅵ | Ⅶ | Ⅷ | Ⅸ | Ⅹ |
|---|---|---|---|---|---|---|---|---|---|---|
| 可钻性级值 | <2 | 2~3 | 3~4 | 4~5 | 5~6 | 6~7 | 7~8 | 8~9 | 9~10 | ≥10 |
| 名称 | 一级 | 二级 | 三级 | 四级 | 五级 | 六级 | 七级 | 八级 | 九级 | 十级 |
| 类别 | 极软 | | 软 | | 中软 | 中 | 中硬 | | 硬 | 极硬 |

如图 9-1-2 所示，PDC 钻头可钻性级值分布范围为 4.98~7.21，地层类别为中软~硬，而牙轮钻头可钻性级值分布范围为 4.17~5.45，地层类别为中软—中。

基于岩石可钻性测试和声学测试结果，分析得到岩石可钻性级值与纵波时差间的关系如图 9-1-3 所示。PDC 钻头可钻性级值和牙轮钻头可钻性级值与纵波时差呈负相关性，即随着纵波时差的降低，地层岩石可钻性级值增加；可钻性级值与纵波时差间呈良好的对数函数关系，以此分别建立了 PDC 钻头可钻性级值和牙轮钻头可钻性级值计算模型：

PDC 钻头  $K_\mathrm{dp} = -3.714\ln(\Delta t_\mathrm{c}) + 19 \left( R^2 = 0.6509 \right) \quad (9\text{-}1\text{-}4)$

牙轮钻头  $K_\mathrm{dc} = -2.844\ln(\Delta t_\mathrm{c}) + 15.161 \left( R^2 = 0.8145 \right) \quad (9\text{-}1\text{-}5)$

式中：$K_\mathrm{dc}$、$K_\mathrm{dp}$ 分别为牙轮钻头、PDC 钻头可钻性级值。

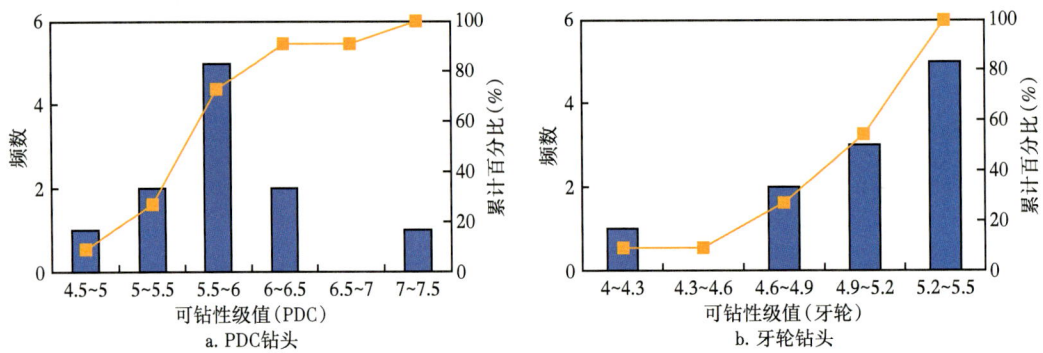

图 9-1-2 可钻性级值测试结果

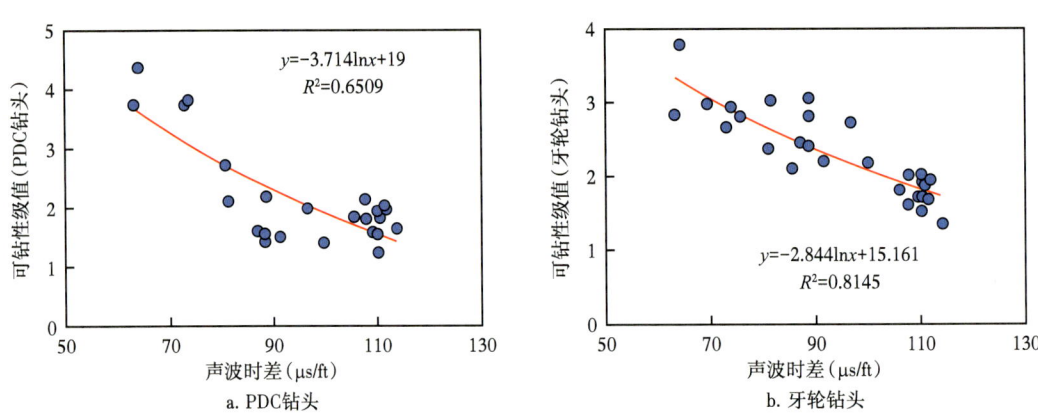

图 9-1-3 可钻性级值与纵波时差间的关系

## 二、岩石的研磨性

在用钻头破碎岩石的过程中，钻井工具与岩石会产生连续的或间歇的接触与摩擦，因此在破碎岩石的同时，工具本身也会受到岩石的磨损而逐渐变钝，甚至损坏。除金刚石以外，制造钻头的材料还有淬火钢或硬质合金，将岩石磨损这些材料的能力称为岩石的研磨性。钻头的磨蚀，一方面将增加钻头的消耗，另一方面将降低破碎岩石的效率，增加更换钻头所需要的辅助时间，使钻头的实际生产率大大降低。因此，岩石的研磨性是选取恰当的钻头类型，制定消耗定额的依据之一。

岩石研磨性是优化钻井设计的依据，但岩石研磨性的测定方法还未统一。目前，测定岩石研磨性的方法可分为磨铣法和钻孔法两大类：磨铣法的特点是工具在岩石表面作摩擦运动，反映岩石的研磨性，适合用来研究岩石研磨性机理，国内外研究者多采用该方法；钻孔法接近实钻工况，多用于预测钻井工具的寿命或磨损量。综上，岩石研磨性在油气钻井工程及其他采矿工程中都有着重要意义，但纵观研磨性研究的现有成果，总体而言国内在这一领域的研究仍较缺乏。

研磨性指岩石磨损钻头的能力，其测定方法为巴隆岩石研磨性改进法，利用普通 A3 退火钢（硬度为 HRB70~75）加工成外径 12mm、内径 8mm 的小钢管，并计量小钢管在一定时间内（5min）被岩心磨掉的质量，岩石研磨性指标的计算公式见式（9-1-6）。研磨性测试结果如图 9-1-4 所示。

图 9-1-4 研磨性测试结果图

$$G_d = \frac{\sum g_i}{2n} \quad (9\text{-}1\text{-}6)$$

式中：$G_d$ 为岩石相对研磨性指标，mg；$n$ 为试验所用钢杆的根数；$g_i$ 为每根钢杆磨损后的失重（杆的两端各与岩石相磨一次），mg。

按照巴隆岩石研磨性分级表，岩石的研磨性划可分为 8 个等级，见表 9-1-2。

表 9-1-2 岩石研磨性分级（据王高明，2020）

| 研磨性级别 | 研磨性指标（mg） | 岩石类别 | 研磨性级别 | 研磨性指标（mg） | 岩石类别 |
|---|---|---|---|---|---|
| 1 | 0~1 | 极低研磨性 | 6 | 40~90 | 中等研磨性 |
| 2 | 1~5 | 低研磨性 | 7 | 90~120 | 高研磨性 |
| 3 | 5~10 | 低研磨性 | 8 | 120~160 | 高研磨性 |
| 4 | 10~20 | 中等研磨性 | 9 | 160~200 | 高研磨性 |
| 5 | 20~40 | 中等研磨性 | 10 | 200~1000 | 极高研磨性 |

研磨性指标测试结果如图 9-1-5 所示。研磨性指标分布范围为 3.77~23.00mg，地层类别为低—中等研磨性。基于研磨性指标测试和声学测试结果，分析得到岩石研磨性指标与纵波时差间的关系如图 9-1-6 所示。从图 9-1-6 中可发现，岩样研磨性指标与纵波时差呈负相关性，随着纵波时差的增加而降低，即纵波时差越小，表明岩石胶结越致密，其研磨性也越强。同时，从图 9-1-6 中还可看出，研磨性指标与纵波时差间呈良好的对数函数关系，以此建立了研磨性指标计算模型，其表达式为：

$$G_d = -27.99\ln \Delta t_p + 136.55 \quad (R^2 = 0.7369) \quad (9\text{-}1\text{-}7)$$

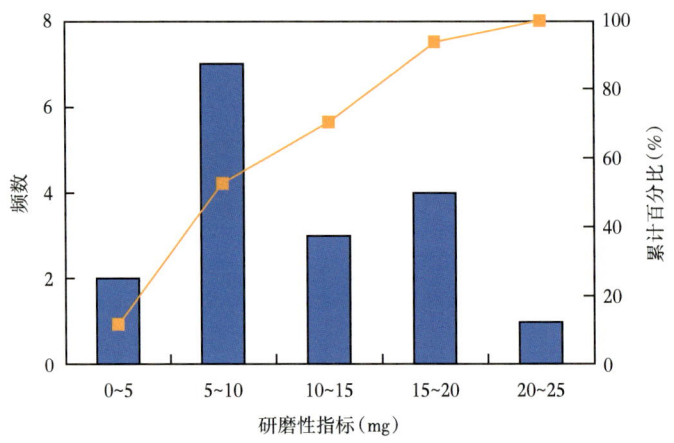

图 9-1-5  研磨性指标测试结果

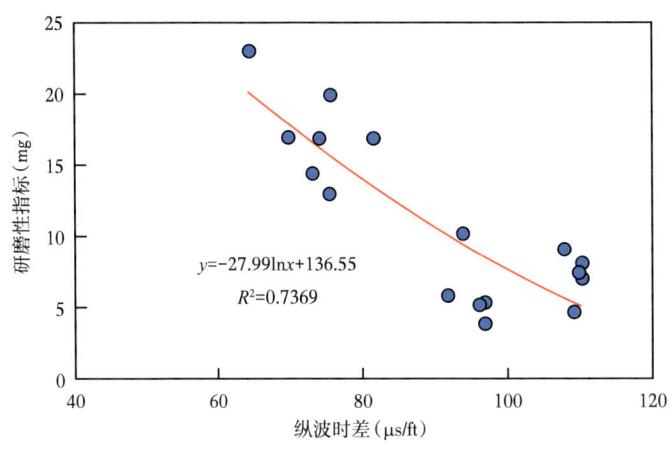

图 9-1-6  研磨性与纵波时差关系图

## 第二节  传统钻头选型方法

目前，国内外钻头选型方法主要包括钻头使用效果评价法、岩石力学参数法及综合法等。

对比三种钻头选型方法，其中综合法同时考虑钻头使用效果和岩石力学参数，优选出与地层特性相匹配的钻头，准确性较强，目前钻头选型方法主要在这类方法上发展和改进。此外，通过信息融合和挖掘，并结合人工智能技术以及各种数学方法合理的开展钻头选型研究，这也是未来技术发展趋势。无论地层岩性识别方法还是岩石力学以及抗钻参数预测方法，大多都是基于某种单一的资料开展预测，即使采用两种数据源，数据融合方式也比较简单。考虑到油气勘探开发过程中包含大量反映地层特性的信息，结合现如今人工智能技术的兴起，可以基于油气勘探开发中的地质、录井、测井及钻井资料等多源数据，通过综合分析评价，借助深度神经网络作为研究手段，分析多源信息与地层岩性、岩石力学以及抗钻特性参数间的相互关系，获取地层岩性的神经网络预测模型，岩石力学及抗钻参数测井计算模型，并进一步获取相应的参数剖面，为后续钻头选型研究等提供支撑依据。

## 一、钻头使用效果评价法

该方法开展钻头选型的基本依据是分析钻头在钻井过程中每米钻井成本，通过钻井成本来支撑钻头选型，钻井成本越低，说明钻头使用效果越好。例如，张荣清（1985）分析了表镶金刚石钻头以及孕镶金刚石钻头各自适用的硬度级别的地层及其使用效果，为后续钻头类型的选择提供依据；李玮等（2011）提出使用钻头的进尺、寿命以及钻速等建立评选钻头的综合指标，用于钻头选型；张建良等（1997）应用钻井成本方程计算出多种类型钻头钻进单位进尺所耗成本，通过对比分析成本高低进行钻头优选。

## 二、岩石力学参数法

该方法支撑钻头选型的依据是基于实验测试、岩心分析或测录井资料获取的地层岩石力学参数以及实际使用钻头类型，研究岩石力学参数（如可钻性级值、硬度、研磨性指标等）与钻头类型间的对应关系，新井钻井时根据地层岩石力学特性，选取合适的钻头类型。例如，倪林祥（1981）基于岩石的研磨性、抗压强度、压入硬度、岩石粒度、成分以及风化蚀度开展金刚石孕镶钻头的选型；张传进等（1997）基于测井资料，借助弹性力学理论，获取岩石力学特性剖面，并进一步指导钻头选型。

## 三、综合法

该方法支撑钻头选型的基本依据是借助岩石声波时差、岩石剪切强度、岩石抗压强度等参数，分析各种钻头对应的以上参数的适用范围，建立钻头类型与所钻地层声波时差、剪切强度、抗压强度间的相互关系，并基于此开展钻头选型。此外，基于统计得到的钻头资料，利用神经网络、灰色理论、模糊聚类等智能方法开展预测研究。

# 第三节 基于地层抗钻参数的钻头选型方法

根据第二章中介绍的岩石力学参数测井预测方法，建立了岩石力学参数测井计算模型，结合上述抗钻参数测井计算模型，根据已钻井的测井资料和地质资料，可获得全井段地层的抗钻特性参数测井预测剖面，如图9-3-1和图9-3-2所示。基于所获得的抗钻参数测井剖面，可统计了各区块单轴抗压强度、内聚力、内摩擦角、硬度、可钻性级值和研磨性指标等抗钻特性参数值的分布范围，对地层硬度和岩石研磨性进行分级。在此基础上，综合考虑岩石强度参数、研磨性指标和可钻性级值，对地层分级进行划分，见表9-3-1。不同区块同层组地层硬度等级、研磨性等级、可钻性等级、地层级别的变化范围较大且存在较大差异，同区块不同层组间同样存在差异，给钻头类型优选带来难度。

根据已获取的岩石力学参数和抗钻特性参数，按照抗钻参数分级标准划分地层级别，再结合牙轮钻头和PDC钻头的编码规则和钻头选型标准（SY/T 5415—2012，SY/T 6050—2011，IADC/SPE 23937，IADC/SPE 23938，IADC/SPE 23939，IADC/SPE 23940），优选出与地层特性相匹配的钻头型号，钻头优选结果见表9-3-1。从表9-3-1中可看出，通过地层可钻性、硬度以及研磨性等级，结合地层岩性组成，优选出适用该地层条件下的钻头类型，将促进钻井工程提速增效。

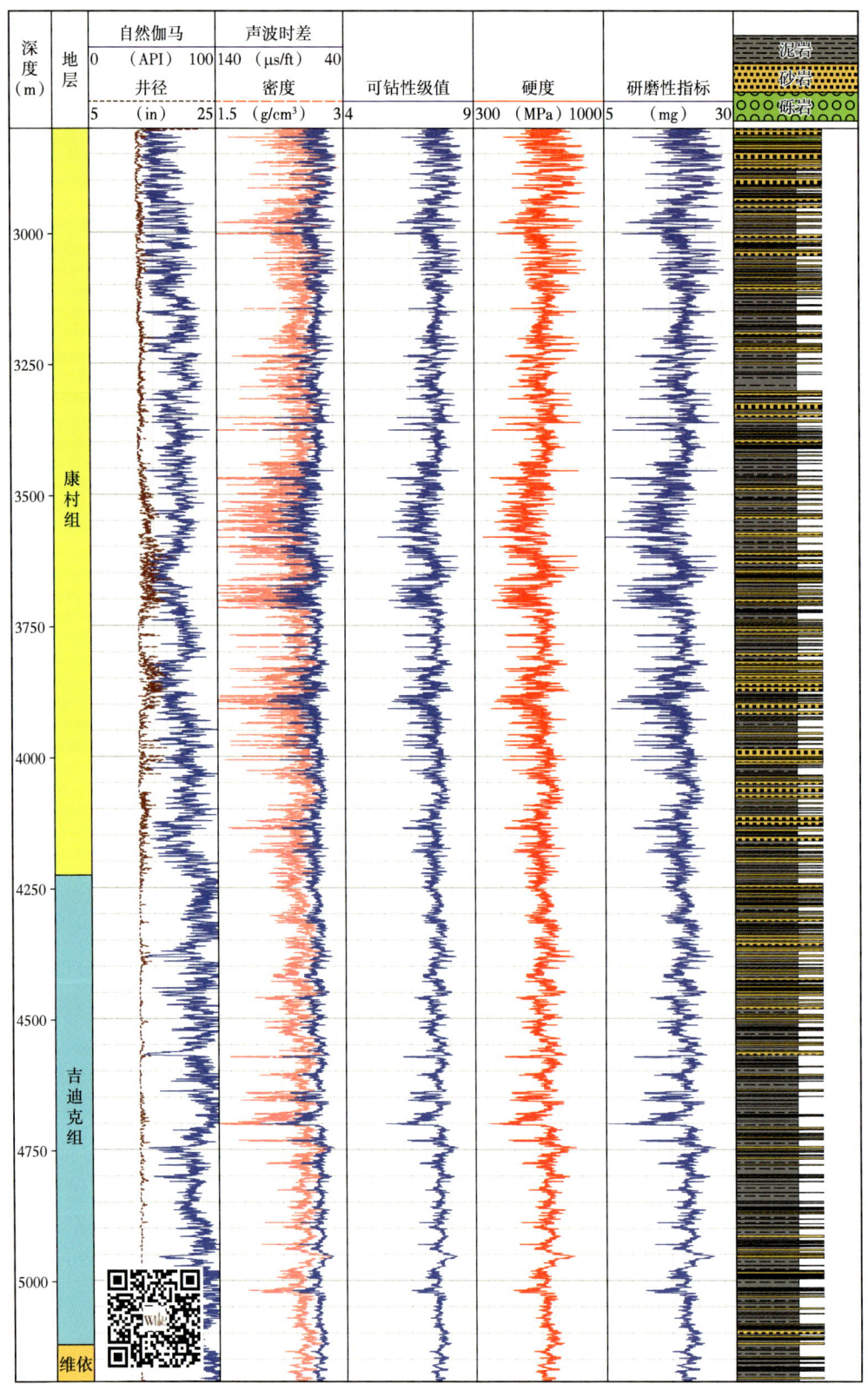

图 9-3-1　某井康村组—吉迪克组抗钻特性参数剖面（5200~7250m）

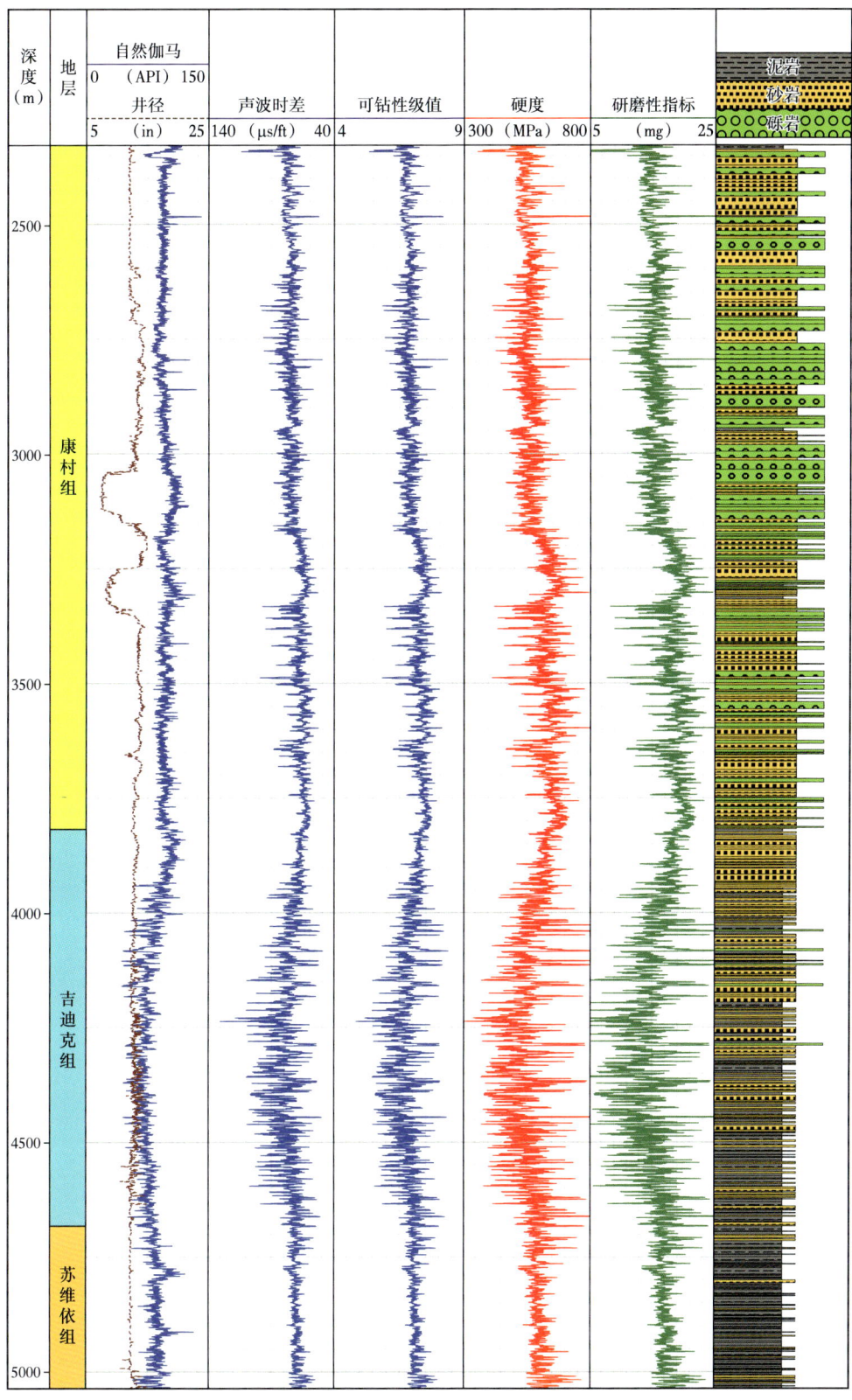

图 9-3-2 某井康村组—吉迪克组—苏维依组抗钻特性参数剖面（3650~4750m）

表 9-3-1 钻头选型表

| 区块名称 | 地质分层 | 岩性 | 硬度等级 | 研磨性等级 | 可钻性等级 | 地层级别 | 推荐钻头 |
|---|---|---|---|---|---|---|---|
| 区块1 | 库车组 | 砾岩、泥岩、粉砂质泥岩 | 中软 | 低—中等 | Ⅴ—Ⅷ | Ⅴ—Ⅸ | 516、517 |
| | 康村组 | 粉砂质泥岩、泥岩、砾岩 | 中软 | 低—中等 | Ⅴ—Ⅶ | Ⅴ—Ⅷ | 516、517 |
| | 吉迪克组 | 含砾细砂岩、泥岩、砂岩 | 中软 | 低—中等 | Ⅴ—Ⅶ | Ⅴ—Ⅷ | M322、M323、S322、S323 |
| | 苏维依组 | 泥岩、含高泥岩夹膏质泥岩 | 中软 | 低—中等 | Ⅴ—Ⅶ | Ⅴ—Ⅷ | M322、M323、S322、S323 |
| 区块2 | 库车组 | 砾岩、泥岩、粉砂质泥岩 | 中软 | 低—中等 | Ⅵ—Ⅶ | Ⅵ—Ⅷ | 516、517 |
| | 康村组 | 粉砂质泥岩、泥岩、砾岩 | 中软 | 低—中等 | Ⅵ—Ⅶ | Ⅵ—Ⅷ | 516、517 |
| | 吉迪克组 | 含砾细砂岩、泥岩、砂岩 | 中软 | 低—中等 | Ⅴ—Ⅶ | Ⅴ—Ⅷ | M322、M323、S322、S323 |
| | 苏维依组 | 泥岩、含高泥岩夹膏质泥岩 | 中软 | 中等 | Ⅵ—Ⅶ | Ⅵ—Ⅷ | M421、M431 |
| 区块3 | 库车组 | 砾岩、泥岩、粉砂质泥岩 | 中软 | 低—中等 | Ⅴ—Ⅶ | Ⅴ—Ⅷ | 516、517 |
| | 康村组 | 粉砂质泥岩、泥岩、砾岩 | 中软 | 中等 | Ⅶ | Ⅶ | 536、537 |
| | 吉迪克组 | 含砾细砂岩、泥岩、砂岩 | 中软 | 中等 | Ⅶ | Ⅶ | M421、M431 |
| | 苏维依组 | 泥岩、含高泥岩夹膏质泥岩 | 中软 | 中等 | Ⅶ—Ⅷ | Ⅶ—Ⅷ | M421、M431 |

# 第四节 基于深度学习的复杂地层钻头选型

科学合理的钻头选型是油气井钻井工程降本增效的关键环节。钻头特性与地层性质相匹配时,不仅能有效降低井下复杂事故发生率,还能显著提升机械钻速,实现安全、高效、优质钻井。当前普遍采用的钻头选型方法(包括钻头使用效果评价法、岩石力学参数法和综合法)在应对复杂地层时,存在多源信息融合不足、智能化程度较低等明显局限。相比之下,基于深度学习的复杂地层钻头选型方法既能深度融合多维度地层特征数据,弥补单一数据源的不足,又能通过深度学习算法,精准构建多源数据与钻头类型之间的复杂非线性映射关系,从而最大限度地确保钻头与地层的适配性,为钻井提速和降本增效提供有力支撑。

## 一、钻头选型数据选择与预处理

针对已钻井的测井资料、录井资料以及钻井资料中蕴藏着大量的地层岩石可钻性信息,见表 9-4-1。通过自然伽马、自然电位、声波时差等测井曲线,可获得整个地层剖面的岩石力学及抗钻参数,能为钻头选型提供重要的基础参数。其中 GR、SP、扩径率 $k_1$ 均可指示泥质含量高低,泥质含量与岩石可钻性之间有着密切关系,泥质含量越高,可钻性级值越低，岩石越容易被钻进。AC、$R_s$、$R_t$ 等也可指示岩石强度及可钻性信息，不同的地层可钻性也存在明显差异，因此地质分层也可作为指标输入。

此外，与钻头选型密切相关的岩石抗钻特性参数有单轴抗压强度 $\sigma_c$、内聚力 $c$、内摩擦角 $\varphi$、可钻性级值 $K_d$、研磨性 $G_d$、硬度 $H_d$ 等。其中，地层岩石内聚力、抗压强度越高，硬度越大，可钻性级值越高，岩石可钻性就越差。岩石可钻性表示岩石抵抗钻头冲击、破坏的能力，是钻头选型的直接依据。硬度和研磨性指标也能指示钻头钻进地层的难易程度。同时，钻井过程中钻井液类型、钻井液密度以及钻速等也对钻头钻进效果存在一定影响。

表 9-4-1 地层岩石可钻性参数统计表

| 序号 | 参数 | 符号 | 来源 | 序号 | 参数 | 符号 | 来源 |
|---|---|---|---|---|---|---|---|
| 1 | 扩径率 | $k_1$ | 测井资料 | 10 | 内聚力 | $c$ | 测井资料计算 |
| 2 | 自然伽马 | GR | | 11 | 内摩擦角 | $\varphi$ | |
| 3 | 自然电位 | SP | | 12 | 硬度 | $H_d$ | |
| 4 | 声波时差 | AC | | 13 | 研磨性 | $G_d$ | |
| 5 | 浅电阻率 | $R_s$ | | 14 | 可钻性级值 | $K_d$ | |
| 6 | 深电阻率 | $R_t$ | | 15 | 钻速 | $Z_s$ | 钻井资料 |
| 7 | 地质分层 | $D_c$ | 录井资料 | 16 | 钻井液密度 | $\rho_m$ | |
| 8 | 岩性 | $Y_x$ | | 17 | 钻井液类型 | $Z_l$ | |
| 9 | 单轴抗压强度 | $\sigma_c$ | 测井资料计算 | | | | |

综合考虑，提取实际使用钻头类型及其钻进地层对应的扩径率、自然伽马、自然电位、声波时差、浅电阻率、深电阻率、地质分层、岩性、抗压强度、内聚力、内摩擦角、硬度、研磨性、可钻性级值、钻速、钻井液密度以及钻井液类型等指标作为钻头选型的地层抗钻特性参数。在此基础上，对提取的指标开展相关性分析，得到不同类型钻头抗钻特性参数特征，如图 9-4-1 所示。根据钻井液密度资料分析可知，在低钻井液密度处，即浅部地层，使用较多的是牙轮钻头和其他系列钻头，而在高钻井液密度处，即深部地层，使用较多的是 S322/323 系列以及 M322/323 系列 PDC 钻头，M442 系列孕镶钻头通常在以上两种钻头过渡段内使用。M322/323 系列 PDC 钻头通常用于钻进硬地层，即地层抗压强度、可钻性级值、硬度以及研磨性指标均较高。相反，S322/323 系列 PDC 钻头通常用于钻进软地层，即地层抗压强度、可钻性级值、硬度以及研磨性指标均较低。其他类型钻头通常使用的地层类型无明显规律。使用其他钻头钻进地层时，钻速和进尺均较低，说明这些钻头使用效果较差。各种类型钻头所钻进地层的测井响应并无明显的区别，测井响应分布范围重叠区域较大。

同时，为确保推荐钻头类型为最优钻头类型，筛选出钻速和进尺均大于平均值的钻头类型作为优选的钻头选型统计模式数据库。不同类型钻头平均钻速约为 2.48m/h，平均进尺约为 153m。

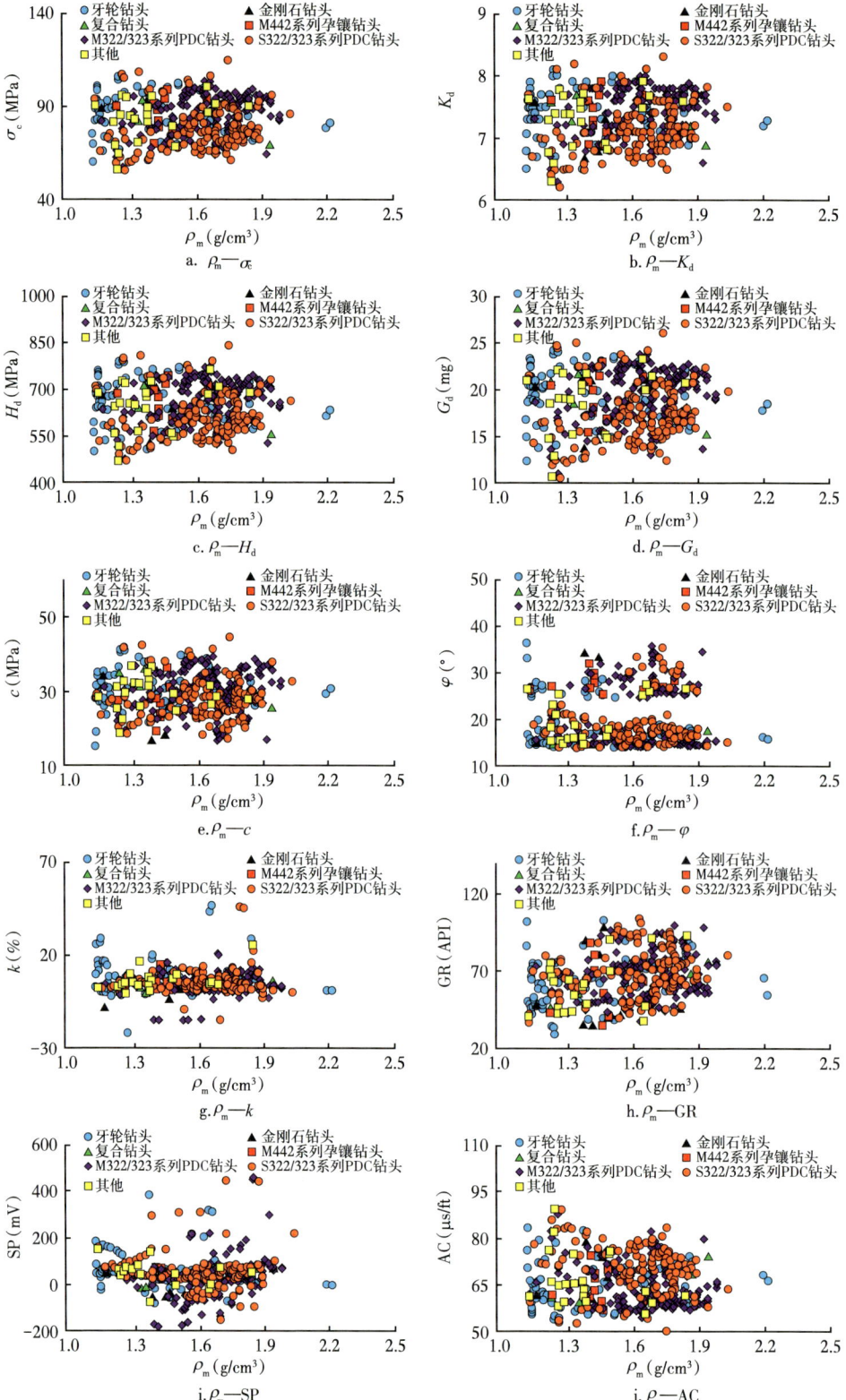

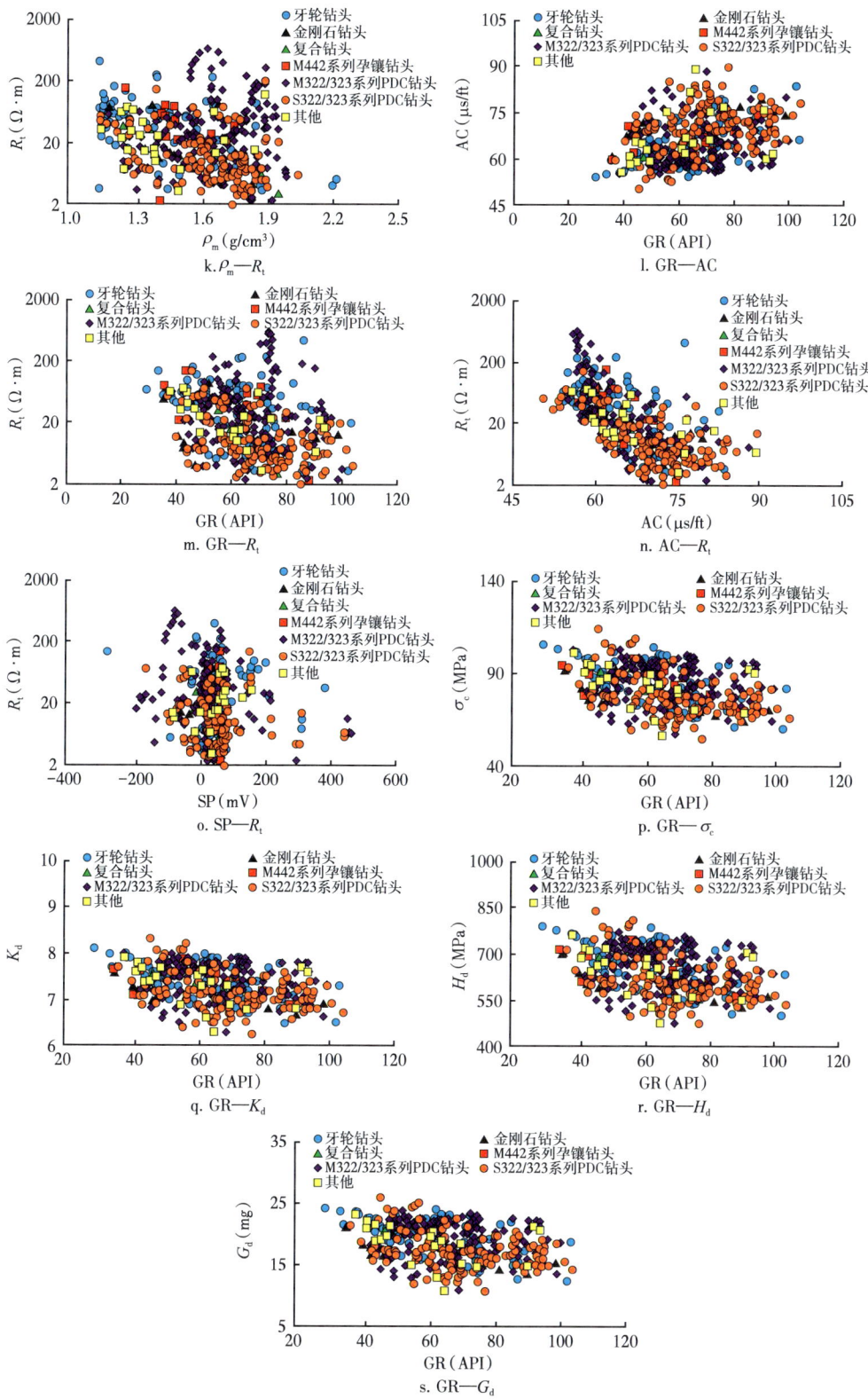

图 9-4-1 不同类型钻头抗钻特性参数特征分析

所构建的钻头选型统计模式数据库包含钻井过程中实用钻头所钻开地层时对应的测井、钻井、地质、录井等资料，以上资料中地层、岩性、钻井液类型为文字型信息，需要进行数值化处理，将文字型信息转化为数值信息，以便作为网络预测输入。除文字性信息数值化处理外，为了消除不同指标数量级差异带来的预测误差，还需对以上钻头选型统计模式数据库中各项指标进行归一化处理。

## 二、样本数据库构建

建立自学习模型时，首先要建立学习样本数据库。将所使用的钻头资料根据 IADC 编码原则进行分类，提取出每类钻头所对应的地层测井响应、钻井参数、力学参数等抗钻特性参数。同时，整理得到钻头类型统计表，并对钻头进行编号，整理出的钻头编号对应 IADC 码及相应的神经网络训练代号见表 9-4-2，部分神经网络训练样本见表 9-4-3。

表 9-4-2　钻头 IADC 的神经网络训练代号

| 钻头编码 | ST516DRG、SJT517GK、HJT517GK、SSIZ516HBPX、SKH519S…… | M1665SS、M1665SSCR、GP1636D、MM65、CK506DKG…… | GT55S、SF55H3、SF55H3、T1955SSCR、FX55DSVX3…… | DD3540M、DD356-A9、DD356-9…… | KPM1633DST、KPM1633DFST、KPM1642ART…… |
|---|---|---|---|---|---|
| IADC 码 | 513、516、517、519…… | M322、M323、M442 | S322、S323 | DD | KPM |
| 钻头类型 | 牙轮钻头 | PDC 钻头 | PDC 钻头 | 孕镶钻头 | 复合钻头 |
| 训练代号 | 1 | 2 | 3 | 4 | 5 |

表 9-4-3　神经网络钻头选型训练样本（部分）

| 编号 | $k_1$（%） | GR（API） | SP（mV） | AC（μs/ft） | $R_s$（Ω·m） | $R_t$（Ω·m） | $D_c$ | 岩性 | $\sigma_c$（MPa） | $c$（MPa） |
|---|---|---|---|---|---|---|---|---|---|---|
| 1 | 25.75 | 102.30 | 87.10 | 83.60 | 4.00 | 3.60 | KC | 3 | 60.40 | 15.30 |
| 2 | 9.69 | 85.70 | 48.00 | 76.20 | 297.70 | 418.40 | KC | 3 | 70.00 | 19.30 |
| 3 | 4.94 | 65.00 | 37.70 | 56.40 | 10.60 | 40.30 | K | 3 | 100.60 | 39.10 |
| 4 | 11.61 | 72.90 | −75.10 | 70.50 | 2.70 | 15.70 | KC | 2 | 76.70 | 28.60 |
| 5 | 8.51 | 67.70 | 61.30 | 76.20 | 5.60 | 8.00 | KC | 1 | 70.00 | 25.50 |
| ⋮ | ⋮ | ⋮ | ⋮ | ⋮ | ⋮ | ⋮ | ⋮ | ⋮ | ⋮ | ⋮ |
| 8 | 2.30 | 68.40 | 24.10 | 74.60 | 3.00 | 3.40 | KC | 2 | 70.70 | 25.90 |
| 9 | 8.43 | 72.20 | 23.30 | 77.00 | 3.60 | 7.50 | KC | 2 | 68.70 | 24.80 |
| 10 | 9.32 | 74.50 | 22.80 | 74.10 | 4.60 | 7.80 | KC | 2 | 72.10 | 26.50 |
| 11 | 8.18 | 76.80 | 23.20 | 72.20 | 5.00 | 7.40 | JD | 2 | 74.40 | 27.60 |
| 12 | 6.47 | 77.60 | 18.80 | 73.40 | 5.30 | 7.30 | JD | 2 | 73.30 | 27.00 |
| 13 | 6.55 | 78.80 | 14.70 | 64.60 | 6.30 | 8.20 | JD | 2 | 85.00 | 32.50 |

## 三、智能预测模型建立与应用

深度置信神经网络（DBN）是一种准确度较高的神经网络，已获得广泛使用。该网络训练过程为由低到高逐层进行训练，且上一层的训练输出作为下一层的训练输入，通过逐层训练方式为整个网络赋予较好初始权值和阈值，使得网络只要经过微调就可以达到最优状态。最终的微调过程可以通过传统的全局学习算法（例如 BP 网络），使得模型收敛到局部最优点，从而得到一个效果较好的深度网络。

利用 DBN 神经网络预测钻头类型分为建模和预测两个过程。建模时，首先确定网络的层数、受限玻尔兹曼机（RBM）数量、各层网络的神经元个数和神经元间的连接方式以及学习规则。以与钻头选型密切相关的地层抗钻特性参数作为输入变量，以钻头类型的期望值作为输出值，通过训练构成钻头类型预测的神经网络模型。完成网络训练后，向网络中输入地层抗钻特性参数即可实现输出钻头类型，从而实现全井段地层的钻头选型。

根据输入数据情况，设置网络输入参数为 17 个钻头选型指标参数，网络层数为 4 层，其中输入层 1 层、隐含层 2 层、输出层 1 层。受限玻尔兹曼机数量为 3 个。输入层节点数为 17，隐含层 1 节点数为 34，隐含层 2 节点数为 8，输出层节点数为 1。每个受限玻尔兹曼机迭代次数为 200000 次，每次随机的样本数量设置为训练样本总数，学习率为 0.05。最后一层反向微调层设置训练函数为 sigmoid，训练次数为 200000 次，激活函数为 logsig，误差计算函数为 traingdx。

经过 200000 次训练后，网络达到目标要求，形成钻头选型神经网络模型，实现全井段地层剖面的钻头类型预测，预测结果见表 9-4-4、图 9-4-2 和图 9-4-3。从表 9-4-4 中可看出，DBN 网络预测 52 段钻井段中，预测准确的钻井段共计 51 个，准确率约为 98.08%。

表 9-4-4 神经网络回判结果与实际使用钻头类型对比表

| NO. | 1 | 2 | 3 | 4 | 5 | 6 | 7 | 8 | 9 | 10 | 11 | 12 | 13 |
|---|---|---|---|---|---|---|---|---|---|---|---|---|---|
| 井号 | B101 | B101 | B101 | B101 | B101 | B101 | B101 | B101 | B101 | B101 | B101 | B101 | B101 |
| 钻头代号 | 1 | 1 | 1 | 1 | 1 | 1 | 2 | 2 | 2 | 2 | 2 | 2 | 2 |
| 回判数值 | 1 | 1 | 1 | 1 | 1 | 1 | 2 | 2 | 2 | 3 | 3 | 2 | 2 |
| 结果 | 正确 | 正确 | 正确 | 正确 | 正确 | 正确 | 正确 | 正确 | 正确 | 正确 | 正确 | 正确 | 正确 |
| NO. | 14 | 15 | 16 | 17 | 18 | 19 | 20 | 21 | 22 | 23 | 24 | 25 | 26 |
| 井号 | B9 | B9 | B9 | B9 | B9 | B9 | B9 | B9 | B9 | B9 | D10 | D10 | D10 |
| 钻头代号 | 3 | 3 | 2 | 3 | 3 | 3 | 3 | 3 | 3 | 3 | 3 | 3 | 3 |
| 回判数值 | 3 | 3 | 3 | 3 | 3 | 3 | 3 | 3 | 3 | 3 | 3 | 3 | 3 |
| 结果 | 正确 | 正确 | 正确 | 正确 | 正确 | 正确 | 正确 | 正确 | 正确 | 正确 | 正确 | 正确 | 正确 |
| NO. | 27 | 28 | 29 | 30 | 31 | 32 | 33 | 34 | 35 | 36 | 37 | 38 | 39 |
| 井号 | D10 | D10 | D10 | D10 | D10 | D10 | D10 | D10 | D10 | D102 | D102 | D102 | D102 |
| 钻头代号 | 3 | 3 | 3 | 3 | 3 | 3 | 3 | 3 | 3 | 2 | 2 | 1 | 2 |
| 回判数值 | 3 | 3 | 3 | 3 | 3 | 3 | 3 | 3 | 2 | 2 | 1 | 2 |
| 结果 | 正确 | 正确 | 正确 | 正确 | 正确 | 正确 | 正确 | 正确 | 正确 | 正确 | 错误 | 正确 | 正确 |
| NO. | 40 | 41 | 42 | 43 | 44 | 45 | 46 | 47 | 48 | 49 | 50 | 51 | 52 |
| 井号 | D102 | D102 | D14 | D14 | D14 | D14 | D14 | D14 | D14 | D14 | D14 | D14 | D14 |
| 钻头代号 | 3 | 3 | 5 | 5 | 1 | 3 | 3 | 3 | 3 | 3 | 3 | 3 | 3 |
| 回判数值 | 3 | 3 | 5 | 5 | 1 | 3 | 3 | 3 | 3 | 3 | 3 | 3 | 3 |
| 结果 | 正确 | 正确 | 正确 | 正确 | 正确 | 正确 | 正确 | 正确 | 正确 | 正确 | 正确 | 正确 | 正确 |

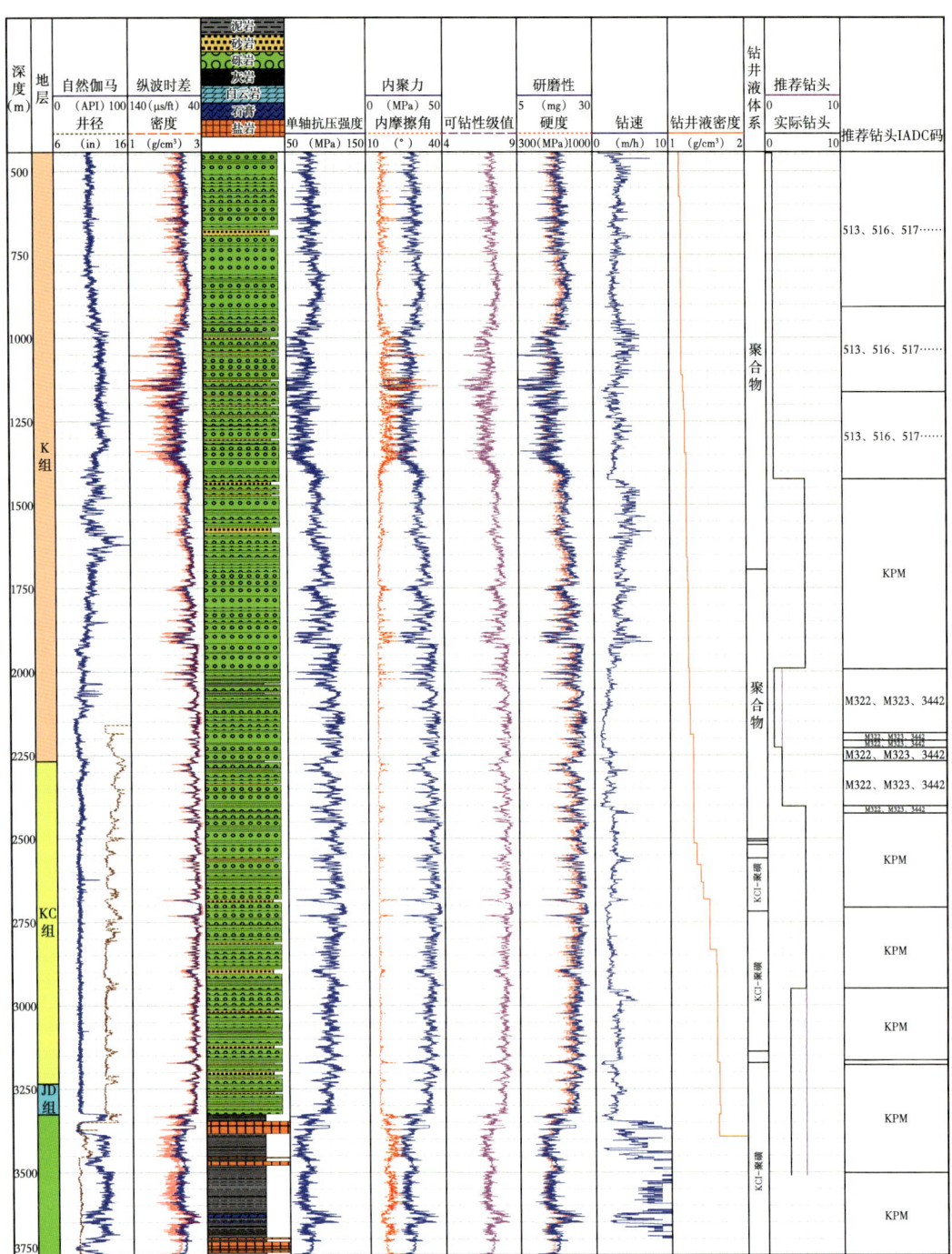

图 9-4-2 D1201 井全井段地层钻头类型预测（3650~4750m）

如图 9-4-2 所示，在 446~1990m 和 2227~2950m 井段中，神经网络方法推荐钻头类型与实际使用钻头类型一致。1990~2227m 和 2950~3234m 井段，推荐使用与实际使用存在差异，分析发现：1990~2227m 井段实际使用以 513、516、517 系列牙轮钻头为主，平均钻速 2.17m/h。推荐使用钻头类型为 M322、M323、M442 系列 PDC 钻头。统计已钻井中相同层段未使用牙轮钻头，主要使用 PDC 钻头，如邻井 D1101 井相同层段岩性

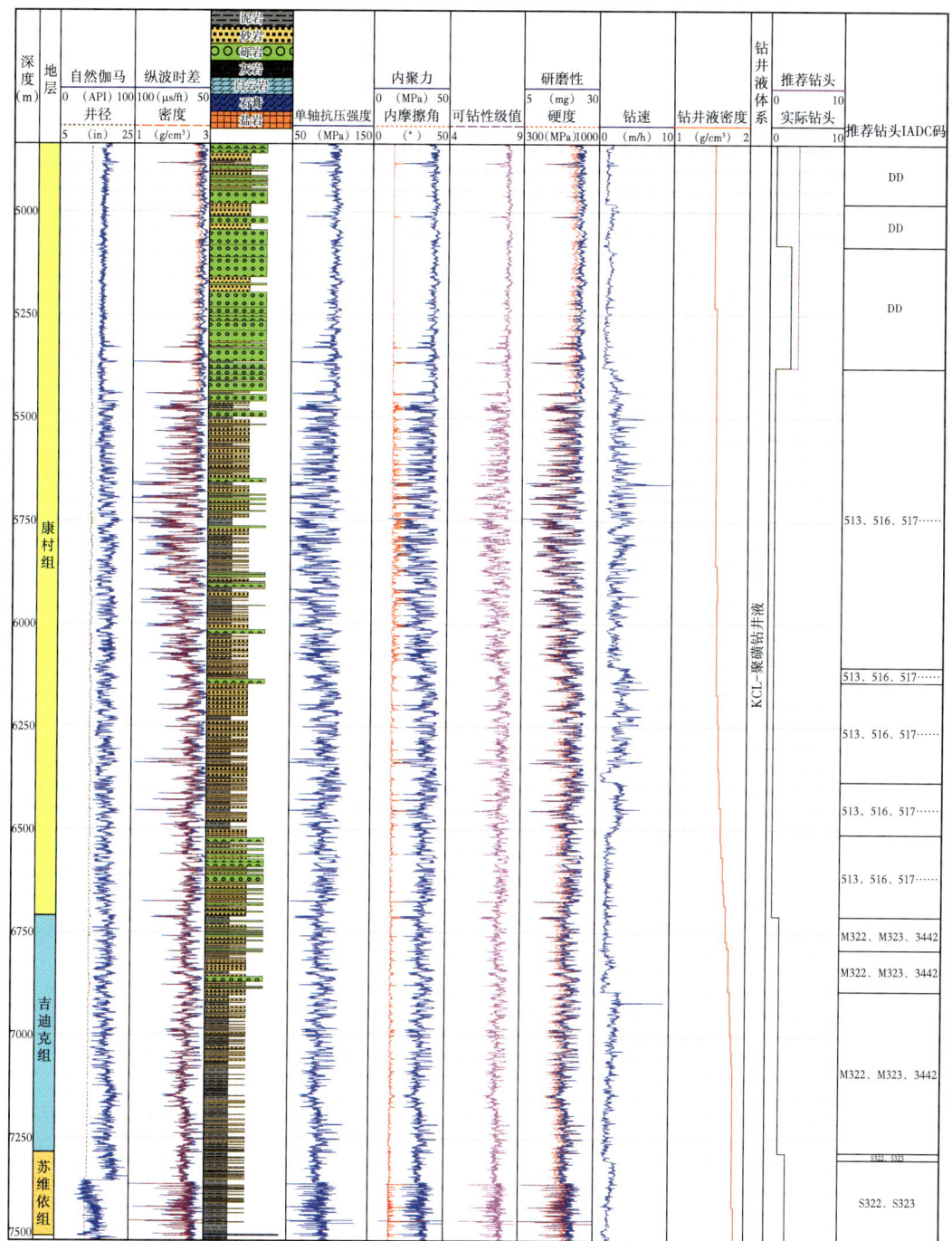

图 9-4-3　B9 井全井段地层钻头类型预测（4800~7500m）

相近层段，使用 M322、M323、M442 系列 PDC 钻头平均钻速 5.5m/h；同时，该层段主要为砾岩层段，使用 PDC 钻头钻进较为合理，反映出该井段推荐的钻头类型合理。2950~3234m 井段实际使用以 S322/S323 系列 PDC 钻头为主，平均钻速 3.23m/h。推荐使用钻头类型为 KPM 系列牙轮-PDC 复合钻头，复合钻头兼顾了牙轮和 PDC 钻头的特点，实钻效果较好，相比于 PDC 钻头，复合钻头优势更加突出，并且从邻井 D1101 井可以看出，相似深度岩性相近层段，KPM复合钻头平均钻速4.36m/h，推荐使用的钻头类型合理。

从图9-4-2和图9-4-3可以看出，1911~4620m和5377~7487.5m井段推荐钻头类型与实际使用钻头类型基本一致。4620~5377m井段推荐使用与实际使用钻头存在差异，分析发现：4620~5080m井段实际使用IADC编码为513、516、517系列牙轮钻头，平均钻速约2.6m/h，使用效果一般。5080~5377m井段实际使用IADC编码为S322/S323的PDC钻头，平均钻速约1.68m/h，明显低于其他层段，且该层段为砾岩段，钻井效果差。4620~5377m井段推荐使用钻头为DD系列金刚石钻头，相比于牙轮钻头和S322/S323系列PDC钻头，金刚石钻头能更加合理地运用于该层段。邻井B3井相同层段使用的DD系列金刚石钻头，钻速6.4m/h，进尺594m，钻进效果较好，说明推荐钻头合理。

通过综合对比分析神经网络推荐钻头类型以及实际使用钻头类型，能对当前地层适用的钻头类型进行优选，优选得到的钻头类型对于提高该区邻井新井钻井周期和钻井成本节约有一定的意义。基于深度学习的复杂地层钻头选型方法，建立了全井段地层的钻头优选流程图，如图9-4-5所示。

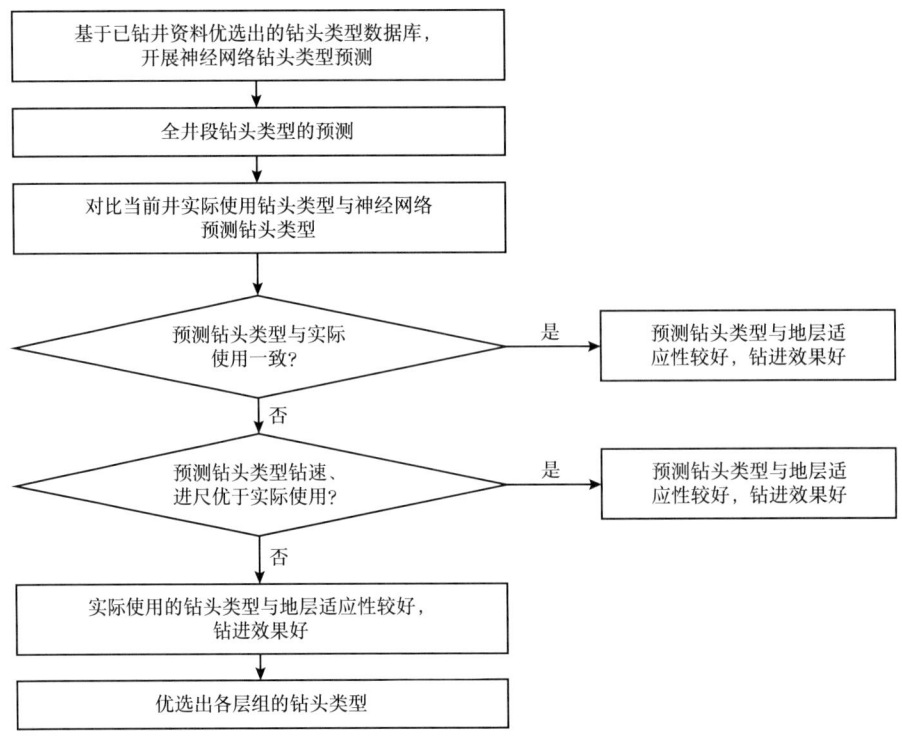

图9-4-4 基于深度学习的复杂地层钻头优选流程图

当基于已钻井资料优选出了钻头选型数据库，并通过神经网络训练获得相应神经网络钻头选型预测模型，并利用该方法预测钻头类型。通过输入当前井的抗钻特性参数，可获得神经网络推荐钻头类型：

（1）对比当前井实际实用钻头类型与神经网络推荐钻头类型，当实际使用钻头与推荐钻头一致时，说明当前钻头使用合理，并且可用于邻井新井钻井。

（2）当实际使用钻头与推荐钻头不一致时，需要分析推荐钻头钻速、进尺等是否优于实际使用钻头，如果是，则证明神经网络推荐的钻头是钻该地层较优的钻头类型，当邻井钻井时，应该优先选用神经网络推荐的钻头类型。

（3）如果实际使用钻头钻井效果非常好，且优于推荐钻头，则说明虽然神经网络推荐出了能适用于该地层的钻头类型，但实际使用的钻头钻井效果比神经网络所推荐的能适用于该地层的钻头效果更佳，可使用此类钻头用于邻井新井钻井，可提高钻井效率。

## 参 考 文 献

陈建国，邓金根，袁俊亮，等，2015.页岩储层Ⅰ型和Ⅱ型断裂韧性评价方法研究 [J].岩石力学与工程学报，34（6）：1101-1105.

陈乔，刘向君，梁利喜，等，2012.裂缝模型声波衰减系数的数值模拟 [J].地球物理学报，55（6）：2044-2052.

陈治喜，陈勉，金衍，1997.岩石断裂韧性与声波速度相关性的试验研究 [J].石油钻采工艺，19（5）：56-60.

丁乙，2016.页岩地层水平井井壁稳定性研究 [D].成都：西南石油大学.

丁乙，刘向君，罗平亚，等，2018.弱面结构对页岩地层井壁稳定性影响研究 [J].地下空间与工程学报，14（4）：1130-1136.

窦同伟，刘清友，任海涛，等，2016.地层岩石抗钻特性横向分布规律 [J].石油学报，37（S2）：144-149.

高辉，张晓，何梦卿，等，2018.基于测井数据体的页岩油储层可压裂性评价研究 [J].地球物理学进展，33（2）：603-612.

高可攀，2023.水岩作用对硬脆性页岩孔隙结构及声波特性影响的研究 [D].成都：西南石油大学.

缑健儒，2022.M区块砾岩力学特性及坍塌压力评价研究 [D].成都：西南石油大学.

何更生，唐海，2011.油层物理 [M].北京：石油工业出版社.

何明明，2017.基于旋切触探技术的岩体力学参数预报研究 [D].西安：西安理工大学.

何顺平，2016.页岩断裂韧性及诱导裂缝前缘形态影响因素研究 [D].成都：西南石油大学.

侯连浪，2018.DQ区块煤岩力学参数测井预测研究及应用 [D].成都：西南石油大学.

侯连浪，2023.碳酸盐岩气层孔隙压力预测研究 [D].成都：西南石油大学.

黄荣樽，1984.地层破裂压力预测模式的探讨 [J].华东石油学院学报（4）：335-347.

姜洪丰，柳兵，高永德，等，2024.涠西南流沙港组页岩储层地质特征及可压性评价 [J].科学技术与工程，24（15）：6141-6153.

李宁，李骞，宋玲，2015.基于回转切削的岩石力学参数获取新思路 [J].岩石力学与工程学报，34（2）：323-329.

李骞，2016.岩石的切削强度特性及岩体力学参数的旋切触探试验研究 [D].西安：西安理工大学.

李骞，李宁，宋玲，2014.岩石回转触探试验研究 [J].水利学报，45（S1）：116-123.

李庆忠，1992.岩石的纵、横波速度规律 [J].石油地球物理勘探，27（1）：1-12.

李天太，张益，张宁生，等，2005.地层力学特性参数求解及其在苏里格地区的应用 [J].西安石油大学学报（自然科学版），20（5）：34-36.

李玉伟，李子健，邵力飞，等，2023.基于物理信息约束的页岩油储层可压性评价新方法 [J].煤田地质与勘探，51（10）：37-51.

梁利喜，刘向君，2014.基于霍克-布朗准则评价页岩气井井壁稳定性 [J].西南石油大学学报（自然科学版），36（5）：105-110.

林铁军，2006.空气钻井中岩石力学及钻进过程仿真模拟 [D].成都：西南石油大学.

刘向君，段茜，梁利喜，等，2023.基于邻点融合方法的碳酸盐岩孔隙结构统计模型及声学响应特性 [J].天然气工业，43（4）：43-50.

刘向君，梁利喜，2015. 油气工程测井理论与应用 [M]. 北京：科学出版社.

刘向君，梁利喜，杨林，等，2011. 分支井构型对疏松砂岩油藏临界生产压差的影响 [J]. 石油学报，32（4）：717-721.

刘向君，刘洪，段永刚，等，2007. 完井方式对砂岩油藏临界生产压差及产能的影响研究 [J]. 钻采工艺（3）：33-35，149.

刘向君，罗平亚，1995. 利用神经网络技术建立岩石强度预测模型 [J]. 西南石油学院学报（3）：66-70.

刘向君，罗平亚，1999. 测井在井壁稳定性研究中的应用及发展 [J]. 天然气工业，19（6）：33-35，7.

刘向君，罗平亚，2004. 岩石力学与石油工程 [M]. 北京：石油工业出版社.

刘向君，申剑坤，梁利喜，等，2011. 孔隙压力变化对岩石强度特性的影响 [J]. 岩石力学与工程学报，30（S2）：3457-3463.

刘向君，王小军，赵保伟，等，2023. 砂砾岩储集层水力压裂裂缝扩展规律与可压性评价 [J]. 新疆石油地质，44（2）：169-177.

刘向君，宴建军，罗平亚，等，2005. 利用测井资料评价岩石可钻性研究 [J]. 天然气工业，25（7）：69-71.

刘之的，夏宏泉，陈平，2005. 利用测井资料计算碳酸盐岩三个地层压力 [J]. 钻采工艺.28（1）：18-21.

刘锟，2014. 硬脆性页岩水化控制方法研究 [D]. 成都：西南石油大学.

路保平，鲍洪志，2005. 岩石力学参数求取方法进展 [J]. 石油钻探技术，33（5）：47-50.

路保平，张传进，鲍洪志，1998. 利用多测井参数求取岩石可钻性 [J]. 石油钻探技术，26（3）：4-6.

马中高，解吉高，2005. 岩石的纵、横波速度与密度的规律研究 [J]. 地球物理学进展，20（4）：905-910.

满宇，2016. 缝洞型碳酸盐岩地层物性参数声波预测方法研究 [D]. 成都：西南石油大学.

倪林祥，1981. 关于提高金刚石钻进技术经济指标的问题 [J]. 探矿工程（4）：38-41.

潘起峰，高德利，2006. 用声波法评价地层可钻性各向异性的实验研究 [J]. 岩石力学与工程学报，25（1）：162-167.

彭梦芸，2014. 缝洞型碳酸盐岩储层水平井轨迹优化研究 [D]. 成都：西南石油大学.

万有余，王小琼，雷丰宇，等，2024. 柴达木盆地英雄岭 $E_3^{3-2}$ 页岩油可压性评价及应用 [J]. 非常规油气，11（3）：120-129.

王高明，2020. 石油钻井地层岩石研磨性及分级研究 [D]. 青岛：中国石油大学（华东）.

王连俊，肖树芳，李志明，等，1996. 岩石 Kaiser 效应测定地应力的几个问题及其在油田中的应用 [J]. 土工基础，（3）：43-48.

王连俊，杨健，刘峥，1995. 岩石 Kaiser 效应测定地应力原理及应用 [J]. 长春地质学院学报，21（Z）：52-57.

王平双，郭士生，范白涛，等，2019. 海洋完井手册 [M]. 北京：石油工业出版社.

王森，2012. 碳酸盐岩地层超声波传播特性及应用研究 [D]. 成都：西南石油大学.

王小军，梁利喜，赵龙，等，2019. 准噶尔盆地吉木萨尔凹陷芦草沟组含油页岩岩石力学特性及可压裂性评价 [J]. 石油与天然气地质，40（3）：661-668.

王跃鹏，2020. 页岩气层岩石水化损伤的动力学表征研究 [D]. 成都：西南石油大学.

吴涛，2015. 页岩气层岩石脆性影响因素及评价方法研究 [D]. 成都：西南石油大学.

熊健，林海宇，唐勇，等，2021. 砂砾岩油藏影响压裂效果关键地质力学因素研究及应用 [J]. 石油地球物理勘探，56（5）：1048-1059.

徐浩, 姚勇, 赵毅楠, 等, 2015. 川西地区须家河组深层致密砂岩静力学特征对比[J]. 石油地质与工程, 29（4）: 131-133.

杨超, 2010. 碳酸盐岩孔隙结构对声波特性的影响研究[D]. 成都: 西南石油大学.

杨谋, 孟英峰, 李皋, 等, 2010. 不同钻井方式下的井底岩石可钻性研究[J]. 石油钻探技术, 38（2）: 19-22.

杨琦, 孙洁, 贾呈昕, 等, 2017. 鄂尔多斯盆地南部长8储层岩石力学实验研究[J]. 石油地质与工程, 31（4）: 100-103.

尹宏锦, 1980. 石油钻井中地层可钻性的统计分级法[J]. 华东石油学院学报（2）: 24-35.

曾国庆, 2022. 复杂条件下旋切触探破岩多元机制与岩体力学参数预测研究[D]. 西安: 西安理工大学.

翟勇, 2013. 渤南洼陷低孔隙度低渗透率地层岩石力学参数测井计算方法[J]. 测井技术, 37（4）: 432-435.

张传进, 路保平, 鲍洪志, 等, 1997. 利用测井资料优选钻头类型技术方法[J]. 钻采工艺, 20（3）: 10-13.

张建良, 1997. 塔拉拉油田井斜控制与钻井速度的提高[J]. 石油钻采工艺, 19（4）: 42-44.

张荣清, 1985. 金刚石的铁磁性对地质钻头性能的影响[J]. 地质与勘探,（6）: 63-66.

赵靖舟, 李军, 徐泽阳, 2017. 沉积盆地超压成因研究进展[J]. 石油学报. 38（9）: 973-998.

赵军龙, 蔡振东, 张亚旭, 等, 2015. 鄂尔多斯盆地C区长8储层岩石力学参数剖面建立方法[J]. 西安石油大学学报（自然科学版）, 30（3）: 47-52.

钟自强, 刘向君, 刘诗琼, 等, 2018. 砾岩地层岩石力学参数测井预测模型构建与应用[J]. 科学技术与工程, 18（8）: 181-186.

周立宏, 刘学伟, 付大其, 等, 2019. 陆相页岩油岩石可压裂性影响因素评价与应用——以沧东凹陷孔二段为例[J]. 中国石油勘探, 24（5）: 670-678.

周龙涛, 2014. 孔洞型碳酸盐岩超声波衰减特性的研究及应用[D]. 成都: 西南石油大学.

祝效华, 李波, 李柯, 等, 2019. 大斜度井钻柱动态摩阻扭矩快速求解方法[J]. 石油学报, 40（5）: 611.

邹德永, 尹宏锦, 1993. PDC钻头钻进的岩石可钻性研究[J]. 石油大学学报（自然科学版）, 17（1）: 31-35.

Ahmed K A, Ralph E F, Mortadha A, 2018. Estimating rock mechanical properties of the Zubair shale formation using a sonic wireline log and core analysis[J]. Journal of Natural Gas Science and Engineering, 53: 359-369.

Ai C, Zhang J, Li Y, et al, 2016. Estimation criteria for rock brittleness based on energy analysis during the rupturing process[J]. Rock Mechanics and Rock Engineering, 49: 4681-4698.

Altindag R, 2003. Correlation of specific energy with rock brittleness concepts on rock cutting[J]. Journal of the Southern African Institute of Mining and Metallurgy, 103（3）: 163-171.

Anderson E M, 1951. The dynamics of faulting and dyke formation with applications to Britain[M]. The 2th edition.Oliver, Edinburgh.

Anderson R A, 1973. Determing fracture pressure gradients from well logs[J]. JPT, 25: 1259-1268.

Ataei M, Kakaie R, Ghavidel M, et al, 2015. Drilling rate prediction of an open pit mine using the rock mass drillability index[J]. International Journal of Rock Mechanics and Mining Sciences, 73: 130-138.

Bishop A W, 1971. The influence of progressive failure on the choice of the method of stability analysis[J]. Geotechnique, 21（2）: 168-172.

Bowers G L, 1995. Pore pressure estimation from velocity data: Accounting for overpressure mechanisms besides undercompaction[J]. International Journal of Rock Mechanics & Mining Sciences & Geomechanics Abstracts, 31: 276.

Bowers G L, 2012. Detecting high overpressure[J]. Leading Edge, 21 (2): 174-177.

Chárez-Páez M, Van Workum K, De Pablo L, et al, 2001. Monte Carlo simulations of Wyoming sodium montrmorillonite hydrates[J]. The Journal of chemical physics. 114 (3): 1405-1413.

Castagna J P, Batzle M L, Eastwood R L, 1985. Relationships between compressional-wave and shear-wave velocities in clastic silicate rocks[J]. Geophysics, 50 (4): 571-581.

Chang C D, Zoback M D, Khaksar A, 2006. Empirical relations between rock strength and physical properties in sedimentary rocks[J]. Journal of Petroleum Science and Engineering, 51 (3): 223-237.

Chen F L, Ou T Y, 2009. Gray relation analysis and multilayer functional link network sales forecasting model for perishable food in convenience store[J]. Expert Systems with Applications, 36 (3): 7054-7063.

Chong K K, Grieser W V, Passman A, et al, 2010. A completions guide book to shale-play development: a review of successful approaches towards shale-play stimulation in the last two decades[R].SPE-133874-MS.

Coates G R, Denoo S A, 1981. Mechanical properties program using borehole analysis and Mohr's circle[C].SPWLA 22nd Annual Logging Symposium, Mexico City, Mexico.

Cygan R J, Liang J J, Kalinicher A G, 2004. Molecular models of hydroxide, oxynydroxide, and clay phases and the development of a general force field[J].The Journal of Physical Chemistry B, 108 (4): 1255-1266.

Deere D U, Miller R P, 1966. Engineering classification and index properties for intact rock[J]. Deformation Curve: 65, 116.

Ding Y I, Luo P, Liu X, et al, 2018. Wellbore stability model for horizontal wells in shale formations with multiple planes of weakness[J]. Journal of Natural Gas Science and Engineering, 52: 334-347.

Drucker D C, Prager W, 1952. Soil mechanics and plastic analysis or limit design[J]. Quarterly of applied mathematics, 10 (2): 157-165.

Dutta N C, 2002. Geopressure prediction using seismic data: current status and the road ahead[J]. Geophysics, 67 (6): 2012-2041.

Enderlin M, Alsleben H, Beycr J A, 2011.Predicting fracability in shale reservoirs[C]//AAPG Annual Convention and Exhibition. Houston: 10-13.

Eaton B A, 1972. Graphical method predicts geopressure worldwide[J]. World Oil, 6 (12): 51-56.

Eberhart-Phillips D, Han D H, Zoback M D, 1989. Empirical relationships among seismic velocity, effective pressure, porosity, and clay content in sandstone[J]. Geophysics, 54 (1): 82-89.

Fillippone W R, 1979. On the prediction of abnormally pressured sedimentary rocks from seismic data[J]. Journal of Petroleum Technology, (4).

Fillippone W R, 1983. Estimation of formation parameters and the prediction of overpressures from seismic data[J]. SEG Technical Program Expanded Abstracts, 48 (4): 482-483.

Freyburg E, 1972. Der Untere und mittlere buntsandstein SW, thuringen in seinen gesteinstechnicschen Eigenschaften[J]. Ber. Dtsch. Ges. Geol. Wiss., A; Berlin, 176: 911-919.

Gommesen L, Fabricius I L, 2001. Dynamic and static elastic moduli of North Sea and deep sea chalk[J]. Physics and Chemistry of the Earth, Part A: Solid Earth and Geodesy, 26 (1-2): 63-68.

Greenberg M L, Castagna J P, 1992. Shear, wave velocity estimation in porous rocks: theoretical formulation, preliminary verification and applications[J]. Geophysical prospecting, 40 (2): 195-209.

Gutierrez M A, Braunsdorf N R, Couzens-Schultz B A, 2006. Calibration and ranking of pore-pressure prediction models[J]. The Leading Edge, 25 (12): 1516-1523.

Haimson B C, Cornet F H, 2003. Isrm suggested methods for rock stress estimation-Part 3: hydraulic fracturing (HF) and/or hydraulic testing of pre-existing fractures (HTPF) [J]. International Journal of Rock Mechanics and Mining Sciences, 40 (7-8): 1011-1020.

Haimson B, Chang C, 2000. A new true triaxial cell for testing mechanical properties of rock, and its use to determine rock strength and deformability of Westerly granite[J]. International Journal of Rock Mechanics and Mining Sciences, 37 (1): 285-296.

Han D H, Batzle M, 2004. Estimate shear velocity based on dry P-wave and shear modulus relationship[C]. SEG Technical Program Expanded Abstracts, 23 (1): 2586.

Han D H, Nur A, Morgan D, 1986. Effects of porosity and clay content on wave velocities in sandstones[J]. Geophysics, 51 (11): 2093-2107.

Handin J, 1969. On the Coulomb-Mohr failure criterion[J]. Journal of Geophysical Research, 74 (22): 5343-5348.

Hoek E, Brown E T, 1997. Practical estimates of rock mass strength[J]. International Journal of Rock Mechanics and Mining Sciences, 34 (8): 1165-1186.

Hoek E, Brown E T, Asce M, 1980. Empirical strength criterion for rock masses[J]. Journal of the Geotechnical Engineering Division, 106 (9): 1013-1035.

Hottman C E, Johnson R K, 1965. Estimation of formation pressures from log-derived shale properties[J]. Journal of Petroleum Technology, 17 (6): 717-722.

Hucka V, Das B, 1974. Brittleness determination of rocks by different methods[C].International Journal of Rock Mechanics and Mining Sciences & Geomechanics Abstracts. Pergamon, 11 (10): 389-392.

Hutomo P S, Rosid M S, Haidar M W, 2019. Pore pressure prediction using eaton and neural network method in carbonate field "X" based on seismic data[J]. IOP Conference Series: Materials Science and Engineering, 546 (3): 032017.

Jahanbakhshi R, Keshavarzi R, Shoorehdeli M A, et al, 2013. Intelligent prediction of differential pipe sticking by support vector machine compared with conventional artificial neural networks: an example of Iranian offshore oil fields[J]. SPE Drilling & Completion, 27 (4): 586-595.

Jin X, Shah S N, Roegiers J C, et al. 2014.Fracability eraluation in shale reservoirs-an integrated petrophysics and geomechanics approach[C]//SPE hydraulic fractaring technology conferehce and exhibition.SPE: SPE-168589-MS.

Keshavarzi R, Jahanbakhshi R, 2013. Real-time prediction of pore pressure gradient through an artificial intelligence approach: a case study from one of middle east oil fields[J]. European Journal of Environmental and Civil Engineering, 17 (8): 675-686.

Khandelwal M, 2013. Correlating P-wave velocity with the physico-mechanical properties of different rocks[J]. Pure and Applied Geophysics, 170 (4): 507–514.

Khandelwal M, Armaghani D J, 2016. Prediction of drillability of rocks with strength properties using a hybrid GA-ANN technique[J]. Geotechnical and Geological Engineering, 34 (2): 605–620.

Lahann N R, 2002. Impact of smectite diagenesis on compaction modeling and compaction equilibrium[M]// Huffman BOWERS A R.Pressure regimes in sedimentary basins and their prediction[J].Tulsa: AAPG, 76: 61–72.

Lawal A I, Kwon S, 2021. Application of artificial intelligence to rock mechanics: An overview[J]. Journal of Rock Mechanics and Geotechnical Engineering, 13 (1): 248–266.

Lee M W, 2006. A simple method of predicting S-wave velocity[J]. Geophysics, 71 (6): F161–F164.

Li J, Li X R, Zhan H B, et al, 2020. Modified method for fracability evaluation of tight sandstones based on interval transit time[J]. Petroleum Science, 17: 477–486.

Lin Y S, Ge H K, Wang S C, 1998. Testing study on dynamic and static elastic parameters of rocks[J]. Chinese Journal of Rock Mechanics and Engineering, 17 (2): 216–222.

López J L, Rappold P M, Ugueto J B, et al, 2004. Integrated shared earth model: 3D pore-pressure prediction and uncertainty analysis[J]. Leading Edge, 23 (1): 52–59.

Mccain Jr, William D, 1994. Heavy components control reservoir fluid behavior[J]. Journal of Petroleum Technology, 46 (9): 746–750.

Mitchell A R, Griffiths D F, 1980. Upwinding by petron-galerkin methods in convection-diffusion problems[J]. Journal of Computational and Applied Mathematics, 6 (3): 219–228.

Morris R I, 1969. Rock drillability related to a roller cone bit[C]. SPE-2389-MS.

Mruphy E, Barraza S R, Gu M, et al, 2015. New models for acoustic anisotropic interpretation in Shale[A]. SPWLA 56th Annual Logging Symposium[C]. Long Beach: Society of Petro-physicists and Well-Log Analysts.

Mukerji T, Dutta Nader, Prasad M, et al, 2002. Seismic detection and estimation of overpressures Part I: the Rock Physics Basis[J]. CSEG Recorder, 27 (7): 35–57.

Nygård R, Gutierrez M, Gautam R, et al, 2004. Compaction behavior of argillaceous sediments as function of diagenesis[J]. Marine and Petroleum Geology, 21 (3): 349–362.

Pennebaker E S, 1968. Detection of abnormal-pressure formation from seismic field data[C]. American Petroleum Institute.

Rickman R, Mullen M M, Petre J E, et al, 2008. A practical use of shale petrophysics for stimulation design optimization: All shale plays are not clones of the barnett shale[C].SPE Annual Technical Conference & Exhibition.Society of Petroleum Engineers.

Rollow A G, 1962. Estimating drillability in the laboratory[C].Proceedings of the 5$^{th}$ Symposium on Rock Mechanics, C. Fairhurst, editor, University of Minnesota, Pergamon Press: 93–102.

Schoenberg M A, Muir F, Sayers C M, 1996. Introducing annie: a simple three parameter anisotropic velocity model for shales[J]. Journal of Seismic Exploration, 5: 35–49.

Sondergeld C H, Newsham K E, Comisky T, et al, 2010. Petrophysical considerations in evaluating and producing shale gas resources[C]. SPE Unconventional Gas Conference.

Swarvrick R E, 2001. Pore-pressure prediction: pitfalls in using porosity[C].Offshore Technology

Conference, OTC-13045-MS.

Tarasov B, Potvin Y, 2013. Universal criteria for rock brittleness estimation under triaxial compression[J]. International Journal of Rock Mechanics and Mining Sciences, 59: 57-69.

Tarasov B G, Randolph M F, 2011. Superbrittleness of rocks and earthquake activity[J]. International Journal of Rock Mechanics and Mining Sciences, 48 (6): 888-898.

Terzaghi K, Asce M, 1943. Closure to "Liner-Plate tunnels on the Chicago (Il) Subway" [J]. Transactions of the American Society of Civil Engineers, 108 (1): 1090-1097.

Thiercelin M J, Plumb R A, 1994. A core, based prediction of lithologic stress contrasts in east Texas formations[J]. SPE Formation Evaluation, 9 (4): 251-258.

Wan Y W, Zhang H, Liu X J, et al, 2020. Prediction of mechanical parameters forlow-permeability gas reservoirs in the Tazhong Block and its applications[J]. Advances in Geo-Energy Research, 4 (2): 219-228.

Wang S, Wang G W, Li D, et al, 2022. Comparison between double caliper, imaging logs, and array sonic log for determining the in-situ stress direction: A case study from the ultra-deep fractured tight sandstone reservoirs, the Cretaceous Bashijiqike Formation in Keshen8 region of Kuqa depression, Tarim Basin, China[J]. Petroleum Science, 19 (6): 2601-2617.

Xu S Y, White R E, 1996. A physical model for shear wave velocity prediction[J]. Geophysical prospecting, 44 (4): 687-717.

Yu H, Chen G X, Gu H M, 2020. A machine learning methodology for multivariate pore-pressure prediction[J]. Computers & Geosciences, 143: 104548.

Zeng Z, Cui Y J, Talandier J, 2021.Compaction and sealing properices of bentonice/claystone mixtare: Impacts of bentonite traction, water content and dry density[J]. Engineering Geology, 287: 106122.

Zhang G, Wang H, Li F, et al, 2022. Effects of Hydration during Drilling on Fracability of Shale Oil Formations: A Case Study of Da'anzhai Section Reservoir in Sichuan Basin, China[J]. Processes, 10 (11): 2313.

Zhang R, Lv C J, Ren Q K, et al, 2024. A new fracability evaluation model for complex lithologies fractured shale oil reservoir[J]. Thermal Science, 28 (2 Part A): 1121-1126.

Zhang J C, 2013. Effective stress, porosity, velocity and abnormal pore pressure prediction accounting for compaction disequilibrium and unloading[J]. Marine & Petroleum Geology, 45: 2-11.

# 《地球物理测井学》

## 编辑出版组

总 策 划：雷　平　庞奇伟
组　　长：庞奇伟
副 组 长：李　中　金平阳　潘玉全
责任编辑：葛智军　林庆咸　沈瞳瞳　刘俊妍　钟思源
　　　　　张　贺　王长会　王鹤楠　王　瑞　陈子丹
　　　　　孙　宇　邹杨格　王金凤　何丽萍　冉毅凤
　　　　　常泽军　张旭东　吴英敏　马晓萱　张　瑞
　　　　　崔　悦　白云雪　饶　远　陈　荟